"十四五"时期国家重点
出版物出版专项规划项目

固体推进剂功能材料理化性能数据手册

主　编　黄志萍　郭　翔
副主编　徐胜良　聂海英　谭利敏　黎小平

国防工业出版社
·北京·

内 容 简 介

本书是一部系统介绍固体推进剂功能材料物理性质,化学性质,理化指标和检验方法,制备方法,储存、运输和应用,毒性与防护,理化分析谱图的工具书。全书包括固体推进剂催化剂、燃速调节剂(增速剂和降速剂)、键合剂、防老剂、绝热层黏合剂、降温剂、增强剂、促进剂、阻燃剂、抑烟剂和工艺助剂,涉及的材料包括固体推进剂领域曾经使用、正在使用或将来可能使用的材料共计148种。书中许多理化分析谱图是首次公开发表的。

本书可作为从事武器装备及航天动力系统固体推进剂、含能复合材料、普通高分子复合材料的设计、研究、制造、应用和管理等领域的科研人员和工程技术人员的工具书。

图书在版编目(CIP)数据

固体推进剂功能材料理化性能数据手册/黄志萍,郭翔主编. —北京:国防工业出版社,2023.5

ISBN 978-7-118-12925-0

Ⅰ.①固… Ⅱ.①黄… ②郭… Ⅲ.①固体推进剂-功能材料-手册 Ⅳ.①V512-62

中国国家版本馆CIP数据核字(2023)第065569号

※

国防工業出版社 出版发行

(北京市海淀区紫竹院南路23号 邮政编码100048)

北京龙世杰印刷有限公司印刷

新华书店经售

*

开本 710×1000 1/16 **印张** 30¾ **字数** 550千字

2023年5月第1版第1次印刷 **印数** 1—2000册 **定价** 198.00元

(本书如有印装错误,我社负责调换)

国防书店:(010)88540777 书店传真:(010)88540776

发行业务:(010)88540717 发行传真:(010)88540762

审定委员会

编辑委员会

主　　编　黄志萍　郭　翔

副 主 编　徐胜良　聂海英　谭利敏　黎小平

编写人员　黄志萍　杨秋秋　王　敏　蔡如琳　刘　梦
谭利敏　章园园　徐胜良　聂海英　刘发龙
程新丽　程福银　赵华丽　赵志刚　刘琮佩璘
李　娓　吴忆雯　张劲民　强福志　王　亮
张　箭　刘治国　张玉樊　葛婧文　吴　倩
韦雪梅　颜　焱　石玉婷　安百强

审校人员　黄志萍　徐胜良　聂海英　黎小平

序 一

在航天动力技术研究院成立60周年之际，收到其下属湖北航天化学技术研究所送来的《固体推进剂功能材料理化性能数据手册》书稿，十分欣慰。固体火箭发动机不仅需要固体推进剂作为能源，还需要满足发动机对推进剂燃烧速度、力学性能、储存性能等多方面应用要求，同时需要绝热层等功能材料保护发动机壳体。固体推进技术的研发与应用涉及多种功能材料，也是固体火箭发动机的核心技术。固体推进剂功能材料的物理性质，化学性质，理化指标和检验方法，制备方法，储存、运输和应用，毒性和防护，理化分析谱图等信息是推进剂配方设计、研究必不可少的基础数据，而由于多方面原因，长期以来国内技术与管理人员一直缺乏系统、有效的工具书指导。湖北航天化学技术研究所成立于1965年，是固体推进剂专业研究所，其近60年的历史，也是我国固体推进剂发展壮大的历史。他们见证了第一代聚硫推进剂到现在广泛应用的HTPB推进剂、NEPE高能推进剂的研究发展历程，在我国第一颗人造卫星“东方红”上天，直至当前多种高新武器的应用和载人航天事业的繁荣中都功不可没。近十年来，主持多项国家973项目及其他国家重点项目研制，在新型含能材料和推进剂、火箭发动机表界面性能研究方面取得了可喜成就。可以说，本书凝聚了该所几代固体推进剂研究人员的心血。

这是一部在国防科学技术领域中，学术水平高、内容全面、居行业领先地位的基础科学大型工具书，具有较高的军事应用价值，填补了目前我国在该领域的空白。本书的出版将为从事武器装备、航天动力系统固体推进剂及其相关衬层、绝热层配方的设计、研究、制造、应用和管理以及含能复合材料、普通高分子复合材料领域的科研人员和工程技术人员提供重要参考工具。

侯晓

2022 年 12 月 6 日

侯晓,中国工程院院士。

序二

固体推进剂现已广泛应用于航天运载、战略战术导弹和多类辅助动力系统发动机中，是运载火箭、导弹武器装备发展的重要基础。固体推进技术的研发与应用涉及多种功能材料，全面掌握各种功能材料的物理、化学等性能，建立较为完备的性能数据库是十分必要的。由于固体推进剂应用场景的特殊性，几十年来其原材料数据资料很多都没有公开发表，能查阅到的专业文献和数据十分有限，也比较零散，数据的准确性更需要仔细甄别。固体推进剂科研单位为满足自身需要，通过不断积累，也编写整理了少量原材料性能手册和资料汇编，但相对来说或是原材料种类偏少不够完整齐全，或是所列性能数据较为简单专一不够综合全面，且仅供研究单位内部使用而没有公开出版发行。《固体推进剂功能材料理化性能数据手册》是一本系统介绍推进剂功能材料的大型工具书。全书总结汇编了催化剂、燃速调节剂、键合剂、防老剂、绝热层黏合剂、降温剂、增强剂、促进剂、阻燃剂、抑烟剂、工艺助剂十一大类，共计100余种主要功能材料，收集、甄别、整理了每种原材料的理化性质，理化指标和检验方法，制备方法，储存、运输和应用，毒性与防护，理化分析谱图等数据和资料。手册中的大部分内容已在编者单位(湖北航天化学技术研究所)内部使用多年。

本书是一部内容较完备的推进剂功能材料数据手册。而编写出版这类工具性手册，是一项需要长期积累、对能力要求高、费时费力但却具有重要价值的基础性工作，应得到更多重视和关注，行业内主要研究机构也应承担更多的责任和义务。本书收集的数据资料系统、全面，学术水平和实用价值较高，填补了我国固体推进剂研制和应用领域的一项空白。我相信,它的出版将给从事固体推进剂及相关研究的科研人员提供一本不可多得的基础性工具书,为工作提供便利。同时,也期待未来该领域有更多基础性、专业性的著作问世。

郑剑

2022年12月6日

郑剑,中国航天科技集团有限公司科学技术委员会研究员。

前 言

固体推进剂可应用于大到运载火箭发动机、战略导弹发动机、火箭姿态控制发动机,小到战术导弹发动机、子弹推进动力源。固体推进剂在我国尽管只有 50 余年的发展历史,但是已应用了大量原材料,积累了许多宝贵的经验。早在 2010 年,《固体推进剂功能材料理化性能数据手册》编辑团队就开始着手收集相关资料,希望将现有经验归纳总结,编写一部全面涵盖推进剂功能材料理化性能的数据手册。但因固体推进剂涉及国家安全,许多资料不能公开发表,因而能查到的专业文献十分有限。经过十多年的积累,并将手册初稿在编者单位湖北航天化学技术研究所内网发布,不断增删、完善,加上最近十年分析设备更加先进,国内外开展相关研究更加广泛,信息来源更加丰富,我们终于在 2022 年完成送审稿。

本书是针对固体推进剂功能材料编辑出版的一本系统介绍推进剂功能材料物理性质,化学性质,理化指标和检验方法,制备方法,储存、运输及应用,毒性与防护,理化分析谱图的工具书。涉及的材料品种和数量多,包括固体推进剂催化剂、燃速调节剂、键合剂、防老剂等,这些是固体推进剂及其相关研究工作人员十分关注并常使用的试剂。本书是为便于广大研究人员进行查索而编撰的。本书的出版将为更多从事武器装备、航天动力系统固体推进剂的设计、研究、制造、应用和管理等领域的科学研究人员与工程技术人员提供帮助。

第 1 章催化剂由石玉婷、杨秋秋、安百强负责编辑;第 2 章燃速调节剂的 2. 1 节增速剂由杨秋秋、赵华丽、黄志萍负责编辑,2. 2 节降速剂由聂海英、赵志刚、程福银负责编辑;第 3 章键合剂由王敏、程新丽、葛婧文负责编辑;第 4 章防老剂由蔡如琳、强福志、吴倩负责编辑;第 5 章绝热层黏合剂由黄志萍、张玉樊、刘发龙负责编辑;第 6 章降温剂由李娓、刘治国、韦雪梅负责编辑;第 7 章增强剂由刘梦、张劲民、章园园负责编辑;第 8 章促进剂由谭利敏、王亮、张玉樊负责编辑;第 9 章阻燃剂由章园园、刘琮佩璘、杨秋秋负责编辑;第 10 章抑烟剂由徐胜良、颜焱、张箭负责编辑;第 11 章工艺助剂由吴忆雯、张箭、徐胜良负责编辑。

手册中的红外光谱图除了注明是石蜡糊法的谱图，均为溴化钾压片或涂片法采集谱图；热分析谱图中 DSC 谱图均为向上放热，向下吸热，升温速度 10℃/min；核磁共振谱图除注明固体法外，均为液体核磁共振法。表格中未提及的项目以%为计量单位的，一般默认为质量分数。由于每种材料均在最后列有参考文献，故未在正文中引用。

本书的编写得到很多相关单位和人员的大力支持和热情帮助，他们提出了许多宝贵意见，在此表示衷心感谢。

由于编者专业及水平所限，遗漏和错误在所难免，敬请广大读者批评指正，以便修改和补充。

编者

2022 年 11 月

目录

催化剂

复合固体推进剂中催化剂一般指黏合剂固化反应催化剂，亦称固化催化剂。主要用于调节固化反应速率、降低固化反应温度、抑制副反应发生，以控制推进剂药浆在一定温度下从混合完毕到浇注结束的允许时间期限（即药浆适用期）内的流动、流平性能和推进剂固化反应时间，满足浇注药浆流体工艺性能和推进剂固化成型的要求。

1.1 三苯基铋

中文名称：三苯基铋

英文名称：triphenyl bismuth

中文别称：三苯铋

英文别称：TPB

分子式：$C_{18}H_{15}Bi$

分子量：440.3

CAS 登记号：603-33-8

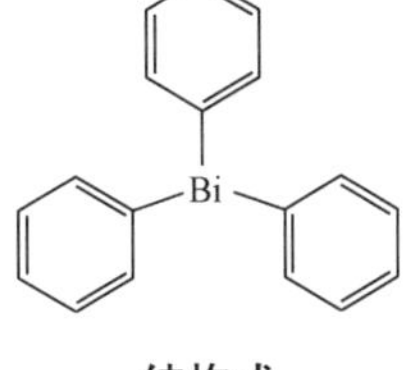

结构式

1. 物理性质

白色或乳白色晶体。密度 1.585g/cm^3，熔点 78～80℃，沸点 310℃，242℃(1.87kPa)，折射率 1.7040。不溶于水，微溶于乙醇，易溶于氯仿，溶于乙醚、丙酮、正庚烷。

2. 化学性质

与盐酸作用时，生成三氯化铋和苯。与硫酚反应得黄色晶体$(C_6H_5)_2BiSC_6H_5$

(熔点 170℃)。易被氯、溴氧化为二氯化三苯基铋或二溴化二苯基铋。与三氯化铋反应生成氯化二苯基铋和二氯化苯基铋,与氯化汞相互作用时,生成氯化二苯基铋和氯化苯基汞。

$$(C_6H_5)_3Bi + 3HCl \longrightarrow 3\,C_6H_6 + BiCl_3$$

3. 理化指标和检验方法

TPB 理化指标和检验方法见表 1-1。

表 1-1 TPB 理化指标和检验方法

项　目	理化指标	检验方法
TPB/%	≥97.5	HPLC
熔点/℃	≥77.0	熔点仪法
铋/%	47.0~47.9	EDTA 化学滴定法
丙酮不溶物/%	≤0.10	重量法
镁/%	≤0.003	原子吸收光谱法
总卤素(按氯计)/%	≤0.05	浑浊度比较
外观	无肉眼可见杂质或异物	目测法

4. 制备方法

采用铋的卤化物同格式试剂的金属互换法。先用溴苯和金属镁生成溴苯基镁格式试剂,再与铋的卤化物三氯化铋合成三苯基铋,反应式如下:

$$PhBr+Mg \longrightarrow PhMgBr$$

$$3PhMgBr+BiCl_3 \longrightarrow Ph_3Bi+3MgBrCl$$

5. 储存、运输和应用

按照国家关于非爆炸燃烧性的一般化学品的运输规定运输。运输过程中应防水、防晒、特别要防紫外线辐射。密封储存在通风、干燥、无紫外线辐射的库房内。

用作 IPDI、TDI 固化的固体推进剂,含硝酸酯增塑的聚醚推进剂的固化催化剂。民用上,可作为乙炔聚合环辛四烯的催化剂、甲醛聚合反应的催化剂、聚环氯化物的熟化剂和单元燃料速度控制剂。

6. 毒性与防护

吞咽有害,皮肤接触有害,吸入有害。佩戴过滤式防毒面具(半面罩)或携气式呼吸器,戴橡胶耐油手套、化学安全防护眼镜,穿防毒物渗透工作服。

7. 理化分析谱图

(1) 红外光谱图见图 1-1。

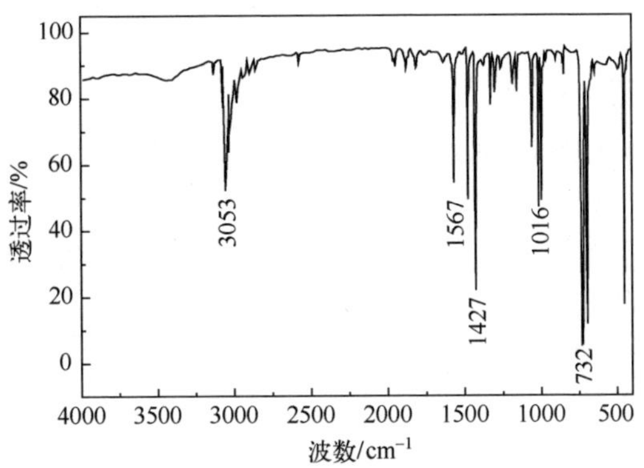

图 1-1　红外光谱

(2) 拉曼光谱图见图 1-2。

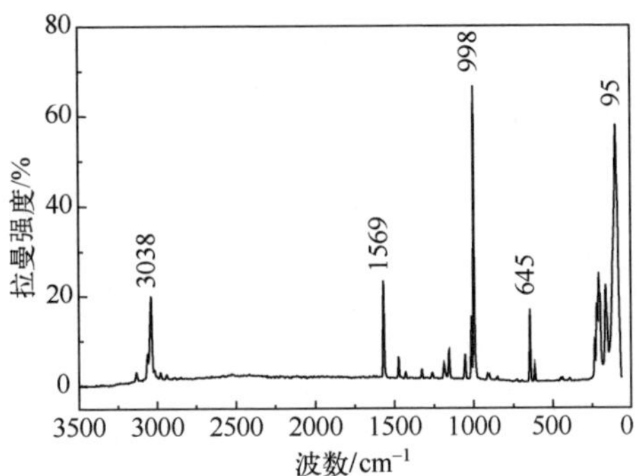

图 1-2　拉曼光谱

(3) 核磁共振谱图见图 1-3。

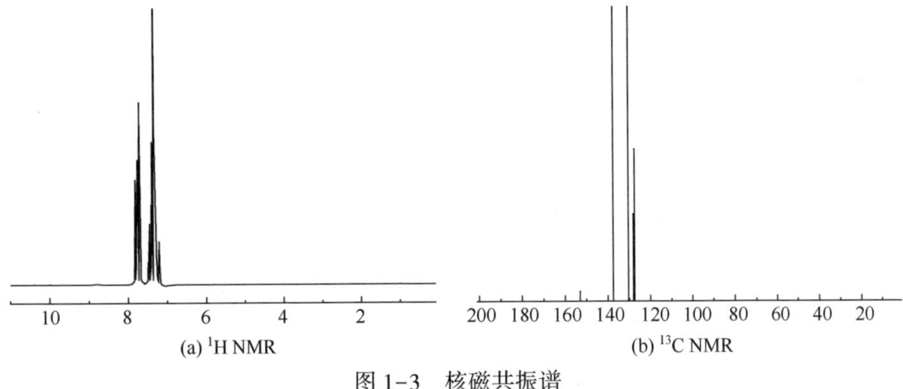

图 1-3　核磁共振谱

参考文献

[1] 达维纳 A. 固体火箭推进剂技术[M]. 张德雄,王北海,等译. 北京:宇航出版社,1997:452,498-500.

[2] 唐松青,刘训恩,刘金涛,等. 三苯基铋规范:GJB 5276—2003[S]. 北京:国防科学技术工业委员会,2003.

[3] 刘训恩,王剑良,何福妹,等. 三苯基铋的合成研究及应用[J]. 北京理工大学学报,1994,12(S1):16-21.

1.2 二月桂酸二正丁基锡

中文名称:二月桂酸二正丁基锡

英文名称:ditin butyl dilaurate

中文别称:二丁基二月桂酸锡;二丁基二(十二酸)锡;月桂酸二丁基锡

英文别称:DBTDL; dibutyl bis((1-oxododecyl)oxy)-stannane;dibutylbis(lauroyloxy)-stannane

分子式:$C_{32}H_{64}O_4Sn$

分子量:631.56

CAS 登记号:77-58-7

$$\begin{array}{c} \mathrm{H_9C_4} \\ \mathrm{H_9C_4} \end{array} \!\!>\! \mathrm{Sn} \!<\! \begin{array}{c} \mathrm{O-C(=O)-C_{11}H_{23}} \\ \mathrm{O-C(=O)-C_{11}H_{23}} \end{array}$$

结构式

1. 物理性质

浅黄色或无色油状液体,低温成白色结晶体,密度 1.04~1.06g/cm^3(20℃),折射率 1.460~1.470(25℃),熔点 22~24℃,凝固点 8℃。溶于苯、甲苯、乙醇、丙酮等有机溶剂,不溶于水。

2. 化学性质

闪点 226.7℃。与强氧化剂、碱反应,乳化后易水解。在 NCO/OH 反应体系中,DBTDL 的锡既可与羟基氢络合,形成络合物从而使羟基活化,增强其亲核性,也可与羟基氧络合,从而使羟基氢活化,生成醇锡络合物作为催化中间体,因而 DBTDL 是 NCO/OH 反应体系的良好催化剂。

3. 理化指标和检验方法

二月桂酸二正丁基锡理化指标和检验方法见表 1-2。

4. 制备方法

(1) 丁醇与碘、磷反应生成碘丁烷,碘丁烷与锡粉、镁粉反应生成碘代丁基

锡,精制后与月硅酸钠在80℃下缩合,生成二月桂酸二正丁基锡。具体步骤如下:

表1-2 二月桂酸二正丁基锡理化指标和检验方法

项目	理化指标	检验方法
外观	淡黄色透明液体	目测法
密度/(g/cm^3)	1.025~1.065	密度计
色泽(碘比色)/号	5	比色法
锡/%	18.6±0.6	化学法

① 二碘代二正丁基锡的制备。由碘、红磷、丁醇、锡粉、镁粉依次制得。

$$3I_2+6C_4H_9OH+2P_2 \longrightarrow 6C_4H_9I+2P(OH)_3$$

$$2C_4H_9I+Sn \xrightarrow{Mg} (C_4H_9)_2SnI_2$$

② 成品的制备。将1mol月桂酸(工业品)加入反应釜,搅拌下升温至60℃,缓缓加入2.1mol 20%氢氧化钠溶液。碱液加完后,搅拌0.5~1h,升温至80~90℃,生成二月桂酸钠。再加入1mol二碘代二正丁基锡,保持80~90℃,反应1.5~2h。静置15~30min,碘化钠呈固体沉淀析出,经过滤回收后精制。分离出碘化钠的物料经减压蒸馏、冷却、压滤,即得成品。

$$C_{11}H_{23}\overset{\overset{O}{\|}}{C}-OH + NaOH \longrightarrow C_{11}H_{23}COONa + H_2O$$

$$2C_{11}H_{23}COONa + (C_4H_9)_2SnI_2 \longrightarrow (H_9C_4)_2Sn(O-\overset{\overset{O}{\|}}{C}-C_{11}H_{23})_2 + 2NaI$$

(2) 用摩尔比2:1的月桂酸和二丁基氧化锡无溶剂直接反应生成二月桂酸二正丁基锡。向250mL三口瓶中加入200g月桂酸,用油浴加热、搅拌,升温至35℃,月桂酸开始溶解,待溶解完全后,出现淡黄色液体,加入二丁基氧化锡124.5g,继续搅拌升温至55℃,白色固体溶解完全。在温度(50±2)℃反应3h。放料,装入分液漏斗,静置分层,去除表面少量水分,得下层有机相产品。

$$2CH_3(CH_2)_{10}COOH+(C_4H_9)_2SnO \longrightarrow [CH_3(CH_2)_{10}COO]_2Sn[(CH_2)_3CH_3]_2+H_2O$$

5. 储存、运输和应用

用内衬塑料袋编织袋包装,储存时要干燥,温度在15~30℃为宜。

用作火箭固体推进剂的固化催化剂。民用上,可用作软质PVC制品的热稳定剂,如薄膜、半硬质薄片、透明软件管及多种产品催化剂、聚氨酯泡沫合成、有机硅橡胶催化剂、聚氨酯涂料催干剂。

6. 毒性与防护

中等毒性,吞咽有害。可能导致皮肤过敏反应、遗传性缺陷、对生育能力或胎儿造成伤害。长期或反复接触会对器官造成伤害,造成严重皮肤灼伤和眼损伤。应避免与皮肤、黏膜接触,污染后立即用大量清水冲洗。在空气中最高容许浓度 0.1mg/m³。佩戴过滤式防毒面具(半面罩)或携气式呼吸器,戴橡胶耐油手套、化学安全防护眼镜,穿防毒物渗透工作服。

7. 理化分析谱图

(1) 红外光谱图见图 1-4。

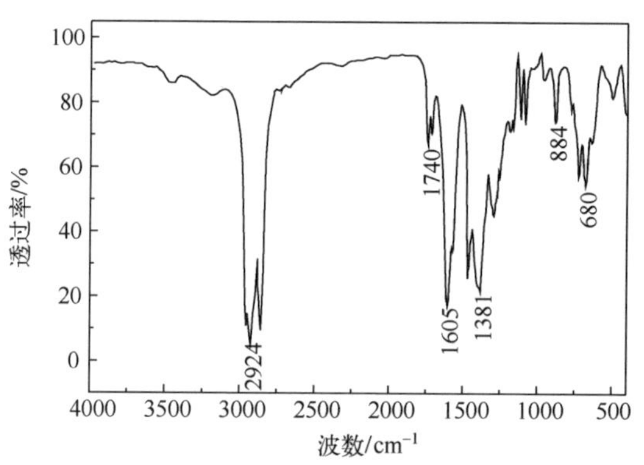

图 1-4　红外光谱

(2) 质谱图见图 1-5。

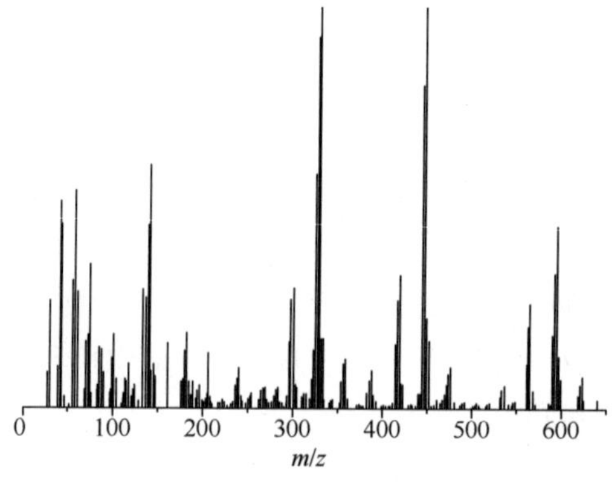

图 1-5　质谱

(3) 核磁共振谱图见图 1-6。

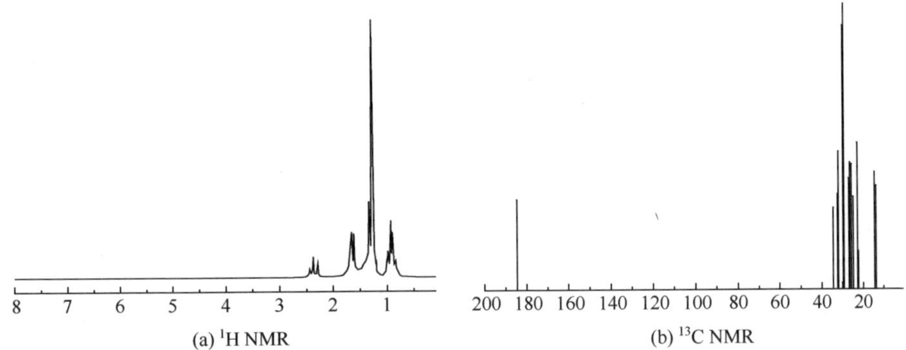

图 1-6　核磁共振谱

参考文献

[1] 化学工业出版社．中国化工产品大全:上卷[M].2 版．北京:化学工业出版社,1998:978-979.

[2] 蒋芸．复合固体推进剂原材料毒性与防护[M]．乌鲁木齐:新疆科技卫生出版社,1996:94-95.

[3] 李延超,王晖,张国君,等．无溶剂法合成二月桂酸二丁基锡催干剂及性能研究[J]．应用化工,2019,48(06):1510-1512.

[4] 李兆辉,倪亚杰,王宏峰,等．二月桂酸二丁基锡对雄性大鼠肝细胞凋亡的作用[J]．中国卫生工程学,2011,10(05):366-368.

[5] 郭睿,吴从华,赵亮．热稳定剂二月桂酸二丁基锡合成工艺改进[J]．应用化工,2005(06):379-380+382.

[6] 胡建,李旭峰,单国荣．异氰酸酯与巯基、羟基催化反应机理的研究[J]．化学反应工程与工艺,2008,24(5):423-426.

1.3　过氧化二异丙苯

中文名称:过氧化二异丙苯

英文名称:dicumyl peroxide

中文别称:硫化剂 DCP

英文别称:DCP;vulcanizing agent DCP

分子式:$C_{18}H_{22}O_2$

分子量:270.37

CAS 登记号:80-43-3

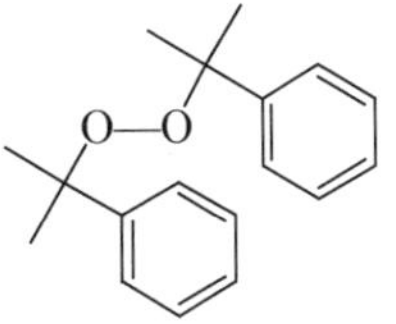

结构式

1. 物理性质

白色菱形结晶,密度 1.082g/cm^3(20℃),折射率 l.5360,熔点 39~42℃,升华温度 100℃(26.7 Pa)。溶于汽油、丙酮、四氯化碳、苯、异丙苯、乙酸、乙醚,微溶于冷乙醇,不溶于水。

2. 化学性质

为强氧化剂,在阳光下泛黄色。分解温度 120~125℃(迅速分解),闪点 133℃,自燃点 218℃。活性氧含量 5.92%(纯度 100%),5.62%(纯度 95%)。半衰期(苯溶液)171℃为 1min,117℃为 10h,101℃为 100h,在室温下稳定。遇火缓慢燃烧,与可燃材料、还原剂、酸、碱、铁锈和重金属反应,在浓无机酸作用下会剧烈分解,有燃烧爆炸危险,对震动和摩擦不敏感。在光照或加热条件下分解为自由基,反应式如下:

$$\text{DCP} \xrightarrow[\text{或}\Delta]{h\nu} 2\ \text{C}_6\text{H}_5\text{C(CH}_3)_2\text{O}\cdot$$

3. 理化指标和检验方法

DCP 理化指标和检验方法见表 1-3。

表 1-3　DCP 理化指标和检验方法

项　　目	理 化 指 标	检 验 方 法
外观	白色菱形结晶	目测法
DCP/%	≥99.5	氧化还原法/LC
熔点/℃	≥39.0	熔点仪法
总挥发物/%	≤0.2	重量法
熔融色度,Pt-Co	≤100	比色法

4. 制备方法

异丙苯氧化为过氧化氢异丙苯(CHP),再由 CHP 还原、缩合而得。原料异丙苯经碱洗,去除原料中的酸性物质、酚等杂质,然后与空气在氧化塔内进行低压干式氧化反应生成 CHP 氧化液,经浓缩为 40%~50%CHP 氧化液。用亚硫酸钠将 CHP 在 62~65℃还原为苄醇(CA)。CA 精馏后(CA≥90%),在高氯酸催化作用下,使苄醇与过氧化氢异丙苯在 42~45℃缩合,得到过氧化二异丙苯缩合液。经 10%氢氧化钠溶液洗涤、真空蒸馏提浓后,再溶于无水乙醇,于 0℃以下结晶,过滤干燥即得硫化剂 DCP。反应式如下:

5. 储存、运输和应用

用内衬聚乙烯塑料袋铁桶包装，密封储存于 30℃以下干燥库房。

主要用作三元乙丙绝热层、丁腈绝热层的硫化剂。民用上，可用作不饱和基团聚合反应的引发剂，天然橡胶和合成橡胶如丁腈胶、丁苯胶、氯丁胶、乙丙胶和聚氨酯胶的硫化剂。还可用作许多合成树脂，如聚苯乙烯、苯乙烯-丙烯腈共聚物和聚氯乙烯等的交联剂。

6. 毒性与防护

毒性最低的过氧化物之一，大鼠经口 LD_{50}4100mg/kg。应避免吸入粉尘，操作人员应戴防护用具。

7. 理化分析谱图

(1) 红外光谱图见图 1-7。

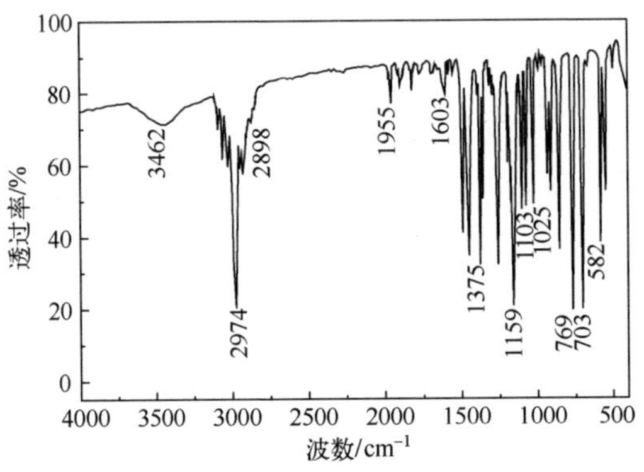

图 1-7　红外光谱

(2) 拉曼光谱图见图 1-8。

(3) 热分析谱图见图 1-9。

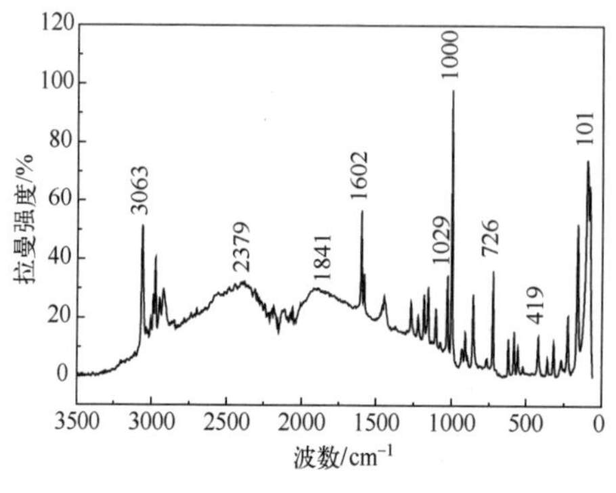

图 1-8　拉曼光谱

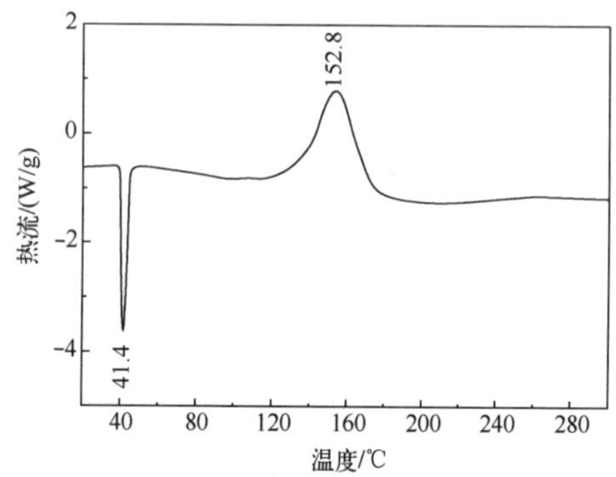

图 1-9　热分析谱(DSC)

参考文献

［1］ 化学工业出版社．中国化工产品大全:上卷［M］.2 版．北京:化学工业出版社,1998:960-961.

［2］ 王梦蛟,龚怀耀,薛广智．橡胶工业手册:第二分册　配合剂［M］．修订版．北京:化学工业出版社,1989:15-16.

［3］ 马勇,廖天友．过氧化二异丙苯(DCP):Q/320681GAE05—2016［S］．南通:江苏道明化学有限公司,2016.

［4］ 阳军,张顺,肖翠,等．加成法合成过氧化二异丙苯［J］．化工科技,2020,28(06):42-44+48.

［5］ 张国斌．过氧化二异丙苯工艺过程危险辨识及安全评估［D］．青岛:青岛科技大学,2019.

［6］ 张婧,孙峰,金满平,等．过氧化二异丙苯热危害分析及损失预防［J］．安全、健康和环境,2015,15(11):69-72.

［7］ 王成刚,郑洪健,张丽伟．过氧化二异丙苯(DCP)技术及进展［J］．化工科技,2015,23(04):76-80.

1.4　过氧化二苯甲酰

中文名称:过氧化二苯甲酰

英文名称:benzoyl peroxide

中文别称:过氧化苯酰

英文别称:benzoyl superoxide

分子式: $C_{14}H_{10}O_4$

分子量:242.23

CAS 登记号:94-36-0

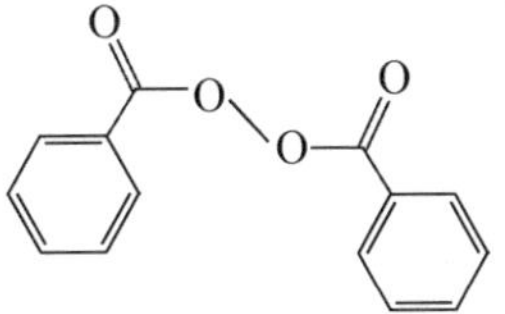

结构式

1. 物理性质

白色或淡黄色细粒,微有苦杏仁气味。熔点 103~106℃。密度 1.33g/cm³,溶于丙酮、二氯甲烷、苯、氯仿、乙醚、乙酸乙酯、甲苯和苯乙烯。不溶于水,微溶于醇类。

2. 化学性质

性质极不稳定,有燃烧和爆炸危险,闪点 80℃,分解温度 112℃。摩擦、撞击、遇明火、高温、硫及还原剂,均有引起燃烧爆炸的危险。接触到无机酸燃烧。当产品中含 25%~30% 水时,爆炸危险降低。在光照或加热条件下分解为自由基,反应式如下:

$$(C_6H_5COO)_2 \xrightarrow[\text{或}\Delta]{h\nu} 2\,C_6H_5COO\cdot \longrightarrow 2\,C_6H_5\cdot + 2CO_2$$

3. 理化指标和检验方法

过氧化二苯甲酰理化指标和检验方法见表 1-4。

表 1-4　过氧化二苯甲酰理化指标和检验方法

项　　目	理化指标		检验方法
	一　级　品	二　级　品	
外观	白色结晶粉末	白色结晶	目测法
过氧化二苯甲酰/%	99.0	95	LC
熔点/℃	102~106	102~106	熔点仪法
水分/%	30	30	干燥法
磷化物/%	0.005	—	物检

4. 制备方法

(1) 过氧化氢与 30% 氢氧化钠反应,制得 Na_2O_2 后,再与苯甲酰氯反应制得过氧化二苯甲酰粗品,经过滤、洗涤、干燥而成。具体步骤如下:

在反应釜内先加入 40% 以上的氢氧化钠溶液 0.75 份,加水稀释为 30% 左右,搅拌下冷却至 10℃,滴加 30% 的双氧水 1 份,控制反应温度为(10±2)℃。滴加完后,用冷冻盐水使物料温度降至 0℃左右,再一边搅拌、一边滴加苯甲酰氯。通过调节苯甲酰氯的滴加速度和加强传热,控制反应温度在 0℃以下,温度过高会引起过氧化氢分解和苯甲酰氯水解。滴加完苯甲酰氯后,继续保持 0℃左右,搅拌反应 2~3h。然后静置分层,放出下层废液,加入冰水,边加边搅拌。

再静置分层。分出下层的过氧化苯甲酰,进行低温干燥(50~70℃),需储存时应保持成品中含水量25%~30%。反应式如下:

$$2NaOH+H_2O_2 \longrightarrow Na_2O_2+2H_2O$$

$$2C_6H_5COCl + Na_2O_2 \longrightarrow C_6H_5CO{-}O{-}O{-}COC_6H_5 + 2NaCl$$

(2)以碳酸氢铵为碱性介质,在其他原材料不变的情况下,常温反应合成BPO:将一定量苯甲酰氯投入苯甲酰氯储罐中待用。称量相等质量的双氧水投入反应釜中,开启搅拌,然后加入少量相转移催化剂十二烷基硫酸钠,再将称量好的碳酸氢铵慢慢投入反应釜中。待碳酸氢铵在双氧水中均匀分布后,以一定的流量逐渐滴加苯甲酰氯至反应釜,并视反应釜的温度情况,调节苯甲酰氯的加入量,保持20℃左右,直至苯甲酰氯全部投完为止。待反应釜中无气体放出即为反应结束。开启无堵塞泵,把物料打至离心机脱水即可得到BPO产品。碳酸氢铵、苯甲酰氯合成BPO的反应式如下:

$$2NH_4HCO_3 + H_2O_2 + C_6H_5COCl \xrightarrow{\text{催化}}$$

$$C_6H_5CO{-}O{-}O{-}COC_6H_5 + 2NH_4Cl + H_2O + 2CO_2$$

5. 储存、运输和应用

按有毒物品规定运输。储存于阴凉、干燥、通风的库房。以水做稳定剂,一般要求含水量为30%。最好独放一室。最高库存温度低于30℃。严禁与其他有机物或可燃物混放。

在推进剂中作为PVC黏合剂的固化催化剂,硅橡胶绝热层的交联剂。主要用作PVC、聚丙烯腈的聚合引发剂和不饱和聚酯、丙烯酸酯的交联剂。可在橡胶工业中用作硅橡胶和氟橡胶的交联剂,还可作为漂白剂、氧化剂用于化工生产。

6. 毒性与防护

加热可能起火或爆炸。有毒,造成严重眼刺激。可能导致皮肤过敏反应。毒性:LD_{50} 7710mg/kg(大鼠,经口),ADI 0~40mg/kg(亦为人用小麦粉的允许处理量,特殊情况下为40~75mg/kg,FAO/WHO,2001)。应避免吸入粉尘,操作人员应戴防护用具。

7. 理化分析谱图

(1)红外光谱图见图1-10。

(2)拉曼光谱图见图1-11。

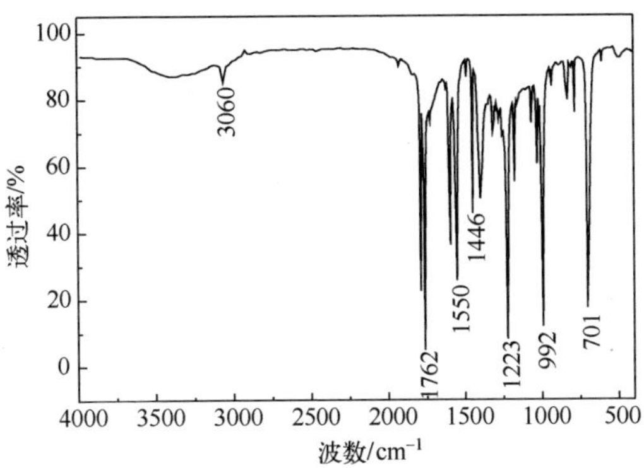

图 1-10　红外光谱

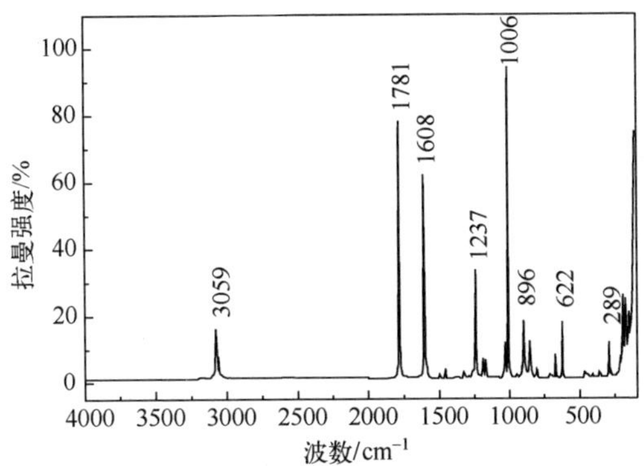

图 1-11　拉曼光谱

（3）质谱图见图 1-12。

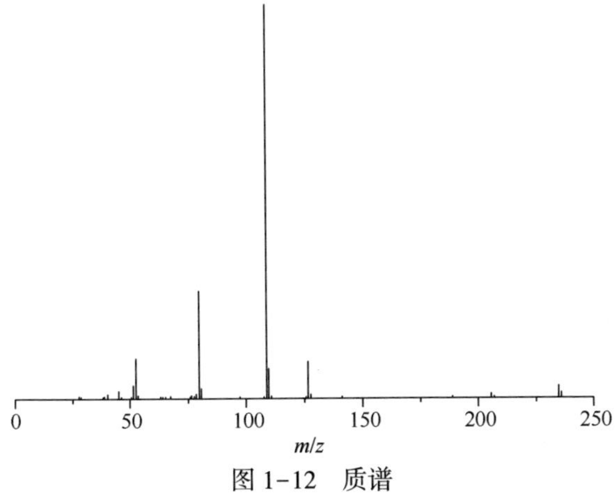

图 1-12　质谱

（4）核磁共振谱图见图 1-13。

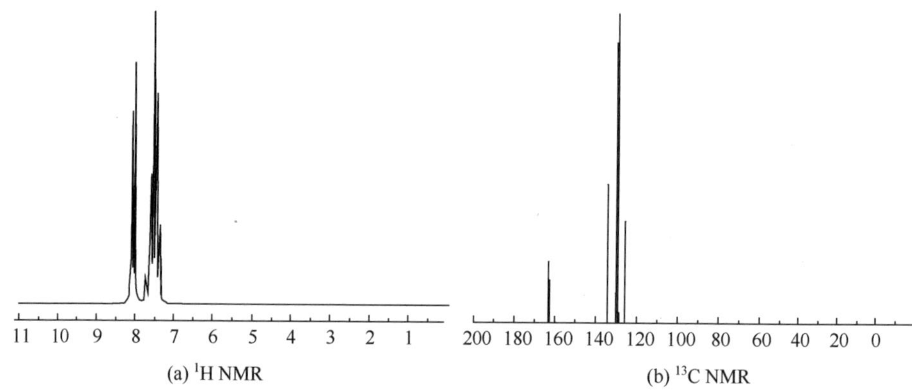

图 1-13　核磁共振谱

（5）热分析谱图见图 1-14。

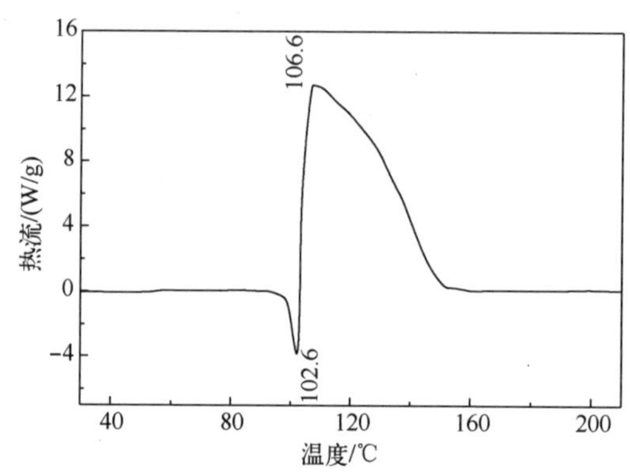

图 1-14　热分析谱(DSC)

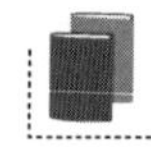

参考文献

[1] 化学工业出版社．中国化工产品大全：上卷[M]．2 版．北京：化学工业出版社，1998：805.

[2] 李世然，吴文倩，陈利平，等．无、含水过氧化苯甲酰热分解及撞击感度研究[J]．中国安全科学学报，2020，30(07)：93-100.

[3] 甘晓雨．杂质作用下双氧水及过氧化苯甲酰的热危险性研究[D]．南京：南京理工大学，2019.

[4] 方少华,俞哲文,顾琮钰,等. 过氧化苯甲酰火灾危险性研究[J]. 武警学院学报,2017,33(12):15-18.

[5] 姜君,江佳佳,蒋军成,等. 过氧化苯甲酰合成工艺热危险性分析[J]. 安全与环境学报,2017,17(02):439-445.

1.5 *N*,*N*,*N*′,*N*′-四羟乙基乙二胺

中文名称:*N*,*N*,*N*′,*N*′-四羟乙基乙二胺

英文名称:ethylenediamine- *N*,*N*,*N*′,*N*′-tetraethanol

中文别称:四(2-羟乙基)乙二胺;乙二胺四乙醇

英文别称:THEED;2,2′,2″,2‴-(ethylenedinitrilo)tetraethanol; 2,2′,2″,2‴-(ethylenediimino)tetraethanol; 2,2′,2″,2‴-(1,2-ethanediyldinitrilo)tetrakis-ethanol

分子式:$C_{10}H_{24}N_2O_4$

分子量:236.31

CAS 登记号:140-07-8

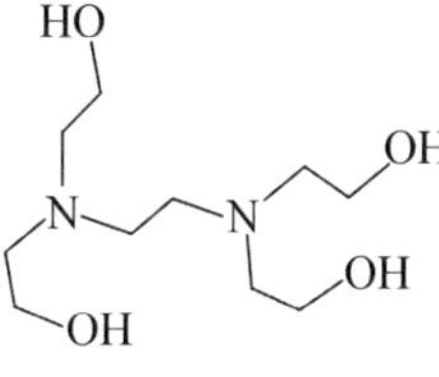

结构式

1. 物理性质

无色至浅黄色黏稠液体。沸点 280℃左右,密度 1.1g/cm³(20℃),折射率 1.501(20℃),与水任意比例混溶。

2. 化学性质

闪点 110℃,pH 值:8.0~10.0(1%水溶液),酸度系数(pKa)14.09±0.10。具有羟基化合物的特性,也有胺的特性,可与酸反应生成盐,亦可缩合生成酯。

3. 理化指标和检验方法

四羟乙基乙二胺理化指标和检验方法见表1-5。

表1-5 四羟乙基乙二胺理化指标和检验方法

项 目	理化指标	检验方法
四羟乙基乙二胺/%	≥98.0	GC 法
水分/%	≤0.20	卡尔·费休法
密度 ρ_{20}/(g/cm³)	1.10	密度瓶法

4. 制备方法

(1) 由环氧乙烷和乙二胺反应合成:

$$4\ \text{O}\triangle + \text{H}_2\text{N}\diagup\!\diagdown\text{NH}_2 \longrightarrow (\text{HO}\diagup\!\diagdown)_2\text{N}\diagup\!\diagdown\text{N}(\diagup\!\diagdown\text{OH})_2$$

（2）由二溴乙烷和二乙醇胺反应制得：

$$\text{Br}\diagup\!\diagdown\text{Br} + 2\ \text{HO}\diagup\!\diagdown\overset{\text{H}}{\text{N}}\diagup\!\diagdown\text{OH} \longrightarrow (\text{HO}\diagup\!\diagdown)_2\text{N}\diagup\!\diagdown\text{N}(\diagup\!\diagdown\text{OH})_2 + 2\ \text{HBr}$$

5. 储存、运输和应用

储存于阴凉、通风的库房，库温不宜超过37℃。应与氧化剂、食用化学品分开存放，切忌混储。

用作固体推进剂的固化催化剂和交联剂。民用上，可作为合成橡胶和聚氨酯产品交联剂、抗静电剂，合成塑料稳定剂，混凝土减水剂原料，金属络合剂，线路板制造上用于化学镀铜、助焊剂和清洗剂。

6. 毒性与防护

造成皮肤刺激和严重眼损伤。佩戴过滤式防毒面具（半面罩）或携气式呼吸器。戴橡胶耐油手套、化学安全防护眼镜，穿防毒物渗透工作服。

7. 理化分析谱图

（1）红外光谱图见图1-15。

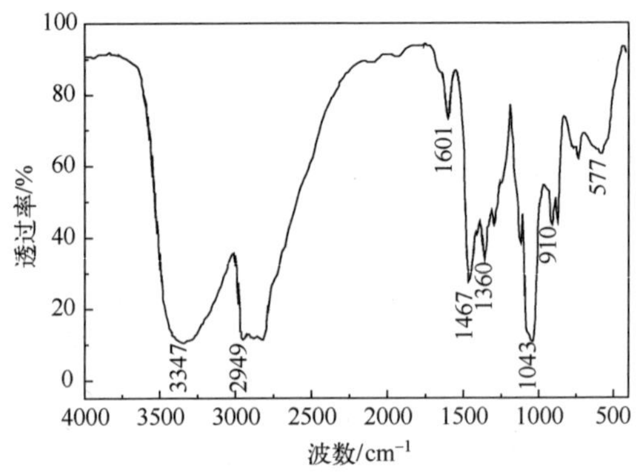

图1-15 红外光谱

（2）质谱图见图1-16。

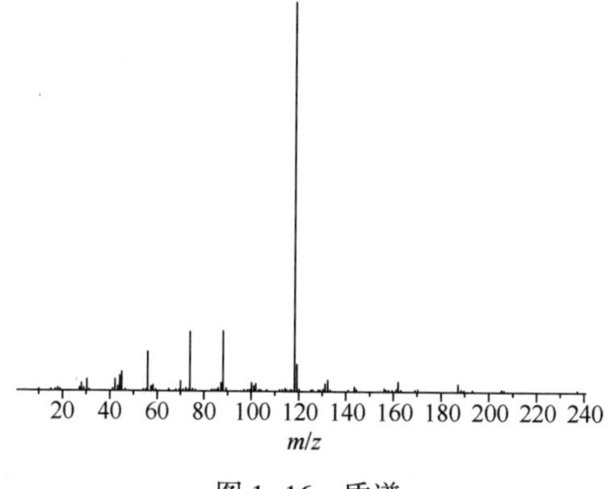

图 1-16　质谱

（3）核磁共振谱图见图 1-17。

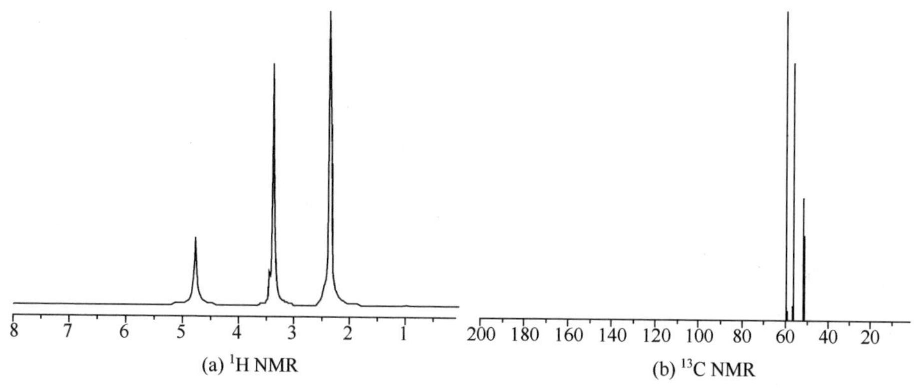

图 1-17　核磁共振谱

参考文献

［1］　杨海健，白宇鹳，周露，等．N,N,N',N'-四（2-羟乙基）乙二胺常压催化 CO_2 与环氧烷耦合反应研究［J］．中南民族大学学报（自然科学版），2019，38（04）：487-491.

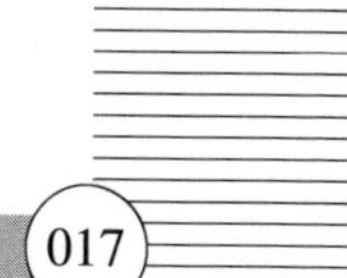

第2章 燃速调节剂

燃速调节剂是调节推进剂燃烧性能的功能助剂。燃速调节剂包括增速剂和降速剂,根据推进剂燃烧性能调节的需要,选择适当种类的燃速调节剂,以调节推进剂燃速、改善压强指数以及温度敏感系数。

2.1 增 速 剂

2.1.1 二茂铁

中文名称:二茂铁

英文名称:dicyclopentadienyl iron

中文别称:二聚环戊二烯铁

英文别称:FC;ferrocene

分子式:$C_{10}H_{10}Fe$

分子量:186.04

CAS 登记号:102-54-5

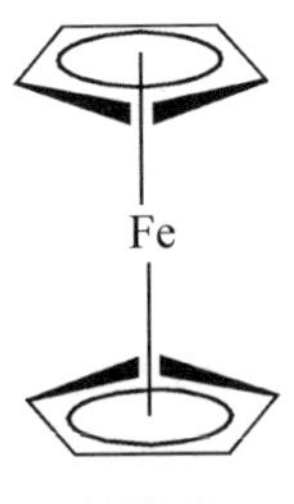

结构式

1. 物理性质

二茂铁常温下为橙色针状结晶体,纯度不高时为片状无定形体。有类似樟脑的气味,有抗磁性,偶极矩为0。熔点173~174℃,易升华,100℃时开始升华,沸点249℃。二茂铁不溶于水,稍溶于醇,溶于稀硝酸、浓硫酸、乙醚、石油醚、苯、丙酮、四氢呋喃、植物油等,溶于链烃类有机溶剂,易溶于芳烃,能随水蒸气挥发。二茂铁晶型结构见表2-1。

表 2-1　二茂铁晶型结构

晶系	a	b	c
单斜晶系	10.50Å	7.63Å	5.95Å

2. 化学性质

二茂铁为亚铁与环戊二烯的络合物。标准生成焓 140.9kJ/mol。燃烧热 31593.8kJ/kg。生成热 79.08kJ/kg（定压）,790.78kJ/kg（定容）。二茂铁分子中 10 个氢原子的地位都是等同的,其结构为一个铁原子处于两个平行的环戊二烯的环之间(该结构称为“夹心结构”)。在固体状态下,两个茂环相互错开成全错构型,温度升高时绕环垂直轴作相对转动。

二茂铁在空气中稳定,对热也稳定,加热到 400℃也不分解。能耐酸、碱及紫外线,化学性质稳定,具有比较典型的芳香族化合物性质,在沸腾的稀氢氧化钠溶液或浓盐酸中也不分解,可被强氧化性混酸分解,二茂铁遇浓硫酸生成深红色,并发出蓝色荧光。二茂铁的环能够进行亲电取代反应,如汞化、磺化、烷基化、酰基化等,生成一系列二茂铁衍生物。它可被氧化为$[Cp_2Fe]^+$,铁原子氧化态的升高,使茂环(Cp)的电子流向金属,阻碍了环的亲电取代反应。二茂铁与正丁基锂反应,可生成单锂二茂铁和双锂二茂铁。二茂铁分解产物为碳酰铁,是一种剧毒物质。

3. 理化指标和检验方法

二茂铁理化指标和检验方法见表 2-2。

表 2-2　二茂铁理化指标和检验方法

项　目	理化指标		检验方法
	分析纯	化学纯	
$[Fe(C_5H_5)_2]$/%	≥99.0	≥98.0	GC
熔点范围/℃	170.0~176.0		熔点仪法
游离铁(Fe)/%	≤0.01	≤0.02	氧化还原法
甲苯不溶物/%	≤0.15	≤0.3	重量法

4. 制备方法

二茂铁生产方法有两种:化学合成法和电解法。化学合成二茂铁的基本原理是利用环戊二烯同碱作用得到环戊二烯负离子,然后与 $FeCl_2$ 作用生成二茂铁。

(1) 环戊二烯钠法。环戊二烯在碱作用下,生成环戊二烯钠,环戊二烯钠

和无水 $FeCl_2$ 在氮气保护下，在四氢呋喃或二甲亚砜中作用制得二茂铁。

$$C_5H_6 + NaOH \xrightarrow[N_2]{DMSO} C_5H_5Na + H_2O$$

$$2C_5H_5Na + Fe^{2+} \xrightarrow[N_2]{DMSO} C_5H_5-Fe-C_5H_5 + 2Na^+$$

(2) 二乙胺法。环戊二烯在较强的有机碱二乙胺存在下，同 $FeCl_2$ 作用制得二茂铁。

$$2FeCl_3 + Fe \xrightarrow{THF} 3FeCl_2$$

$$2C_5H_6 + FeCl_2 + 2(C_2H_5)_2NH \longrightarrow C_5H_5-Fe-C_5H_5 + 2(C_2H_5)_2NH\cdot HCl$$

5. 储存、运输和应用

运输过程中切勿倒置，防止曝晒，挤压。不能与强氧化剂混运。充氮储存或用棕色不透光容器封装，储存地点应远离热源和氧化剂。

主要用于复合固体推进剂中作为燃速催化剂，可显著提高燃速。由于二茂铁在推进剂中易升华、迁移，已很少应用，一般用其衍生物代替。二茂铁的乙烯基衍生物能发生烯链聚合，得到碳链骨架的含金属高聚物，可作航天飞船的外层涂料。民用上，可作为节能消烟助燃添加剂，合成汽油、人造液化气的添加剂，汽油的抗爆剂，橡胶及硅树脂的熟化剂，紫外线的吸收剂。还可用作聚乙烯、聚丙烯、聚酯纤维的保护剂，改进塑料、橡胶、纤维的热稳定性。医学上作为一种铁制剂用于治疗缺铁性贫血。

6. 毒性与防护

二茂铁属低毒类化合物，空气中允许浓度为$(500\sim700)\times10^{-6}$。可经消化道、呼吸道进入体内，吞入二茂铁有中等程度的毒性。小量的吸入可使白血球、红血球及凝血细胞增加，大量的吸入可导致在肝、脾、肾上腺皮质、淋巴结及肾内的含铁血黄素沉积物的增加，过量吸入会发生类似于血色病的病变。

口服中毒时应急救洗胃，防止二茂铁的继续吸收，并给予铁络合剂及对症治疗。工作场所进行有效密闭及通风排毒，降低作业场所空气中二茂铁的浓度。

7. 理化分析谱图

(1) 红外光谱图见图 2-1。

(2) 质谱图见图 2-2。

(3) 核磁共振谱图见图 2-3。

(4) 热分析谱图见图 2-4。

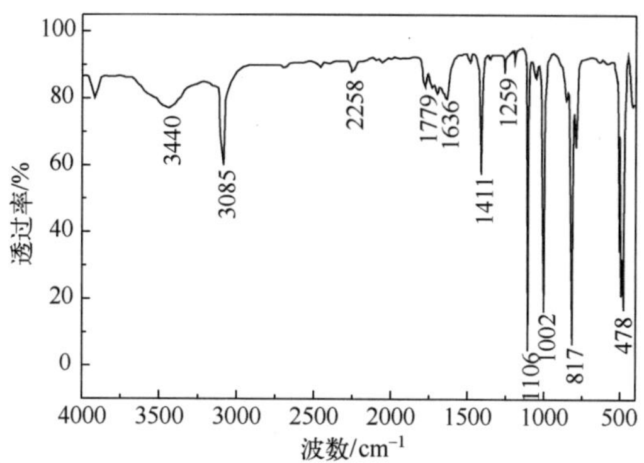

图 2-1　红外光谱

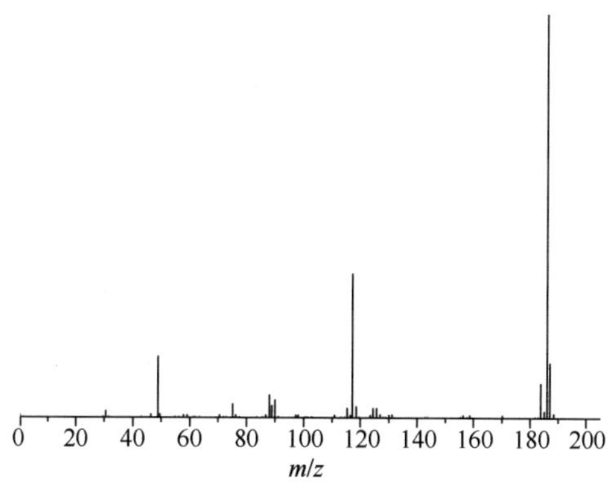

图 2-2　质谱

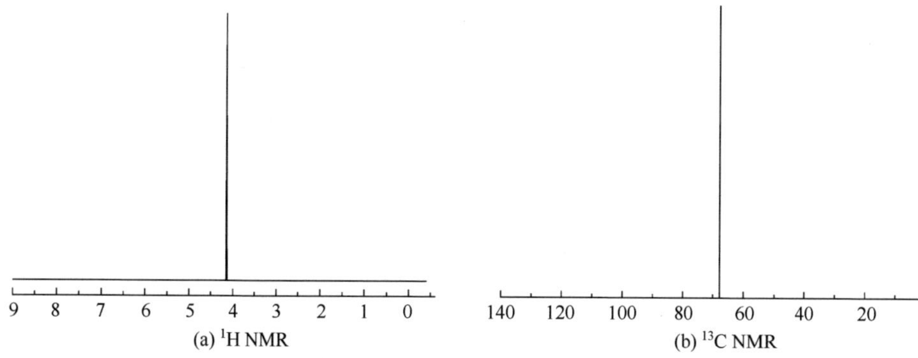

图 2-3　核磁共振谱

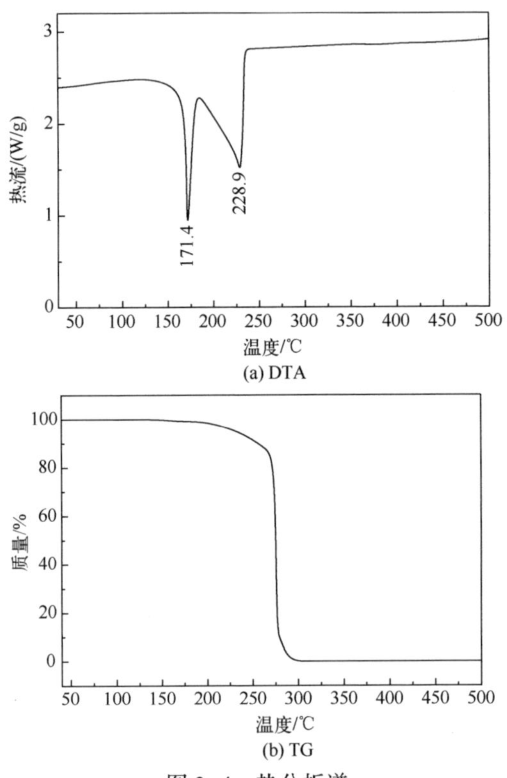

(a) DTA

(b) TG

图 2-4 热分析谱

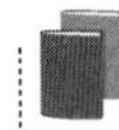

参考文献

[1] 欧育湘,李建军. 阻燃剂——性能、制造及应用[M]. 北京:化学工业出版社,2006:399-401.

[2] 张杏芬. 国外火炸药原材料性能手册[M]. 北京:兵器工业出版社,1991:250-251.

[3] 宋心琦. 实用化学化工辞典[M]. 北京:宇航出版社,1995:108.

[4] 蒋芸. 复合固体推进剂原材料毒性与防护[M]. 乌鲁木齐:新疆科技卫生出版社,1996:89.

[5] 徐寿昌. 有机化学[M]. 2版. 北京:高等教育出版社,1993:484-485.

[6] 达维纳 A. 固体火箭推进剂技术[M]. 张德雄,王北海,等译. 北京:宇航出版社,1997:440.

[7] 侯林法. 复合固体推进剂[M]. 北京:宇航出版社,1994:144.

[8] 西陇科学股份有限公司. 化学试剂 二茂铁:Q/STXH 410—2018[S]. 广东:西陇科学股份有限公司,2018.

[9] 袁云生. 二茂铁的合成与应用[J]. 今日科技,1994(3):8.

[10]　黄根龙,唐松青．国外二茂铁类燃速催化剂研究的新进展[J]．推进技术,1989(5):46-50.

[11]　唐松青,丁宏勋．丁羟推进剂的高效燃速催化剂[J]．化学推进剂与高分子材料,2004(1):8-11.

[12]　崔小明．二茂铁的合成及应用[J]．化学工业与工程技术,2000,6:21-23.

[13]　张仁,李建华,翁武军．二茂铁燃速催化剂的发展状况[J]．推进技术,1993(14):62-65.

[14]　程鹏,廖代正．对化学的挑战——分子铁磁体的设计[J]．大学化学,1993,8:2.

[15]　郭建勋．二茂铁及其衍生物[J]．陕西化工,1995,4:18-21.

2.1.2　辛基二茂铁

中文名称:辛基二茂铁

英文名称:octylferrocene

英文别称:ODCI

分子式:$C_{18}H_{26}Fe$

分子量:298.24

CAS 登记号:51889-44-2

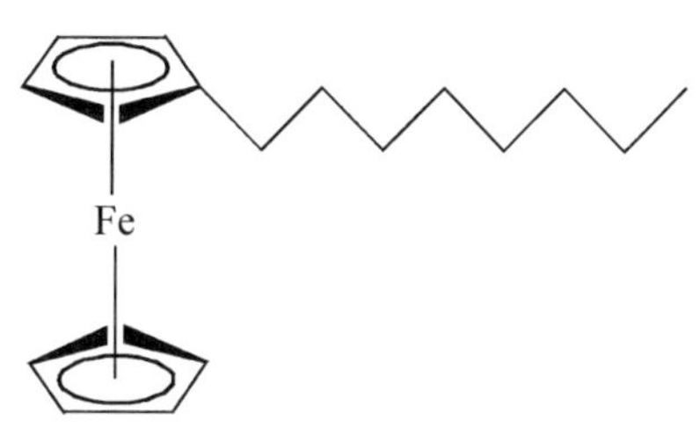

结构式

1. 物理性质

红棕色油状液体,黏度 28～45mPa · s(25℃,35s^{-1})。密度 1.12g/cm^3(25℃)。可溶解于丙酮、二氯甲烷、三氯甲烷,不溶于水。

2. 化学性质

辛基二茂铁曝露在空气中缓慢氧化,高温聚合,遇强氧化剂燃烧。标准生成焓-90.6kJ/mol。具有与二茂铁类似的性质,未取代的二茂铁的环能够进行亲电取代反应,由于结构不对称,有大的辛基阻碍作用,反应活性下降。

3. 理化指标和检验方法

辛基二茂铁理化指标和检验方法见表 2-3。

表 2-3　辛基二茂铁理化指标和检验方法

项　　目	理化指标	检验方法
铁/%	17.1～17.6	氧化还原法
黏度(25℃,35s^{-1})/(mPa · s)	28～45	旋转黏度法
二茂铁/%	<0.3	GC 法
水/%	≤0.05	卡尔 · 费休法
碳/%	72.7～74.3	元素分析仪
氢/%	8.6～9.8	元素分析仪
一元物中三种异构体的比值(4-二茂铁基辛烷/3-二茂铁基辛烷/2-二茂铁基辛烷)	0.7～1.5/1.0～1.7/1.0	GC 法

4. 制备方法

工业正辛基二茂铁是通过酰基化反应后再还原而得到的。

（R=C2~C7 饱和烃基，卤代饱和烃 C_3H_6Cl，苯基 Ph，二茂铁基 Fc，B-PTFMSS 膨润土支撑的聚三氟苯乙烯磺化硅氧烷催化剂）

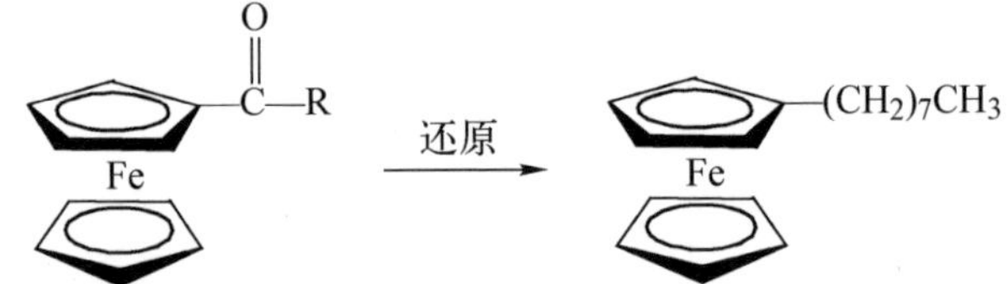

5. 储存、运输和应用

木箱内装塑料桶包装，运输过程中切勿倒置，防止曝晒、挤压。不能与强氧化剂混运。于阴凉通风处密闭储存。

T27 主要用作复合固体推进剂增加燃速的燃速调节剂，是目前 HTPB 推进剂配方广泛使用的燃速催化剂，既能控制固化反应速度，又能控制燃烧速度，可改善药浆的工艺性能和力学性能，且储存性能好。也可用于燃料油节油消烟剂、燃气助燃催化剂、紫外线吸收剂、光敏催化剂等。

6. 毒性与防护

戴眼镜防护设备、防护口罩，穿戴不渗水的衣服、手套，避免皮肤接触。

7. 理化分析谱图

(1) 红外光谱图见图 2-5。

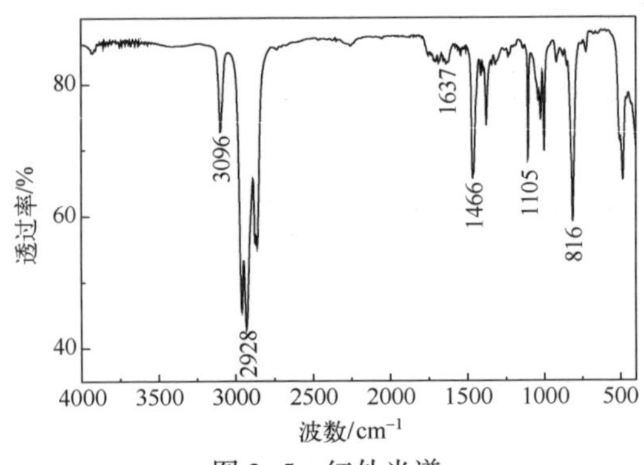

图 2-5　红外光谱

（2）质谱图见图 2-6。

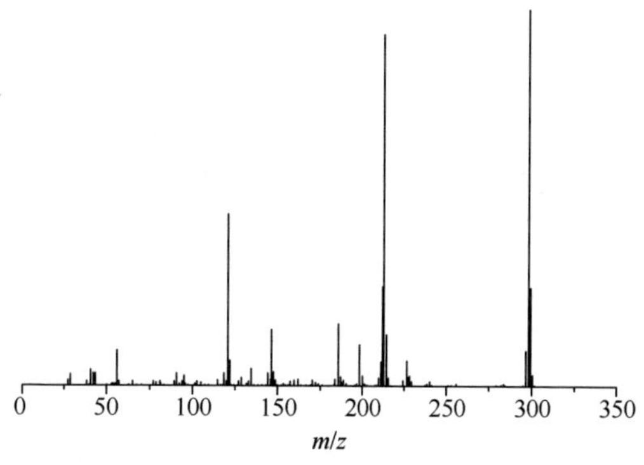

图 2-6　质谱

（3）热分析谱图见图 2-7。

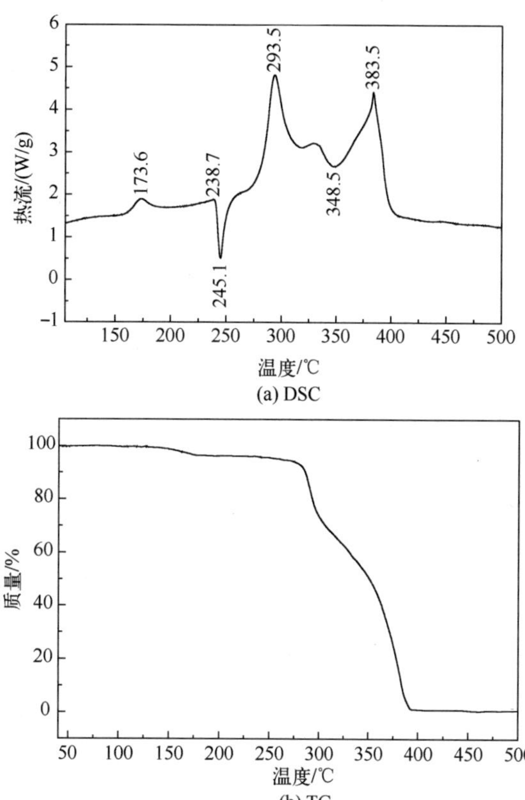

图 2-7　热分析谱

(4) 气相色谱图见图 2-8。

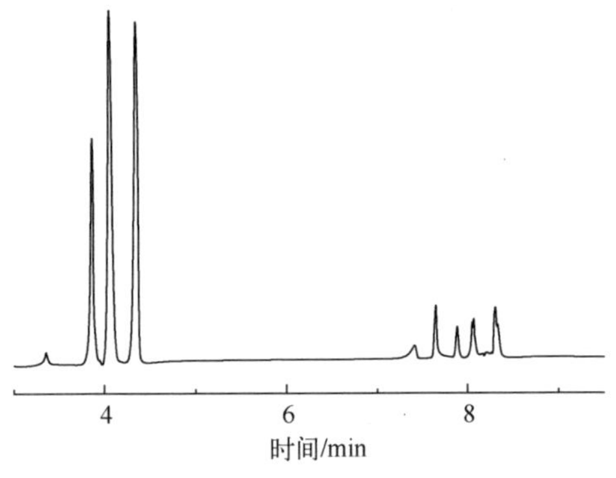

图 2-8　气相色谱

参考文献

[1] 刘国华,程福银,陶永杰,等. 辛基二茂铁规范:GJB 5970—2007[S]. 北京:国防科学技术委员会,2007.

[2] HU R J,LI B G. Novel solid acid catalyst,bentonite-supported polytrifluoromethane sulfosiloxane for Friedel-Crafts acylation of ferrocene[J]. Cat Let,2004,98(1):43-47.

[3] 徐浩星,鲁国林,赵秀媛. 含燃速催化剂的丁羟推进剂高压燃烧性能研究[J]. 推进技术,1999(20):3.

2.1.3　1,1′-二乙基二茂铁

中文名称:1,1′-二乙基二茂铁

英文名称:1,1′-diethyl ferrocene

中文别称:二聚二乙基环戊二烯铁

英文别称:bis(ethylcyclopentadienyl) iron

分子式:$C_{14}H_{18}Fe$

分子量:242.14

CAS 登记号:1273-97-8

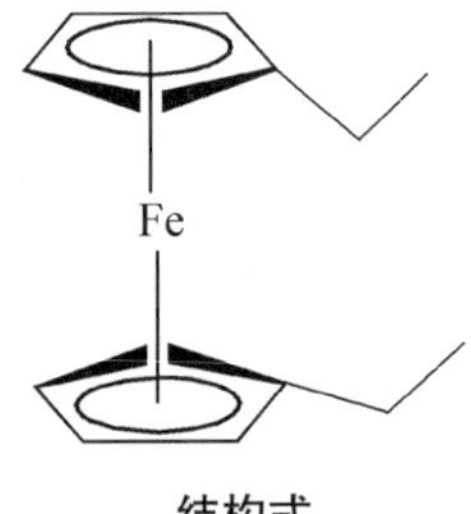

结构式

1. 物理性质

透明暗橙色至暗红色-棕色液体,密度 1.18g/cm^3(25℃),沸点 284℃,折射率 1.58(20℃),可溶解于丙酮、二氯甲烷、三氯甲烷,微溶于水。

2. 化学性质

闪点 110℃,常压下不易分解,对热稳定,可与氧化物反应。

3. 理化指标和检验方法

1,1′-二乙基二茂铁理化指标和检验方法见表 2-4。

表 2-4　1,1′-二乙基二茂铁理化指标和检验方法

项　　目	理 化 指 标	检 验 方 法
铁/%	22.8~23.2	氧化还原法
水/%	≤0.05	卡尔·费休法
密度(25℃)/(g/cm³)	1.15~1.18	密度瓶法

4. 制备方法

以三氯化铝为催化剂,溴乙烷为烷基化剂,利用二茂铁的 Friedel-crafts 反应合成二乙基二茂铁。溴乙烷首先与无水三氯化铝反应,形成三氯化铝溴阴离子和碳正离子:

$$AlCl_3+CH_3CH_2Br \longrightarrow AlCl_3Br^-+H_3CCH_2^+$$

碳正离子进攻茂芳香环,形成络合物,π 络合物经过电子重排形成 δ 络合物,然后 H 带着正电子迅速离开:

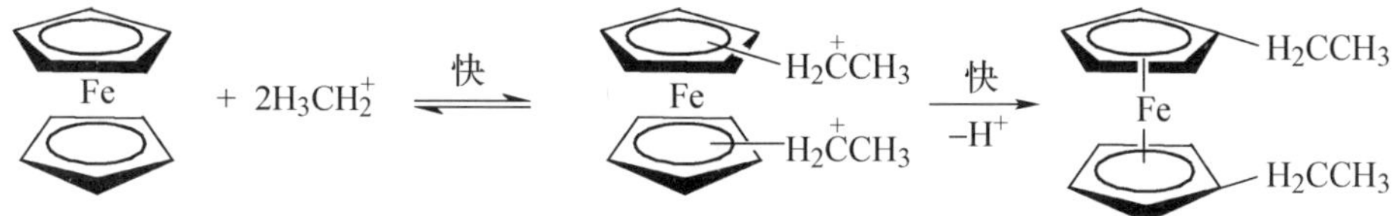

氢离子与三氯化铝溴阴离子反应,释放出三氯化铝,继续催化反应:

$$H^++AlCl_3Br^- \longrightarrow AlCl_3+HBr$$

5. 储存、运输和应用

木箱内装塑料桶包装,运输过程中切勿倒置,防止曝晒、挤压。不能与强氧化剂混运。阴凉通风处密闭储存。

用作 HTPB 等复合固体推进剂的燃速催化剂,燃料油节油消烟剂、燃气助燃催化剂等。

6. 毒性与防护

危险等级:Ⅱ。危险类别:6.1。戴眼镜、防护设备、防护口罩,穿戴不渗水的衣服、手套,避免皮肤接触。

7. 理化分析谱图

(1) 红外光谱图见图 2-9。

(2) 质谱图见图 2-10。

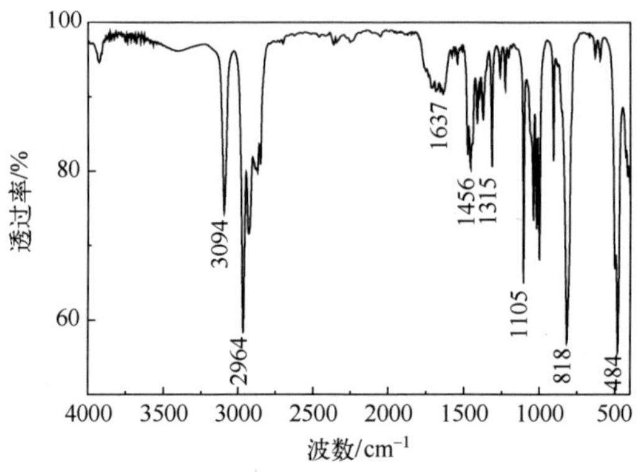

图 2-9　红外光谱

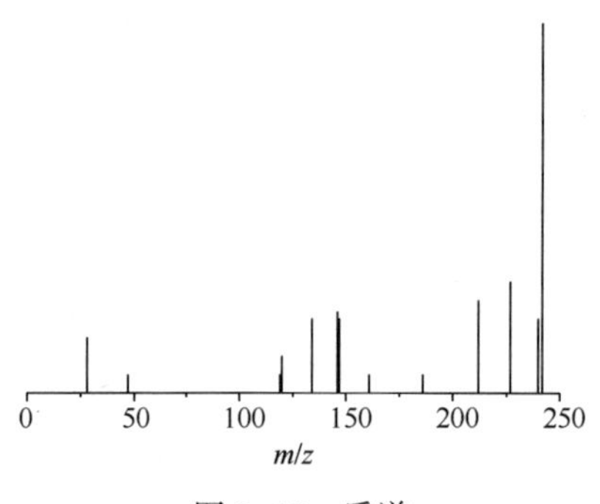

图 2-10　质谱

参考文献

［1］ 高松平,张俊祥,李冰. 二乙基二茂铁合成工艺的研究［J］. 应用化工,2008,37(7):784-786.

［2］ 冯海涛,索齐,张驰,等. 工业级卡托辛成分分析及其双核二茂铁制备工艺［J］. 兵工学报,2021,42(5):961-967.

2.1.4　正丁基二茂铁

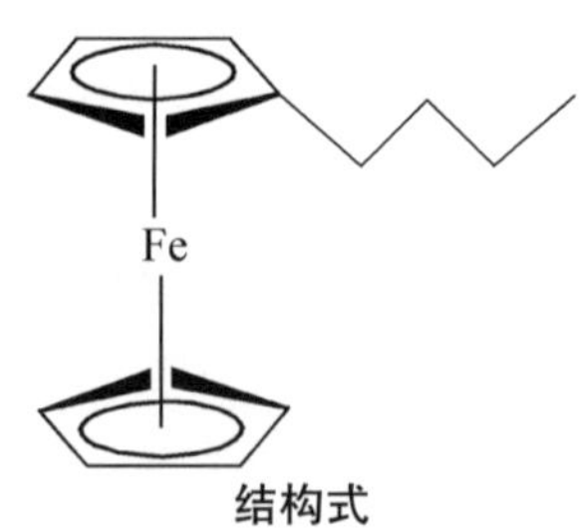

中文名称:正丁基二茂铁

英文名称:n-butylferrocene

中文别称:丁基二茂铁

英文别称: butylferrocene;nBF

分子式:$C_{14}H_{18}Fe$

分子量:242.14

CAS 登记号:31904-29-7

1. 物理性质

橙色至棕色液体,密度 1.172g/cm^3(20℃),沸点 232℃(630mmHg,1mmHg=133Pa),折射率 1.576~1.579。可溶解于丙酮、二氯甲烷、三氯甲烷,不溶于水。

2. 化学性质

正丁基二茂铁暴露在空气中缓慢氧化,高温聚合,遇强氧化剂燃烧。闪点 110℃以上。

3. 理化指标和检验方法

正丁基二茂铁理化指标和检验方法见表 2-5。

表 2-5　正丁基二茂铁理化指标和检验方法

项　　目	理 化 指 标	检 验 方 法
铁/%	22.8~23.2	氧化还原法
水/%	≤0.05	卡尔·费休法
密度(25℃)/(g/cm^3)	1.15~1.18	密度瓶法

4. 制备方法

由铁粉和环戊二烯、螺[4.4]壬-1,3-二烯反应制备,其反应式如下:

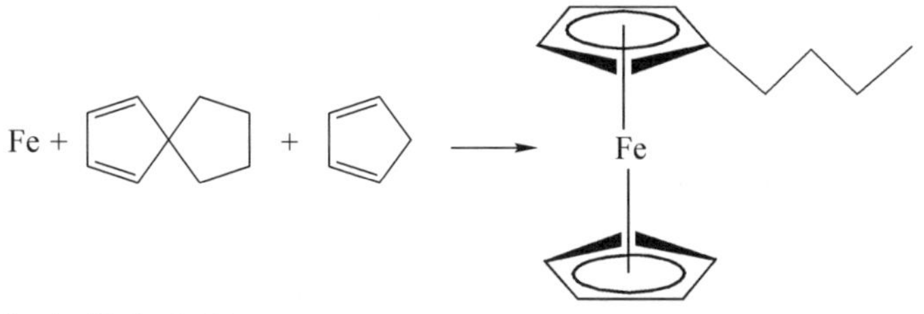

5. 储存、运输和应用

木箱内装塑料桶包装,运输过程中切勿倒置,防止曝晒、挤压。不能与强氧化剂混运。阴凉通风处密闭储存。

用作 HTPB 等复合固体推进剂的燃速催化剂,可提高燃速、降低压强指数,可用作燃料油节油消烟剂、燃气助燃催化剂、锂电池过载保护剂。

6. 毒性与防护

吞咽和皮肤接触有害,造成皮肤刺激、严重眼刺激,可引起呼吸道刺激。佩戴过滤式防毒面具(半面罩)或携气式呼吸器,戴橡胶耐油手套,戴化学安全防护眼镜,穿防毒物渗透工作服。

7. 理化分析谱图

(1) 红外光谱图见图 2-11。

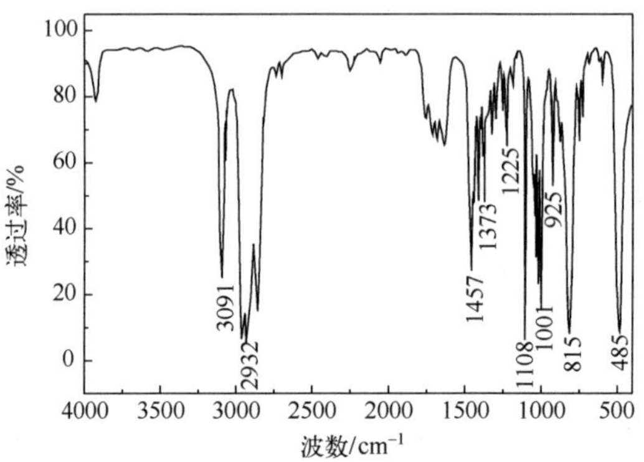

图 2-11　红外光谱

（2）热分析谱图见图 2-12。

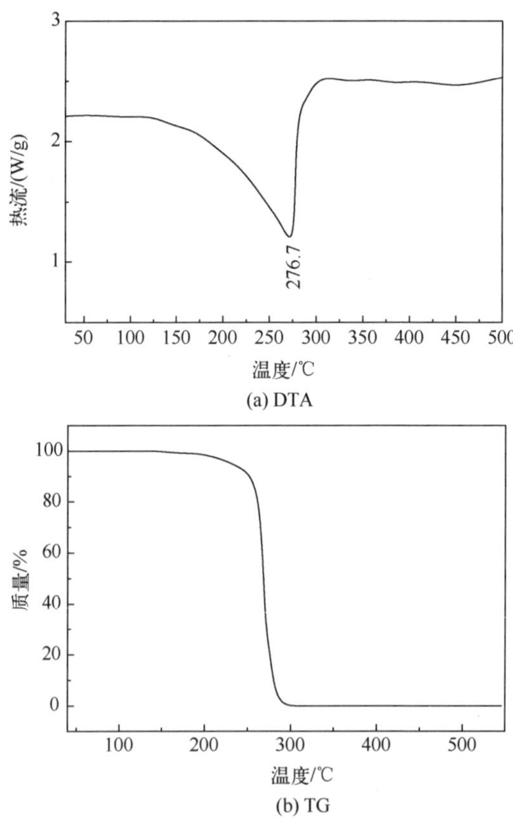

图 2-12　热分析谱

参考文献

[1] ABRAHAM K M, PASQUARIELLO D M, WILLSTAEDT E B. n-Butylferrocene for overcharge protection of secondary lithium batteries[J]. J elec soc, 2019, 137(6): 1856-1857.

[2] 王永寿,戴耀松. 二茂铁衍生物/极细高氯酸铵系高燃速复合推进剂的研究(1)[J]. 飞航导弹, 1995(03): 40-45.

2.1.5　叔丁基二茂铁

中文名称:叔丁基二茂铁

英文名称:tert-butyl ferrocene

中文别称:特丁基二茂铁

英文别称:t-butylferrocene; tert-butyl ferrocene

分子式:$C_{14}H_{18}Fe$

分子量:242.14

CAS 登记号:1316-98-9

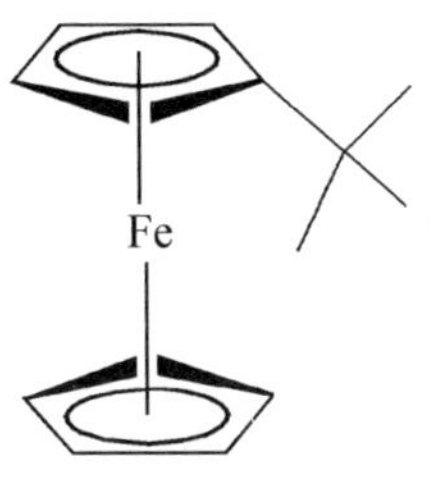

结构式

1. 物理性质

深橙色液体,密度 1.201g/cm^3(20℃),1.14g/cm^3(25℃)。沸点 96℃(1mmHg),折射率 1.579。可溶解于丙酮、二氯甲烷、三氯甲烷,不溶于水。

2. 化学性质

闪点大于 110℃。叔丁基二茂铁曝露在空气中缓慢氧化,高温聚合,遇强氧化剂燃烧。标准生成焓 195.5kJ/mol。

3. 理化指标和检验方法

叔丁基二茂铁理化指标及检验方法见表 2-6。

表 2-6　叔丁基二茂铁理化指标及检验方法

项　　目	理化指标		检验方法
	Ⅰ型	Ⅱ型	
二茂铁/%	≤2.0	≤2.0	GC 法
一叔丁基二茂铁/%	40.0±5.0	37.5±2.5	GC 法
二叔丁基二茂铁/%	实测值	实测值	GC 法
三叔丁基二茂铁/%	≤5.0	≤5.0	GC 法
总铁/%	20.0±1.0	20.0±1.0	化学法
水分/%	≤0.05	≤0.05	卡尔·费休法

4. 制备方法

多采用傅-克反应制备：在路易斯(Lewis)酸催化下，二茂铁在溶剂中与烷基化试剂进行烷基化反应。可供使用的烷基化试剂较多，如叔丁基醇、卤代叔丁烷、2,2-二甲基丁烯等，路易斯酸有 $AlCl_3$、$FeCl_3$、$ZnCl_2$、P_2O_5 及 H_3PO_4 等，其中 $AlCl_3$ 是最常用的。反应式如下：

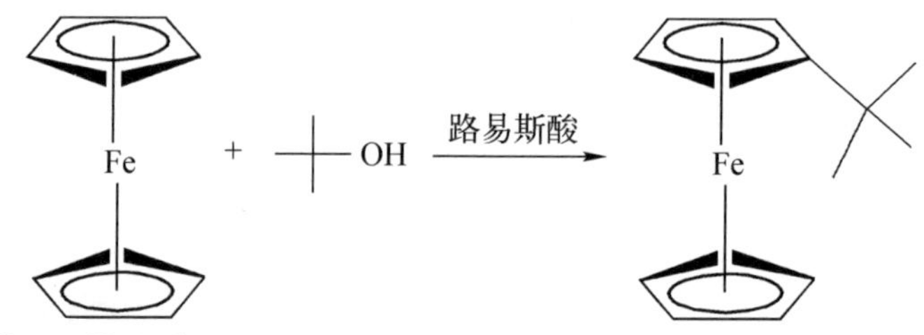

5. 储存、运输和应用

木箱内装塑料桶包装，运输过程中切勿倒置，防止曝晒、挤压。不能与强氧化剂混运。阴凉通风处密闭储存。

用作 HTPB 等复合固体推进剂的燃速催化剂，可提高燃速、降低压强指数，可用作燃料油节油消烟剂、燃气助燃催化剂等。

6. 毒性与防护

通常来说对水是无害的，若无政府许可，勿将材料排入周围环境。

佩戴过滤式防毒面具(半面罩)或携气式呼吸器，戴橡胶耐油手套，戴化学安全防护眼镜，穿防毒物渗透工作服。

7. 理化分析谱图

(1) 红外光谱图见图 2-13。

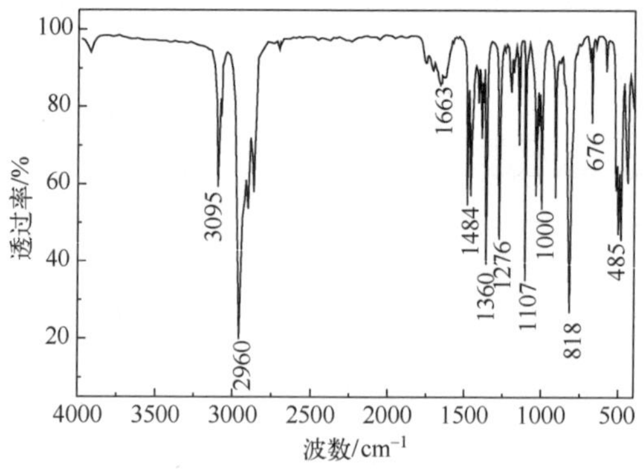

图 2-13　红外光谱

（2）质谱图见图 2-14。

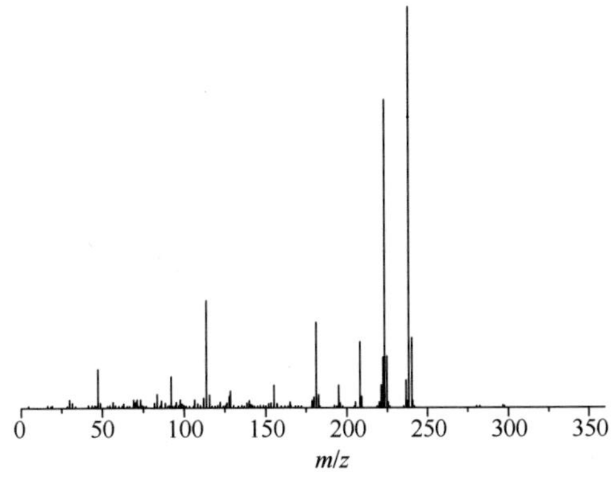

图 2-14　质谱

参考文献

[1]　徐世恩,张学忠,孟成义,等．叔丁基二茂铁规范:GJB 2615—1996[S]．北京:国防科学技术工业委员会,1996.

[2]　张帆．叔丁基二茂铁的合成及其应用[J]．辽宁化工,1988(3):17-21.

2.1.6　2,2-双(乙基二茂铁)丙烷

中文名称:2,2-双(乙基二茂铁)丙烷

英文名称:2,2-bis(ethylferrocenyl)propane

中文别称:卡托辛

英文别称:catocene;GFP;BEFP

分子式:$C_{27}H_{32}Fe_2$

分子量:468.25

CAS 登记号:69279-97-6

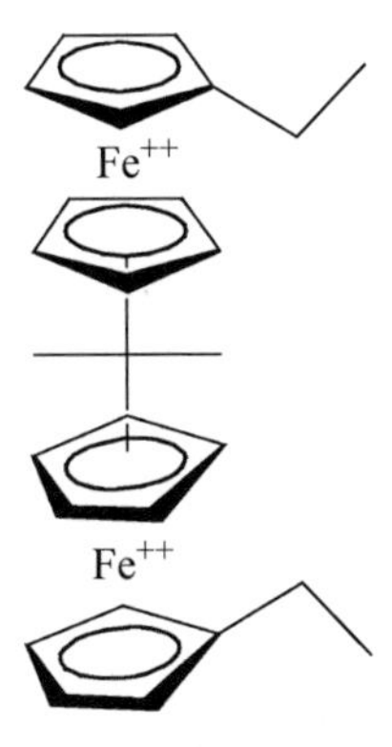

结构式

1. 物理性质

棕红色黏稠液体,沸点 250℃左右。黏度 1.0~3.3Pa·s(25℃),密度 1.291~1.296g/cm^3(20℃),可溶解于丙酮、二氯甲烷、三氯甲烷,不溶于水。

2. 化学性质

2,2-双(乙基二茂铁)丙烷是多种不同位置取代异构体的混合物。在 250℃以下较为稳定,250℃以上开始分解,高温聚合,遇强氧化剂燃烧。

3. 理化指标和检验方法

卡托辛理化指标和检验方法见表 2-7。

表 2-7 卡托辛理化指标和检验方法

项 目	理化指标	检验方法
铁/%	23.3~24.3	氧化还原法
黏度(25℃)/(Pa·s)	<2.8	旋转黏度计法
密度(20℃)/(g/cm^3)	1.2910~1.2960	密度瓶法
挥发损失[(80±1)℃,(20±1)×10^2Pa,12h]/%	<2.0	真空烘箱重量法
不溶物/%	<0.10	重量法
酸度/(mmol/100g)	<0.30	滴定法
水分/%	<0.08	卡尔·费休法
乙基二茂铁/%	<3.0	液相色谱法
外观	棕红色黏稠液体	目测法

4. 制备方法

(1) 传统合成工艺。通过乙酸酐(Ac_2O)与二茂铁通过酰化反应制得乙酰基二茂铁,然后通过锌汞齐克莱门森还原法将乙酰基二茂铁还原,制得乙基二茂铁。再将乙基二茂铁与丙酮进行非均相缩合反应,得到 2,2-双(乙基二茂铁)-丙烷(GFP)。合成工艺如下:

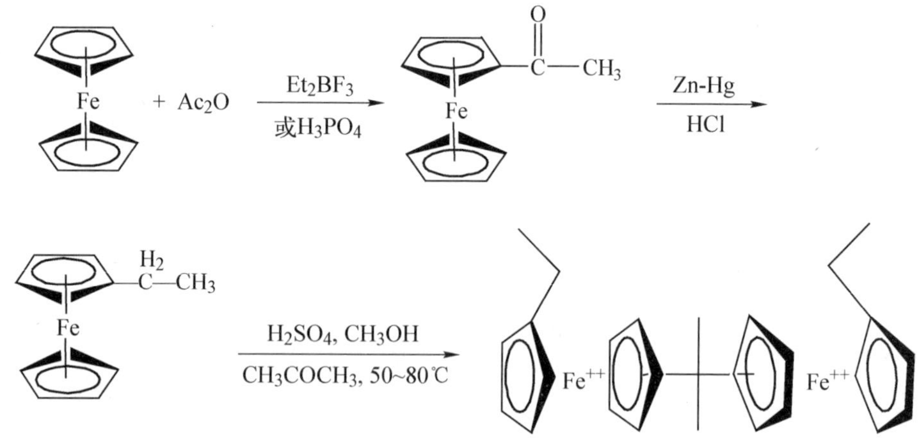

(2) 改进合成工艺。以乙酰氯为酰化剂,无水三氯化铝为催化剂,对二茂铁进行酰化反应,得到乙酰基二茂铁,经锌锡齐还原剂还原制得乙基二茂铁。在浓硫酸与甲醇混合溶剂中,由乙基二茂铁与丙酮缩合得到 GFP,合成工艺如下:

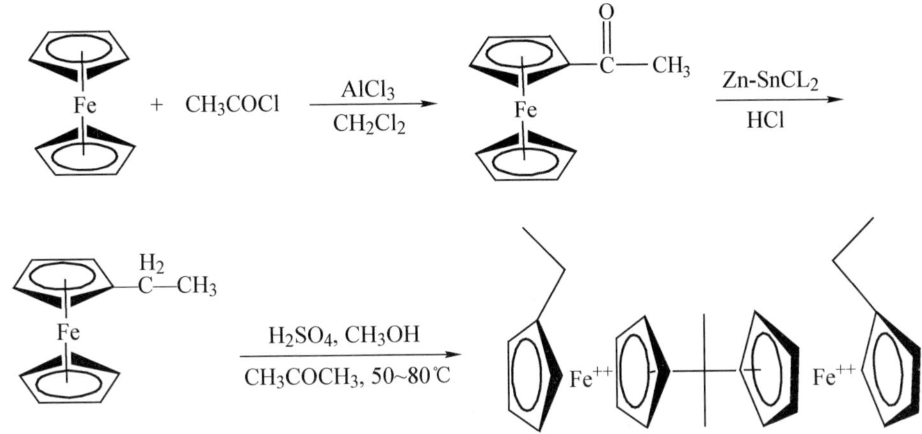

5. 储存、运输和应用

木箱内装塑料桶包装,桶内充氮气密闭储存,储存于阴凉通风处。严禁受热、曝晒。运输过程中切勿倒置,避免剧烈碰撞、曝晒,不能与强氧化剂混运。

卡托辛为二茂铁的衍生物,是一种优良的内导弹性能改良剂。用于 HTPB 复合固体推进剂高效燃速催化剂,具有综合性能优良、迁移性小等特点。可大幅度提高燃速,降低压力指数。

6. 毒性与防护

低毒。兔经皮:LD_{50}>2000mg/kg,大鼠经口:LD_{50}>500mg/kg。佩戴过滤式防毒面具(半面罩)或携气式呼吸器,戴橡胶耐油手套,戴化学安全防护眼镜,穿防毒物渗透工作服。

7. 理化分析谱图

(1) 红外光谱图见图 2-15。

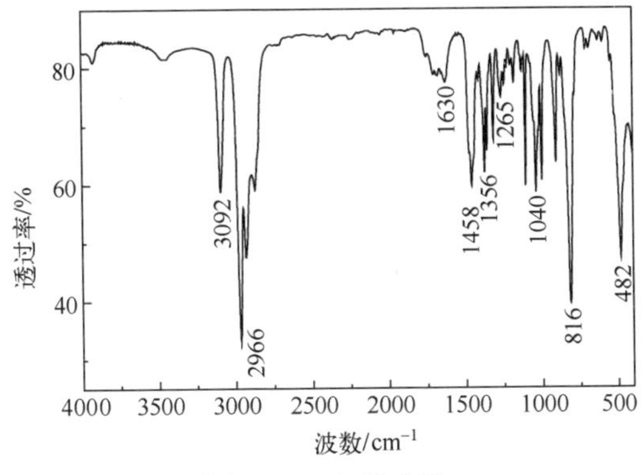

图 2-15　红外光谱

（2）核磁共振谱图见图 2-16。

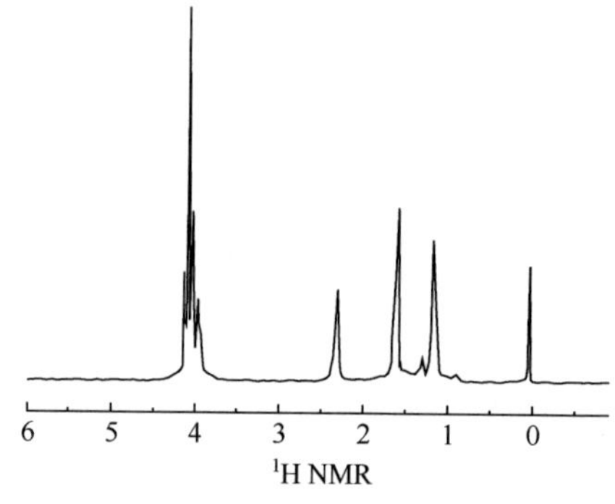

图 2-16　核磁共振谱

（3）质谱图见图 2-17。

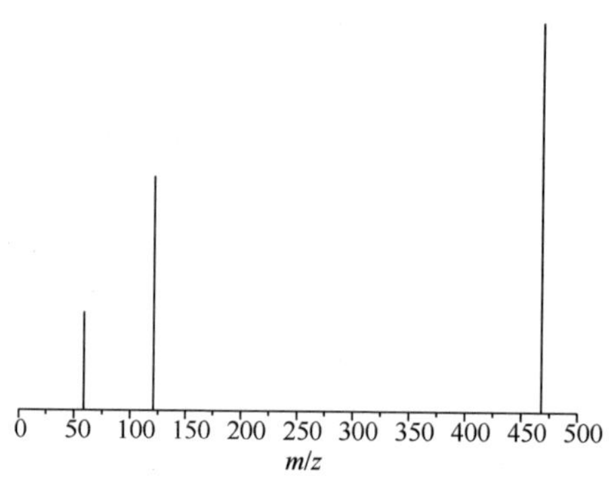

图 2-17　质谱

（4）热分析谱图见图 2-18。

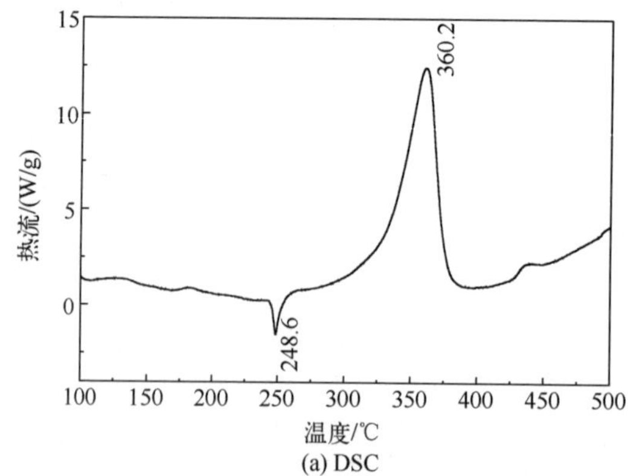

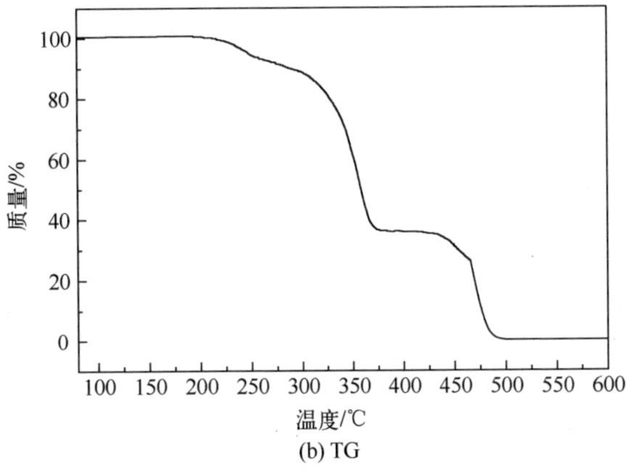

(b) TG

图 2-18　热分析谱

(5) 气相色谱图见图 2-19。

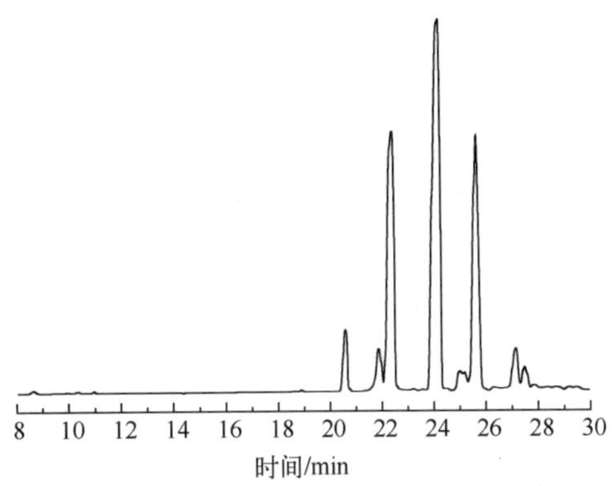

图 2-19　气相色谱

参考文献

[1] 唐大森,徐思羽,唐松青. 偕-双-(二茂铁基)-烷烃及基在推进剂等方面的应用[J]. 推进技术,1988,2(2):63-69.

[2] 唐孝明,叶皓华,李战雄,等. 2,2-双-(乙基二茂铁)-丙烷(GFP)的合成工艺改进[J]. 化学工程与装备,2008,(12):43-47.

[3] 吕龙,于长江,马艳红,等. 2,2-双(乙基二茂铁)丙烷规范:GJB 2839A—2020[S]. 北京:中央军委装备发展部,2020.

[4] 张杏芬. 国外火炸药原材料性能手册[M]. 北京:兵器工业出版社,1991:251.

[5] 冯海涛,索齐,张驰,等. 工业级卡托辛成分分析及其双核二茂铁制备工艺[J]. 兵工

学报,2021,42(5):961-967.

[6] 李焕,李洋,范红杰,等. 卡托辛和亚铬酸铜对 HTPB 复合固体推进剂燃烧性能的影响[J]. 兵器装备工程学报,2020,41(05):193-197.

2.1.7 三氧化二铁

中文名称:三氧化二铁

英文名称:ferric oxide

中文别称:氧化铁;氧化铁红;铁红;铁丹;赤铁矿;铁锈

分子式:Fe_2O_3

分子量:159.69

CAS 登记号:1309-37-1

1. 物理性质

棕红色或褐红色无定性粉末,密度 5.24~5.42g/cm^3,熔点 1565℃(分解)。折射率 3.042。不溶于水,微溶于醇。分散性好,着色力及遮盖力强。无油渗性和水渗性。有两种晶型异构体,赤铁矿为六角晶型,磁性的为立方晶型。

2. 化学性质

标准生成焓-824.2kJ/mol,-5149kJ/kg(25℃)。耐温、耐光、耐酸、耐碱。自然界以赤铁矿形式存在,具有两性,溶于盐酸、硫酸,微溶于硝酸,与酸作用生成 Fe(Ⅲ)盐,与强碱作用得$[Fe(OH)_6]^{3-}$。在强碱介质中有一定的还原性,可被强氧化剂氧化为高铁酸盐。能被 CO 和 H_2 还原成单质铁。分解温度 1457℃,高温灼烧分解产物反应式如下:

$$3Fe_2O_3 \longrightarrow 2Fe_3O_4+1/2O_2$$

3. 理化指标和检验方法

特种 Fe_2O_3 指标和检验方法见表 2-8。工业 Fe_2O_3 指标和检验方法见表 2-9。

表 2-8 特种 Fe_2O_3 理化指标和检验方法

项 目	理化指标	检验方法
Fe_2O_3/%	≥90.0	氧化还原法
水溶物/%	≤0.5	重量法
挥发分/%	≤1.5	重量法
灼烧失重/%	≤5.0	重量法
酸值(以 H_2SO_4 计)/%	0.00	酸碱滴定法
粒度(d_{50})/μm	≤20.0	湿法激光粒度仪

表 2-9　工业 Fe_2O_3 理化指标和检验方法

项　目	理化指标		检验方法
	优等品	一等品	
铁(以 Fe_2O_3 计)/%	≥99.8	≥99.8	氧化还原法
干燥失重/%	≤0.20	≤0.3	重量法
二氧化硅(SiO_2)/%	≤0.008	≤0.010	比色法
铝(Al)/%	≤0.010	≤0.020	分光光度法
硫酸盐(以 SO_4 计)	≤0.10	≤0.15	沉淀重量法
氯化物(以 Cl 计)	≤0.08	≤0.010	比浊法

4. 制备方法

湿法:将一定量 5% 硫酸亚铁溶液迅速与过量的氢氧化钠溶液反应,在常温下通入空气使之全部变成红棕色的氢氧化铁胶体溶液,作为沉积氧化铁的晶核。以上述晶核为载体,以硫酸亚铁为介质,通入空气,在 75～85℃,在金属铁存在的条件下,硫酸亚铁与空气中的氧气作用,生成三氧化二铁(即铁红)沉积在氢氧化铁晶核上,溶液中生成的硫酸与金属铁作用重新生成硫酸亚铁,硫酸亚铁再被空气氧化成铁红继续沉积,如此循环到整个过程结束,生成氧化铁红。反应式如下:

$$2FeSO_4+O_2+H_2O \longrightarrow Fe_2O_3+H_2SO_4$$

干法:硝酸与铁片反应生成硝酸亚铁,经冷却结晶,脱水干燥,经研磨后在 600～700℃煅烧 8～10h,再经水洗、干燥、粉碎制得氧化铁红产品。

5. 储存、运输和应用

用内衬聚乙烯塑料袋的编织袋包装,或用 3 层牛皮纸袋包装,存放于干燥处,避免高温、受潮,与酸、碱隔离。

用作固体推进剂的燃速催化剂。无机颜料,在涂料工业用作防锈颜料。也用作轮胎、三角带等橡胶,人造大理石,地面水磨石的着色剂,塑料、石棉、人造革、皮革揩光浆等的着色剂和填充剂,精密仪器、光学玻璃的抛光剂及制造磁性材料的铁氧体元件原料等。

6. 毒性与防护

Fe_2O_3 属于低毒类化学物质,长期吸入铁,特别是氧化铁的烟尘或粉尘可引起铁末沉着症,肺部除铁末沉着外,尚可引起肺间质纤维化改变,肺部可见点状阴影。

Fe_2O_3 在生产条件下无中毒的可能性。但在生产中应采取防尘措施,降低工作场所的铁尘浓度。空气中最高容许浓度,氧化铁气溶胶(烟尘)为 5mg/m^3。应避免吸入粉尘,操作人员应戴防护用具。

7. 理化分析谱图

(1)红外光谱图见图 2-20。

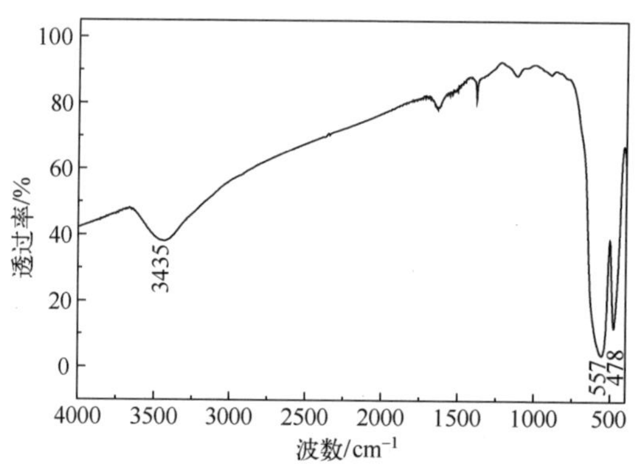

图 2-20 红外光谱

(2)X 射线衍射谱图见图 2-21。

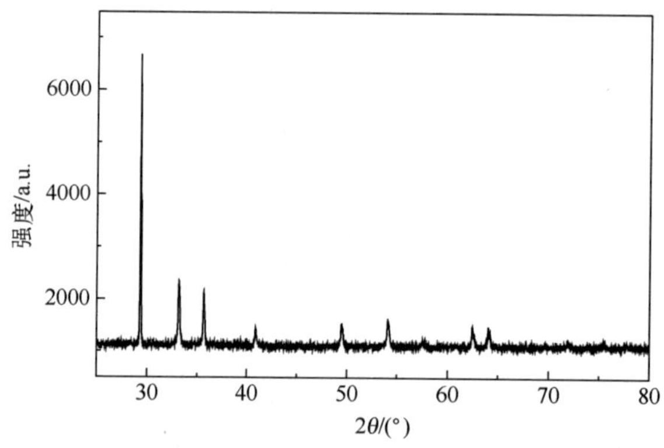

图 2-21 X 射线衍射谱

参考文献

[1] 化学工业出版社. 中国化工产品大全:上卷[M]. 2 版. 北京:化学工业出版社,1998:382-383.

[2] 张杏芬. 国外火炸药原材料性能手册[M]. 北京:兵器工业出版社,1991:221-222.

[3] 蒋芸. 复合固体推进剂原材料毒性与防护[M]. 乌鲁木齐:新疆科技卫生出版社,1996:87.

[4]　宋心琦．实用化学化工辞典[M]．北京:宇航出版社,1995:554.

[5]　高鹏．工业氧化铁:HG/T 2574—2009[S]．北京:中华人民共和国工业和信息化部,2009.

2.1.8　四氧化三铁

中文名称:四氧化三铁

英文名称:ferroferric oxide

中文别称:磁性氧化铁;氧化铁黑;磁铁;磁石;吸铁石

英文别称:magnetic iron oxide;ferriferrous oxide

分子式:Fe_4O_3

分子量:231.55

CAS 号:1317-61-9

1. 物理性质

黑色立方晶型或无定形粉末。具有很好的磁性,故又称为磁性氧化铁。Fe_4O_3 还具有优良的导电性。密度 5.18g/cm^3(固体),折射率 2.42,熔点 1594℃,沸点 1787℃(分解),莫氏硬度 5.5~6.5,比热容 631J/(kg·K)(0℃),749J/(kg·K)(100℃),熔融热 138kJ/mol,线胀系数 95.4×10^{-6}/℃(17~50℃),体胀系数 2.9×10^{-5}/℃(17~50℃),不溶于水,也不溶于醇、醚等有机溶剂中。

2. 化学性质

Fe_4O_3 生成热-1117.128kJ/mol(结晶,298K 定压),-1014.20kJ/mol(结晶,定容)。它是天然产磁铁矿的主要成分,为铁的 Fe^{2+} 与 Fe^{3+} 混合价态与氧的化合物,在磁铁矿中 Fe^{2+} 与 Fe^{3+} 在八面体位置上是无序排列的,电子可在铁的两种氧化态间迅速发生转移。α 型到 β 型转化点为 627℃。不溶于碱,溶于酸,天然的 Fe_3O_4 不溶于酸。具有氧化还原性,在氮气中,分解温度 1126.6℃。

(1) 潮湿状态下在空气中容易氧化成 Fe_2O_3,在高温下也易氧化成 Fe_2O_3。反应式如下:

$$4Fe_3O_4+O_2 = 6Fe_2O_3$$

(2) 在高温下可与还原剂 H_2、CO、Al、C 等反应,反应式如下:

$$3Fe_3O_4+8Al = 4Al_2O_3+9Fe$$

$$Fe_3O_4+4CO = 3Fe+4CO_2$$

$$Fe_3O_4+4H_2 = 3Fe+4H_2O$$

(3) 分解反应:$Fe_3O_4 = 3Fe+2O_2$。

3. 理化指标和检验方法

四氧化三铁理化指标和检验方法见表 2-10。

表 2-10 四氧化三铁理化指标和检验方法

项目		理化指标	检验方法
四氧化三铁/%		≥95.0	氧化还原法
水/%		≤0.2	干燥法
盐酸不溶物/%		≤0.7	重量法
水溶解物/%		≤0.1	重量法
过筛率	通过 106μm 筛孔/%	≥90	过筛重量法
	通过 150μm 筛孔/%	100	

4. 制备方法

(1) 二氧化氮和灼热的铁粉反应生成四氧化三铁和氮气,反应式如下:

$$2NO_2+3Fe \xlongequal{} Fe_3O_4+N_2$$

(2) 细铁丝在空气中加热到 500℃也会燃烧生成 Fe_3O_4。

(3) 铁在高温下与水蒸气反应:$3Fe+4H_2O \xlongequal{} Fe_3O_4+4H_2$。

(4) 通过 $FeCl_2$ 与 $FeCl_3$ 加氨水共沉淀制得。

(5) 天然铁矿获得。

5. 储存、运输和应用

储存在无酸的密闭容器中,并与酸隔离。运输时注意防止日晒、雨淋,保持包装完好。

用作固体推进剂的燃速催化剂,作为某些炸药的组分。Fe_3O_4 是一种常用的磁性材料,特制的纯净 Fe_3O_4 用来作为录音磁带和电信器材的原材料。天然的磁铁矿是炼铁的原料。用于制底漆和面漆,可用作磨料。Fe_3O_4 还可用作颜料和抛光剂。也可以通过某些化学反应,如使用亚硝酸钠等,使钢铁表面生成一层致密的 Fe_3O_4,用来防止或减慢钢铁的锈蚀,例如枪械、锯条等表面的发蓝、发黑。

6. 毒性与防护

Fe_3O_4 属于低毒类化学物质,其在生产条件下无中毒的可能性。应避免吸入粉尘,操作人员应戴防护用具。

7. 理化分析谱图

(1) 红外光谱图(石蜡片)见图 2-22。

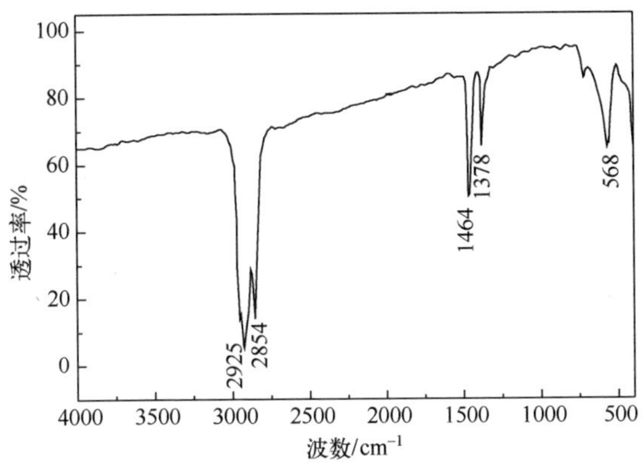

图 2-22　红外光谱

（2）X 射线衍射谱图见图 2-23。

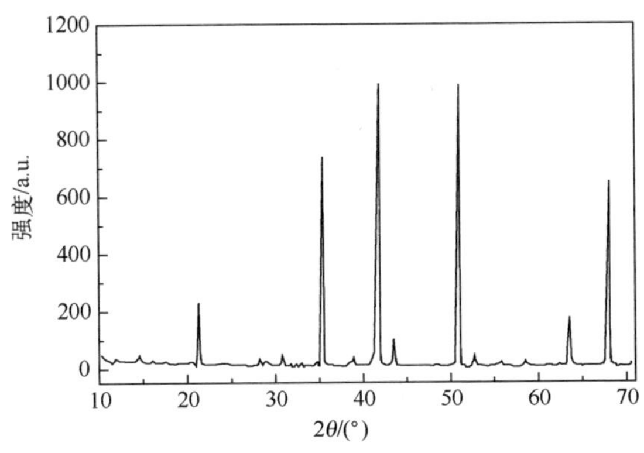

图 2-23　X 射线衍射谱

（3）热分析谱图见图 2-24。

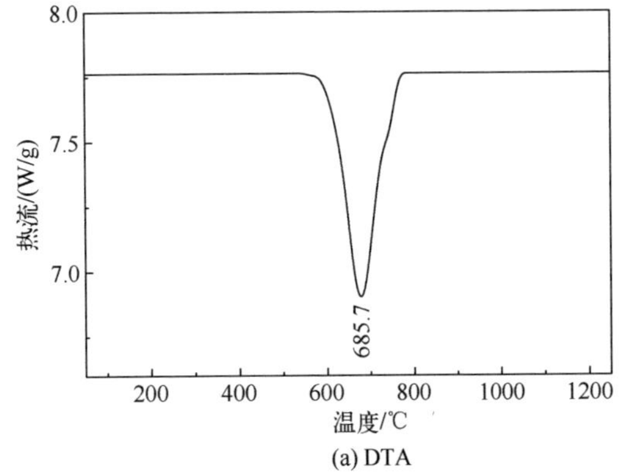

(a) DTA

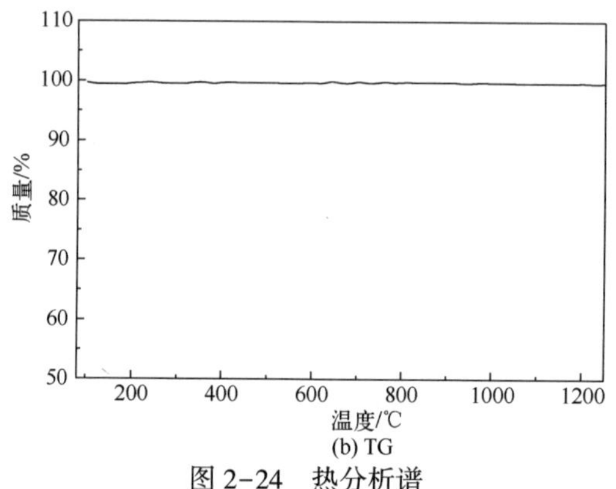

图 2-24 热分析谱

参考文献

[1] 张杏芬. 国外火炸药原材料性能手册[M]. 北京:兵器工业出版社,1991:222-223.

[2] 宋心琦. 实用化学化工辞典[M]. 北京:宇航出版社,1995:554.

[3] 上官少勋,刘力军,尹宏,等. 烟火药用四氧化三铁规范:WJ 20035—2014[S]. 北京:国家国防科技工业局,2014.

[4] 杨南如,岳文海. 无机非金属图谱手册[M]. 武汉:武汉工业大学出版社,2000:13,202,367.

2.1.9 氧化亚铁

中文名称:氧化亚铁

英文名称:ferric oxide

中文别称:一氧化铁;方铁矿

英文别称:iron monoxide

分子式: FeO

分子量:71.8

CAS 登记号:1345-25-1

1. 物理性质

黑色无定形粉末。密度 5.7g/cm^3,熔点(1369±1)℃。不溶于水。

2. 化学性质

溶于酸,不溶于碱溶液。氧化亚铁不稳定,易被氧化成 Fe_2O_3,在空气里加热,可被氧化成 Fe_3O_4,与强酸和弱氧化性酸反应生成盐。与盐酸反应式如下:

$$FeO+2HCl = FeCl_2+H_2O$$

3. 理化指标和检验方法

氧化亚铁理化指标和检验方法见表 2-11。

表 2-11　氧化亚铁理化指标和检验方法

项　　目	理 化 指 标	检 验 方 法
氧化亚铁/%	≥95.0	氧化还原法
水/%	≤0.05	干燥法
盐酸不溶物/%	≤0.7	重量法
水溶解物/%	≤0.1	重量法

4. 制备方法

(1) 制备 FeO 可以在隔绝空气条件下加热草酸亚铁制得,加热后的样品需要冷却以防止歧化反应的发生。反应式如下:

$$FeC_2O_4 \longrightarrow FeO+CO+CO_2$$

(2) FeO 也可以在还原焰中加热氧化铁得到,如在 900℃ 条件下通过氧化铁与一氧化碳反应。反应式如下:

$$Fe_2O_3+CO \longrightarrow 2FeO+CO_2$$

5. 储存、运输和应用

储存在无酸的密闭容器中,与酸隔离。运输时注意防止日晒、雨淋,保持包装完好。

用作固体推进剂的燃速催化剂,用作玻璃着色剂。

6. 毒性与防护

无毒。有粉尘危害,应避免吸入粉尘,操作人员应戴防护用具。

7. 理化分析谱图

(1) 红外光谱图(石蜡片)见图 2-25。

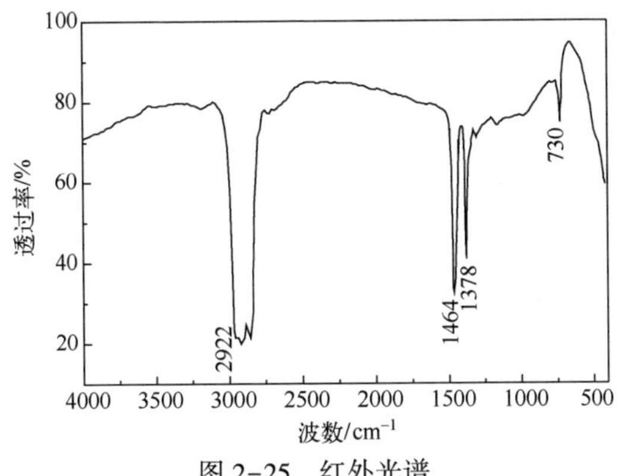

图 2-25　红外光谱

（2）X 射线衍射谱图见图 2-26。

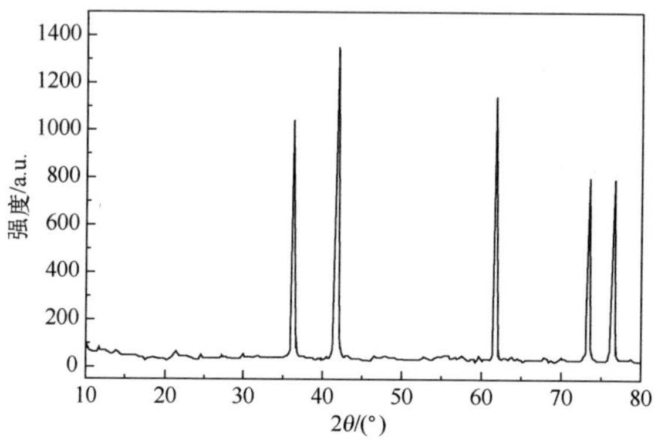

图 2-26　X 射线衍射谱

（3）热分析谱图见图 2-27。

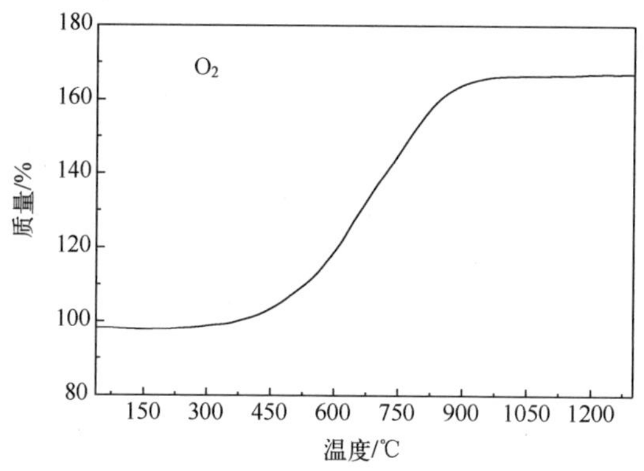

图 2-27　热分析谱(TG)

参考文献

[1] 宋心琦．实用化学化工辞典[M]．北京:宇航出版社,1995:554.

[2] 杨南如,岳文海．无机非金属图谱手册[M]．武汉:武汉工业大学出版社,2000:12,201.

[3] 张珂,马明,马龙,等．电位滴定法测定铁矿石中氧化亚铁[J]．冶金分析,2018,38(05):66-71.

2.1.10 乙酰丙酮铁

中文名称:乙酰丙酮铁

英文名称:ferric acetylacetonate

中文别称:三乙酰丙酮铁

英文别称:iron tri(4-methoxypent-3-en-2-one)

分子式:$Fe(C_5H_7O_2)_3$

分子量:353.17

CAS 登记号:14024-18-1

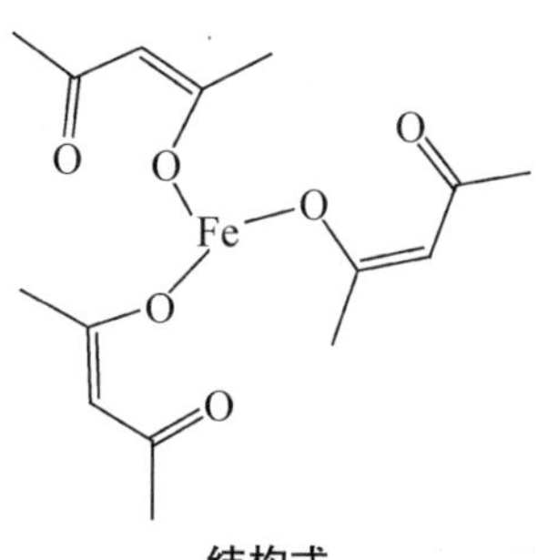

结构式

1. 物理性质

暗红色结晶粉末。熔点 184℃,沸点 100℃(1.3kPa),密度 1.355g/cm^3。正交晶系,晶胞参数 a = 15.4525(13)Å,b = 13.5806(12)Å,c = 16.5739(14)Å,$\alpha=\beta=\gamma=90°$,V = 3478.1(5)Å^3。升华热:23.430kJ/mol,微溶于水,易溶于乙醇、苯、甲苯、氯仿、乙酸乙烯、丙酮等。

2. 化学性质

生成热:-3710.37(定压),-1310.429kJ/mol(定压),-3947.824kJ/kg(定容),燃烧热 23460.1kJ/kg,闪点 43.1℃。配合物组成为 $Fe(C_5H_7O_2)_3$,Fe(Ⅲ)d 的配位数是 6,与来自 3 个乙酰丙酮负离子(acac$^-$)的 6 个氧原子进行配位,采取了稍微扭曲的八面配位构型。对酸稳定,水溶液煮沸或遇强碱溶液分解,析出胶状氢氧化铁。

3. 理化指标和检验方法

Q/SHJ 12—2019 规定了乙酰丙酮铁的理化指标和检验方法,见表 2-12。

表 2-12 乙酰丙酮铁理化指标和检验方法

项 目	理化指标	检验方法
$C_{15}H_{21}O_6Fe$/%	≥97.0	络合滴定
水分/%	≤3.0	干燥法

4. 制备方法

(1) 乙酰丙酮与氢氧化铁反应,合成乙酰丙酮铁。反应式如下:

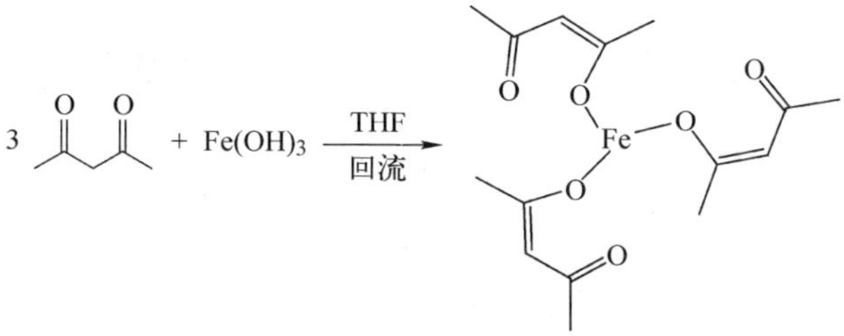

3 O O + $Fe(OH)_3$ $\xrightarrow[\text{回流}]{\text{THF}}$ O O Fe O O O O

(2) 乙酰丙酮在有机金属催化剂作用下与 Fe_2O_3 反应合成乙酰丙酮铁。反应式如下：

$$6\ (\text{O}\ \ \text{O}) + Fe_2O_3 \longrightarrow 2\ (\text{Fe, O})$$

(3) 以丙酮和乙酸乙酯为原料，先制成乙酰丙酮，经提纯后，用甲醇溶解，混合均匀。再将六水合三氯化铁溶于水，制成饱和水溶液。在搅拌下，逐渐加入乙酰丙酮和甲醇的混合溶液，再加入氨水或三水合乙酸钠弱碱性溶液。将上述溶液加热、浓缩、冷却后，析出红橙色沉淀，干燥，再在甲醇水溶液中重结晶制得。反应式如下：

$$3\ (\text{O}\ \ \text{O}) + Fe^{3+} \xrightarrow[\text{或NaAc}]{NH_3H_2O} \left[\ \text{O}\ \ \text{O}^-\ \right]_3 Fe^{3+}$$

5. 储存、运输和应用

纸箱包装或真空小包装。应密封储存，存放于阴凉通风的仓库中。防潮、防热，与酸类物品隔离。

可用作复合推进剂的燃烧催化剂和交联催化剂，可作塑料光降解高效光敏剂、金属螯合物。

6. 毒性与防护

吞咽有害，刺激皮肤和黏膜。戴防护手套、护目镜或面具，不慎与眼睛接触后，立即用大量清水冲洗并送医。

7. 理化分析谱图

(1) 红外光谱图见图 2-28。

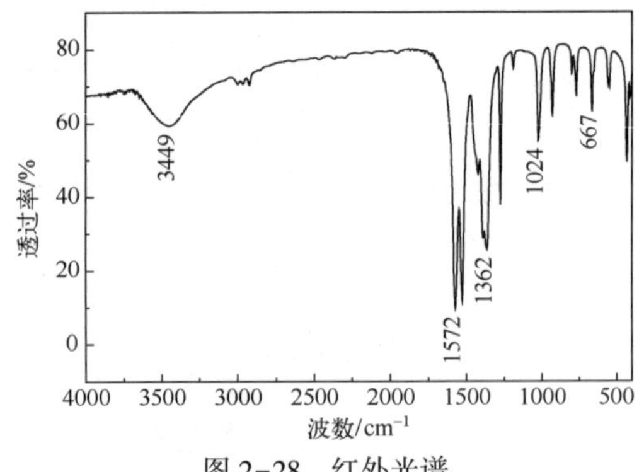

图 2-28　红外光谱

（2）质谱图见图 2-29。

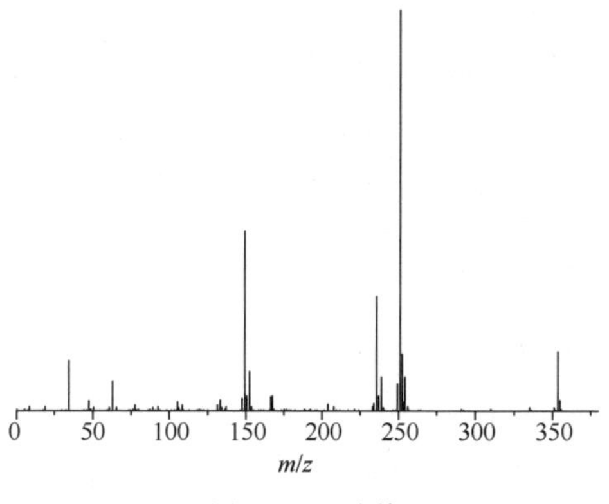

图 2-29　质谱

（3）紫外光谱图见图 2-30。

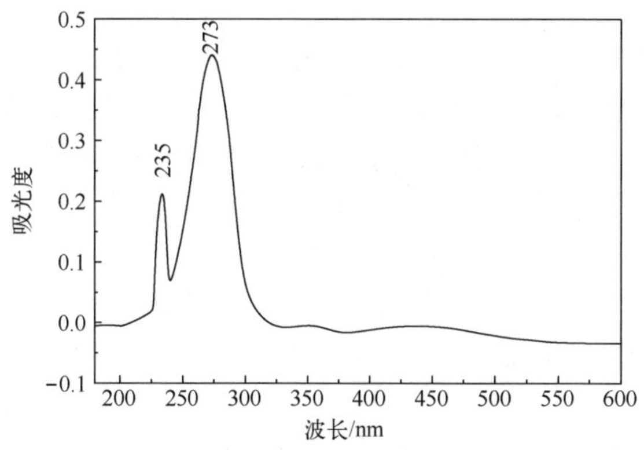

图 2-30　紫外光谱

参考文献

[1]　张杏芬．国外火炸药原材料性能手册[M]．北京：兵器工业出版社，1991：242-243.

[2]　周佰昱，刘丽飞，吴冬梅．乙酰丙酮铁：Q/SHJ12—2019[S]．沈阳：沈阳市海中天精细化工厂，2019.

[3]　康海峡，薛金召．乙酰丙酮铁（Ⅲ）的合成及其结构表征[J]．洛阳师范学院学报，2009，28（5）：61-63.

[4]　任效东，马国章．乙酰丙酮铁的合成研究[J]．山西化工，2002，22（1）：7-8.

[5] 李广梅,郑典模,温圣达,等. 乙酰丙酮盐的制备与应用[J]. 化工中间体,2009,(8):1-4.

[6] 李言言,徐梦秋,刘鑫杰,等. 超声法辅助合成乙酰丙酮铁[J]. 山东化工,2016,45:32-33+39.

[7] 徐国财,王艳,周仕明,等. 乙酰丙酮铁的合成与表征[J]. 安徽理工大学学报(自然科学版),2010,30(4):62-65.

2.1.11 三氧化二铬

中文名称:三氧化二铬

英文名称:chromic oxide

中文别称:氧化铬;铬绿;绿铬矿

分子式:Cr_2O_3

分子量:151.99

CAS 登记号:1308-38-9

1. 物理性质

由热分解法制得的为绿色无定形粉末,在密闭容器中升华制得的为暗绿色结晶性粉末。密度 4.26~5.21g/cm^3,熔点 2266℃,沸点 4000℃。莫氏硬度为 8.5~9,接近刚玉,而超过石英和黄玉,折射率为 2.5,比热容为 0.17J/(g·K),不溶于水及有机溶剂,溶于热的溴酸钠、溴酸钾溶液。

2. 化学性质

对光、大气及腐蚀性气体极稳定,耐候性优良。稍溶于浓氢氧化钠溶液、溶于热的浓高氯酸溶液或沸腾的硫磷混酸。Cr_2O_3 具有两性,溶于硫酸,得紫色的硫酸铬(III),溶于浓氢氧化钠,生成深绿色的亚铬酸钠,Cr_2O_3 在酸性溶液中形成的 Cr^{3+} 没有还原性,在碱性溶液中形成的 Cr^{3+} 有较强的还原性,易被过氧化氢氧化成 CrO_4^{2-}。在酸性环境,可被二价铁离子还原。与酸、碱反应式如下:

$$Cr_2O_3+3H_2SO_4 \xlongequal{} Cr_2(SO_4)_3+3H_2O$$

$$Cr_2O_3+2NaOH+3H_2O \xlongequal{} 2NaCr(OH)_4$$

3. 理化指标和检验方法

三氧化二铬理化指标和检验方法见表 2-13。

4. 制备方法

(1) 重铬酸铵热分解制得:

$$(NH_4)_2Cr_2O_7 \xrightarrow{\triangle} Cr_2O_3+N_2+4H_2O$$

表 2-13　三氧化二铬理化指标和检验方法

项　目	理化指标				检验方法
	Ⅰ类		Ⅱ类		
	优等品	一等品	优等品	一等品	
三氧化二铬(以 Cr_2O_3 计)/%	≥99.0	≥99.0	99.0	99.0	氧化还原法
水溶性铬(以 Cr 计)/%	≤0.005	≤0.03	0.005	0.03	分光光度法
水分/%	≤0.15	≤0.15	0.15	0.15	干燥重量法
水溶物/%	≤0.1	≤0.3	0.2	0.3	重量法
pH 值(100g/L 悬浮液)	6~8	5~8	—	—	酸度计
吸油量/(g/100g)	15~25	15~25	≤20	≤25	重量法
通过 45μm 筛孔/%	≤0.1	≤0.2	≤0.2	≤0.2	过筛重量法
通过 75μm 筛孔/%	—	—	—	—	

(2) 硫还原重铬酸钠制得:

$$Na_2Cr_2O_7+S \longrightarrow Cr_2O_3+Na_2SO_4$$

5. 储存、运输和应用

试剂用玻璃瓶装,或者用内衬聚乙烯塑料袋的塑料编织袋或铁桶包装,储存在阴凉干燥的库房中。勿与无机浓酸、氢氧化钠共储混运。运输过程中要防雨淋、日晒,避光。

用作固体推进剂燃速调节剂。民用上,可作为绿色着色剂,用于玻璃、陶器等着色。也用于铬合金与铬盐的制造。

6. 毒性与防护

三氧化二铬属于低毒类化学物质,经口摄入时肠道吸收较少,经呼吸道吸收率较高,可达 40%。可引起呼吸道刺激、声哑、鼻黏膜萎缩,发生皮肤损害,表现为接触性皮炎、湿疹等。经口中毒时应立即洗胃、导泻。可口服牛奶、蛋白质。皮肤受到污染应及时清洗,严重中毒时送医。

在生产过程中,尽量减少铬曝露的机会,加强密闭、通风,减少手工操作,注意个人防护和个人卫生。

7. 理化分析谱图

(1) 红外光谱图(石蜡片)见图 2-31。

(2) 拉曼光谱图见图 2-32。

(3) X 射线衍射谱图见图 2-33。

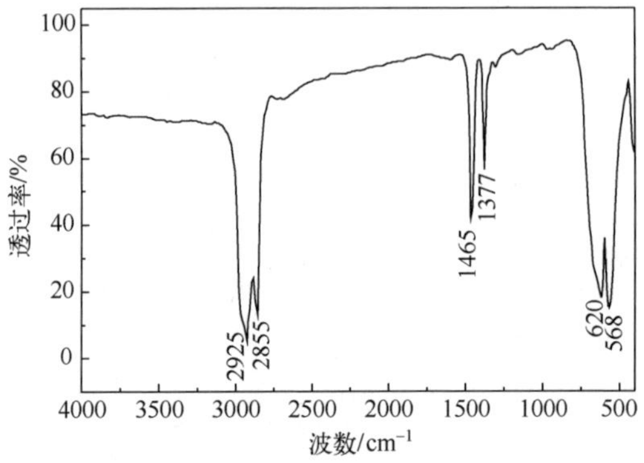

图 2-31　红外光谱

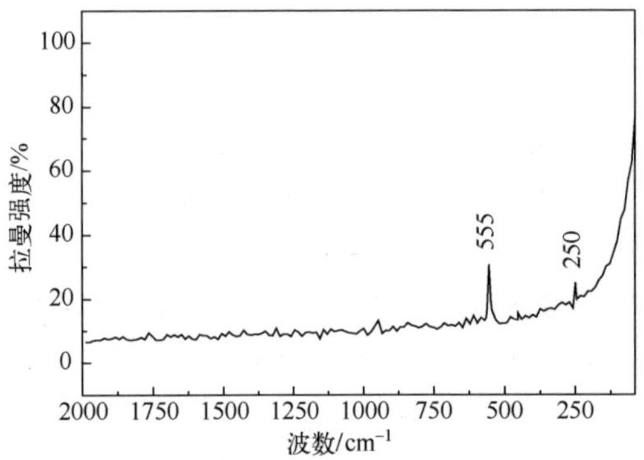

图 2-32　拉曼光谱

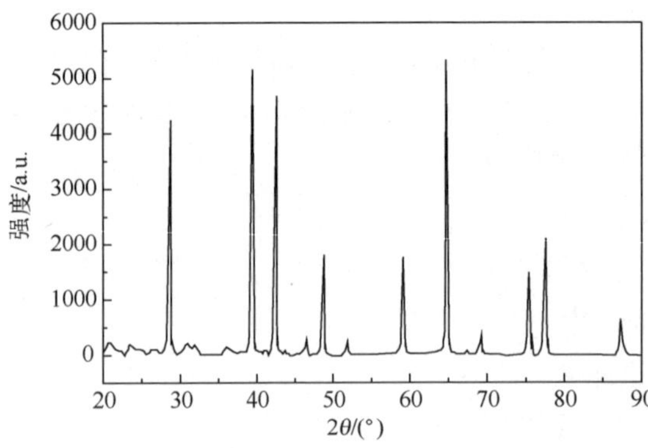

图 2-33　X 射线衍射谱

参考文献

[1] 化学工业出版社．中国化工产品大全：上卷[M].2 版．北京：化学工业出版社，1998：145-146.

[2] 蒋芸．复合固体推进剂原材料毒性与防护[M]．乌鲁木齐：新疆科技卫生出版社，1996：86.

[3] 宋心崎．实用化学化工辞典[M]．北京：宇航出版社，1995：551.

[4] 李霞，张国庆，谢有才，等．工业三氧化二铬：HG/T 2775—2010[S]．北京：中华人民共和国工业和信息化部，2011.

[5] 杨南如，岳文海．无机非金属图谱手册[M]．武汉：武汉工业大学出版社，2000：115，256.

2.1.12　氧化铅

中文名称：氧化铅

英文名称：lead oxide

中文别称：密陀僧；黄丹；铅黄；一氧化铅

英文别称：lead monoxide

分子式：PbO

分子量：223.2

CAS 登记号：1335-25-7

1. 物理性质

无定形密度 9.2～9.5g/cm^3，有两种晶体：一种是红色四方晶体，又称密陀僧，密度 9.53g/cm^3，熔点 489℃；另一种是黄色正交晶体，又称铅黄，密度 8.0g/cm^3，熔点 873℃。折射率 2.665，沸点 1472℃，熔融热 11.715kJ/mol，气化热 213.384kJ/mol，体胀系数 7.95×10^{-5}，比热容 0.213kJ/(kg·K)(20℃)。不溶于水，不溶于乙醇。

2. 化学性质

PbO 爆热 280.328kJ/kg。溶于乙酸、稀硝酸和温热的碱液中，溶于酸生成铅(Ⅱ)盐，微溶于强碱溶液，生成铅(Ⅱ)酸盐。空气中能逐渐吸收二氧化碳。在加热下，PbO 易被氢、碳、一氧化碳等还原成金属铅。从红色到黄色的转变点为 488.5℃，低于该温度时，转化作用较缓慢。转化热 1.674kJ/mol(固，红)，11.715kJ/mol(固，黄)。在 300～450℃空气中转化为 Pb_3O_4，但在高温下，它再转化为 PbO。遇光易变色。

3. 理化指标和检验方法

PbO 理化指标和检验方法见表 2-14。

表 2-14　PbO 理化指标和检验方法

项　目	理化指标	检验方法
PbO/%	≥95.0	EDTA 滴定法
水溶性盐/%	≤0.05	重量法
碱性(按 Na_2CO_3 计)/%	≤0.01	滴定法

4. 制备方法

(1) 熔融法。用碳酸铅、硝酸铅、氢氧化铅或铅在空气中加热到熔点以上即可生成一氧化铅。如碳酸铅在 650℃下煅烧 5h,得到一氧化铅的纯度为 99.5%:

$$PbCO_3 \longrightarrow PbO+CO_2$$

(2) 金属铅氧化法。将铅制成铅粒,然后在 170~210℃进行磨粉,于 600℃以上高温焙烧氧化,再经粉碎,得到一氧化铅:

$$2Pb+O_2 \longrightarrow 2PbO$$

(3) 铅盐沉淀法。将 $Pb(NO_3)_2$ 溶液缓慢滴加到过量 NaOH 溶液中,剧烈搅拌 30min,直至溶液变浑浊,产生白色沉淀,随着搅拌的进行,白色沉淀逐渐变成翠绿色沉淀。沉淀过滤后洗涤,在 60℃的环境中,干燥 12h,得到 PbO:

$$Pb(NO_3)_2+2NaOH \longrightarrow Pb(OH)_2\downarrow +2NaNO_3$$

$$Pb(OH)_2 \longrightarrow PbO\downarrow +H_2O$$

5. 储存、运输和应用

保持容器密封,避光保存于干燥清洁的仓库内。应与碱类、食用化工原料等分开存放。搬运时要轻装轻卸,防止包装及容器损坏。分装和搬运作业要注意个人防护。

用作双基或改性双基推进剂中的燃烧催化剂。用作颜料铅白、制造铅皂、冶金助溶剂、油漆催干剂、陶瓷原料、橡胶硫化促进剂、杀虫剂,铅盐塑料稳定剂原料,铅玻璃工业原料,铅盐类工业的中间原料。少量用作中药和用于蓄电池工业,并用于制造防辐射橡胶制品。

6. 毒性与防护

PbO 比金属铅和其他铅化合物更毒。损害造血、神经、消化系统及肾脏。职业中毒主要为慢性。神经系统主要表现为神经衰弱综合征,周围神经病(以运动功能受累较明显),重者出现铅中毒性脑病。消化系统表现有齿龈铅线、食欲不振、恶心、腹胀、腹泻或便秘,腹绞痛见于中等及较重病例。造血系统损害出现卟啉代谢障碍贫血等。短时接触大剂量,可发生急性或亚急性铅中毒,表现类似重症慢性铅中毒。接触限值(MAC):中国为 0.05mg/m³,大鼠腹腔内 LD_{50} 450mg/kg。无特殊的燃烧爆炸特性。

应急处理人员戴好防毒面具,穿一般消防防护服。不要直接接触泄漏物,避免扬尘,用清洁的铲子收集于干燥洁净有盖的容器中,用水泥、沥青或适当的热塑性材料固化处理再废弃。如大量泄漏,收集回收或无害处理后废弃。皮肤接触,脱去污染的衣着,用肥皂水及清水彻底冲洗。眼睛接触,立即翻开上下眼睑,用流动清水或生理盐水冲洗至少 15min,就医。吸入后迅速脱离现场至空气新鲜处,保持呼吸道通畅。呼吸困难时给输氧。呼吸停止时,立即进行人工呼吸,就医。食入,给饮足量温水,催吐,就医。

7. 理化分析谱图

(1) 红外光谱图见图 2-34。

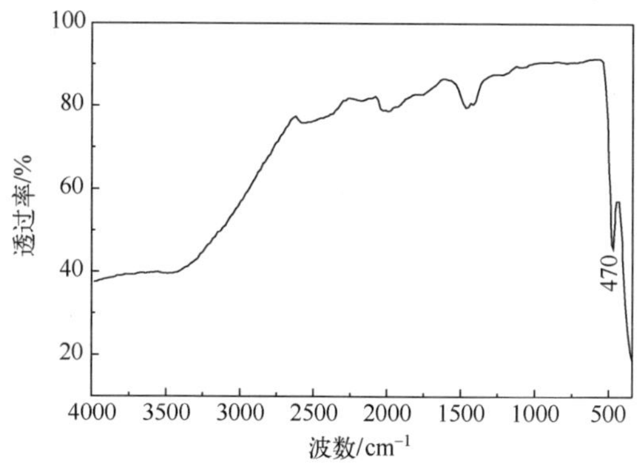

图 2-34　红外光谱

(2) 拉曼光谱图见图 2-35。

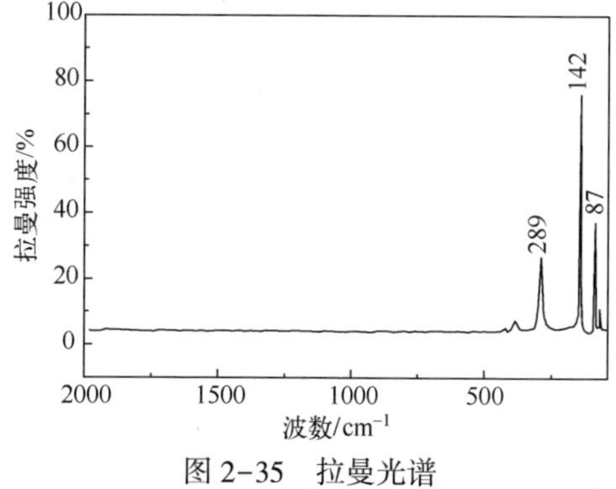

图 2-35　拉曼光谱

(3) 热分析谱图见图 2-36。

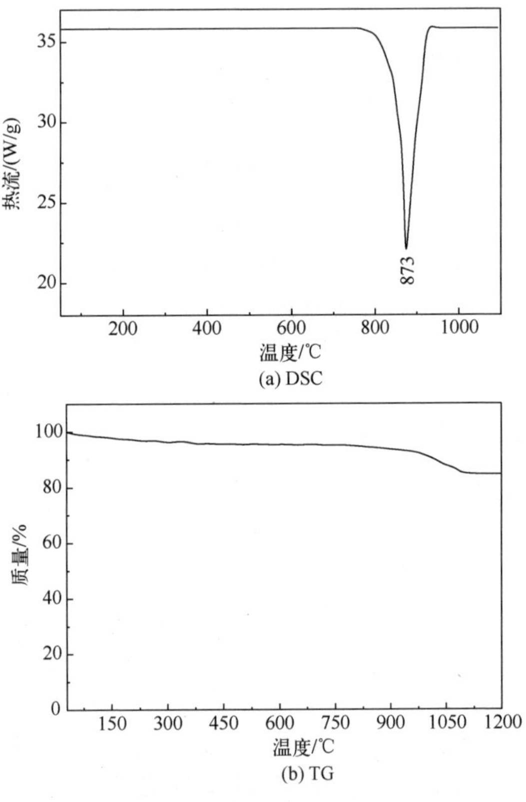

图 2-36 热分析谱

参考文献

[1] 张杏芬. 国外火炸药原材料性能手册[M]. 北京:兵器工业出版社,1991:227-228.

[2] 杨南如,岳文海. 无机非金属图谱手册[M]. 武汉:武汉工业大学出版社,2000:204,284,385.

[3] 伍永国. 电解锰阳极渣回收制备一氧化铅和活性二氧化锰[D]. 吉首:吉首大学,2020.

[4] 付志刚,张梅,吕娜,等. 回收和一氧化铅的制备[J]. 中南大学学报(自然科学版),2016,47(10):3302-3308.

[5] 叶俊辉,王森林,黎辉常,等. 二氧化铅/石墨烯电极的制备及其电化学性能[J]. 华侨大学学报(自然科学版),2018,39(06):872-878.

[6] 李生英. 金属氧化物纳米材料的制备、表征及应用[D]. 兰州:西北师范大学,2003.

2.1.13　二氧化铅

中文名称:二氧化铅

英文名称:lead dioxide

中文别称:氧化高铅;过氧化铅

分子式:PbO_2

分子量:239.21

CAS 登记号:1309-60-0

1. 物理性质

棕色至棕褐色四角晶型或粉末。密度 $9.375g/cm^3$,折射率 2.229,熔点 290℃,体胀系数 5.7×10^{-4},比热容 0.259kJ/(kg·K)(0℃)。不溶于水、醇。

2. 化学性质

PbO_2 爆热 280.328kJ/kg,生成热 -269.450kJ/mol(18℃定压),-276.646kJ/mol(定压结晶),-218.991kJ/mol(定容)。分解温度 290℃,分解成 PbO 和 O_2,当加热到 300℃以上时放出氧,首先生成 Pb_3O_4,然后在高温下生成 PbO。一种强氧化剂,易与还原剂反应,可引起着火和爆炸。如 PbO_2 与硫或红磷稍摩擦时,药团就会着火。PbO_2 可被 Na_2SO_4、$FeSO_4$ 在还原剂过量和加热条件下还原为铅的低价化合物。

$$PbO_2(s)+2FeSO_4+2H_2SO_4 \longrightarrow PbSO_4(s)+Fe_2(SO_4)_3+2H_2O$$

$$PbO_2(s)+Na_2SO_3 \longrightarrow PbO(s)+Na_2SO_4$$

3. 理化指标和检验方法

PbO_2 理化指标和检验方法见表 2-15。

表 2-15　PbO_2 理化指标和检验方法

项　　目	理化指标		检验方法
	Ⅰ型(低碱性)	Ⅱ型(高碱性)	
PbO_2/%	≥95.0	≥95.0	EDTA 滴定法
水溶性盐/%	≤0.05	≤0.05	重量法
碱性(按 Na_2CO_3 计)/%	≤0.01	≤0.10	滴定法

4. 制备方法

(1) 水解法。由四价铅盐水解制得。如将乙酸铅(Ⅳ)在水中压碎并搅拌,再离心沉降,洗涤至中性,真空干燥,可得到氧化活性高的 PbO_2:

$$PbAc_4+2H_2O \longrightarrow PbO_2+4HAc$$

（2）电解法。由二价铅盐溶液电解制得，反应式如下：

$$H_2O \longrightarrow OH_{ads}+H^++e^-$$

$$Pb^{2+}+OH_{ads} \longrightarrow Pb(OH)^{2+}$$

$$Pb(OH)^{2+}+H_2O \longrightarrow PbO_2+3H^++OH_{ads}+e^-$$

（3）氧化法。用次氯酸钠或过氧化氢等强氧化剂氧化氧化铅、二价铅盐或铅制得，反应式如下：

$$PbO+NaClO \longrightarrow PbO_2+NaCl$$

5. 储存、运输和应用

储存在低温通风处，远离火源，与有机材料或其他易被氧化材料分开储存。

用作固体推进剂燃烧催化剂。与无定形磷一起用于烟火剂中，作为起爆剂组分，用作炸药的添加剂，以提高炸药的威力。用作电解阳极。

6. 毒性与防护

累积有毒，吸入后可产生贫血，能使肝、肾、生殖器、神经系统、血管和其他细胞组织损坏。豚鼠腹膜内注射 LD_{50} 200mg/kg。加热分解放出非常有毒的铅烟。避免吸入粉尘和烟，使用合适的通风装置，远离饲料及食品。

7. 理化分析谱图

（1）红外光谱图见图 2-37。

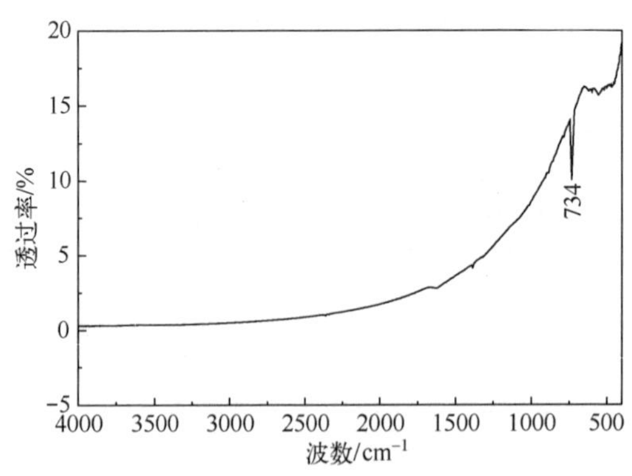

图 2-37　红外光谱

（2）X 射线衍射谱图见图 2-38。

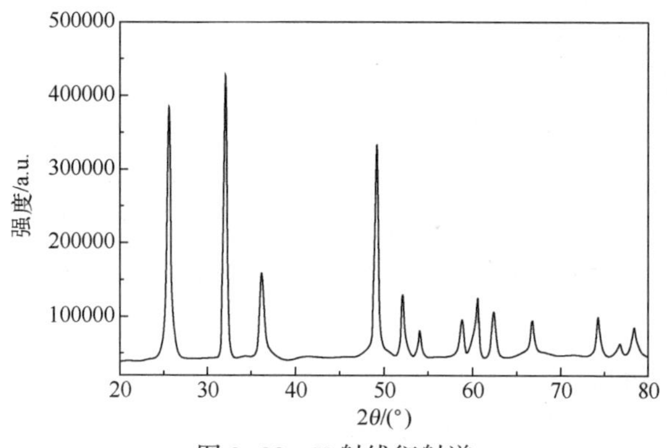

图 2-38　X 射线衍射谱

参考文献

[1]　张杏芬. 国外火炸药原材料性能手册[M]. 北京:兵器工业出版社,1991:229-230.

[2]　孙彤. 二氧化铅电极的修饰改性及其在水处理中的应用研究[D]. 青岛:青岛理工大学,2019.

[3]　叶俊辉,王森林,黎辉常,等. 二氧化铅/石墨烯电极的制备及其电化学性能[J]. 华侨大学学报(自然科学版),2018,39(06):872-878.

[4]　刘伟,郭明宜,丁留亮,等. 二氧化铅的水溶液体系还原研究[J]. 环境工程,2017,35(08):39-45.

2.1.14　四氧化三铅

中文名称:四氧化三铅

英文名称:lead tetroxide

中文别称:红色氧化铅;红丹;红铅;铅丹;光明粉

英文别称:lead oxide(red)

分子式:Pb_3O_4

分子量:685.60

CAS 号:1314-41-6

1. 物理性质

橙色结晶性鳞状体或无定形重质粉末。密度 9.1g/cm^3,熔点 875℃。不溶于水和乙醇。在油脂中扩散性大,遮盖性强。

2. 化学性质

Pb_3O_4 中有 2/3 的铅氧化数为+2,1/3 的铅氧化数为+4,化学式可写作 $2PbO \cdot PbO_2$,根据结构应属于铅酸二价铅盐($Pb_2[PbO_4]$)。具有高的抗腐蚀防锈性能和耐高温性能，具有氧化剂的性质，受高热分解产生有毒 PbO 气体。当加热时变成深红色，然后变成紫色和黑色，冷却时又变成红色，615℃时少量分解为 PbO 和 O_2。不耐酸，溶于硝酸、冰乙酸、热盐酸和热碱液。与稀硝酸反应，其中 2/3 的铅被酸溶解，生成硝酸铅（Ⅱ），其他为不溶的二氧化铅。与石英玻璃在 1000℃反应生成无色硅酸铅。有氧化性，与盐酸反应放出氯气，与硫酸反应放出氧气。与硫化氢作用生成黑色的硫化铅（PbS）。曝露在空气中因生成碳酸铅而变成白色。

3. 理化指标和检验方法

Pb_3O_4 理化指标和检验方法见表 2-16。

表 2-16　Pb_3O_4 理化指标和检验方法

项　目	理化指标		检验方法
	化工标准	美军用标准	
四氧化三铅（Pb_3O_4）/%	≥97.16	≥98.0%	碘量法
二氧化铅（PbO_2）/%	≥33.90	—	计算值
干燥减量（105℃）/%	≤0.10	—	重量法
硝酸不溶物/%	≤0.10	≤0.10	重量法
铁（Fe）/%	≤0.0015	—	分光光度法
铜（Cu）/%	≤0.0012	—	分光光度法
锰（Mn）/%	—	≤0.0005	发射光谱
水溶物/%	—	≤0.05	重量法
碳化合物（按 C 计）/%	—	≤0.010	比浊法
筛余物（通过 38.5μm 筛孔）/%	≤0.75	—	筛分法
粒度（D_{30}）/μm	10	—	

4. 制备方法

熔铅氧化法：将铅加热熔融后，制成 30mm×30mm 的铅粒，在 170~210℃进行球磨粉碎，在 300℃低温焙烧成一氧化铅。再由一氧化铅粉碎至 0.5~1.5μm，在 480~500℃下进行高温焙烧氧化、粉碎，制得四氧化三铅。反应方程式如下：

$$2Pb+O_2 \longrightarrow 2PbO$$

$$6PbO+O_2 \longrightarrow 2Pb_3O_4$$

5. 储存、运输和应用

用内衬聚乙烯塑料袋的木箱或铁桶包装，包装上应有明显的“有毒品”标志。储存在通风干燥的库房中，应与酸、碱及食品原料隔离堆放。按照有毒化学品规定运输。

用作固体推进剂燃烧催化剂。用于制造铅玻璃、油漆、蓄电池、陶瓷、搪瓷。还用于制造钢铁涂料。

6. 毒性与防护

属于无机有毒品，豚鼠腹腔 LD_{50}：220mg/kg，空气最大允许浓度 0.2mg/m^3。吸入后可产生贫血，造成肝、肾脏、神经系统、血管和其他细胞组织的损坏。IARC 将铅的无机化合物列为 G2A，人类可能致癌物。

避免吸入粉尘和烟，使用合适的通风装置，远离饲料及食品，佩戴过滤式防毒面具或携气式呼吸器。戴橡胶耐油手套，戴化学安全防护眼镜，穿防毒物渗透工作服。

7. 理化分析谱图

（1）红外光谱图见图 2-39。

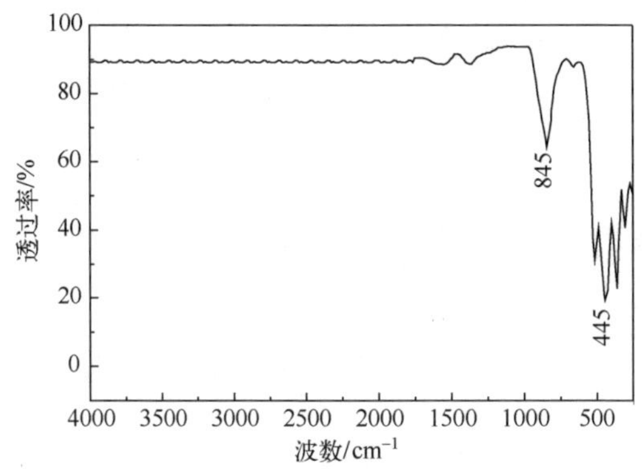

图 2-39　红外光谱

（2）拉曼光谱图见图 2-40。

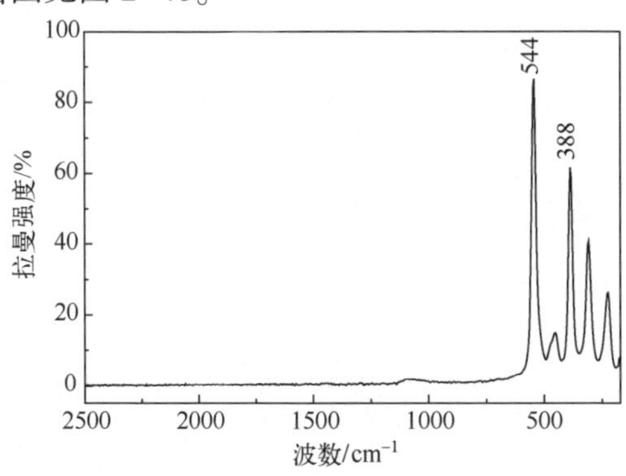

图 2-40　拉曼光谱

（3）X 射线衍射谱图见图 2-41。

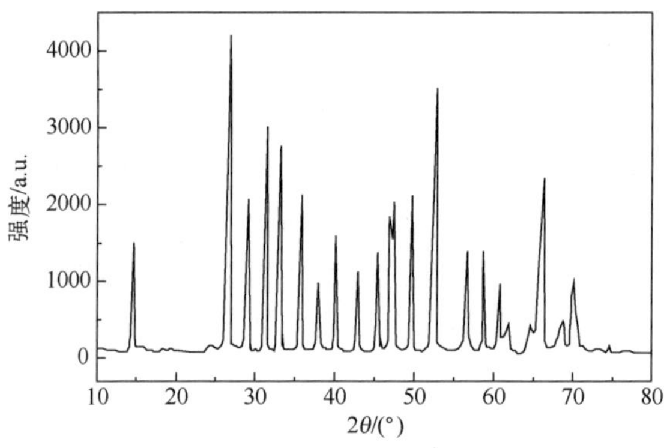

图 2-41　X 射线衍射谱

（4）热分析谱图见图 2-42。

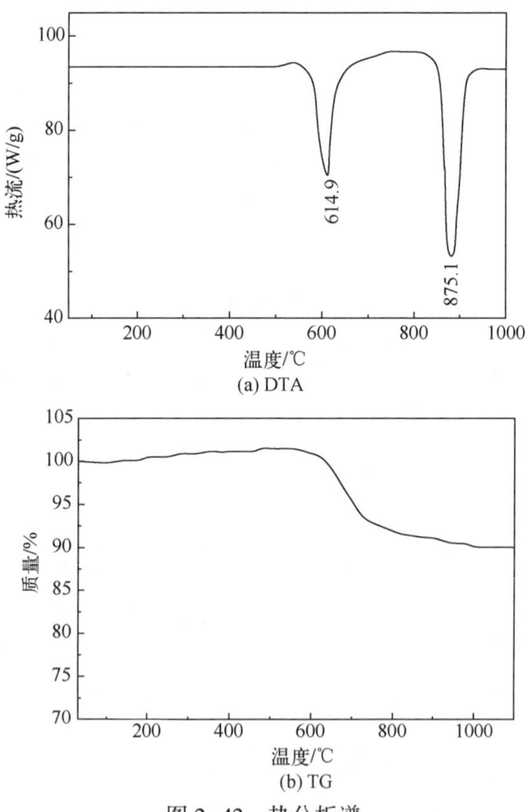

(a) DTA

(b) TG

图 2-42　热分析谱

参考文献

[1]　化学工业出版社．中国化工品大全:上卷[M].2 版．北京:化学工业出版社,1998:386-387.

[2]　张杏芬．国外火炸药原材料性能手册[M]．北京:兵器工业出版社,1991:230-231.

[3]　龚卫国,夏俊玲,弓创周．工业四氧化三铅:HG/T 4503—2013[S]．北京:中华人民共和国工业和信息化部,2014.

[4]　杨南如,岳文海．无机非金属图谱手册[M]．武汉:武汉工业大学出版社,2000:9,31,167,204,385.

2.1.15　硫化铅

中文名称:硫化铅

中文别称:方铅矿

英文名称:lead sulfide

分子式: PbS

分子量:239.26

CAS 登记号:1314-87-0

1. 物理性质

棕黑色粉末或银白色晶体,自然界方铅矿为蓝色晶体,高温下部分挥发。密度 7.5g/cm^3,熔点 1114℃,1281℃下升华,折射率 3.921,具有半导体性质,不溶于水。

2. 化学性质

晶体属于等轴晶系,其中也可以包含 1% 的银。生成焓 -100.42kJ/mol(25℃),自由能-98.74kJ/mol(25℃),不溶于碱,溶于酸,生成相应的酸盐和硫化氢。可燃,燃烧产物为氧化硫、氧化铅,反应式如下:

$$PbS+2O_2 \longrightarrow PbO_2+SO_2$$

3. 理化指标和检验方法

试剂级硫化铅理化指标和检验方法见表 2-17。

表 2-17　试剂级硫化铅理化指标和检验方法

项　　目	理化指标	检验方法
PbS/%	≥88.5	化学法
外观	棕黑色粉末	目测法

4. 制备方法

（1）将 75g $PbAc_2 \cdot 3H_2O$ 溶于 1000mL 蒸馏水中，加入固体 NaOH 直到产生的 $Pb(OH)_2$ 沉淀完全溶解生成铅（Ⅱ）酸钠 $Na_2Pb(OH)_4$ 溶液。另取 17g 硫脲溶于 1000mL 水中，过滤。将等体积的上述两种溶液混合，在搅拌下加热至沸，当温度在 38～40℃时，溶液变为褐色。加热至 50℃时开始有 PbS 晶体析出，在烧杯壁和底部形成有光泽的 PbS 镜。为防爆沸，将溶液移入另一烧杯中，并保持沸腾 10min 使 PbS 沉淀完全。抽滤结晶，用冷水洗涤至滤液不显碱性，沉淀置烘箱中干燥。

（2）往酸性二价铅盐水溶液中通入硫化氢气体，则得无定形或部分结晶的 PbS 沉淀。

（3）将碳酸铅与硫黄粉的混合物置于加盖坩埚内，加热至 300℃：

$$2PbCO_3+3S \xlongequal{\quad} 2PbS+2CO_2\uparrow+SO_2\uparrow$$

冷却后粉碎过筛，即可制得黑色无定形硫化铅粉末。将无定形硫化铅、干燥的碳酸钙与硫以 1∶6∶6 的质量比混合，磨后于赤热下灼烧。冷却后用水浸后，沉淀、过滤用稀盐酸洗涤，可制得晶体硫化铅。

5. 储存、运输和应用

储存在无酸的密闭容器中，并与酸隔离。运输时注意防止日晒、雨淋，保持包装完好。

用作固体推进剂的燃速催化剂，并可作为某些炸药的组分。高纯度的可作半导体，用作光谱纯试剂，亦用作中药。

6. 毒性与防护

铅及其化合物损害造血、神经系统、消化系统及肾脏。职业中毒主要为慢性。神经系统主要表现为神经衰弱综合征、周围神经病（以运动功能受累较明显），重者出现铅中毒性脑病。消化系统表现有齿龈铅线、食欲不振、恶心腹胀、腹泻或便秘，腹绞痛见于中等及较重病例。造血系统损害出现卟啉代谢障碍、贫血等。短时大量接触可发生急性或亚急性铅中毒，表现类似重症慢性铅中毒。急性毒性：大鼠经口 LD_{50} 10mg/kg，大鼠腹腔内 LD_{50} 1600mg/kg。受高热分解产生有毒硫化物烟气。

戴好防毒面具，穿化学防护服。不要直接接触泄漏物，用洁净的铲子收集于干燥洁净有盖的容器中，用水泥、沥青或适当的热塑性材料固化处理再废弃。如大量泄漏，收集回收或无害处理后废弃。呼吸停止时，立即进行人工呼吸。就医。误服者漱口，给饮牛奶或蛋清，就医。火场产生有毒硫氧化物和含铅烟雾，雾状水、泡沫、二氧化碳、干粉、沙土灭火。

7. 理化分析谱图

（1）红外光谱图见图 2-43。

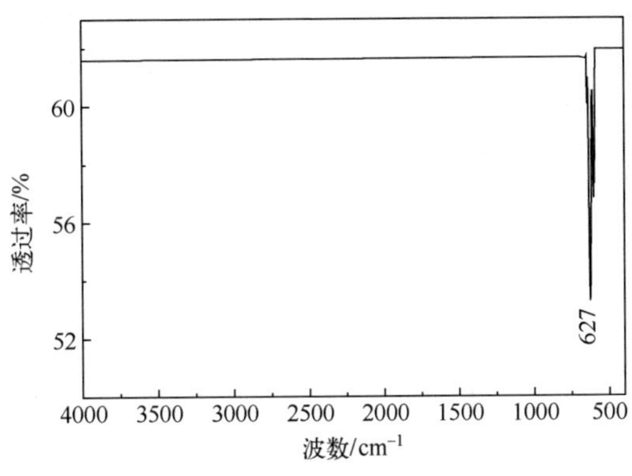

图 2-43　红外光谱

（2）X 射线衍射谱图见图 2-44。

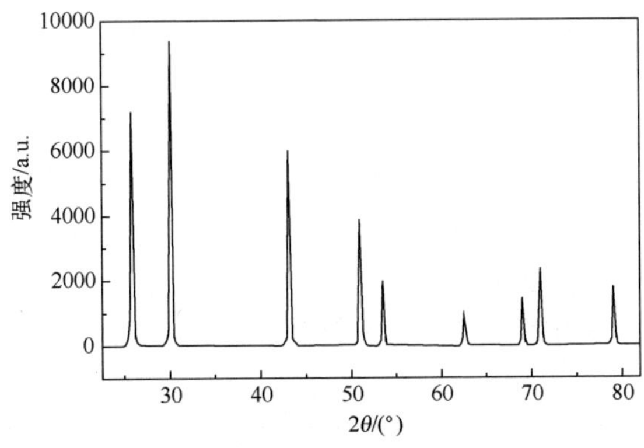

图 2-44　X 射线衍射谱

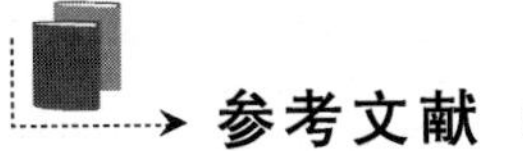

参考文献

[1]　杨南如，岳文海．无机非金属图谱手册[M]．武汉：武汉工业大学出版社，2000：109.

[2]　郝浩博，陈惠敏，金春江，等．利用脱硫废液通过水热法制备硫化铅[J]．昌吉学院学报，2019(03)：113-116.

[3]　汪静妮．基于黄酸铅配合物制备硫化铅及钙钛矿薄膜及其光电性能的研究[D]．南昌：南昌大学，2016.

[4] 曹燕花,马冬,孟春燕,等. 纳米硫化铅对大鼠认知能力及大脑皮质铜、锌含量影响的研究[J]. 化工管理,2015(35):146-147,149.

2.1.16 铬酸铅

中文名称:铬酸铅

英文名称:lead chromate

中文别称:铬黄

英文别称:chrome yellow

分子式:CrO_4Pb

分子量:323.18

CAS 登记号:7758-97-6

1. 物理性质

黄色或橙黄色粉末,密度 6.3g/cm^3,熔点 844℃。不溶于水和油。着色力高,遮盖力强,在大气中不会粉化。

2. 化学性质

在日光下久晒颜色变暗,具有较强氧化性,遇硫化氢气体容易变黑。加热至沸点分解,释放有毒气体。溶于无机酸,生成重铬酸和相应酸的铅盐;溶于碱发生置换反应,生成相应碱的铬酸盐和氢氧化铅,进一步生成铅酸盐。

$$2PbCrO_4+4HNO_3 = 2Pb(NO_3)_2+H_2Cr_2O_7+H_2O$$

$$PbCrO_4+4NaOH = Na_2[Pb(OH)_4]+Na_2CrO_4$$

3. 理化指标和检验方法

铬酸铅理化指标和检验方法见表 2-18。

表 2-18 铬酸铅理化指标和检验方法

项 目	理化指标	检验方法
铬酸铅/%	≥99.2	碘量法
硝酸铅(以 NO_3 计)/%	≤0.002	比色法
碳化合物(以 CO_3 计)/%	≤0.03	比浊法
乙酸可溶物/%	≤0.2	重量法
铬酸铅晶体线度	铬酸铅晶体线度不大于 2μm 的颗粒数不小于 95%	透射电子显微镜

4. 制备方法

(1) 先将氧化铅加入带搅拌的反应器中,在搅拌下缓慢加入硝酸进行反应

生成硝酸铅溶液,然后将硝酸铅溶液和重铬酸钠溶液进行反应生成铬酸铅,经过滤、干燥、粉碎,制得铬酸铅成品。反应式如下:

$$PbO+2HNO_3 \longrightarrow Pb(NO_3)_2+H_2O_2$$

$$2Pb(NO_3)_2+Na_2Cr_2O_7+H_2O \longrightarrow 2PbCrO_4+2NaNO_3+2HNO_3$$

(2) 等物质量的铬酸钾和硝酸铅溶液混合,立刻生成大量的黄色铬酸铅沉淀。反应式如下:

$$Pb(NO_3)_2+K_2CrO_4 \longrightarrow PbCrO_4+2KNO_3$$

5. 储存、运输和应用

有较强氧化性,不能与还原剂、有机物、易燃物一起存放,防雨淋。保持储藏器密封。远离火种、热源。必须符合运输氧化性和毒性产品的有关规定。

用作复合固体推进剂增速剂。民用上,可制作油漆、油墨、水彩、颜料等。

6. 毒性与防护

为致癌物。急性中毒:吸入后对上呼吸道有刺激性,摄入后可引起头晕、头痛、恶心、呕吐、胃肠道刺激,可致死。慢性影响:可引起贫血、肾损害、铅积蓄、铅中毒。可引起皮炎和湿疹。生产过程密闭,加强通风。可能接触其粉尘时,必须佩戴防尘面具(全面罩)。穿连衣式胶布防毒衣,戴橡胶手套。保持良好的卫生习惯,实行就业前和定期体检。

7. 理化分析谱图

(1) 红外光谱图(石蜡片)见图 2-45。

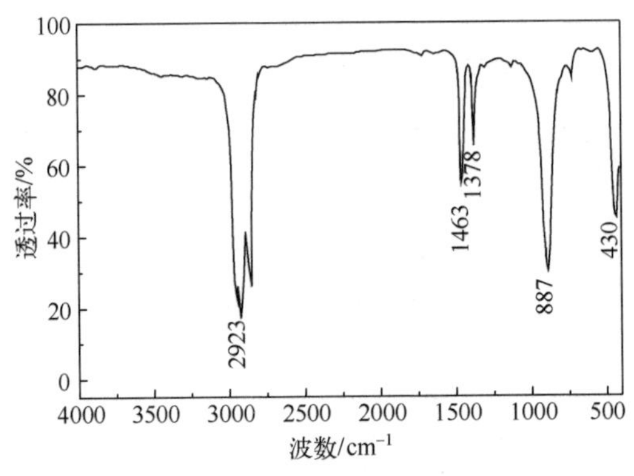

图 2-45 红外光谱

(2) 拉曼光谱见图 2-46。

(3) 紫外可见光谱图见图 2-47。

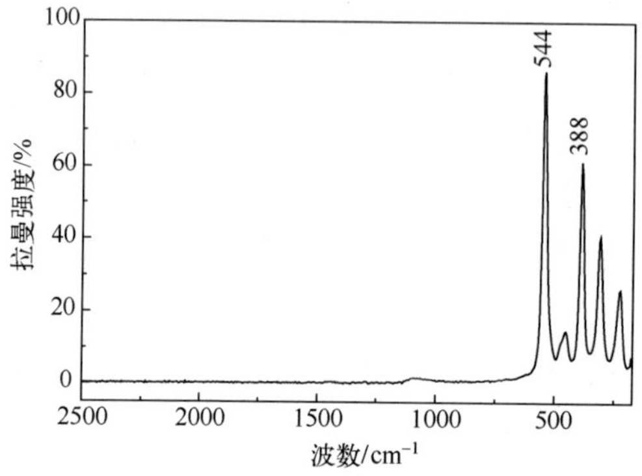

图 2-46　拉曼光谱

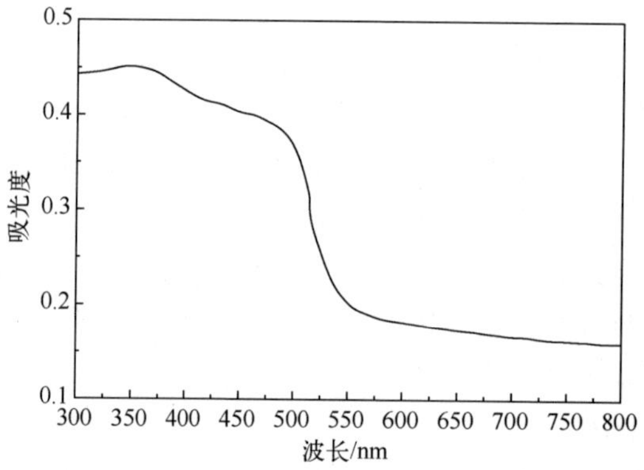

图 2-47　紫外可见光谱

（4）X 射线衍射谱图见图 2-48。

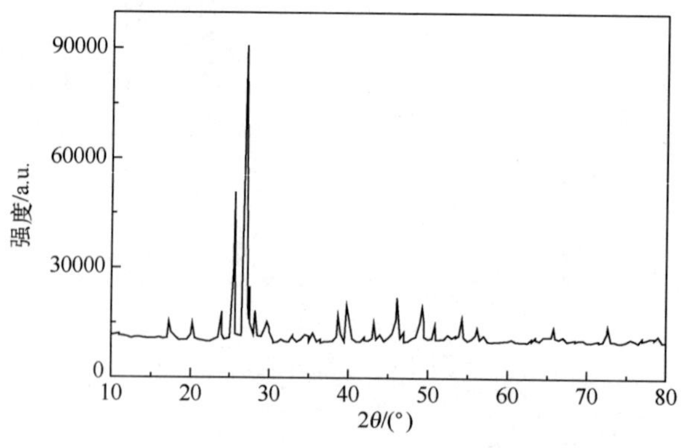

图 2-48　X 射线衍射谱

参考文献

[1] 袁伟,史淑慧,李珍,等. 超细分析纯铬酸铅规范:GJB 5003—2001[S]. 北京:国防科学技术工业委员会,2001.

[2] 陈广义,魏志勇,魏广远,等. 铬酸铅一维纳米材料的水热制备、表征及性能研究[J]. 功能材料,43(11):1459-1461,1464.

[3] 李立民,林宪策. 用生产草酸产生的废草酸泥渣制备铬酸铅的工艺研究[J]. 环境科学与管理,2007,32(7):89-91.

2.1.17　氧化铜

中文名称:氧化铜

英文名称:cupric oxide

分子式: CuO

分子量:79.54

CAS 登记号:1317-38-0

1. 物理性质

黑色粉末,有立方晶型和三斜晶型(黑铜矿)。密度 6.40~6.54g/cm^3(20℃),热导率 1.013×10^{3}W/(m·K)(45.6℃)。熔点 1026℃,熔解热 148.114kJ/kg,比热容 0.523kJ/(kg·K)(0℃),0.539kJ/(kg·K)(20℃),0.460kJ/(kg·K)(27℃)。稍有吸湿性,不溶于水和乙醇。

2. 化学性质

生成热-156.9kJ/mol(18℃,0.1MPa 定压),-161.084kJ/mol(25℃定压结晶),-133.470kJ/mol(25℃定容),爆温 1122℃,1056℃分解为 Cu_2O 和 O_2,分解热 156.9kJ/mol。略显两性,溶于盐酸、硫酸、硝酸等无机酸,生成相应的二价铜盐,溶于氰化钾和氯化铵中生成可溶性络合盐,在氨液中缓慢溶解生成络合盐。在低温下制得的成品易溶于稀酸中,经过强烈灼烧的氧化铜,甚至在热浓酸中溶解也慢。溶于强碱溶液反应生成铜酸盐并呈蓝色。在 H_2、CO 和有机物的蒸气流中加热时,CuO 容易还原为金属铜。热的 CuO 有一定的氧化能力,可用作氧化剂,还原产物为+1 价铜或单质铜,氧化单质碳为二氧化碳:

$$2CuO+C \longrightarrow 2Cu+CO_2$$

3. 理化指标和检验方法

CuO 理化指标和检验方法见表 2-19。

表 2-19　CuO 理化指标和检验方法

项　　目	理化指标		检验方法
	分析纯	化学纯	
氧化铜/%	≥99.0	≥98.0	碘量法
盐酸不溶物/%	≤0.02	≤0.05	重量法
氯化物/%	≤0.003	≤0.005	比浊法
硫化合物(以 SO_4 计)/%	≤0.01	≤0.05	比浊法
总氮量(N)/%	≤0.002	≤0.005	凯氏定氮仪
碳化合物(以 CO_3 计)/%	≤0.025	≤0.10	比浊法
铁(Fe)/%	≤0.01	≤0.04	原子吸收光谱
氧化亚铜(Cu_2O)/%	≤0.05	≤0.10	氧化法
硫化氢不沉淀物/%	≤0.20	≤0.50	重量法

4. 制备方法

(1) 铜粉氧化法。以铜灰、铜渣为原料经焙烧,用煤气加热进行初步氧化,以除去原料中的水分和有机杂质。生成的初级氧化物自然冷却,粉碎后,进行二次氧化,得到粗品氧化铜。粗品氧化铜加入预先装好 1∶1 硫酸的反应器中,在加热搅拌下反应至液体相对密度为原来的 1 倍,pH 值为 2~3 时即为反应终点,生成硫酸铜溶液。静置澄清后,在加热及搅拌的条件下,加入铁刨花,置换出铜,然后用热水洗涤至无硫酸根和铁质。经离心分离、干燥,在 450℃ 下氧化焙烧 8h,冷却后,粉碎至 100 目,再在氧化炉中氧化,制得氧化铜粉末。反应方程式如下:

$$4Cu+O_2 \longrightarrow 2Cu_2O$$

$$Cu_2O+0.5O_2 \longrightarrow 2CuO$$

$$CuO+H_2SO_4 \longrightarrow CuSO_4+H_2O$$

$$CuSO_4+Fe \longrightarrow FeSO_4+Cu\downarrow$$

$$2Cu+O_2 \longrightarrow 2CuO$$

(2) 高温分解法。将氢氧化铜、硝酸铜或碱式碳酸铜高温分解得氧化铜:

$$Cu(OH)_2 \longrightarrow CuO+H_2O$$

$$Cu(NO_3)_2 \longrightarrow CuO+2NO_2+O_2$$

$$CuCO_3 \longrightarrow CuO+CO_2$$

5. 储存、运输和应用

用玻璃瓶或塑料袋包装,一般化学品储存与运输。

用作推进剂的燃速调节剂及烟火剂、起爆剂、点火药以及无气体延期药的组分。用于分析化学试剂(例如在有机分析中,可测定化合物的含碳量),作电镀催化剂。

6. 毒性与防护

CuO 属中等毒性。大鼠经口 LD_{50} 为 710mg/kg,CuO 烟尘最大允许浓度 $1mg/m^3$。吸入高浓度氧化铜烟尘可引起金属烟雾热和呼吸道炎症。长期吸入可引起肺纤维组织增生。轻症可休息、保温,给予大量饮料,较重者给予镇静退热药物及其他对症治疗。

CuO 烟尘预防与一般金属烟尘相同,主要采取密闭、抽风、防止烟尘扩散,降低作业场所中的浓度。应避免吸入粉尘,操作人员应戴防护用具。

7. 理化分析谱图

(1) 红外光谱图(石蜡片)见图 2-49。

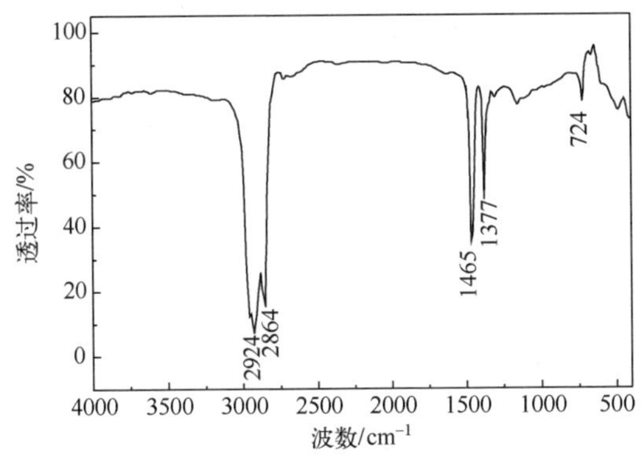

图 2-49　红外光谱

(2) X 射线衍射谱图见图 2-50。

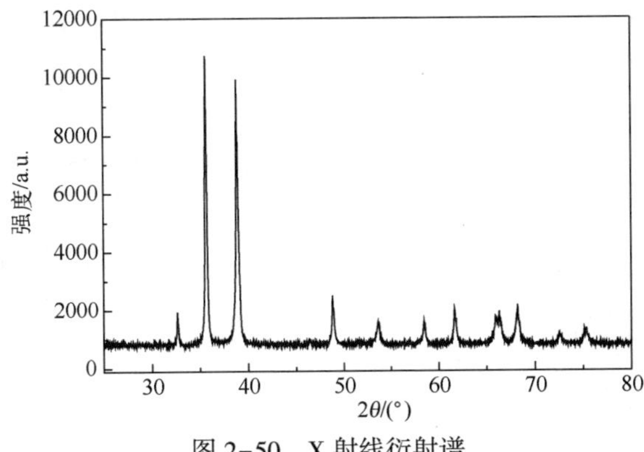

图 2-50　X 射线衍射谱

（3）热分析谱图见图 2-51。

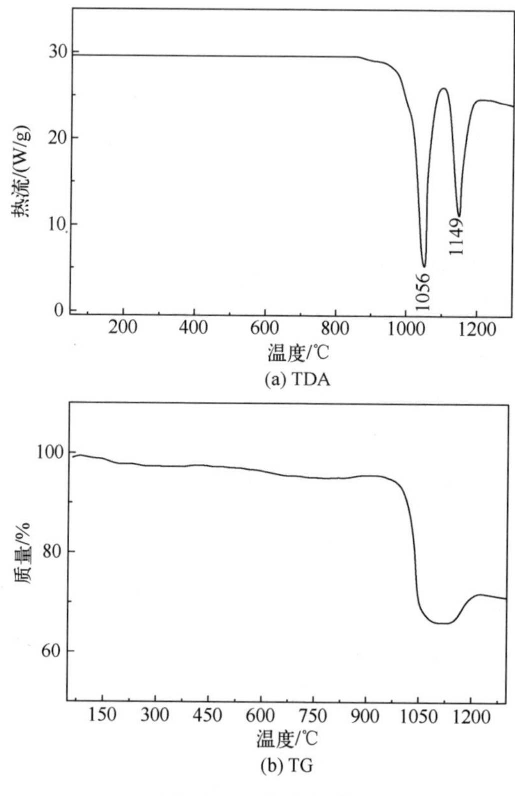

(a) TDA

(b) TG

图 2-51　热分析谱

参考文献

[1]　张杏芬. 国外火炸药原材料性能手册[M]. 北京:兵器工业出版社,1991:224.

[2]　蒋芸. 复合固体推进剂原材料毒性与防护[M]. 乌鲁木齐:新疆科技卫生出版社,1996:88.

[3]　江莉,刘建军,康栋权. 化学试剂 粉状氧化铜:GB/T 674—2003[S]. 北京:中华人民共和国国家质量监督检验检疫总局,2003.

[4]　杨南如,岳文海. 无机非金属图谱手册[M]. 武汉:武汉工业大学出版社,2000:203.

2.1.18　氧化亚铜

中文名称:氧化亚铜

英文名称:cuprous oxide

中文别称:一氧化二铜;红色氧化铜

分子式:Cu_2O

分子量:143.08

CAS 登记号:1317-39-1

1. 物理性质

氧化亚铜是黄色乃至红色的结晶粉末。密度 6.0g/cm^3(20℃),熔点 1235℃,沸点 1800℃时失氧。熔融热 56.06kJ/mol,比热容 69.87 J/(mol · K)(298K),线胀系数 $\alpha=9.3\times10^{-7}$(40℃),体胀系数 $\beta=2.79\times10^{-6}$(40℃)。不溶于水和醇。

2. 化学性质

Cu_2O 生成热-166.69kJ/mol(结晶,298K 定压),-146.356kJ/mol(298K 定容)。在空气中会迅速变蓝,在湿空气中逐渐氧化成黑色氧化铜。溶于稀硫酸和稀硝酸生成铜盐,与盐酸生成白色氯化亚铜结晶粉末。与氨水、浓氢卤酸、浓碱、三氯化铁等溶液形成络合物而溶解。在湿空气中会慢慢氧化,生成氧化铜。当在空气中加热时,在 285℃开始缓慢氧化,在 1800℃开始分解,分解产物为铜和氧。加热条件下易于用 H_2、CO 等还原剂还原为金属铜。

3. 理化指标和检验方法

Cu_2O 理化指标和检验方法见表 2-20。

表 2-20　Cu_2O 理化指标和检验方法

项　　目	理化指标		检验方法
	优等品	一等品	
总还原率(以 Cu_2O 计)/%	≥98.0	≥97.0	氧化还原法
金属铜(Cu)/%	≤1.0	≤2.0	
氧化亚铜(以 Cu_2O 计)/%	≥97.0	≥96.0	计算
总铜(Cu)/%	≥87.0	≥86.0	电沉积法/碘量法
氯化物(以 Cl 计)/%	≤0.5	≤0.5	沉淀重量法
硫酸盐(以 SO_4 计)/%	≤0.5	≤0.5	沉淀重量法
水分/%	≤0.5	≤0.5	蒸馏量体积法
丙酮溶解物/%	≤0.5	—	重量法
稳定性试验后还原率减少量/%	≤2.0	≤2.0	氧化还原法
筛余物(通过 45μm 筛孔)/%	≤0.3	≤0.5	过筛重量法
筛上硝酸不溶物(通过 75μm 筛孔)/%	≤0.1	—	
非铜金属/%	≤0.5	—	滴定法

4. 制备方法

(1) 干法。铜粉经除杂质后与氧化铜混合,送入煅烧炉内加热到800~900℃煅烧成氧化亚铜。取出后,用磁铁吸去机械杂质,再粉碎至325目,制得氧化亚铜成品。如果采用硫酸铜为原料,则先用铁将硫酸铜中的铜还原出来,以后的反应步骤与以铜粉为原料法相同。反应式如下:

$$Cu+CuO \longrightarrow Cu_2O$$

(2) 葡萄糖还原法。将硫酸铜溶液与葡萄糖混合后加入氢氧化钠溶液进行反应,生成氧化亚铜,经过滤、漂洗、烘干粉碎制得氧化亚铜产品。反应式如下:

$$CuSO_4+2NaOH \longrightarrow Na_2SO_4+Cu(OH)_2\downarrow$$

$$2Cu(OH)_2+CH_2OH(CHOH)_4CHO \longrightarrow Cu_2O\downarrow+2H_2O+CH_2OH(CHOH)_4COOH$$

(3) 电解法。在铁制壳体内衬聚氯乙烯的电解槽中,以浇铸铜板作阳极,紫铜板作阴极,用铬酸钾作添加剂,食盐溶液作电解液,其中含氯化钠为290~310g/L、铬酸钾为0.3~0.5g/L、温度70~90℃、pH 8~12、电流密度1500A/m^2的条件下进行电解,生成氧化亚铜,经沉淀分离、漂洗、过滤、干燥制得氧化亚铜。反应式如下:

$$2H^++2e^- \longrightarrow H_2$$

$$2Cu^++2Cl^- \longrightarrow Cu_2Cl_2$$

$$Cu_2Cl_2+2NaOH \longrightarrow Cu_2O\downarrow+H_2O+2NaCl$$

(4) 金属铜氧化法。用铂丝将金属铜吊在竖式管状电炉中,在含1%(体积分数)氧的氮气氛中,于1000℃加热24h则得氧化亚铜。或将金属铜和氧化铜的化学计算量混合物封闭于真空管中,在1000℃加热5h使其反应而得到氧化亚铜。

5. 储存、运输和应用

工业氧化亚铜采用铁桶内衬一层聚乙烯薄膜袋、塑料桶或复合纸袋三种形式包装。储存时应通风良好,防潮密封保存,不得与氧化剂混放。运输时注意防止日晒、雨淋,保持包装完好。

用作固体推进剂的燃烧催化剂。测定偶氮化合物中氮时作还原剂,亦用于有机合成催化剂,防污漆杀菌剂,电镀业镀铜,玻璃陶瓷工业着色剂。

6. 毒性与防护

粉尘在空气中含量达到0.22~14mg/m^3时,工作1~2h后会引起急性中毒,表现为头痛、无力、咽和结膜发红、恶心、肌肉痛、有时呕吐和腹泻、疲乏、体温升高、淋巴细胞增多。慢性中毒表现:接触铜化合物的人的局部皮肤、头发及眼结膜有时变成浅黄绿色或黑绿色,齿龈上有暗红色或绛红色边。对皮肤有刺激作用,粉尘刺激眼睛,并引起角膜溃疡。对急性中毒者用一定浓度的$K_4[Fe(CN)_6]$溶液洗胃,服牛奶等措施。空气中最高容许浓度为 0.1mg/m³。可戴口罩、防尘眼镜,穿防护工作服,工作后要洗淋浴。

7. 理化分析谱图

红外光谱图(石蜡片)见图 2-52。

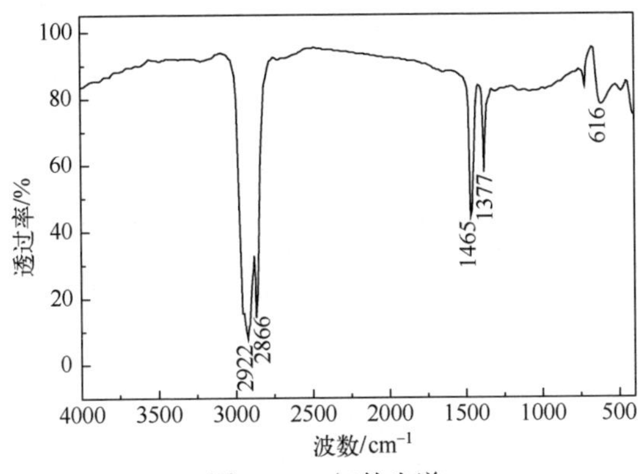

图 2-52　红外光谱

参考文献

[1]　张杏芬. 国外火炸药原材料性能手册[M]. 北京:兵器工业出版社,1991:224-225.

[2]　范国强,徐金章,刘志荣,等. 工业氧化亚铜:HG/T 2961—1999[S]. 北京:中华人民共和国工业和信息化部,2010.

[3]　全国化学试剂产品目录汇编组. 全国化学试剂产品目录[M]. 北京:化学工业出版社,1979:379.

2.1.19　亚铬酸铜

中文名称:亚铬酸铜

英文名称:copper chromite

中文别称:氧化铬铜

英文别称:chromium copper oxide

分子式:$Cu_2Cr_2O_5$

分子量:311.08

CAS 登记号:12053-18-8

1. 物理性质

棕黑色粉状固体。亚铬酸铜是一种典型的正尖晶石结构化合物,有四方和立方两种不同的晶型,密度 4.3~4.5g/cm³。水中溶解度 0.5%。

2. 化学性质

在常温、密闭容器中稳定。生成焓-4897(kJ/kg)。具有畸形的尖晶石四方晶结构的亚铬酸铜具有催化活性。其微观结构为:Cu^{2+}在晶格中占据四面体空隙,Cr^{3+}在晶格中占据八面体空隙。水溶液 pH 值 5~7。

3. 理化指标和检验方法

亚铬酸铜理化指标及检验方法见表 2-21。

表 2-21　亚铬酸铜理化指标及检验方法

项　　目	理 化 指 标	检 验 方 法
总六价铬(以 $K_2Cr_2O_7$计)/%	19.5±1.0	还原化学法
总铜(以 CuO 计)/%	46.0±2.0	碘量法
灼烧失重(650℃)/%	≤4.0	重量法
水分/%	≤0.5	干燥重量法
过筛率(通过 125μm 筛孔)/%	100	过筛重量法
外观	棕黑色粉末	目测法

4. 制备方法

(1) 将 Cu/Cr 物质量比为 2∶1 的 CuO 及 Cr_2O_3 在丙酮中混合均匀,然后将其在 900℃锻烧 6h,即可得到亚铬酸铜。反应式如下:

$$2CuO+Cr_2O_3 \xrightarrow[\triangle]{} (CuO)_2 \cdot Cr_2O_3$$

(2) 铬酸铜铵络合物在 295℃热分解制得亚铬酸铜。用硝酸铜溶液、重铬酸铵溶液与氨水作用得土黄色碱式铬酸铜铵沉淀,沉淀过滤,洗涤,80℃烘干后焙烧。反应式如下:

$$2CuNH_4(OH)CrO_4 \xrightarrow[\triangle]{} (CuO)_2 \cdot Cr_2O_3+2NH_3+2H_2O+3/2O_2$$

5. 储存、运输和应用

纤维板桶内衬铝箔袋包装。阴凉干燥通风处密闭储存。运输过程中,应防水、防晒。

用作各种复合固体推进剂的燃速催化剂。亚铬酸铜是一种高效催化剂,它有以下用途:作为有机化合物的加氢脱水、环化、烷基化、苯胺转化二苯胺或制备己内酰胺等的催化剂,应用于有机反应中;作为消除发动机废气中的有机物质和一氧化碳的催化剂,应用于环保方面;用作羰基化合物、酯类的氢化还原催化剂,反应一般需在加热加压下进行。

6. 毒性与防护

有毒,刺激眼睛、呼吸系统和皮肤。操作时应戴上合成橡胶手套和防尘口罩,防止皮肤接触和粉尘吸入。

7. 理化分析谱图

(1) 红外光谱图见图 2-53。

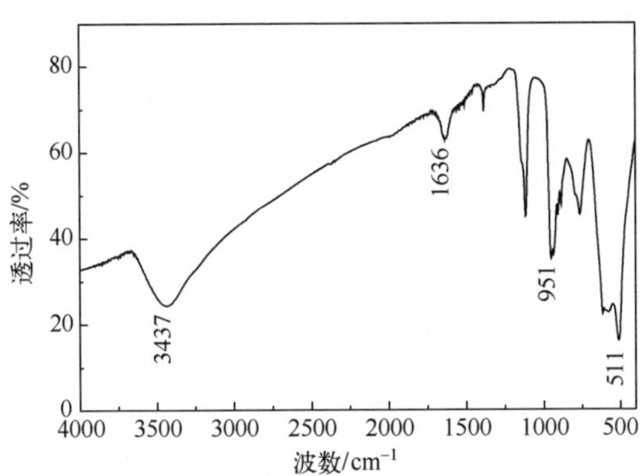

图 2-53　红外光谱

(2) X 射线衍射谱图见图 2-54。

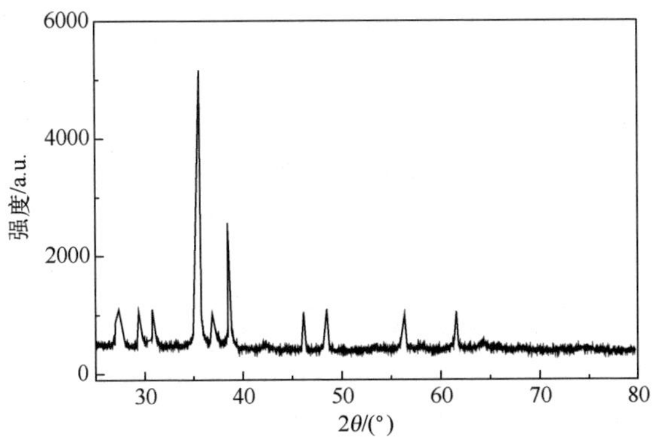

图 2-54　X 射线衍射谱

参考文献

[1] SEVERINO F, BRITO J, CARIAS O, et al. Comparative study of alumina-supported CuO and $CuCr_2O_4$ as catalysis for oxidation[J]. J Cat, 1986, 102(1): 172-179.

[2] KAWAMOTO A M, PARDINI L C, REZENDE L C. Synthesis of copper chromite catalyst [J]. Aero Sci Techn, 2004, 8(7): 591-598.

[3] 刘基炆,张光中,刘祚祥,等. 亚铬酸铜规范:GJB 2302—95[S]. 北京:国防科学技术委员会,1995.

2.2 降 速 剂

2.2.1 乙二酸钠

中文名称:乙二酸钠

英文名称:sodium ethanedioate

中文别称:草酸钠

英文别称:sodium oxalate

分子式:$Na_2C_2O_4$

分子量:134.00

结构式:NaOOCCOONa

CAS 登记号:62-76-0

1. 物理性质

白色结晶粉末,有吸湿性。密度 2.34g/cm^3。熔点 250~257℃,沸点 365.1℃。在水中溶解度为 3.7g/100g(20℃),6.33g/100g(100℃),不溶于乙醇、乙醚。

2. 化学性质

闪点 188.8℃,有较强的还原性。灼烧加热至 400℃以上分解为碳酸钠和一氧化碳。与大多数可溶性金属盐复分解反应生成不溶性盐。

3. 理化指标和检验方法

草酸钠的理化指标和检验方法见表 2-22。

表 2-22 草酸钠的理化指标和检验方法

项 目	理化指标		检验方法
	优级纯	分析纯	
$Na_2C_2O_4$/%	≥99.8	≥99.8	氧化还原法
pH 值(50g/L 溶液,25℃)	7.5~8.5	7.5~8.5	酸度计法
澄清度实验	合格	合格	比浊法
水不溶物/%	≤0.005	≤0.01	重量法
干燥失重/%	≤0.01	≤0.02	重量法
氯化物(Cl)/%	≤0.001	≤0.002	比浊法
硫化合物(以 SO_4计)/%	≤0.002	≤0.004	比浊法

续表

项　　目	理化指标		检验方法
	优级纯	分析纯	
总氮量(N)/%	≤0.002	≤0.002	比色法
钾(K)/%	≤0.005	≤0.01	火焰光度计法
铁(Fe)/%	≤0.0002	≤0.0005	比色法
重金属(以 Pb 计)/%	≤0.001	≤0.002	比色法
易炭化物质	合格	合格	比色法

4. 制备方法

一氧化碳和氢氧化钠在 160℃和 2MPa 条件下反应，生成甲酸钠，然后再将甲酸钠在 400℃温度下脱氢即得草酸钠：

$$CO+NaOH \xrightarrow[160℃,2MPa]{} HCOONa$$

$$2HCOONa \xrightarrow[400℃]{} (COONa)_2+H_2\uparrow$$

5. 储存、运输和应用

内衬塑料袋，外包编织袋包装。存于密闭容器中，置于凉爽、通风处。

用作固体推进剂降速剂。用于生产草酸的中间体。

6. 毒性与防护

有毒，对人体有害。可能接触其粉尘时，必须佩戴防尘面具（全面罩）。

7. 理化分析谱图

(1) 红外光谱图见图 2-55。

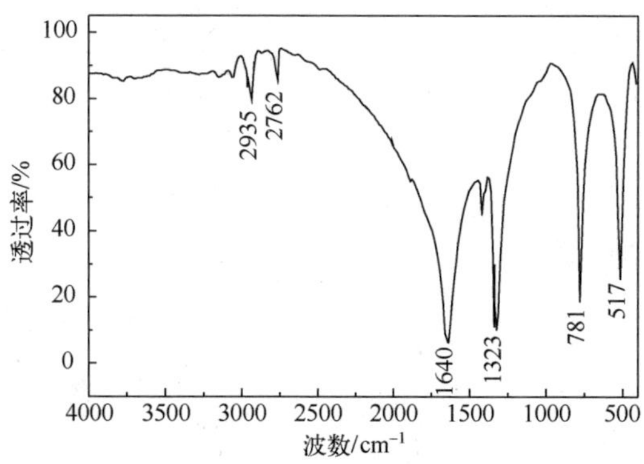

图 2-55　红外光谱

（2）拉曼光谱图见图 2-56。

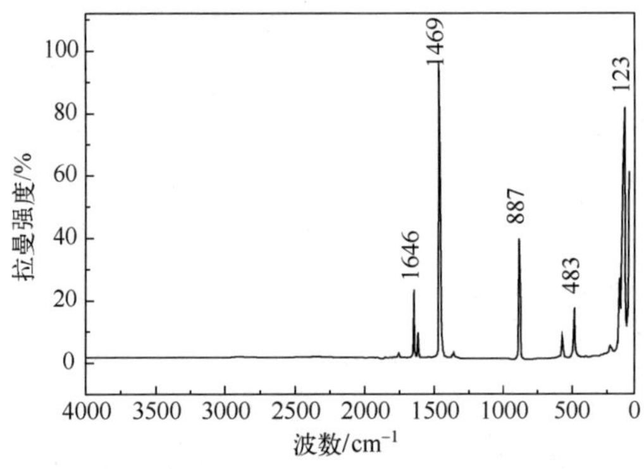

图 2-56　拉曼光谱

（3）核磁共振谱图见图 2-57。

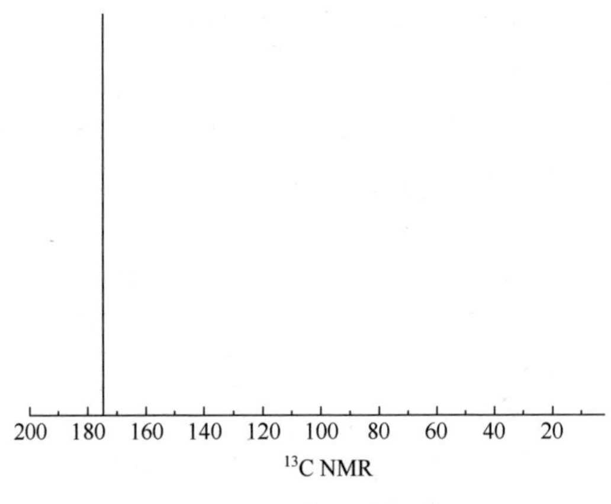

图 2-57　核磁共振谱

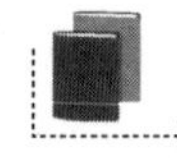

参考文献

[1]　化学工业出版社．中国化工产品大全：上卷[M]．2 版．北京：化学工业出版社，1998：587-588.

[2]　北京化学试剂公司．化学试剂标准手册[M]．北京：化学工业出版社，2003：345.

[3]　杨俊芝，江莉．化学试剂 草酸钠：GB/T 1289—1994[S]．北京：国家技术监督局，1994.

2.2.2　乙二酸钾

中文名称:乙二酸钾

英文名称:potassium ethanedioate

中文别称:草酸钾;一水草酸钾

英文别称:oxalic acid potassium salt;potassium oxalate monohydrate

分子式:$K_2C_2O_5H_2$

分子量:184.24

CAS 登记号:6487-48-5

K^+

O O O O

HO OH HO O^-

结构式

1. 物理性质

无色结晶或白色结晶粉末,无气味。密度 2.13g/cm^3。在水中的溶解度为 28.7g/100g(0℃),83.2g/100g(100℃),微溶于乙醇。

2. 化学性质

在干燥热空气中风化,约 160℃时失水,变成无水物。高温灼烧后转化为碳酸盐而不呈明显碳化。

3. 理化指标和检验方法

草酸钾的理化指标和检验方法见表 2-23。

表 2-23　草酸钾的理化指标和检验方法

项　　目	理化指标			检验方法
	优等品	一等品	合格品	
草酸钾 ($K_2C_2O_4$)/%	≥99.8	≥99.5	≥98.0	氧化还原法
pH 值(50g/L 溶液,25℃)	6.0~8.0	6.0~8.0	6.0~8.0	酸度计法
氯化物(以 Cl 计)/%	≤0.005	≤0.01	≤0.05	比浊法
硫化合物(以 SO_4计)/%	≤0.01	≤0.03	≤0.06	重量法
钠(Na)/%	≤0.02	≤0.05	≤0.05	火焰光度计法
铁(Fe)/%	≤0.0005	≤0.001	≤0.01	比色法
铅(Pb)/%	≤0.0005	≤0.001	≤0.005	比色法

4. 制备方法

(1) 将二水合草酸溶于水中,加热至 80℃。在搅拌下分次加入碳酸钾,直至溶液呈碱性为止。将溶液过滤,滤液在 80℃下蒸发至出现结晶,再冷却至 20℃,吸滤出结晶,用水洗涤,干燥后得草酸钾。

(2) 用氢氧化钾中和草酸或草酸氢钾的水溶液,经冷却即得一水合草酸钾晶体,如将一水合物在160℃下干燥即成无水草酸钾。

5. 储存、运输和应用

内衬塑料袋,外包编织袋包装。密封避光保存。按有毒化学品规定运输。

用作复合固体推进剂降速剂。另用于化学分析,防止血液凝固的检定。

6. 毒性与防护

有毒。吞咽有害,皮肤接触有害。佩戴过滤式防毒面具(半面罩)或携气式呼吸器,戴橡胶耐油手套,戴化学安全防护眼镜,穿防毒物渗透工作服。

7. 理化分析谱图

(1) 红外光谱图见图2-58。

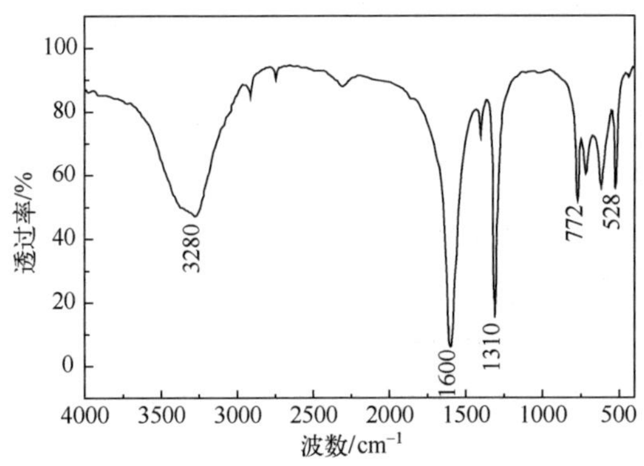

图2-58 红外光谱

(2) 拉曼光谱图见图2-59。

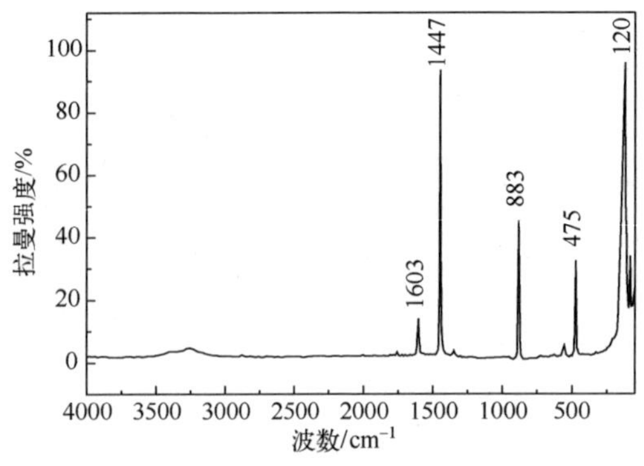

图2-59 拉曼光谱

（3）核磁共振谱图见图 2-60。

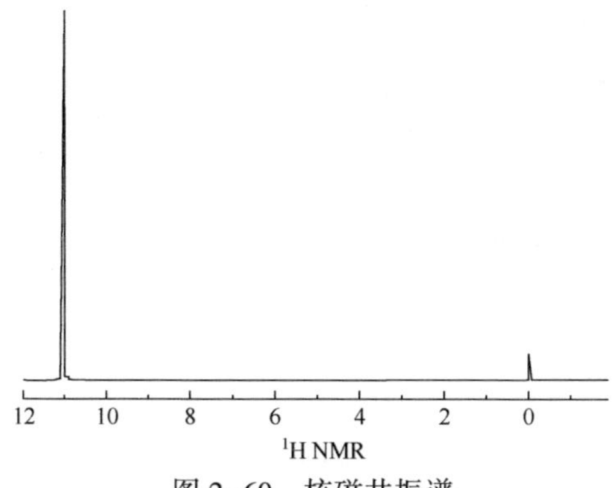

图 2-60　核磁共振谱

（4）热分析谱图见图 2-61。

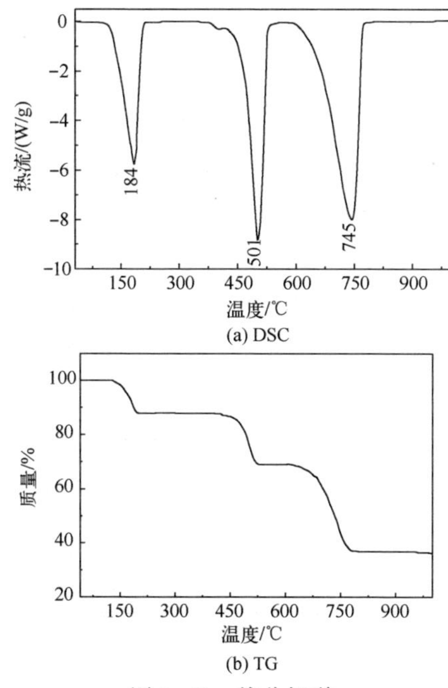

图 2-61　热分析谱

参考文献

［1］　北京化学试剂公司．化学试剂标准手册［M］．北京：化学工业出版社，2003：294.

［2］　李传友，吕马德，郭立维．工业品草酸钾：Q/YL 009—2013［S］．合肥：合肥亚龙化工有限责任公司，2013.

2.2.3 乙二酸钙

中文名称：乙二酸钙

英文名称：calcium ethanedioate

中文别称：草酸钙

英文别称：calcium oxalate

分子式：CaC_2O_4

分子量：128.10

CAS 登记号：563-72-4

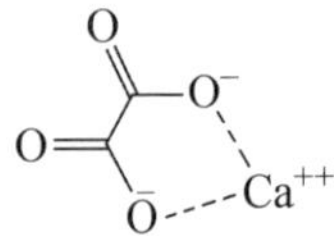

结构式

1. 物理性质

无色单斜晶体，密度 2.2g/cm^3，熔点 200℃（失水），比热容 152.297kJ/(kg·K)。不溶于水、乙酸和醇。

2. 化学性质

生成热-1669.83kJ/mol（定压），-1508.35kJ/mol（298K，定容）。溶于强酸（硝酸和盐酸），生成可溶性钙盐。到 100℃以上时开始缓慢分解，200℃以下是结晶水的损失，420~460℃草酸钙分解为碳酸钙，600℃以上碳酸钙分解为氧化钙。其分解反应如下：

$$CaC_2O_4 \cdot H_2O \longrightarrow CaC_2O_4 + H_2O$$

$$CaC_2O_4 \cdot 2H_2O \longrightarrow CaC_2O_4 + 2H_2O$$

$$CaC_2O_4 \cdot 3H_2O \longrightarrow CaC_2O_4 + 3H_2O$$

$$CaC_2O_4 \longrightarrow CaCO_3 + CO$$

$$CaCO_3 \longrightarrow CaO + CO_2$$

3. 理化指标和检验方法

草酸钙的理化指标和检验方法见表 2-24。

表 2-24 草酸钙的理化指标和检验方法

项　目	理化指标	检验方法
颜色	白色	目视法
钙/%	≥30.0	EDTA 滴定法
草酸根/%	≥68.0	氧化还原法
水分/%	≤0.5	干燥法
10%盐酸不溶物/%	≤0.5	重量法
水可溶物/%	≤0.4	重量法
钡盐/%	≤0.5	比浊法

续表

项　　目	理化指标	检验方法
过筛率(通过 150μm 筛孔)/%	≥99	过筛重量法
堆积密度/(g/cm^3)	≥0.60	堆积法

4. 制备方法

草酸钙晶体广泛存在于植物体中,主要分布在其根、茎、叶、种子等器官,草酸钙是泌尿系统结石的主要成分。工业上主要从木材中提取草酸钙。通过碱性试剂或是亚磷酸盐法提取得到可溶性草酸盐,再用石灰水复分解反应得草酸钙。

用氯化钙水溶液和草酸水溶液共热反应,先制得一水草酸钙,再在热气流中干燥至恒重即得无水草酸钙:

$$CaCl_2+H_2C_2O_4+H_2O \longrightarrow CaC_2O_4 \cdot H_2O+2HCl$$

$$CaC_2O_4 \cdot H_2O \xrightarrow[\triangle]{} CaC_2O_4+H_2O$$

5. 储存、运输和应用

内衬塑料袋,外包编织袋包装。存于密闭容器中,置于凉爽、通风处。按一般化学品规定运输。

用作固体推进剂的燃烧催化剂。民用上,可作为烟火剂的阻燃剂和着色剂,可使燃烧组分有桃红色。用于纸张的增光剂。

6. 毒性与防护

腐蚀会产生局部刺激,对口、食管和胃有腐蚀作用,可以使肾严重损坏。当加热分解时产生毒烟。操作人员应穿戴防护用具。

7. 理化分析谱图

(1) 红外光谱图见图 2-62。

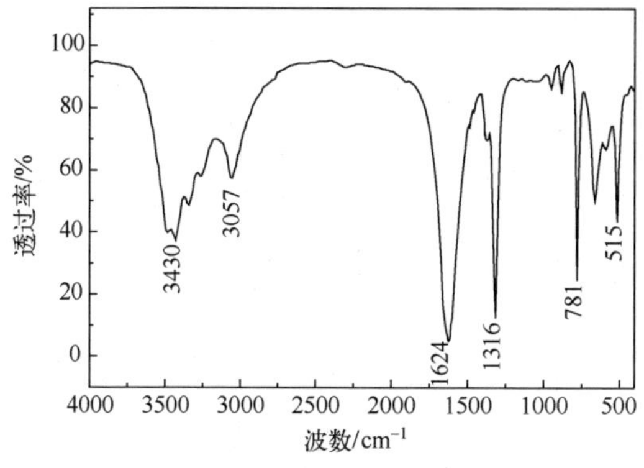

图 2-62　红外光谱

（2）拉曼光谱图见图 2-63。

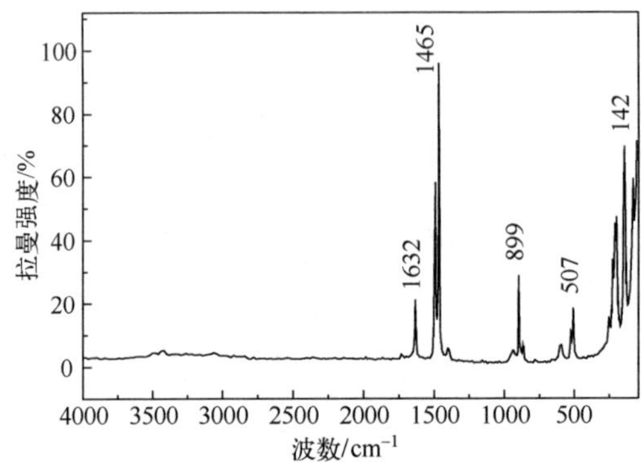

图 2-63　拉曼光谱

（3）X 射线衍射谱图见图 2-64。

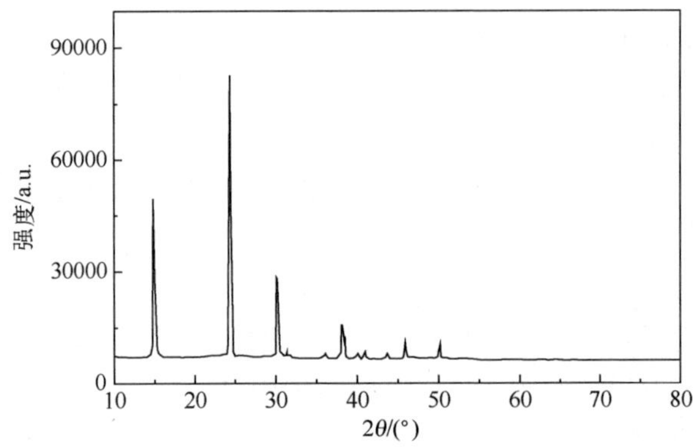

图 2-64　X 射线衍射谱

（4）热分析谱图见图 2-65。

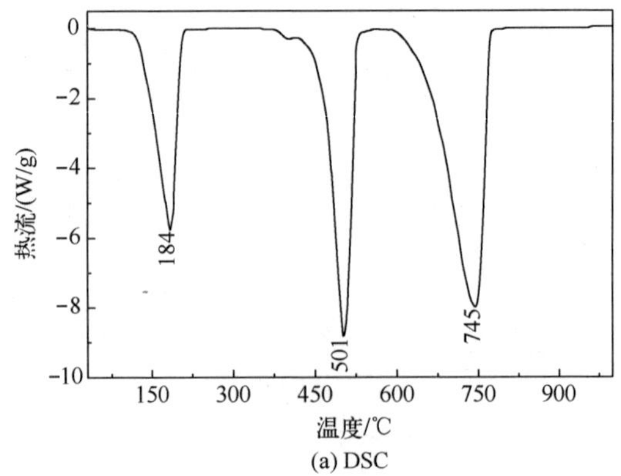

(a) DSC

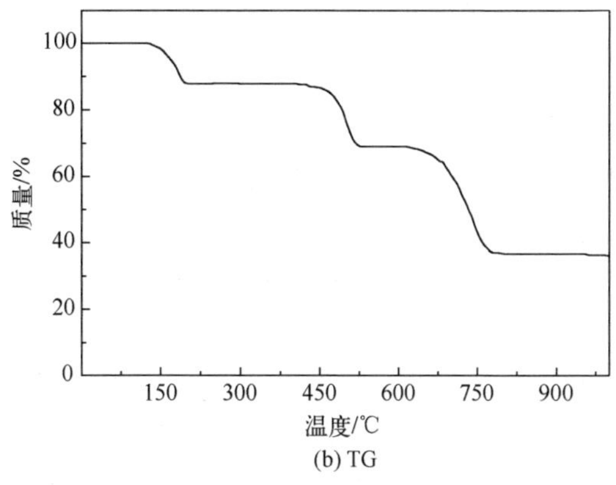

(b) TG

图 2-65　热分析谱

参考文献

[1]　付月,吕艳秋,梁雪,等. 植物草酸钙晶体的研究进展[J]. 分子植物育种,2021,19(05):1681-1686.

[2]　张菊仙. 草酸钙应用于涂料的研究[J]. 中华纸业,2020,41(06):31-34.

[3]　刘念. 草酸钙的体外结晶及调控研究[D]. 武汉:武汉理工大学,2018.

[4]　毛慧渊. 酪蛋白控制下草酸钙的合成及其吸附性能的研究[D]. 扬州:扬州大学,2014.

2.2.4　乙二酸铅

中文名称:乙二酸铅

英文名称:plumbum ethanedioate

中文别称:草酸铅

英文别称:lead oxalate

分子式:PbC_2O_4

分子量:295.23

CAS 号:814-93-7

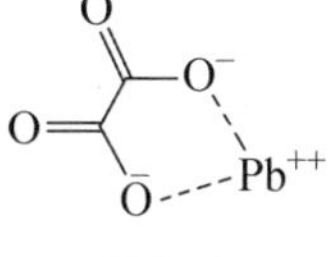

结构式

1. 物理性质

白色粉末。密度 5.28g/cm^3,熔点 300℃(分解),不溶于水。

2. 化学性质

生成热-2449.48kJ/kg(定压),-858.138kJ/mol(定压)。常温常压下稳定,爆发点:5s,大于 500℃,爆热:242.672kJ/kg。溶于盐酸、稀硝酸,生成可溶性铅盐,溶于氢氧化钠(钾)溶液,生成盐,微溶于乙酸。加热分解为氧化铅、一氧化碳、二氧化碳：

$$PbC_2O_4 = PbO + CO_2 + CO$$

3. 理化指标和检验方法

草酸铅的理化指标和检验方法见表 2-25。

表 2-25　草酸铅的理化指标和检验方法

项　目	理化指标	检验方法
颜色	白色	目视法
铅/%	≥69.0	EDTA 滴定法
草酸根/%	≥29.0	氧化还原法
水分/%	≤0.5	干燥法
不溶于 10%盐酸的物料/%	≤0.5	重量法
过筛率(通过 150μm 筛孔)/%	≥99	过筛重量法
堆积密度/(g/cm^3)	≥0.60	堆积法

4. 制备方法

(1) 一氧化碳与氢氧化钠反应生成甲酸钠，甲酸钠加热脱氢生成草酸钠，草酸钠与硫酸铅反应得草酸铅：

$$CO + NaOH \longrightarrow HCOONa$$

$$2HCOONa \longrightarrow Na_2C_2O_4 + H_2$$

$$Na_2C_2O_4 + PbSO_4 = PbC_2O_4 \downarrow + Na_2SO_4$$

(2) 由乙酸铅与草酸在水溶液中作用而得：

$$Pb(CH_3COO)_2 + HOOCCOOH \longrightarrow PbC_2O_4 \downarrow + 2CH_3COOH$$

(3) 草酸与氧化铅或二氧化铅反应生成草酸铅：

$$H_2C_2O_4 + PbO = PbC_2O_4 \downarrow + H_2O$$

$$4H_2C_2O_4 + 3PbO_2 = 3PbC_2O_4 \downarrow + 4H_2O + 2CO_2 + O_2$$

5. 储存、运输和应用

内衬塑料袋，外包编织袋包装。存于密闭容器中，置于凉爽、通风处，避免与氧化物接触。按一般化学品规定运输。

用作固体推进剂的燃烧催化剂。

6. 毒性与防护

有毒。腐蚀会产生局部刺激，对眼、口、食管和胃有腐蚀作用，可以使肾严重损坏。可能会导致遗传性缺陷和致癌，对母乳喂养的儿童造成伤害。当加热分解时产生毒烟。佩戴过滤式防毒面具(半面罩)或携气式呼吸器，戴橡胶耐油手套,戴化学安全防护眼镜,穿防毒物渗透工作服。

7. 理化分析谱图

X 射线衍射谱图见图 2-66。

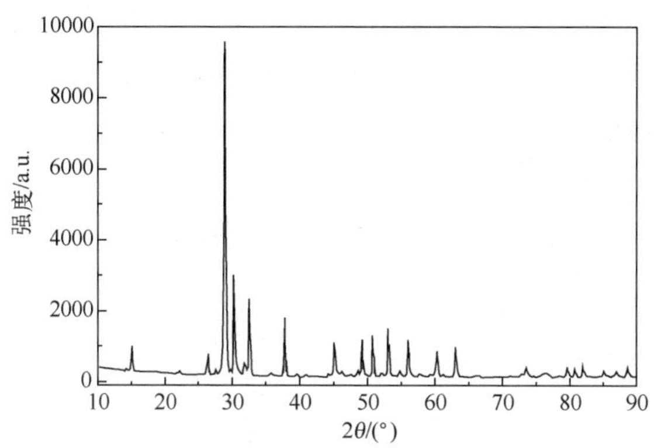

图 2-66 X 射线衍射谱

参考文献

[1] 刘文华,刘芬,刘国胜,等. 草酸铅化废水处理工艺研究[J]. 工业水处理,2004(05):53-56.

[2] 贺山明,陈文杰,杨敏,等. 废铅膏脱硫转化-草酸还原-煅烧制备氧化铅粉研究[J]. 有色金属(冶炼部分),2020(11):95-98.

2.2.5 乙二酸亚铁

中文名称:乙二酸亚铁

英文名称:ferrous ethanedioate

中文别称:草酸亚铁

英文别称:ferrous oxalate

分子式:$Fe(COO)_2$,$Fe(COO)_2 \cdot 2H_2O$

分子量:143.86(无水),179.90 (二水)

CAS 登记号:516-03-0(无水),6047-25-2(二水草酸亚铁)

1. 物理性质

淡黄色结晶性粉末,有轻微刺激性。熔点 160℃(分解),密度 2.28g/cm^3。能溶于冷盐溶液,冷水中溶解度 0.22g/100g,热水中 0.026g/100g。

2. 化学性质

常温常压下稳定,真空下于142℃失去结晶水,最终分解产物为Fe_3O_4、CO和CO_2。溶于稀酸,有还原性。其分解反应式如下:

$$FeC_2O_4 \cdot 2H_2O \longrightarrow FeC_2O_4+2H_2O$$

$$3FeC_2O_4 \longrightarrow Fe_3O_4+4CO+2CO_2$$

3. 理化指标和检验方法

乙二酸亚铁的理化指标和检验方法见表2-26。

表2-26 乙二酸亚铁的理化指标和检验方法

项　目	理化指标	检验方法
颜色	淡黄色	目视法
铁/%	≥38.0	EDTA滴定法
草酸根/%	≥60.0	氧化还原法
水分/%	≤0.5	干燥法
不溶于10%盐酸的物料/%	≤0.5	重量法
过筛率(通过150μm筛孔)/%	≥99	过筛重量法
外观密度/%	≥0.60	堆积法

4. 制备方法

(1)由草酸铵与硫酸亚铁反应而得。先将草酸铵和硫酸亚铁晶体分别溶解于水,过滤。然后将草酸铵溶液加入硫酸亚铁溶液中,在不锈钢反应锅中连续搅拌,生成浅黄色的草酸亚铁沉淀。静置8~10h,将上层清液分出,草酸亚铁浆料经离心分离,热水洗涤,85~95℃干燥,即为成品:

$$FeSO_4+(NH_4)_2C_2O_4 \longrightarrow FeC_2O_4+(NH_4)_2SO_4$$

(2)向二价铁盐水溶液中加入草酸水溶液,即得二水草酸亚铁:

$$FeSO_4+H_2C_2O_4 \longrightarrow FeC_2O_4+H_2SO_4$$

5. 储存、运输和应用

密封保存。用作固体推进剂降速剂。民用上,可用作照相显影剂,应用于制药工业。广泛用于染料、涂料、陶瓷、玻璃器皿等的着色剂。

6. 毒性与防护

吞咽有害,皮肤接触有害。戴橡胶耐油手套,戴化学安全防护眼镜,穿防毒物渗透工作服。

7. 理化分析谱图

(1)红外光谱图见图2-67。

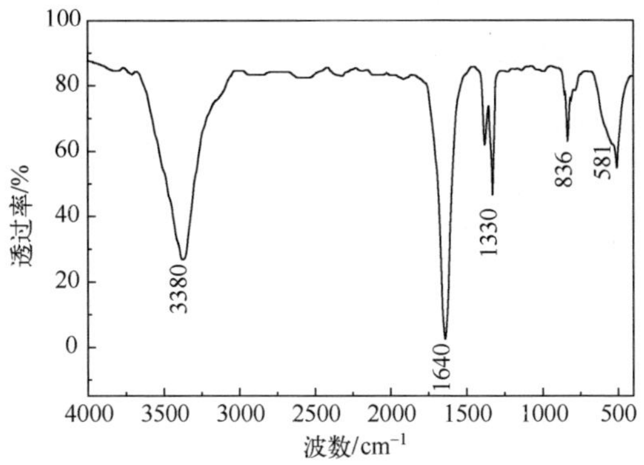

图 2-67　红外光谱

（2）X 射线衍射谱图见图 2-68。

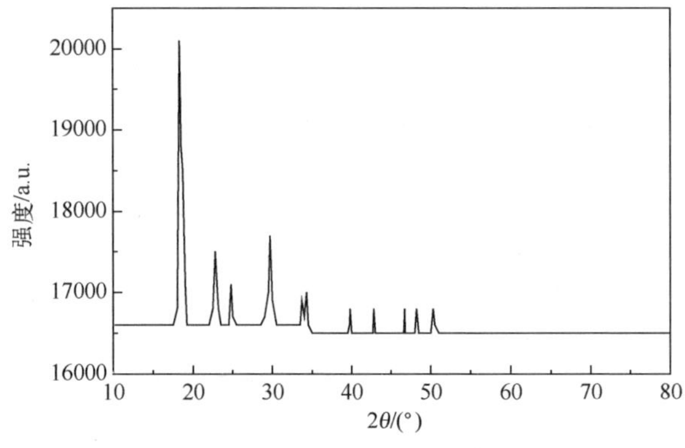

图 2-68　X 射线衍射谱

（3）热分析谱图见图 2-69。

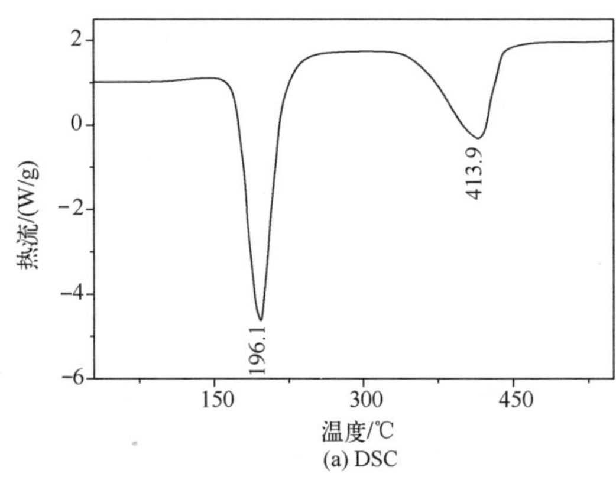

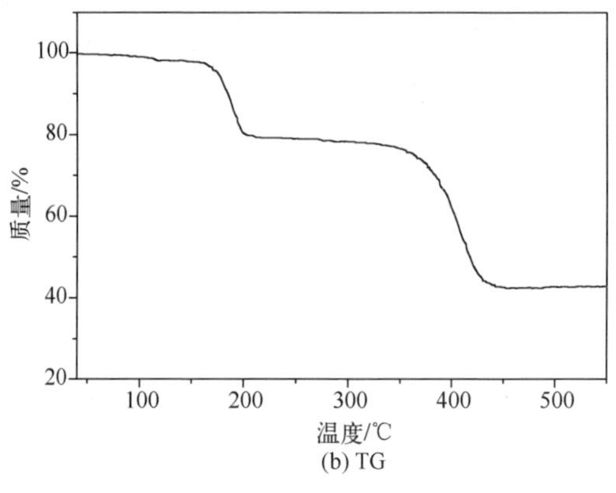

(b) TG

图 2-69　热分析谱

参考文献

[1]　柯望,贾艳梅,余学峰,等. 多方法制备草酸亚铁对其结构和形貌影响条件的探究[J]. 湖北大学学报(自然科学版),2020,42(02):222-227,232.

[2]　武鹄,王国祥. 草酸亚铁的制备及光诱导丙烯腈的沉淀聚合[J]. 海南热带海洋学院学报,2020,27(02):88-91.

[3]　蔡敏. 高纯草酸亚铁的制备工艺研究[J]. 化工技术与开发,2014,43(08):23-24.

[4]　王丽娜,孙秋香,张克立. 草酸亚铁在氩气中的热分解机理和动力学研究[J]. 武汉大学学报(理学版),2007(06):635-640.

2.2.6　乙二酸二乙酯

中文名称:乙二酸二乙酯

英文名称:diethyl ethanedioate

中文别称:草酸乙酯

英文别称:diethyl oxalate

分子式:$C_6H_{10}O_4$

分子量:146.14

结构式:$CH_3CH_2OOCCOOCH_2CH_3$

CAS 登记号:95-92-1

1. 物理性质

无色油状液体,有芳香味。密度 1.078g/cm^3(20℃),熔点-40.6℃,沸点 185.4℃,折射率 1.4101(20℃)。汽化热 284.5J/g,比热容 1.81J/(g·℃)。与

乙醇、乙醚、丙酮等常见溶剂混溶。微溶于水。

2. 化学性质

在水中缓慢分解,加热分解产生易燃的有毒气体 CO。具有酯类的一般性质,在空气中吸潮并慢慢分解,与氨作用生成酰胺化合物,与丙酮缩合为丙酮酸乙酯。

3. 理化指标和检验方法

草酸二乙酯的理化指标和检验方法见表 2-27。

表 2-27　草酸二乙酯的理化指标和检验方法

项　　目	理化指标		检验方法
	一等品	合格品	
酯(以 $C_6H_{10}O_4$ 计)/%	≥98.5	≥97.0	水解滴定法
蒸馏试验 180.0~188.0℃馏分/mL	≥95	≥93	蒸馏法
酸度(以 $C_2H_2O_4$ 计)/%	≤0.20	≤0.30	酸碱滴定法
水分/%	≤0.10	≤0.20	电量滴定法
蒸发残渣/%	≤0.005	≤0.010	重量法

4. 制备方法

无水草酸与乙醇在溶剂甲苯存在下进行酯化反应生成粗草酸二乙酯,粗草酸二乙酯经精馏得到成品:

$$HOOCCOOH+2C_2H_5OH \xrightarrow{\text{甲苯}} CH_3CH_2OOCCOOCH_2CH_3+2H_2O$$

5. 储存、运输和应用

镀锌铁桶包装,置于凉爽、通风处。按有毒化学品规定运输。

主要用作推进剂降速剂。民用上,可用作医药原料的中间体,也是染料的中间体,还可用作塑料的促进剂。

6. 毒性与防护

有毒,具有强烈刺激性,在机体内易水解为酸和醇而造成较强的腐蚀性和刺激性,其突出症状为呼吸紊乱和肌肉颤动。大鼠经口 LD_{50} 为 0.4~1.6g/kg。应注意避免吸入蒸气和接触皮肤。可能接触蒸气时,佩戴自吸过滤式防毒面具,穿透气型防护服,戴防化学品手套。

7. 理化分析谱图

(1) 红外光谱图见图 2-70。

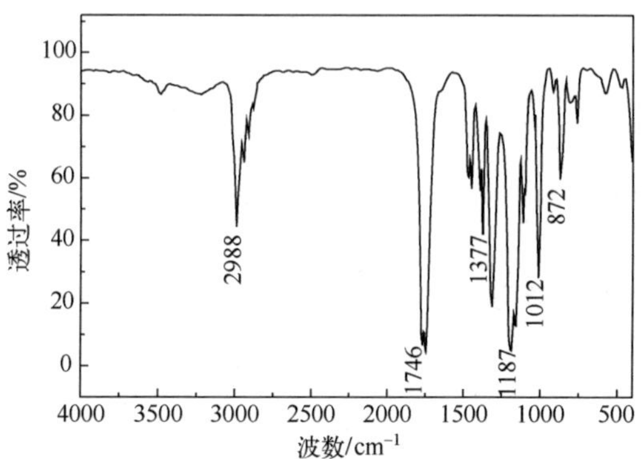

图 2-70　红外光谱

（2）拉曼光谱图见图 2-71。

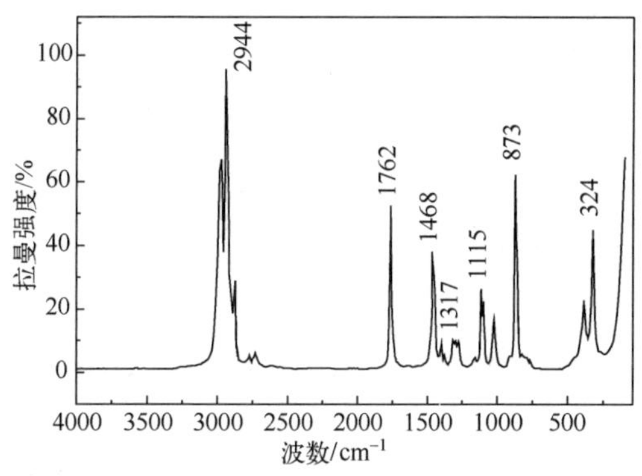

图 2-71　拉曼光谱

（3）质谱图见图 2-72。

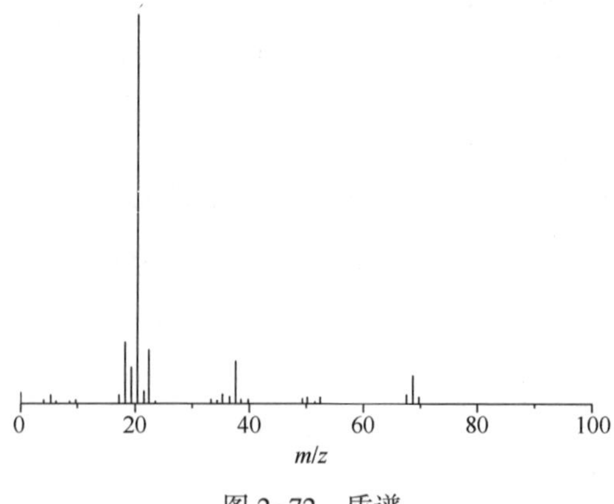

图 2-72　质谱

（4）核磁共振谱图见图 2-73。

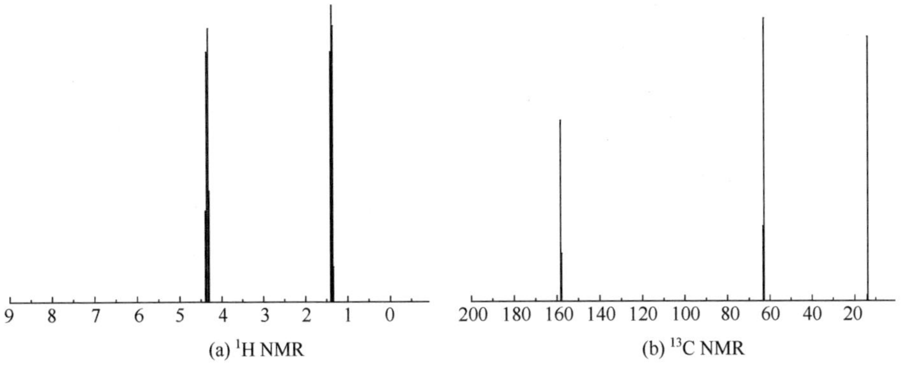

图 2-73　核磁共振谱

参考文献

[1]　化学工业出版社．中国化工产品大全:上卷[M]．2 版．北京:化学工业出版社,1998:623.

[2]　北京化学试剂公司．化学试剂标准手册[M]．北京:化学工业出版社,2003:147.

[3]　胡延风．有机化工产品 工业草酸二乙酯:HG/T 3272—2002[S]．北京:中华人民共和国国家经济贸易委员会,2002.

2.2.7　乙二酸二丁酯

中文名称:乙二酸二丁酯

英文名称:dibutyl ethanedioate

中文别称:草酸二丁酯

英文别称:dibutyl oxalate

分子式:$C_{10}H_{18}O_4$

分子量:202.25

结构式:$C_4H_9OOCCOOC_4H_9$

CAS 登记号:2050-60-4

1. 物理性质

无色透明液体,微有芳香味。密度 0.987g/cm^3(20℃)。熔点-29.6℃,沸点 245.5℃,折射率 1.4180(20℃)。汽化热 23.03kJ/g,比热容 1.846J/(g·℃)。与乙醇、乙醚、丙酮相混溶。不溶于水。

2. 化学性质

易于水解。加热分解产生易燃的有毒气体 CO。

3. 理化指标和检验方法

草酸二丁酯的理化指标和检验方法见表 2-28。

表 2-28 草酸二丁酯的理化指标和检验方法

项目	理化指标		检验方法
	一等品	合格品	
酯(以 $C_8H_{18}O_4$计)/%	≥98.5	≥97.0	水解滴定法
蒸馏试验 180.0~188.0℃馏分/mL	≥95	≥93	蒸馏法
酸度(以 $C_2H_2O_4$计)/%	≤0.20	≤0.30	酸碱滴定法
水分/%	≤0.10	≤0.20	电量滴定法
蒸发残渣/%	≤0.005	≤0.010	重量法

4. 制备方法

(1) 以 $PdCl_2$-$CuCl_2$为催化剂或以 Pb/C 为催化剂,在亚硝酸酯存在下,丁醇、一氧化碳和氧偶合反应生成草酸二丁酯:

$$2C_4H_9OH+2CO+1/2O_2 \xrightarrow[\text{or Pb/C}]{PdCl_2-CuCl_2} C_4H_9OOCCOOC_4H_9+H_2O$$

(2) 草酸与丁醇经酯化反应,再减压蒸馏得成品:

$$HOOCCOOH+2C_4H_9OH \longrightarrow C_4H_9OOCCOOC_4H_9+2H_2O$$

(3) 以草酸二甲酯和正丁醇为原料,甲醇钠为催化剂,酯交换法合成草酸二丁酯:

$$CH_3OOCCOO\ CH_3+2C_4H_9OH \longrightarrow C_4H_9OOCCOOC_4H_9+2CH_3OH$$

5. 储存、运输和应用

内衬塑料袋,外包编织袋包装。存于密闭容器中,置于凉爽、通风处。远离火种、热源。应与氧化剂、还原剂、酸类、碱类、食用化学品分开存放,切忌混储。按有毒化学品规定运输。

用作固体推进剂降速剂,也用作硝基纤维素增塑剂。民用上,可用作有机合成原料。

6. 毒性与防护

有毒。具有强烈的刺激性,高浓度接触严重损害黏膜、上呼吸道、眼睛和皮肤。接触后引起烧灼感、咳嗽、喉炎、气短、头痛、恶心和呕吐。可能接触蒸气时,佩戴自吸过滤式防毒面具,穿透气型防护服,戴防化学品手套。

7. 理化分析谱图

(1) 红外光谱图见图 2-74。

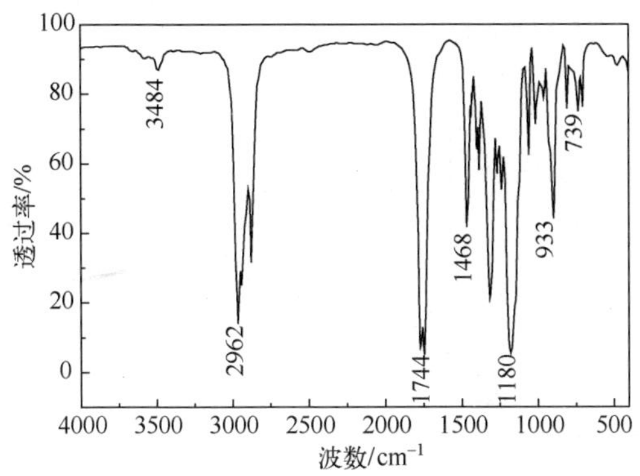

图 2-74　红外光谱

（2）拉曼光谱图见图 2-75。

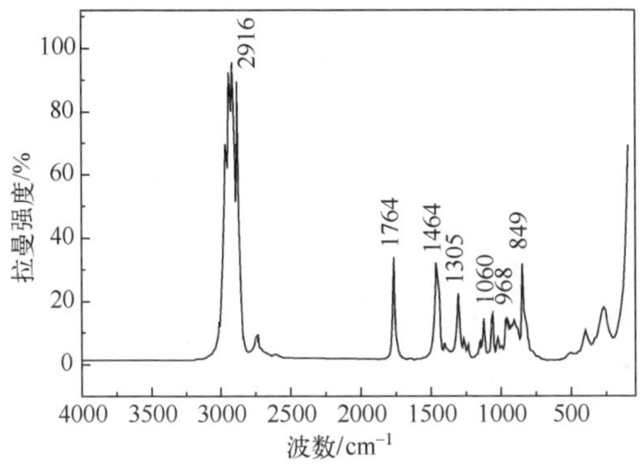

图 2-75　拉曼光谱

（3）质谱图见图 2-76。

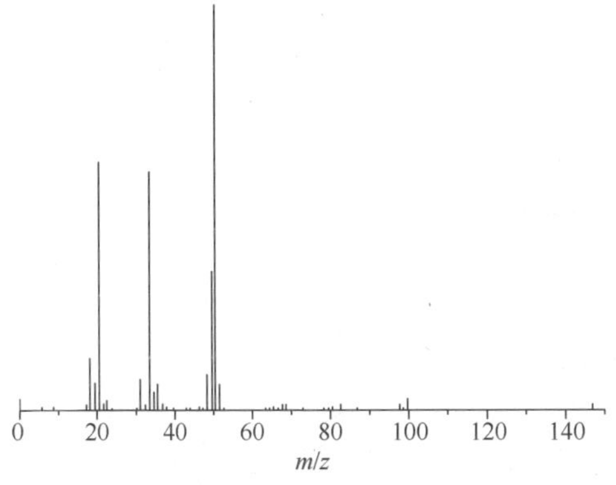

图 2-76　质谱

（4）核磁共振谱图见图 2-77。

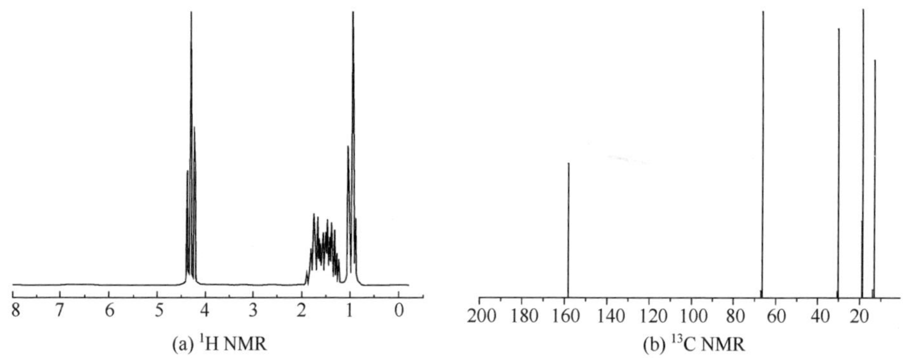

图 2-77　核磁共振谱

参考文献

［1］ 化学工业出版社．中国化工产品大全：上卷［M］．2 版．北京：化学工业出版社，1998：623-624.

［2］ 北京化学试剂公司．化学试剂标准手册［M］．北京：化学工业出版社，2003：142.

［3］ 严超．酯交换法制备草酸二丁酯［D］．天津：天津大学，2018.

［4］ 俞善信，文瑞明．催化合成草酸二丁酯的研究进展［C］//第九届全国工业催化技术及应用年会论文集．厦门：西安化工研究院，2012：1-4.

2.2.8　巴比妥钠

中文名称：巴比妥钠

英文名称：barbitone sodium

中文别称：5,5-二乙基巴比土酸钠盐；巴比酮钠；二乙基巴比妥酸钠

英文别称：5,5-diethylbarbituric acid sodium salt; barbital sodium-dea schedule iv item; barbital sodium; barbitonesodium; sodium 5,5-diethylbarbiturate

分子式：$C_8H_{11}N_2O_3Na$

分子量：206.17

CAS 登记号：144-02-5

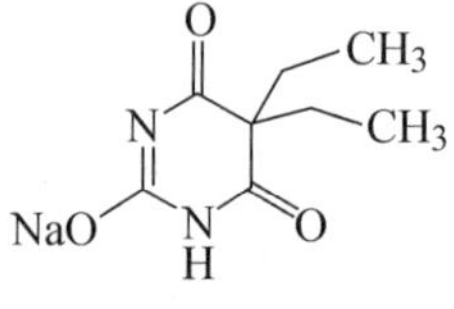

结构式

1. 物理性质

白色结晶性粉末，无气味，味苦。密度 $1.0g/cm^3$，熔点 190℃，易溶于沸水，能溶于水，微溶于醇，不溶于醚和

氯仿。溶解度为 20g/100g 水、40g/100g 沸水、0.3g/100g 乙醇，水溶液呈碱性，0.1mol/L 水溶液的 pH 值为 9.4。

2. 化学性质

标准焓 -1029.0kJ/mol，常温下性质稳定，可燃，燃烧产生有毒氮氧化物和氧化钠烟雾。

3. 理化指标和检验方法

巴比妥钠的理化指标和检验方法见表 2-29。

表 2-29　巴比妥钠的理化指标和检验方法

项　　目	理化指标		检验方法
	化学纯(AR)	分析纯(CP)	
$C_8H_{11}N_2O_3Na$/%	≥99.0	≥98.5	LC 法
水溶解试验	合格	合格	重量法
干燥失重/%	≤0.5	≤0.5	重量法
氯化物(Cl)/%	≤0.005	≤0.01	比浊法
硫酸盐(SO_4)/%	≤0.005	≤0.01	比浊法
重金属(以 Pb 计)/%	≤0.001	≤0.002	比色法
游离巴比妥酸	合格	合格	酸碱滴定法
硫酸氧化颜色变化	合格	合格	比色法

4. 制备方法

在无水、50℃条件下，在邻苯二甲酸二乙酯中丙二酸二乙酯与溴乙烷反应合成二乙基丙二酸二乙酯。蒸馏，取 218~222 的馏分：

$$CH_2(COOC_2H_5)_2+2C_2H_5Br \longrightarrow C(C_2H_5)_2(COOC_2H_5)_2+2HBr$$

再用二乙基丙二酸二乙酯与尿素在新鲜制备的乙醇钠中 80~82℃，合成二乙基巴比妥酸。蒸馏除去乙醇，稀盐酸调节 pH 值为 3~4，抽滤析出结晶得到粗品：

$$C(C_2H_5)_2(COOC_2H_5)_2 + NH_2CONH_2 \longrightarrow \qquad + 2\,C_2H_5OH$$

二乙基巴比妥酸用 NaOH 中和反应即得巴比妥钠：

$$\qquad + NaOH \longrightarrow \qquad + H_2O$$

5. 储存、运输和应用

玻璃瓶包装。密封存储于通风低温干燥处，与库房食品原料分开存放。

用作固体推进剂燃烧稳定剂，用于降低压强指数。民用上，可用作色谱分析试剂、塑料及有机合成等工业，医药为镇静、催眠、抗惊厥药，用于动物心衰模型的构建及相关研究等。

6. 毒性与防护

有毒，接触过敏效应，长期服用对人心理有依赖性影响，半数致死量（小鼠，经口）800mg/kg。应避免吸入粉尘，操作人员应戴防护用具。

7. 理化分析谱图

（1）红外光谱图见图 2-78。

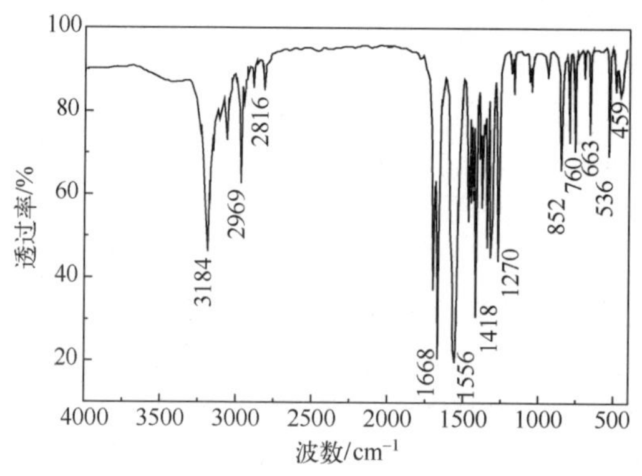

图 2-78　红外光谱

（2）拉曼光谱图见图 2-79。

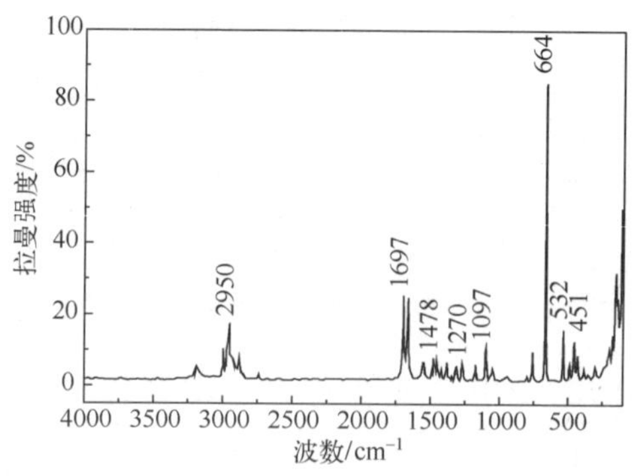

图 2-79　拉曼光谱

(3) 核磁共振谱图见图 2-80。

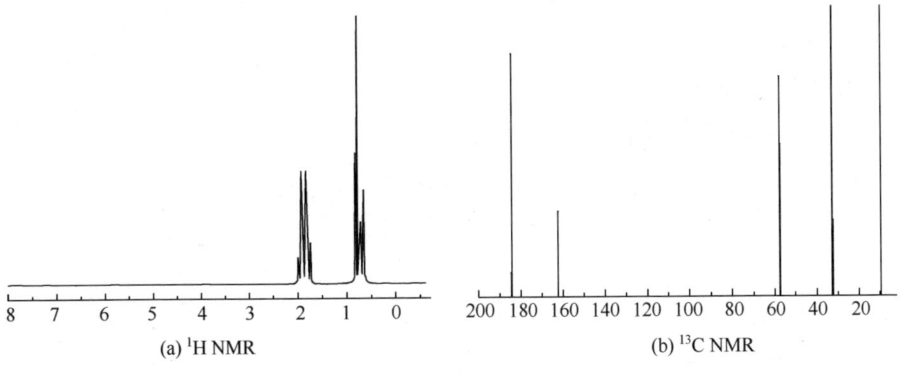

图 2-80　核磁共振谱

参考文献

[1] 林娟,赵炜,丁飞,等. 巴比妥钠与牛血清白蛋白结合反应的热力学研究[J]. 光谱学与光谱分析,2008(03):648-651.

[2] 迟燕华,庄稼,毕欣颖,等. 二乙基巴比妥酸与牛血清白蛋白相互作用的荧光光谱法[J]. 应用化学,2007(10):1167-1171.

2.2.9　碳酸钙

中文名称:碳酸钙

英文名称:calcium carbonate

中文别称:石灰石;方解石;轻质碳酸钙;重质碳酸钙

英文别称:limestone;chalk; calcium carbonate light;weightily calcium carbonate

分子式:$CaCO_3$

分子量:100.09

CAS 登记号:471-34-1

1. 物理性质

碳酸钙有方解石、文石、球霰石三种同质异形体,天然石灰石几乎完全是方解石。白色微细结晶粉末,无臭无味,能吸收臭气。密度:轻质碳酸钙 2.6~2.7g/m^3(25℃);重质碳酸钙 2.71~2.93g/m^3。熔点 1339℃。几乎不溶于水和乙醇,在含有铵盐或三氧化二铁的水中微溶解。

2. 化学性质

重质碳酸钙分解温度 1339℃以上,轻质碳酸钙分解温度 825~896.6℃。碳酸钙可溶于乙酸、盐酸等稀酸，发生泡沸放出二氧化碳，生成可溶性钙盐，溶于稀硫酸生成更难溶的硫酸钙。稍有吸湿性，在干燥的空气中稳定，加热放出二氧化碳并生成氧化钙。

3. 理化指标和检验方法

碳酸钙的理化指标和检验方法见表 2-30。

表 2-30 碳酸钙的理化指标和检验方法

项目		理化指标		检验方法
		优等品	一等品	
碳酸钙($CaCO_3$)/%		≥98.0	≥97.0	EDTA 滴定法
pH 值(10%悬浮物)		9.0~10.0	9.0~10.5	酸度计
105℃挥发物/%		≤0.4	≤0.5	重量法
盐酸不溶物/%		≤0.10	≤0.20	重量法
沉降体积/(mL/g)		≥2.8	≥2.4	量筒法
锰(Mn)/%		≤0.005	≤0.008	分光光度法
铁(Fe)/%		≤0.05	≤0.08	分光光度法
筛余物/%	通过 125μm 筛孔	全通过	≤0.005	过筛重量法
	通过 45μm 筛孔	≤0.2	≤0.4	
白度/度		≥94.0	≥92.0	白度计法
吸油值/(g/100g)		≤80	≤100	重量法
黑点/(个/g)		—	—	显微镜法
铅(Pb)/%		≤0.0010		等离子发射光谱法
铬(Cr)/%		≤0.0005		等离子发射光谱法
汞(Hg)/%		≤0.0002		原子吸收光谱法
镉(Cd)/%		≤0.0002		等离子发射光谱法
砷(As)/%		≤0.0003		原子吸收光谱法

4. 制备方法

轻质碳酸钙由石灰石经煅烧、消化、碳化、沉淀、干燥、粉碎等工序生产。原料石灰石中的碳酸钙质量分数应在 96% 以上，含镁盐 1% 左右，含铁、铝氧化物在 0.5% 以下。反应式如下：

$$CaCO_3 \xrightarrow{\triangle} CaO + CO_2 \uparrow$$

$$CaO + H_2O \longrightarrow Ca(OH)_2$$

$$Ca(OH)_2 + CO_2 \longrightarrow CaCO_3 \downarrow + H_2O$$

5. 储存、运输和应用

塑料袋外套编织袋包装。储存于阴凉、干燥通风处。不与液体酸类共储，注意防潮。

轻质碳酸钙可用作固体推进剂降速剂。民用上，可用作膨松剂、面粉处理剂、抗结剂、酸度调节剂、营养强化剂、固化剂等，还用于牙膏作摩擦剂。

6. 毒性与防护

低毒。大白鼠经口 LD_{50}6450mg/kg，对眼睛有强烈刺激作用，对皮肤有中度刺激作用。应避免吸入粉尘，操作人员应戴防护用具。

7. 理化分析谱图

（1）红外光谱图见图 2-81。

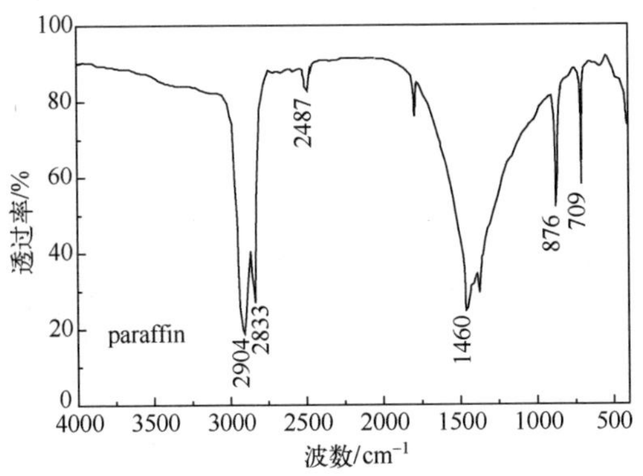

图 2-81 红外光谱

（2）拉曼光谱图见图 2-82。

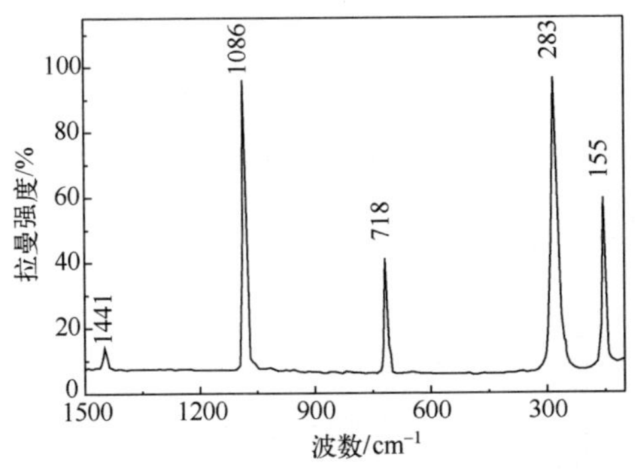

图 2-82 拉曼光谱

（3）X 射线衍射谱图见图 2-83。

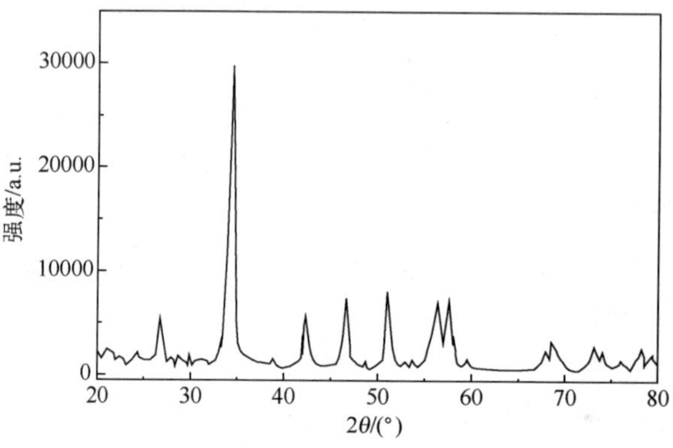

图 2-83　X 射线衍射谱

（4）热分析谱图见图 2-84。

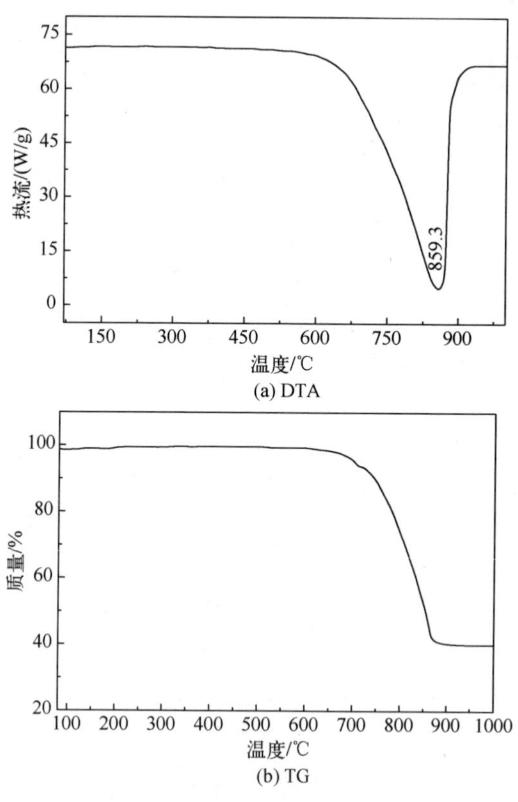

图 2-84　热分析谱

参考文献

[1]　张有祥,邵桂英,李奇洪,等. 普通工业沉淀碳酸钙:HG/T 2226—2010[S]. 北京:中华人民共和国工业和信息化部,2010.

[2]　杨南如,岳文海. 无机非金属图谱手册[M]. 武汉:武汉工业大学出版社,2000:20,211,368,459.

键合剂

键合剂是连接黏合剂相与固体填料的一种功能助剂。键合剂一般为多官能团有机化合物或低聚物,其官能团可与黏合剂、氧化剂和燃料等固体填料以化学键、氢键或物理吸附等连接,提高黏合剂网络与固体填料间的黏接作用,从而提高推进剂力学性能。常见的键合剂有氮丙啶类、硅烷类、海因类、胺类、含氰基的中性聚合物等,其中最常用的是氮丙啶及其衍生物,这类化合物除含有氮丙啶环外,还有极性的—C═O 或—P═O 基团,既可单独使用,也可与其他键合剂组合使用。

3.1 三-1-(2-甲基氮丙啶)氧化膦

中文名称:三-1-(2-甲基氮丙啶)氧化膦

英文名称:tris-1-(2-methylaziridinyl) phosphine oxide,MAPO

中文别称:三(2-甲基氮丙啶)氧化膦

英文别称:trismethylaziridinylphosphineoxide

分子式:$C_9H_{18}N_3OP$

分子量:215.12

CAS 登记号:57-39-6

CH_2—CH—CH_3 / N / CH_3—CH / N—P═O / CH_2 / N / CH_2—CH—CH_3

结构式

1. 物理性质

MAPO 为黄色或浅棕黄色的油状液体,具有腐烂青草臭味,密度 1.079g/cm^3(25℃),易溶于甲醇、二氯甲烷、三氯甲烷、苯、乙醚等有机溶剂,稍溶于水。

2. 化学性质

MAPO 的分解温度为 170℃,遇酸或硫酸钠会引起开环分解,遇酸性物质及含活泼氢的杂质能引起聚合,MAPO 与有机羧酸反应可以得到一种氮丙啶聚酯物,但是该化学反应过程很复杂,不仅有 MAPO 的开环酯化反应,生成一环酯化合物,而且生成二环酯化合物和三环酯化合物。另外,还存在两个主要副反应,即 MAPO 的均聚和环酯化合物分子内 P—N 键的断裂和重排。与高氯酸铵直接接触时发生反应,还能与含有两个以上活泼氢或活泼基团的化合物发生共聚和交联化学反应。

3. 理化指标和检验方法

MAPO 的理化指标和检验方法见表 3-1。

表 3-1　MAPO 的理化指标和检验方法

项　　目	理化指标		检验方法
	一级品	二级品	
MAPO(以亚胺计)/%	≥92.0	≥86.0	对甲苯磺酸化学滴定法
水分/%	≤0.25	≤0.25	近红外分光光度法
甲醇不溶物/%	≤0.01	≤0.01	不溶物恒重法
总氯量(以 Cl 计)/%	≤2.00	≤3.00	燃烧转化后化学滴定法
水解性氯化物(以 Cl 计)/%	≤1.50	≤2.00	水解电位滴定法
外观	黄色或浅棕黄色油状液体,无肉眼可见机械杂质		目视法

4. 制备方法

采用异丙醇胺和三氯氧膦作原料,经酯化、环化、缩合反应制得 MAPO。主要制备过程:①用异丙醇胺与浓硫酸酯化;②用氢氧化钠环化制得甲基氮丙啶;③以三乙胺为催化剂,以氧化钙为 pH 值调节剂和干燥剂,以二氯甲烷为溶剂,由甲基氮丙啶与三氯氧膦进行缩合反应,得到目标物 MAPO。经过滤、浓缩、蒸馏工序,MAPO 质量分数可达 98%。反应式如下:

$$(1)\quad NH_2—\underset{\displaystyle CH_3}{\underset{|}{CH}}—CH_2—OH + H_2SO_4 \longrightarrow NH_2—\underset{\displaystyle CH_3}{\underset{|}{CH}}—CH_2—OSO_3H + H_2O$$

$$(2)\quad NH_2—\underset{\displaystyle CH_3}{\underset{|}{CH}}—CH_2—OSO_3H + 2\,NaOH \longrightarrow \underbrace{CH_3—CH—CH_2}_{NH} + Na_2SO_4$$

$$(3)\quad 3\underbrace{CH_3—CH—CH_2}_{NH} + POCl_3 \xrightarrow{Et_3N} MAPO + 3HCl$$

5. 储存、运输和应用

采用白色聚乙烯桶包装,包装桶应洁净、干燥,封口密封。成品存放在阴凉、干燥的库房内。运输过程中应防水、防晒、防止翻滚。

MAPO 作为固体推进剂的一种辅助成分，主要用作 HTPB 推进剂的键合剂和羧基类黏合剂的固化剂，能增加黏合剂与氧化剂及固体填料间的有效黏结，从而提高推进剂的强度及伸长率。

6. 毒性与防护

MAPO 属于中等毒性类有机物，挥发性较小故不易经呼吸道侵入机体，能经皮肤和消化道侵入机体。在机体内，其氮丙啶基可直接与靶细胞的遗传物质发生烷化反应，直接或间接诱发突变，是一种典型的遗传毒物和不育剂。具有生殖毒性、致畸作用和潜在的致癌危险性。操作人员应戴防护用具。

7. 理化分析谱图

（1）红外光谱图见图 3-1。

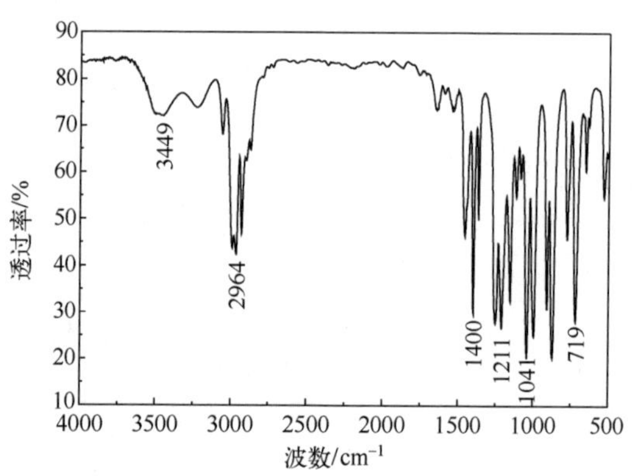

图 3-1 红外光谱

（2）质谱图见图 3-2。

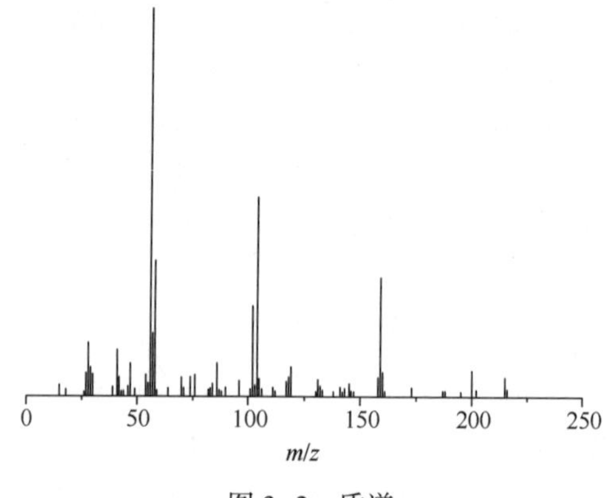

图 3-2 质谱

(3) 核磁共振谱图见图 3-3。

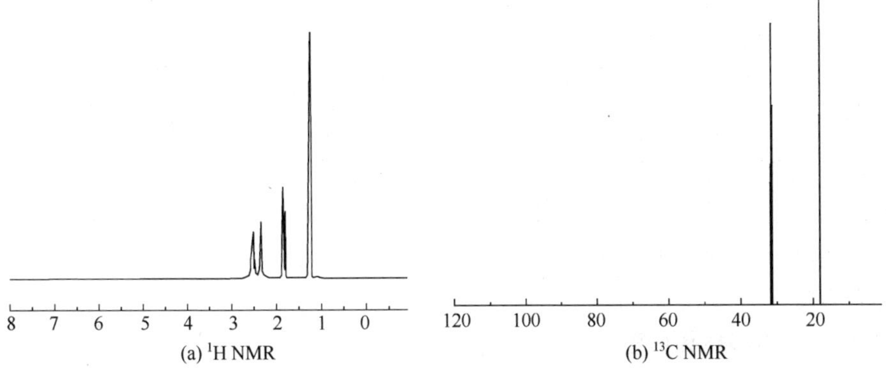

图 3-3 核磁共振谱

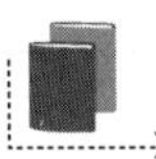

参考文献

[1] 刘学. 复合固体推进剂用键合剂的种类及其作用机理[J]. 含能材料,2000,8(3):135-139.

[2] 张杏芬. 国外火炸药原材料性能手册[M]. 北京:兵器工业出版社,1991:186.

[3] 李建中,李春魁,孙金姝,等. 三-(1-(2-甲基氮丙啶))氧化膦规范:GJB 1959—1994[S]. 北京:国防科学技术工业委员会,1995.

[4] 陈洛亮. 氮丙啶类键合剂的合成及应用[J]. 黎明化工,1992,2:23-24.

3.2 硅烷偶联剂

中文名称:硅烷偶联剂

英文名称:silane coupling angent

中文别称:活性炭官能硅烷

结构式:$RSiX_3$

式子中 R 为 CH_2═CH—,$HSCH_2CH_2CH_2$—,$HNCH_2CH_2CH_2$—,

CH_2—$CH_2CH_2OCH_2CH_2CH_2$—(环氧,O 桥接),C_6H_5—NH—CH_2—,X 为 CH_3O—,C_2H_5O—

1. 物理性质

硅烷偶联剂根据所接基团的不同,物理性能有区别,大多数为无色或黄色透明液体。折射率 1.39~1.44(25℃),密度 0.9~1.1g/cm^3(25℃),沸点 160~

300℃(常压)。可溶解于常用有机溶剂丙酮、四氢呋喃、氯仿、甲醇、乙醇、异丙醇,部分可溶于水。

2. 化学性质

同一硅原子含有两种以上不同的活性基团,一种是可水解的基团如—$Si(OC_2H_5)_3$,在水中水解,水解时生成硅醇—$Si(OH)_3$,与无机填料的表面发生化学反应,生成硅烷键 Si—O—Si。另一种是含有反应性基团的乙烯基、胺基、环氧基或巯基,如 $HNCH_2CH_2CH_2Si$—,能与有机聚合物发生反应与聚合物结合,在无机物和有机物材料界面之间键合,增加两种性质差异很大的物质的黏合强度。

3. 理化指标和检验方法

硅烷偶联剂理化指标和检验方法见表 3-2。

表 3-2　硅烷偶联剂理化指标和检验方法

项　目	理化指标				检验方法
代号	WD-50	WD-52	WD-70	WD-80	
名称	γ-氨丙基三乙氧基硅烷	N-(β-氨乙基)γ-氨丙基三乙氧基硅烷	γ-(甲基丙烯酰氧)丙基三甲氧基硅烷	γ-巯丙基三甲氧基硅烷	
CAS 登记号	919-30-2	2530-85-0	4420-74-0	5089-72-5	
密度/(g/cm^3)(25℃)	0.9400	1.05±0.05	1.0455±0.0005	1.056	密度计法
折射率(25℃)	1.4225	1.445±0.05	1.4301±0.0004	1.440	折射率仪法
硅烷偶联剂/%	95	95	95	95	GC 法
外观	无色或黄色透明液体				目视法

4. 制备方法

硅烷偶联剂通常是由硅氯仿和带有反应性基团的不饱和烯烃,在铂氯酸催化下加成反应,再经醇解制取。

以硅烷偶联剂 γ-氨丙基三乙氧基硅烷为例。γ-氨丙基三乙氧基硅烷制备需要从基础原材料出发,分为三步。

第一步,三乙氧基氢硅的制备。三乙基氢硅的合成工艺较为成熟,有两条路线可供选择,即三氯氢硅的乙酯化和硅粉法合成 $HSi(OEt)_3$。其中硅粉法工艺虽然产率较低,但其优越性是无污染、无腐蚀,生产成本较低,且其副产物正硅酸乙酯用途很广。反应式如下：

$$HSiCl_3+C_2H_5 \xrightarrow[]{\text{产率}\ \text{大于 80\%}} HSi(OEt)_3+HCl \text{ 或 } Si+3C_2H_5OH \xrightarrow[]{\text{产率}\ \text{约 60\%}} HSi(OEt)_3+H_2$$

第二步，烯丙胺的制备。在一定的压力下，氯丙烯氨化，产品收率为50%。反应式如下：

$$ClCH_2CH_2=CH_2+NH_3 \longrightarrow NH_2CH_2CH=CH+HCl$$

第三步，γ-氨丙基三乙氧基硅烷的制备。反应式如下：

$$NH_2CH_2CH=CH_2+HSi(OEt)_3 \xrightarrow[\triangle]{\text{Pt 催化剂}} NH_2(CH_2)_3Si(OEt)_3$$

5. 储存、运输和应用

用聚乙烯桶或内衬聚乙烯铁桶密封包装。储存在通风、干燥的库房内，隔绝火源。

在推进剂中用作键合剂，在绝热包覆层中用作添加剂和填料的表面处理剂，在推进剂和包覆层之间用作过渡层。硅烷偶联剂在两种物质界面处起到架桥作用，形成的化学键把两种性质不同的物质偶联起来。可作为表面处理剂用于处理玻璃纤维或其他材料的表面，经硅烷偶联剂处理过的玻璃纤维广泛用于热固性和热塑性增强塑料，能大大提高材料的强度和使用温度，用γ-巯丙基三甲氧基硅烷偶联剂处理过的二氧化硅粉末和高岭土等，用作橡胶的填料，具有良好的补强效果。用作增黏剂提高合成树脂对其他材料的黏结能力。

6. 毒性与防护

大部分硅烷偶联剂对人体有一定的毒害，尤其是含甲氧基的硅烷偶联剂有较大的毒性，对呼吸道及眼结膜有刺激作用，会引起头痛、恶心、昏睡及早期视力衰退症状。胺基取代的硅烷偶联剂能通过皮肤引起中毒，使中枢神经系统兴奋性升高，血红蛋白和红细胞减少。宜在通风良好的环境下操作，防止呼吸器官、眼和皮肤直接与硅烷偶联剂接触。佩戴防毒口罩和封闭眼镜。

7. 理化分析谱图

以下为γ-氨丙基三乙氧基硅烷（CAS No 919-30-2，WD-50）的特征谱图。

（1）红外光谱图见图3-4。

（2）质谱图见图3-5。

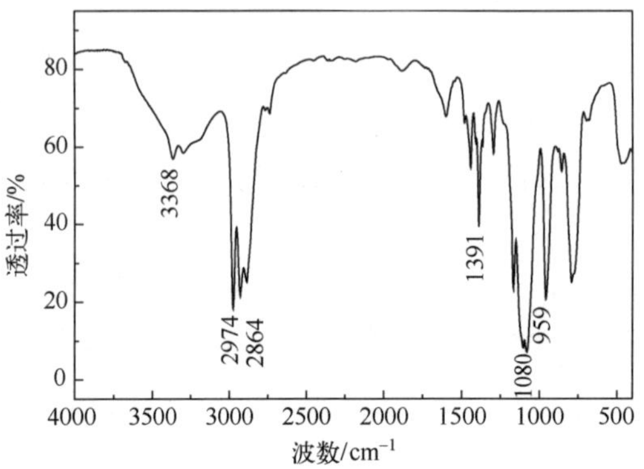

图 3-4　红外光谱

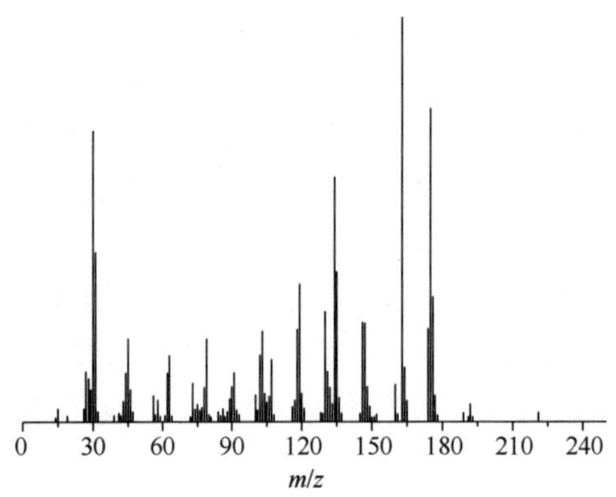

图 3-5　质谱

（3）核磁共振谱图见图 3-6。

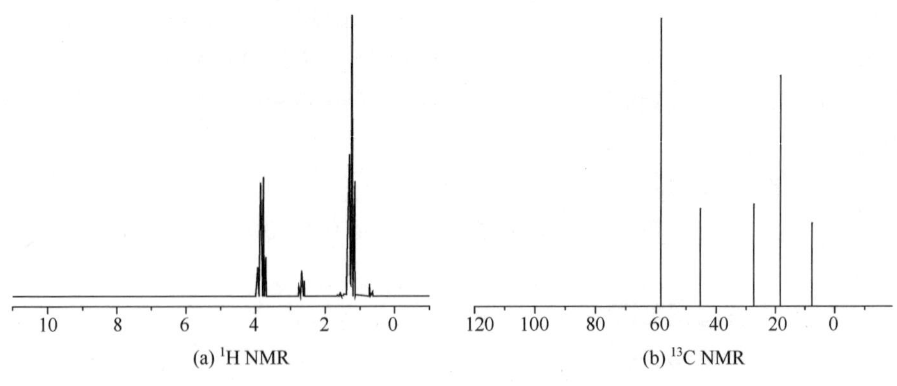

图 3-6　核磁共振谱

参考文献

[1] 化学工业出版社．中国化工产品大全：上卷[M]．2版．北京：化学工业出版社，1998：1331-1332.

[2] 赵凤起，单文刚，李上文．有机硅烷偶联剂在固体火箭发动机装药中应用及其作用[J]．含能材料，1998，6(1)：37-42.

[3] 赵明，张门兰，张文华．γ-氨丙基三乙氧基硅烷合成新工艺[J]．化学工程师，1998，64(1)：53-54.

3.3 二 乙 胺

中文名称：二乙胺

英文名称：diethylamine

分子式：$C_4H_{11}N$

分子量：73.14

结构式：$(C_2H_5)_2NH$

CAS登记号：109-89-7

1. 物理性质

无色易挥发可燃液体，有强烈氨臭。密度 $0.7056g/cm^3$（20℃），沸点55.9℃，熔点-49.8℃，折射率1.3823~1.3864（20℃），比热容 $115.8J \cdot mol^{-1} \cdot K^{-1}$（恒压）。溶于水，与乙醇、乙醚等有机溶剂混溶。温热时能溶解固体石蜡和巴西棕榈蜡，并能使丁腈橡胶溶胀。

2. 化学性质

生成焓 $-72.4kJ \cdot mol^{-1}$(g)，自由能 $72.1kJ \cdot mol^{-1}$(g)。易燃，与空气接触形成爆炸性混合物，爆炸极限1.8%~10.1%，引燃温度312℃，自燃点254.4℃，闪点-23℃。水溶液呈强碱性，有腐蚀性，与无机酸反应生成盐，与羧酸、羧酸酯和酸酐反应生成相应的酰胺。500℃发生分解反应。二乙胺在铜存在下可与氧气、高锰酸钾、30%过氧化氢等氧化剂反应氧化生成二氧化碳、水和氮氧化物。与氧气反应式如下：

$$4(C_2H_5)_2NH+31O_2 \longrightarrow 16CO_2+22H_2O+4NO_2$$

3. 理化指标和检验方法

二乙胺理化指标和检验方法见表3-3。

表 3-3　二乙胺理化指标和检验方法

项　　目	理化指标		检验方法
	优等品	合格品	
二乙胺/%	≥99.5	≥99.2	GC 法
一乙胺/%	≤0.05	≤0.10	GC 法
三乙胺/%	≤0.1		GC 法
乙醇/%	≤0.1		GC 法
水分/%	≤0.1	≤0.2	卡尔・费休法
色度/Hazen 单位(铂-钴号)	≤15	≤30	比色法

4. 制备方法

(1) 氯乙烷氨化法。将氯乙烷与氨加入氢氧化钙水溶液中,在压力 2.26MPa、温度 135℃左右反应 6h,加入氢氧化钠破坏二乙胺氯化钙复合盐,经蒸馏、精馏,切取 55~57℃馏分得乙二胺成品。其质量分数为 98%以上,收率 80%。反应式如下:

$$2C_2H_5Cl+NH_3+Ca(OH)_2 \xrightarrow[135℃]{2.26MPa} (C_2H_5)_2NH+CaCl_2+2H_2O$$

(2) 乙醇常压气相催化法。将气相乙醇、氨和氢以 1:0.8:1.5(mol)混合。经预热至 170~180℃,送入装有铜镍催化剂的第一反应器,于 195~200℃下进行气相催化反应,再进入装有铜镍催化剂的第二反应器于 170~175℃下进行还原,以除去乙腈等杂质,将反应气经冷凝后收得一、二、三乙胺,乙醇等混合液。经粗馏、精馏,切取 54~57℃馏分得乙二胺成品,其质量分数可达 95%以上。反应式如下:

$$2C_2H_5OH+NH_3 \xrightarrow[Cu/Ni]{H_2} (C_2H_5)_2NH+2H_2O$$

5. 储存、运输和应用

用玻璃、陶瓷容器或桶口衬聚乙烯垫圈铁桶包装,储存于阴凉通风处。严禁烟火,防止日光直射。应与爆炸物、易燃物、氧化剂等隔离。宜用带篷汽车或火车运输。

在固体推进剂中主要用作键合剂,与铝粉和黏合剂作用,还可调节酸碱性,催化固化反应,调节推进剂的力学性能。为化工原料的中间体,可用于生产普鲁卡因、氯喹、尼可刹米、可拉明及磺胺等类医药,农药,染料,橡胶促进剂,硫氮 9 号等选矿剂,纺织助剂,杀菌剂,缓蚀剂,阻聚剂和抗冻剂,是一种优良的萃取剂和选择性溶剂。

6. 毒性与防护

腐蚀性易燃液体,有毒。其蒸气或液体均对皮肤、眼睛和呼吸道黏膜有刺激和腐蚀作用,能引起瘙痒、红肿,大量接触会穿透组织引起深度坏死。鼠类经口 LD_{50}540mg/kg。生产现场最高容许浓度 75mg/m^3。生产设备应密闭,防止跑、冒、滴、漏。操作人员应穿戴防毒口罩、乳胶手套、橡胶围裙和眼镜等防护用具。溅及皮肤时,迅即用清水冲洗,以 2% 硼酸、乙酸,或柠檬酸溶液湿敷。眼睛溅入二乙胺,要立即张开双眼,用清水彻底冲洗,请眼科大夫诊治。用水(雾或喷雾)、二氧化碳、四氯化碳灭火。

7. 理化分析谱图

(1) 红外光谱图见图 3-7。

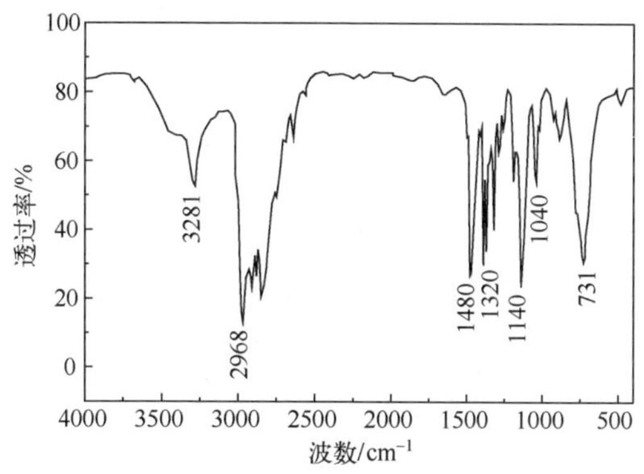

图 3-7　红外光谱

(2) 质谱图见图 3-8。

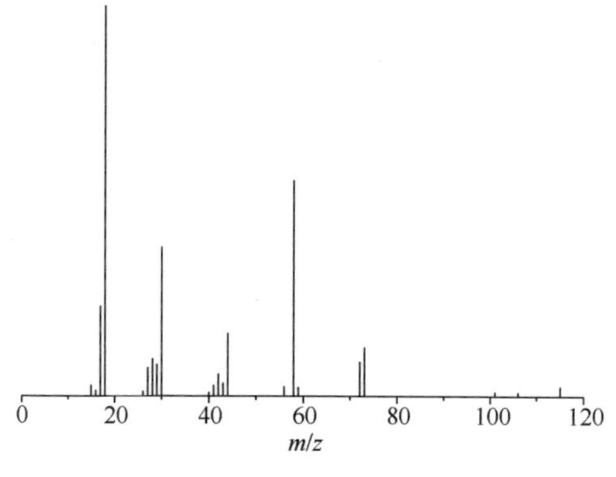

图 3-8　质谱

(3) 核磁共振谱图见图 3-9。

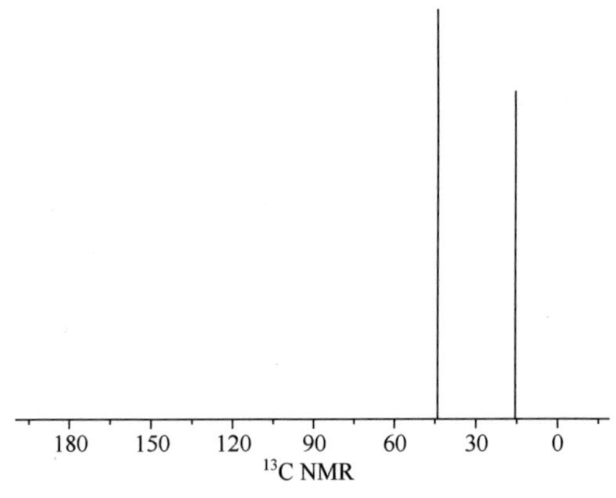

图 3-9　核磁共振谱

参考文献

[1]　化学工业出版社. 中国化工产品大全:上卷[M]. 2 版. 北京:化学工业出版社,1998:668-669.

[2]　徐克勋. 精细有机化工原材料中间体手册[M]. 北京:化学工业出版社,1998:387-388.

[3]　GOKEL G W. 有机化学手册[M]. 2 版. 张书圣,温永红,丁彩凤,等译. 北京:化学工业出版社,2006:460-498.

[4]　郑丰平,张有忠,钱剑,等. 工业用二乙胺:GB/T 23963—2009[S]. 北京:中华人民共和国国家质量监督检验检疫总局,中国国家标准化管理委员会,2009.

[5]　王讯文,侯晓莉,郑丰平,等. 低碳脂肪胺含量的测定　气相色谱法:GB/T 23961—2009[S]. 北京:中华人民共和国国家质量监督检验检疫总局,中国国家标准化管理委员会,2009.

3.4　三　乙　胺

中文名称:三乙胺

英文名称:triethylamine

分子式:$C_6H_{15}N$

分子量:101.19

结构式:$(C_2H_5)_3N$

CAS 登记号:121-44-8

1. 物理性质

无色或淡黄色透明液体，有强烈氨臭。沸点88.8~89.7℃，熔点-114.7℃，密度0.723~0.735g/cm^3(20℃)，折射率1.401(20℃)，比热容161.0J·mol^{-1}·K^{-1}(恒压)。易溶于丙酮、氯仿、苯，溶于乙醇、乙醚，微溶于水。

2. 化学性质

生成焓-99.6kJ·mol^{-1}(g)，自由能110.3kJ·mol^{-1}(g)。易燃，燃点-6.67℃，闪点-11℃(闭口)，-4℃(开口)，爆炸极限1.2%~8.0%(体积)。水溶液呈碱性，与卤代烷反应可生成季铵盐。与高锰酸钾作用易发生氧化而分解，生成乙酸、氨和硝酸。用过氧化氢氧化则生成三乙基氧化胺。在低压下于400℃热解，生成四乙基联氨、丁烷，进一步生成甲烷、氮气。在钴、镍、铜或氯化铜存在下，与醇发生烷基交换反应，生成烷基二乙基胺、二烷基乙基胺。

3. 理化指标和检验方法

三乙胺理化指标和检测方法见表3-4。

表3-4 三乙胺理化指标和检测方法

项目	理化指标			检测方法
	GB/T 23964	国外标准	企业标准	
三乙胺/%	≥99.5	≥99.0	≥99.0	GC法
一乙胺/%	≤0.1	—	—	GC法
二乙胺/%	≤0.1	≤0.1	≤0.3	GC法
乙醇/%	≤0.1	—	—	GC法
水分/%	≤0.1	0.1	≤0.2	卡尔·费休法
色度/Hazen单位(铂-钴号)	≤15	—	—	比色法
密度/(g/cm^3)(20℃)	—	—	0.726~0.729	密度计法

4. 制备方法

乙醇和氨作用制得。将乙醇和液氨在氢气存在下，经气化后进入预热器((150±5)℃)进行预热，然后进入装有铜-镍-白土催化剂的第一反应器((190±2)℃)和第二反应器((165±2)℃)进行合成，生成一、二、三乙胺混合物，经冷凝后，再经乙醇喷淋吸收三乙胺粗品，最后经分离、脱水和分馏，收集88~99馏分即得成品。

$$C_2H_5OH+NH_3 \xrightarrow[Cu/Ni]{H_2} C_2H_5NH_2+H_2O$$

$$C_2H_5NH_2+C_2H_5OH \longrightarrow (C_2H_5)_2NH+H_2O$$

$$(C_2H_5)_2NH+C_2H_5OH \longrightarrow (C_2H_5)_3N+H_2O$$

5. 储存、运输和应用

采用桶口衬聚乙烯垫圈镀锌铁桶包装，以防泄漏。储存于阴凉通风处。远离火源，严禁烟火，应与氧化剂隔离储存。运输时防止碰撞，按易燃易爆物规定运输。

在固体推进剂中主要作为键合剂与铝粉和黏合剂作用，还可调节酸碱性，催化固化反应，调节推进剂的力学性能，液体火箭推进剂高能燃料。在有机合成中用作溶剂、催化剂及原料。可用来制取光气法聚碳酸酯的催化剂、四氟乙烯的阻聚剂、橡胶硫化促进剂、脱漆剂中的特殊溶剂、搪瓷抗硬剂、表面活性剂、防腐剂、杀菌剂、离子交换树脂、染料、香料、药物。

6. 毒性与防护

高毒，蒸气或液体能刺激皮肤和黏膜，吸入蒸气后，能使呼吸系统器官、血液循环系统、中枢神经系统、肝脏及其他黏膜组织功能失常。生产现场最高容许浓度 30mg/m^3。穿戴防毒口罩、乳胶手套、橡胶围裙和眼镜等防护用具。灭火方法：用水(雾或喷雾)、二氧化碳、四氯化碳灭火。

7. 理化分析谱图

(1) 红外光谱图见图 3-10。

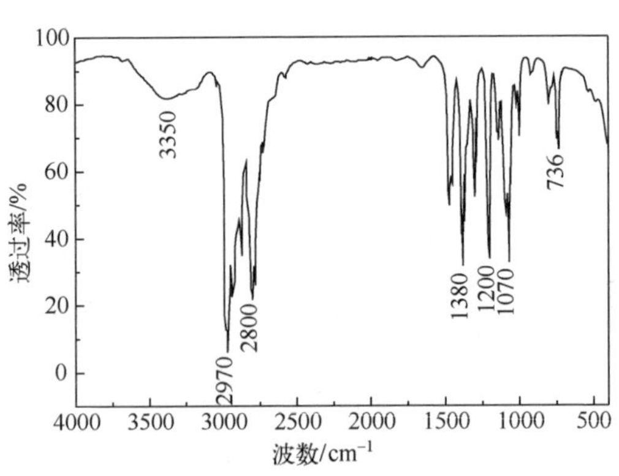

图 3-10 红外光谱

(2) 拉曼光谱图见图 3-11。

(3) 质谱图见图 3-12。

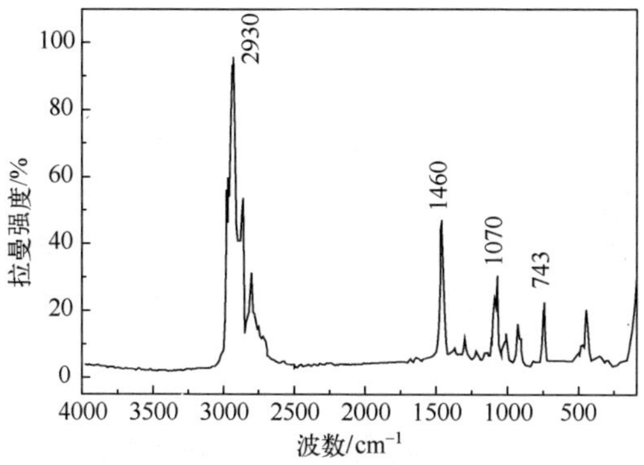

图 3-11 拉曼光谱

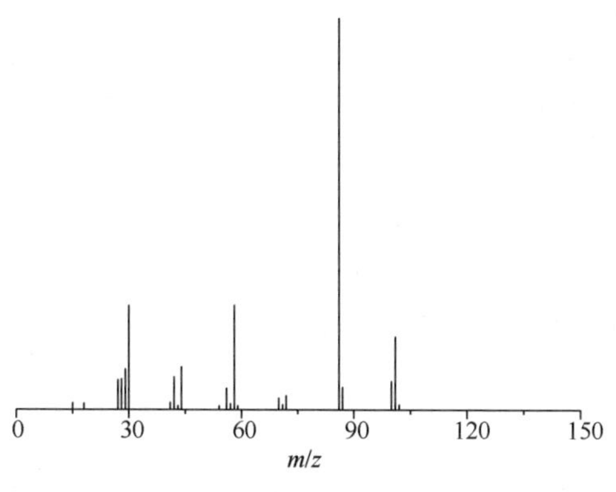

图 3-12 质谱

（4）核磁共振谱图见图 3-13。

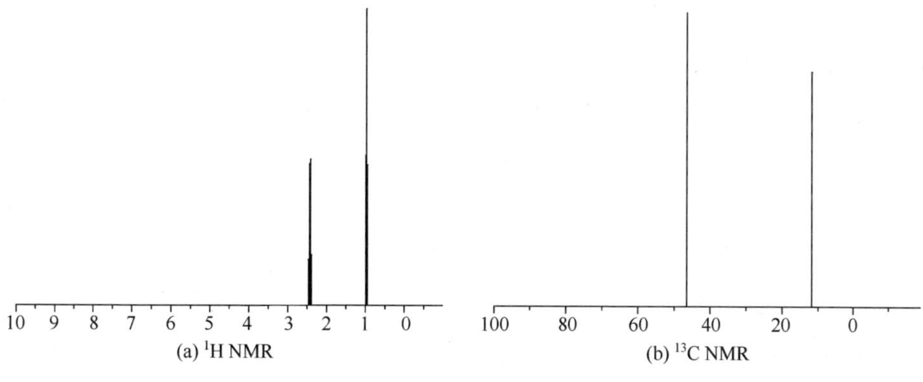

图 3-13 核磁共振谱

参考文献

[1] 郑丰平,张有忠,钟久生,等. 工业用三乙胺:GB/T 23964—2009[S]. 北京:中华人民共和国国家质量监督检验检疫总局,中国国家标准化管理委员会,2009.

[2] 王讯文,侯晓莉,郑丰平,等. 低碳脂肪胺含量的测定 气相色谱法:GB/T 23961—2009[S]. 北京:中华人民共和国国家质量监督检验检疫总局,中国国家标准化管理委员会,2009.

3.5 *N*,*N*-二乙基羟胺

中文名称:*N*,*N*-二乙基羟胺

英文名称:*N*,*N*-diethylhydroxylamine

中文别称:*N*-羟基-乙胺

英文别称:*N*-ethyl-*N*-hydroxy-ethanamine

分子式:$C_4H_{11}NO$

分子量:89.14

结构式:$(C_2H_5)_2NOH$

CAS 登记号:3710-84-7

1. 物理性质

淡黄色或无色液体,有氨味。熔点-8~-15℃,沸点 130~135℃,57℃(3.33kPa)。密度 0.8612g/cm^3,折射率 1.4173(25℃)。易溶于水,溶于乙醇、乙醚、氯仿、苯。

2. 化学性质

石蕊呈弱酸性反应,pH=7~11 时稳定,闪点 46.1℃。

3. 理化指标和检验方法

N,*N*-二乙基羟胺理化指标和检验方法见表 3-5。

表 3-5 *N*,*N*-二乙基羟胺理化指标和检验方法

项目	理化指标	检验方法
N,*N*-二乙基羟胺/%	≥99.5	GC 法
外观	无色透明液体	目视法
沸点/℃	≥133	沸点仪法

4. 制备方法

以三乙胺和过氧化氢在复合催化剂存在下进行氧化,然后将氧化物脱水,

再经加热分解而得。

先在 0~5℃条件下，三乙胺和过量 2.5 倍的 H_2O_2 在甲醇溶剂中并缓缓通入氧气条件反应。蒸馏脱水，得无色黏稠状物三乙基氧化胺。反应式如下：

$$(C_2H_5)_3N+H_2O_2 \xrightarrow[0\sim5℃]{O_2} (C_2H_5)_3NO+H_2O$$

三乙基氧化胺在氮气保护下，160℃热分解。蒸馏，收集 125~130℃的馏分，得 *N*,*N*-二乙基羟胺。反应式如下：

$$(C_2H_5)_3NO \xrightarrow[\triangle]{} (C_2H_5)_2NOH+C_2H_4$$

5. 储存、运输和应用

采用聚乙烯衬里的铝桶、玻璃或不锈钢容器包装。储存于阴凉干燥通风处。按照有毒物品规定运输。

在固体推进剂中主要作为键合剂与铝粉和黏合剂作用，调节推进剂的力学性能。作为阻聚剂，广泛用于苯乙烯、二乙烯基苯、丁二烯和异戊二烯以及这些单体制造聚合物的过程中，在液相、气相、高温下有良好阻聚性能。在合成橡胶工业中，是乳液聚合的终止剂。也是优良的烟雾抑制剂，可以阻止烃类、氮的氧化物、硫化物等在变为化学烟雾时产生的链反应。照相乳剂的稳定剂和彩色照相的颜色调节剂。

6. 毒性与防护

有毒，刺激眼睛及皮肤。溅及皮肤时，可用大量清水冲洗。戴防护口罩、乳胶手套和眼镜。

7. 理化分析谱图

(1) 红外光谱图见图 3-14。

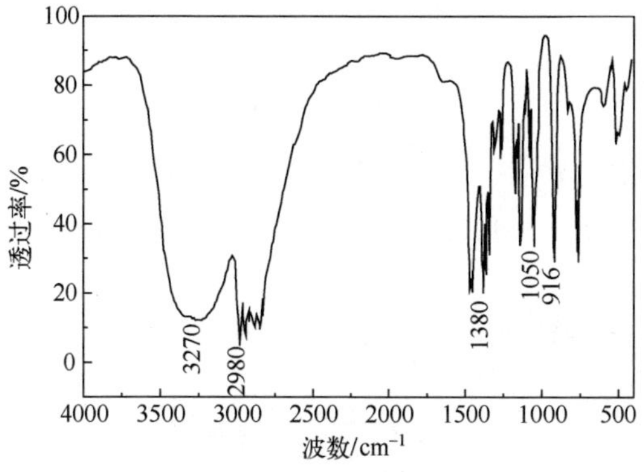

图 3-14　红外光谱

(2) 质谱图见图 3-15。

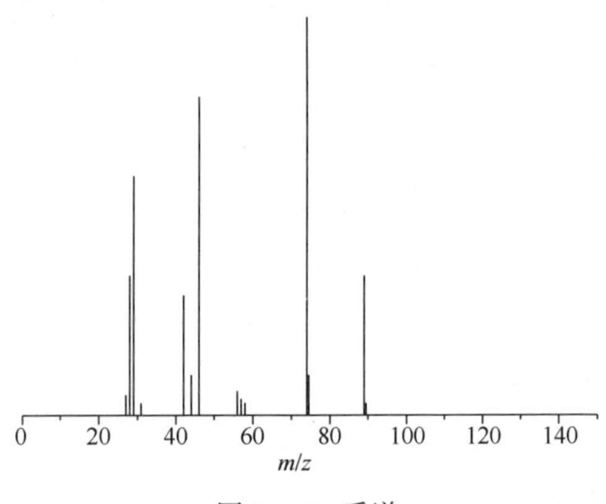

图 3-15　质谱

(3) 核磁共振谱图见图 3-16。

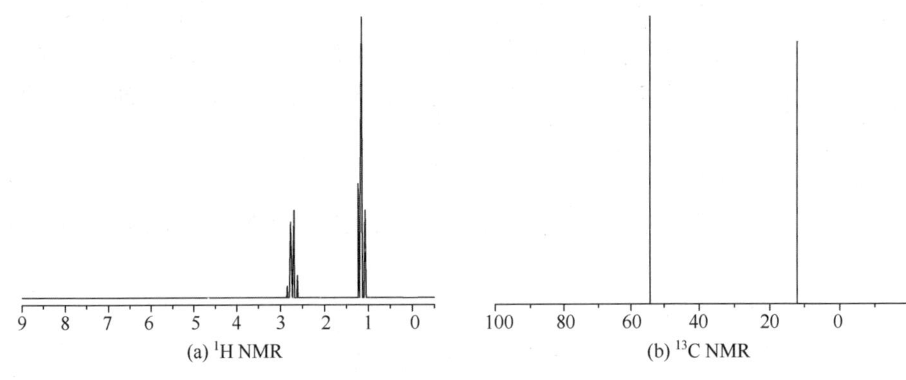

图 3-16　核磁共振谱

参考文献

[1] 化学工业出版社. 中国化工产品大全:上卷[M]. 2 版. 北京:化学工业出版社,1998:687.

[2] 张安运. N,N-二乙基羟胺合成方法的改进及表征[J]. 化学通报,1997(08):37-39.

3.6 三乙醇胺

中文名称:三乙醇胺

英文名称:triethanolamine

中文别称:2,2′,2″-次氮基三乙醇;2,2′,2″-三羟基三乙胺;三(2-羟乙基)胺;胺基三乙醇

英文别称:TEOA;TEA;2,2′,2-nitrilotris(ethanol)

分子式:$C_6H_{15}NO_3$

分子量:149.19

CAS 登记号:102-71-6

结构式

1. 物理性质

无色油状液体,有氨味,易吸水。低温时成为无色或浅黄色立方晶系晶体。熔点 21.2℃,沸点 335.4℃、277℃(19.950kPa)、206~207℃(1.995kPa),密度 1.124g/cm^3,折射率 1.4852。能与水、甲醇、丙酮混溶,溶于苯、醚,微溶于四氯化碳、正庚烷。

2. 化学性质

露置空气中及在光线下变成棕色,闪点 193℃。具有叔胺和醇的性质,具有碱性,三乙醇胺的碱性比氨弱(pKa7.82),0.1mol/L 水溶液 pH 值为 10.5,低温时能吸收二氧化碳及硫化氢等酸性气体,高温时放出。三乙醇胺与碘氢酸能生成碘氢酸盐沉淀。与有机酸反应低温时生成盐,高温时生成酯。与多种金属生成 2~4 个配位体的螯合物,可腐蚀铜、铝及其合金。用次氯酸氧化时生成胺氧化物。用高碘酸氧化分解成氨和甲醛。与硫酸作用生成吗啉代乙醇。

3. 理化指标和检验方法

三乙醇胺理化指标和检验方法见表 3-6。

表 3-6　三乙醇胺理化指标和检验方法

项　　目	理 化 指 标	检 验 方 法
三乙醇胺/%	≥99.0	GC 法
一乙醇胺/%	≤0.50	GC 法
二乙醇胺/%	≤0.50	GC 法
水分/%	≤0.20	卡尔·费休法
色度,Hazen 单位(铂-钴色号)	≤50	铂-钴色号法
密度 ρ_{20}/(g/cm^3)	1.122~1.127	密度瓶法

4. 制备方法

(1) 环氧乙烷氨解法。环氧乙烷与过量的氨水在反应温度 30~40℃,反应压力 70.9~304kPa 下进行缩合反应,生成一、二、三乙醇胺混合液,在 90~120℃

下经脱水浓缩后,经三个减压精馏塔进行减压蒸馏,按不同沸点截取馏分,则可得纯度达 99%的一乙醇胺、二乙醇胺和三乙醇胺成品。在反应过程中,如加大环氧乙烷比例,则二、三乙醇胺生成比例增大,可提高二、三乙醇胺的收率。

$$3\ \text{(环氧乙烷)} + NH_4OH \longrightarrow N(CH_2CH_2OH)_3 + H_2O$$

(2) 用工业品三乙醇胺减压蒸馏精制提取。精制方法:工业品的三乙醇胺质量分数在 80%以上,其余含有 1.0%以下的水、2.5%以下的乙醇胺和 15%的二乙醇胺以及少量的聚乙二醇等杂质。精制时用水蒸气蒸馏除去乙醇胺,加入氢氧化钠使三乙醇胺成碱金属盐而析出,分离后中和,再进行减压蒸馏得纯品。

精馏得到的高纯 TEA 开始时往往无色,但在储存后很易变色,而为了将 TEA 保持液态,储存温度通常要高于环境温度,一般在 50~70℃颜色更容易加深。据报道变色机理为:1mol TEA 分解生成 1mol MEA 和 2mol 乙醛,乙醛缩合生成巴豆醛,后者再与 MEA 形成席夫碱,这种不饱和的席夫碱由于 1,4-聚合作用,在 TEA 中导致了有色产物。而 TEA 中杂质的存在,以及在生产或储存过程中设备材料的选择等,都对其颜色有影响。巴斯福股份公司的一项发明专利是将磷烷(PH_3、P_2H_4 或 P_4H_6)或能释放磷烷的化合物加入三乙醇胺中,这样得到的 TEA 具有很好的颜色品质,经储存后色值仍很低。

5. 储存、运输和应用

三乙醇胺采用钢桶或内有防护层的钢桶包装,包装容器应清洁、干燥。避光、密封储存在清洁、阴凉、干燥和通风的库房中。远离火种、热源。与氧化剂、酸类分开存放,切忌混储。

用作固体推进剂的键合剂和交联剂 。民用上,在化妆品中用作酸碱中和剂、乳化剂、保湿剂等,用作环氧树脂的固化剂,用作气相色谱固定液和各种重金属的高效螯合剂,还可以用作化工分析中的掩蔽剂,用于掩蔽铝离子、三价铁离子、铜离子等。

6. 毒性与防护

在胺类中口服毒性最低,大鼠经口 LD_{50} 为 9110mg/kg,小鼠经口 LC_{50} 为 8680mg/kg。吸入性中毒的可能性极小,但如沾染和接触该品,手和前臂的背面可见皮炎和湿疹,对肠胃有刺激,被机体吸收后,可致肝、肾损伤。戴眼镜/面部防护装置,穿适当的防护服。如不慎与眼睛接触,立即用大量清水冲洗并征求医生意见。生产或储运场所应安装排风装置。

7. 理化分析谱图

(1) 红外光谱图见图 3-17。

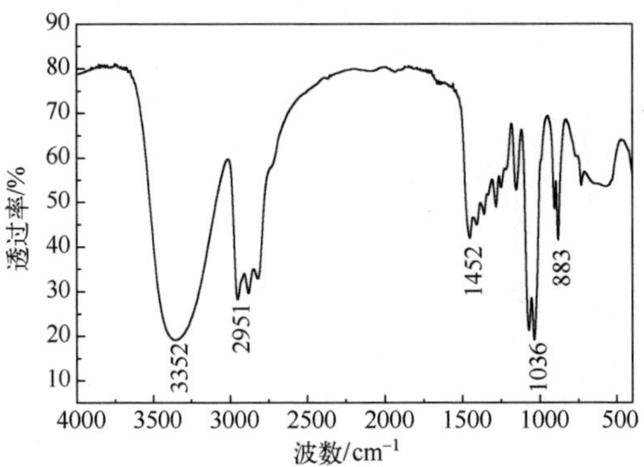

图 3-17　红外光谱

（2）拉曼光谱图见图 3-18。

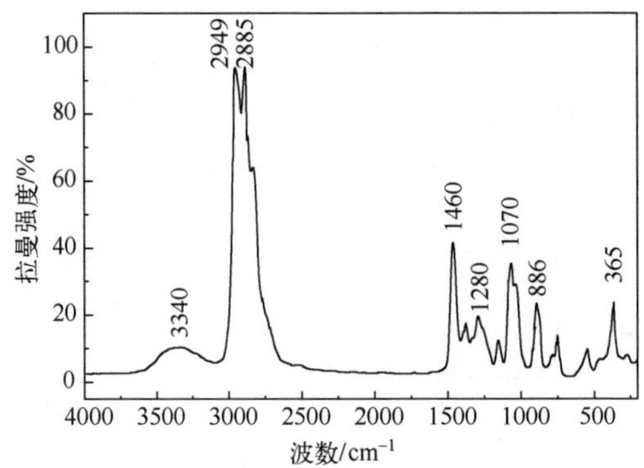

图 3-18　拉曼光谱

（3）质谱图见图 3-19。

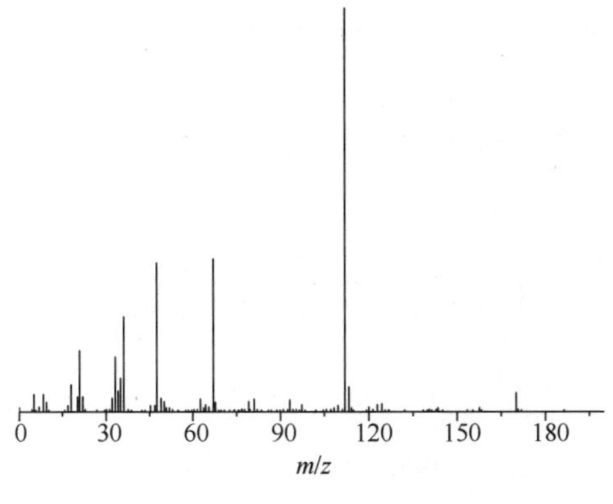

图 3-19　质谱

(4) 核磁共振谱图见图 3-20。

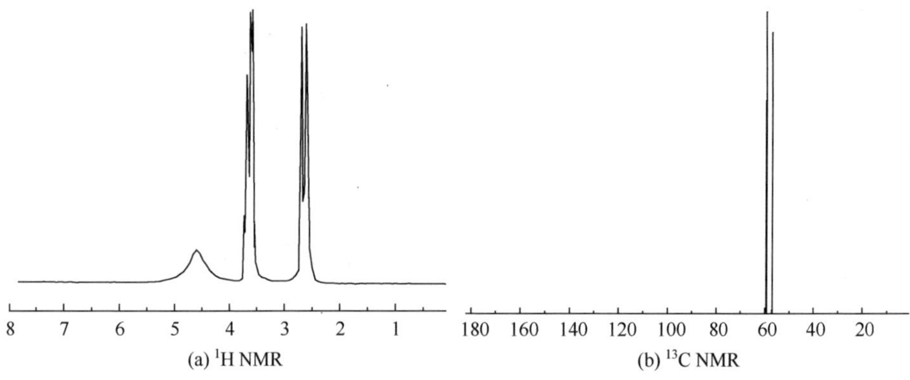

(a) ^{1}H NMR (b) ^{13}C NMR

图 3-20 核磁共振谱

参考文献

[1] 化学工业出版社. 中国化工产品大全:上卷[M]. 2 版. 北京:化学工业出版社,1998:684.

[2] 徐克勋. 精细有机化工原材料中间体手册[M]. 北京:化学工业出版社,1998:415-416.

[3] 蒋芸. 复合固体推进剂原材料毒性与防护[M]. 乌鲁木齐:新疆科技卫生出版社,1996:152.

[4] 苏连仲,张龙,梁春波. 工业用三乙醇胺:HG/T 3268—2003[S]. 北京:国家经济贸易委员会,2003.

[5] 杭智军,王玉超. 温度对 *N*-月桂酰肌氨酸与三乙醇胺反应产物结构及性能的影响[J]. 精细化工,2020,37(05):962-967.

[6] 刘师前,王德举,刘仲能. 环氧乙烷氨化制乙醇胺 ZSM-5 沸石催化剂扩试研究[J]. 工业催化,2019,27(07):33-38.

[7] 孙川,钱亚玲,徐承敏. 乙醇胺毒性及职业接触限值研究进展[J]. 环境与职业医学,2017,34(10):927-932.

3.7 5,5-二甲基海因

中文名称:5,5-二甲基海因

英文名称:5,5-dimethyl hydantoin

中文别称:5,5-二甲基咪唑烷-2,4-二酮,5,5-二甲基乙内酰脲

英文别称:5,5-dimethyl-2,4-imidazolidinedione;DMH

分子式:$C_5H_8N_2O_2$

分子量:128.13

CAS 登记号:77-71-4

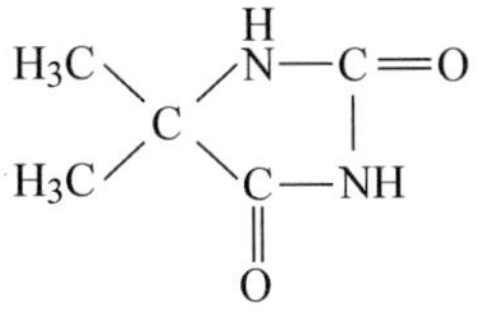

$$\begin{array}{l} \text{H}_3\text{C} \quad \overset{\text{H}}{\text{N}}-\text{C}=\text{O} \\ \quad\quad \text{C} \quad\quad\quad | \\ \text{H}_3\text{C} \quad \underset{\underset{\text{O}}{\|}}{\text{C}}-\text{NH} \end{array}$$

结构式

1. 物理性质

白色晶体或粉末,熔点 175.5 ~ 176.9℃,沸点 237.5℃,无臭,可升华。密度 1.142 ~ 1.286g/cm³。可溶于水、己醇、乙酸乙酯、二甲醚,微溶于异丙酮、丙酮,不溶于脂肪烃。

2. 化学性质

弱酸,10%水溶液 pH 值为 4.5 ~ 5.5,闪点 193℃。是具有一定刚度的杂环化合物,其酰亚胺的两个羰基间的亚胺基 N 上的 H 原子较活泼,能与碱金属成盐,具有亲核性质,易于与卤代烃发生取代反应,生成一系列有价值的衍生物。如与 3-溴代丙烯反应生成 3-烯丙基-5,5-二甲基海因,与 3-溴代丙炔反应生成 3-炔丙基-5,5 二甲基海因,这些不饱和化合物可进一步聚合或与其他不饱和化合物如甲基丙烯酸 β-羟乙酯和丙烯腈共聚生成高分子海因聚合物。

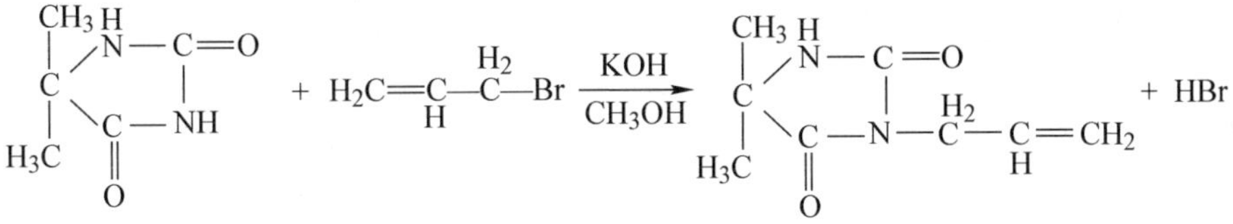

$$\text{5,5-二甲基海因} + H_2C{=}\underset{H}{C}{-}\overset{H_2}{C}{-}Br \xrightarrow[CH_3OH]{KOH} \text{3-烯丙基-5,5-二甲基海因 } (\text{N}{-}\overset{H_2}{C}{-}\underset{H}{C}{=}CH_2) + HBr$$

3. 理化指标和检验方法

5,5-二甲基海因理化指标和检验方法见表 3-7。

表 3-7　5,5-二甲基海因理化指标和检验方法

项　　目	理 化 指 标	检 验 方 法
外观	白色晶体或粉末	目视法
5,5-二甲基海因/%	≥99.00	GC 法/LC 法
干品初熔点/℃	175.0	熔点仪法
水分/%	≤0.5	干燥法

4. 制备方法

以丙酮、氢氰酸、二氧化碳和氨为主要原料合成 DMH。实际用氰化钠、碳酸铵、丙酮、催化剂以 1∶1.25∶1.25∶0.05 的摩尔比投入反应器中,加入适量水

（每摩尔氰化钠加水约 400g），用酸中和至 pH 值为 3~4，搅拌下升温至 50~80℃反应 6h。再冷却至 30℃以下，过滤、萃取并蒸除溶剂，得 DMH 产品。反应式如下：

$$\mathrm{(H_3C)_2C{=}O + NH_3 + CO_2 + HCN \xrightarrow[\text{催化剂}]{H^+} (H_3C)_2\overset{}{C}\!\left(\begin{matrix} NH{-}C{=}O \\ C({=}O){-}NH \end{matrix}\right) + H_2O}$$

5. 储存、运输和应用

采用聚乙烯衬里的铝桶、玻璃或不锈钢容器包装。储存于阴凉干燥通风处。

在固体推进剂中主要作为键合剂与硝胺和黏合剂作用，调节推进剂的力学性能，也用于合成高分子海因键合剂的前驱体。用于氨基酸合成，还可用于特种环氧树脂和水溶性树脂、杀菌剂、防腐剂等。

6. 毒性与防护

低毒，大鼠经口 LD_{50} 为 5000mg/kg。戴防护口罩、乳胶手套和眼镜。

7. 理化分析谱图

（1）红外光谱图见图 3-21。

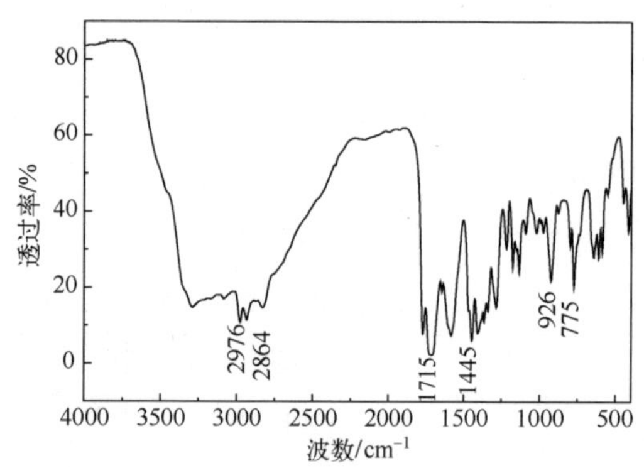

图 3-21　红外光谱

（2）拉曼光谱图见图 3-22。

（3）核磁共振谱图见图 3-23。

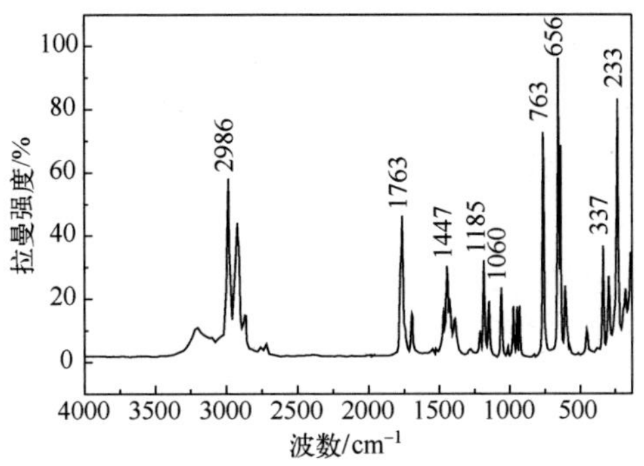

图 3-22　拉曼光谱

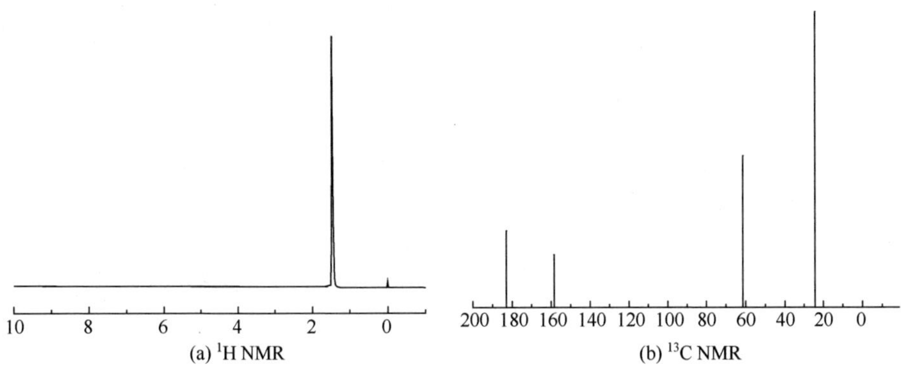

图 3-23　核磁共振谱

（4）质谱见图 3-24。

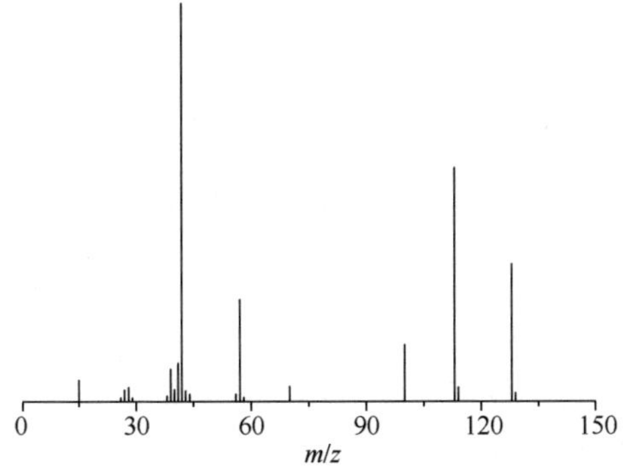

图 3-24　质谱

参考文献

[1] 陈洛亮,吕国会,侯玉清,等．5,5-二甲基海因的合成及应用[J]. 北京理工大学学报,1995,15(6):18-22.

[2] 陈洛亮,吕国会,侯玉清,等．海因键合剂的合成及应用研究[J]. 化学推进剂与高分子材料,2002,88(4):26-28.

[3] 李江存,焦清介,任慧,等．海因/三嗪类复合键合剂包覆黑索今的研究[J]. 含能材料,2008,16(1):56-59.

[4] 张丽娜,杨荣杰．炔丙基二甲基海因的合成及表征[J]. 火炸药学报,2008,31(4):18-21.

[5] 王延铭,贾秀兰,孙翔宇,等．几种 5,5-二甲基海因高分子键合剂的合成及其性能研究[J]. 内蒙古科技大学学报,2007,26(4):362-364.

[6] 王延铭．烯基取代海因高分子键合剂的合成及性能研究[D]. 呼和浩特:内蒙古大学,2007.

[7] 朴克壮,周新基,赵鑫峰,等．5,5-二甲基海因:HG//T4417—2012[S]. 北京:中华人民共和国工业和信息化部,2012.

3.8 3-炔丙基 5,5-二甲基海因

中文名称:3-炔丙基 5,5-二甲基海因

英文名称:3-propargyl-5,5-dimethylhydantoin

中文别称:炔丙基二甲基海因

英文别称:3-ally1-5,5-dimethyl hydantoin;PDMH

分子式:$C_5H_6N_2O_2$

分子量:126.13

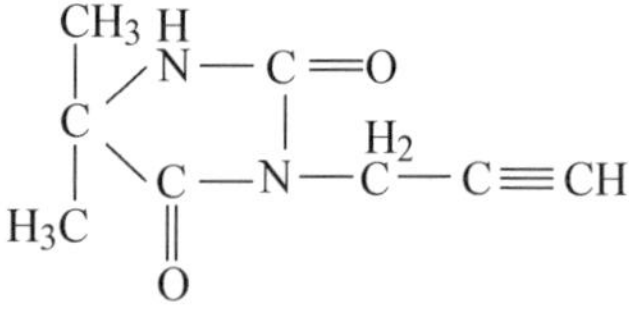

结构式

1. 物理性质

白色晶体,熔点为 70~71℃。可溶于二甲基甲酰胺,不溶于水。

2. 化学性质

加热分解,分解温度 150.0℃以上。3-烯丙基 5,5-二甲基海因的炔基可在自由基引发下断裂自聚或与其他不饱和单体共聚,如与丙烯酸 β-羟乙酯在 2-巯基乙醇引发和偶氮二异丁腈催化下共聚生成黏稠的聚合物,与丙烯酸 β-羟乙酯及丙烯腈三元共聚生成黏稠的聚合物。其炔基与叠氮聚醚 GAP 的叠氮基反应,通过叠氮基的偶极环加成反应生成三唑五元环结构。反应式如下:

$$GAP—N{=}N{=}N + DMH—\overset{H_2}{C}—C{\equiv}CH \xrightarrow{\triangle} \text{GAP—N(1,2,3-三唑环)—}\overset{H_2}{C}\text{—DMH}$$

3. 理化指标和检验方法

3-炔丙基5,5-二甲基海因理化指标和检验方法见表3-8。

表3-8 3-炔丙基5,5-二甲基海因理化指标和检验方法

项 目	理化指标	检验方法
3-炔丙基5,5-二甲基海因/%	≥98.5	GC法
水分/%	≤0.5	卡尔·费休法
粒度/μm	<425	过筛法

4. 制备方法

3-炔丙基5,5-二甲基海因合成:5,5-二甲基海因与3-溴代1-丙炔在碱性条件下反应生成3-炔丙基5,5-二甲基海因,脱去溴化氢。反应式如下:

$$\text{5,5-二甲基海因} + HC{\equiv}C—\overset{H_2}{C}—Br \xrightarrow[CH_3OH]{KOH} \text{3-炔丙基5,5-二甲基海因}(—N—\overset{H_2}{C}—C{\equiv}CH) + HBr$$

5. 储存、运输和应用

采用聚乙烯衬里的铝桶、玻璃或不锈钢容器包装。储存于阴凉干燥通风处。

在固体推进剂中主要作为键合剂与硝胺和黏合剂作用,特别是与含叠氮基的黏合剂作用,调节推进剂的力学性能,也用于合成高分子海因键合剂的前驱体。用于氨基酸合成,还可用于特种环氧树脂和水溶性树脂、杀菌剂、防腐剂等。

6. 毒性与防护

低毒,大鼠经口LD_{50}为5000mg/kg。戴防护口罩、乳胶手套和眼镜。

7. 理化分析谱图

(1) 红外光谱图见图3-25。

(2) 核磁共振谱图见图3-26。

(3) 质谱图见图3-27。

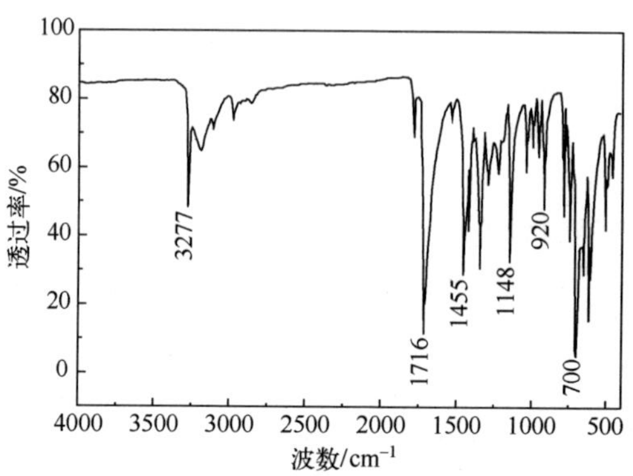

图 3-25 红外光谱

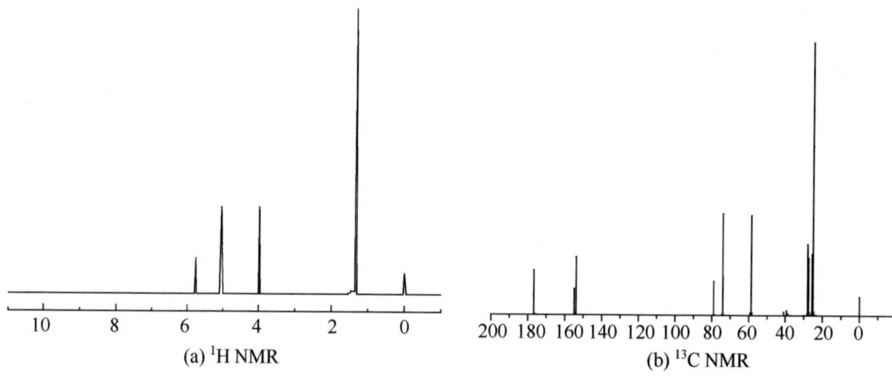

(a) ^{1}H NMR (b) ^{13}C NMR

图 3-26 核磁共振谱

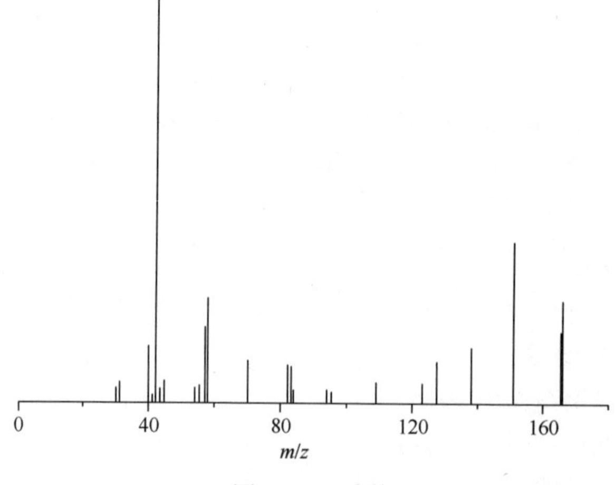

图 3-27 质谱

（4）X 射线衍射谱图见图 3-28。

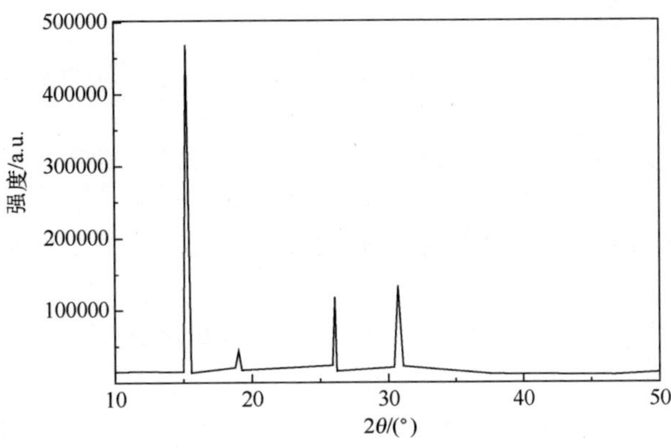

图 3-28　X 射线衍射谱

（5）热分析谱图见图 3-29。

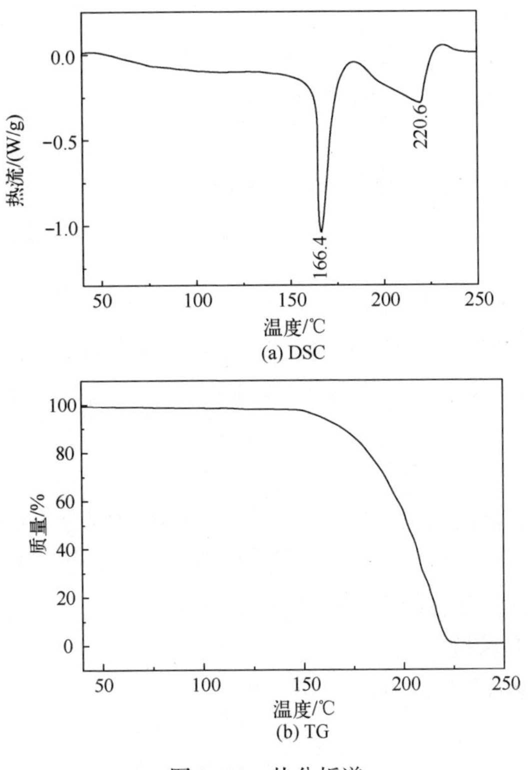

图 3-29　热分析谱

参考文献

[1] 张丽娜,杨荣杰. 炔丙基二甲基海因的合成及表征[J]. 火炸药学报,2008,31(4):18-21.

[2] 王延铭,贾秀兰,孙翔宇,等. 几种5,5-二甲基海因高分子键合剂的合成及其性能研究[J]. 内蒙古科技大学学报,2007,26(4):362-364.

[3] 王延铭. 烯基取代海因高分子键合剂的合成及性能研究[D]. 呼和浩特:内蒙古大学,2007.

[4] 刘学. 复合固体推进剂用键合剂的种类及其作用机理[J]. 含能材料,2000,8(3):135-139.

[5] 张丽娜,杨荣杰. 炔丙基二甲基海因改性GAP的合成及应用[J]. 含能材料,2009,17(5):514-517.

3.9 中性聚合物键合剂

中文名称:中性聚合物键合剂

英文名称:neutral polymeric bonding agent

英文别称:NPBA

分子量:数均分子量1800~3500

$$\left[\left(H_2C-\underset{\large CN}{CH}\right)_x-\left(H_2C-\underset{O=C-OR_1}{\overset{H}{C}}\right)_y-\left(H_2C-\underset{O=C-OR_2OH}{\overset{H}{C}}\right)_z\right]_m$$

结构式

1. 物理性质

中性聚合物键合剂属大分子键合剂,根据共聚链节比的不同,呈浅黄色固态或茶色液态。密度1.1g/cm^3(25℃)。可溶解于二甲基甲酰胺(DMF)、乙腈等,不溶于四氢呋喃、氯仿,微溶于甲醇、水。

2. 化学性质

中性聚合物键合剂化学性质较为稳定,其分解温度为271.5℃,其中的羟基可与异氰酸酯固化剂反应,参与推进剂网络反应,氰基可与HMX、RDX固体粉末形成较强的氢键结合,提高推进剂网络交联密度。

3. 理化指标和检验方法

NPBA理化指标和检验方法见表3-9。

表 3-9　NPBA 理化指标和检验方法

项　　目	理 化 指 标	检 验 方 法
相对分子质量(Mn)	1800~3500	GPC 法
密度(25℃)/(g/cm^3)	1.10±0.05	密度瓶法
粒度/μm	<425	过筛重量法

4. 制备方法

由丙烯腈、丙烯酸酯不饱和化合物,在自由基引发剂的引发下,双键打开生成新的自由基,通过自由基聚合生成目标聚合物。可用的引发剂很多,如偶氮二异丁腈、过氧化苯甲酰,前者的引发效率是后者的 2~3 倍。反应历程为链的引发、链的增长和链的终止三个阶段。

引发剂生成自由基:

$$H_3C-\underset{CN}{\overset{CH_3}{C}}-N=N-\underset{CN}{\overset{CH_3}{C}}-CH_3 \xrightarrow{30\sim40℃} 2H_3C-\underset{CN}{\overset{CH_3}{C}}\cdot + N_2\uparrow$$

链的引发:

$$H_3C-\underset{CN}{\overset{CH_3}{C}}\cdot + H_2C=\underset{CN}{CH} \longrightarrow H_3C-\underset{CN}{\overset{CH_3}{C}}-\underset{H}{\overset{H}{C}}-\underset{CN}{\dot{C}H}$$

异丁腈自由基　　丙烯腈　　丙烯腈自由基

$$H_3C-\underset{CN}{\overset{CH_3}{C}}\cdot + H_2C=\underset{COOR}{CH} \longrightarrow H_3C-\underset{CN}{\overset{CH_3}{C}}-\underset{H}{\overset{H}{C}}-\underset{COOR}{\dot{C}H}$$

异丁腈自由基　　丙烯酸酯　　丙烯酸酯自由基

链的增长:

$$R-CH_2-\underset{CN}{\dot{C}H} + H_2C=\underset{CN}{CH} \longrightarrow R-H_2C-\underset{CN}{\overset{H}{C}}-\overset{H_2}{C}-\underset{CN}{\dot{C}H}$$

丙烯腈自由基　　丙烯腈　　丙烯腈二聚自由基

$$\longrightarrow R-\!\left(H_2C-\underset{CN}{\overset{H}{C}}\right)_{n-1}\!\overset{H_2}{C}-\underset{CN}{\dot{C}H}$$

聚丙烯腈自由基

链的终止是活性大分子链失去活性,停止增长的过程。在合成中添加链转移剂，链转移剂很多，如用异丙醇作链转移剂，其过程如下：

$$\sim\!\sim\!\sim CH_2-\underset{CN}{\overset{H}{C}}\cdot + H-\underset{CH_3}{\overset{CH_3}{C}}-OH \longrightarrow \sim\!\sim\!\sim H_2C\ \underset{CN}{CH_2} + \cdot\underset{CH_3}{\overset{CH_3}{C}}-OH$$

中性键合剂一般是共聚物，反应式如下：

$$xH_2C=\underset{CN}{CH} + yH_2C=\underset{O=C-OR_1}{\overset{H}{C}} + zH_2C=\underset{O=C-OR_2OH}{\overset{H}{C}} \xrightarrow[50\sim60℃]{AIBN,\ 调聚剂}$$

$$-\!\!\left[(H_2C-\underset{CN}{CH})_x-(H_2C-\underset{O=C-OR_1}{\overset{H}{C}})_y-(H_2C-\underset{O=C-OR_2OH}{\overset{H}{C}})_z\right]_m$$

x、y、z 的摩尔比在设计键合剂时确定。但由于共聚过程中，各个单体的竞聚率不同，所以产品的摩尔比往往与设计存在差异。

5. 储存、运输和应用

用玻璃瓶或塑料袋包装储存于阴凉干燥处。

NPBA 特别适用于含大剂量硝酸酯和硝胺类炸药 HMX、RDX 的高能推进剂作为键合剂，它可明显改善炸药在黏合剂中的界面作用，提高推进剂力学性能。

6. 毒性与防护

低毒，可导致过敏。

7. 理化分析谱图

（1）红外光谱图见图 3-30。

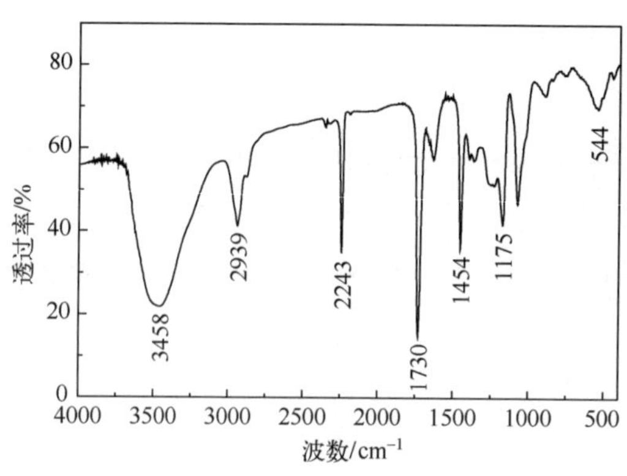

图 3-30　红外光谱

（2）拉曼光谱图见图 3-31。

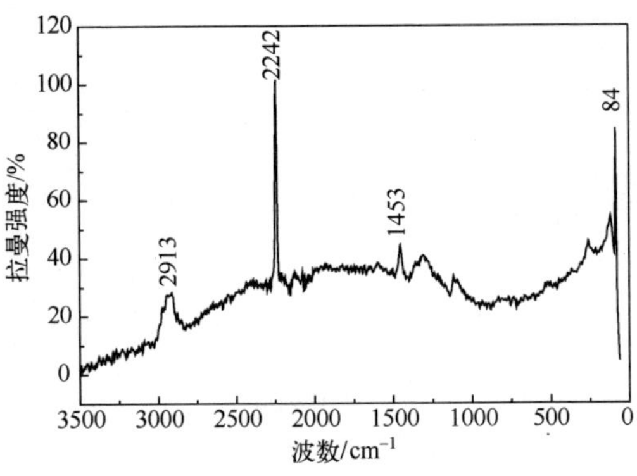

图 3-31　拉曼光谱

（3）热分析谱图见图 3-32。

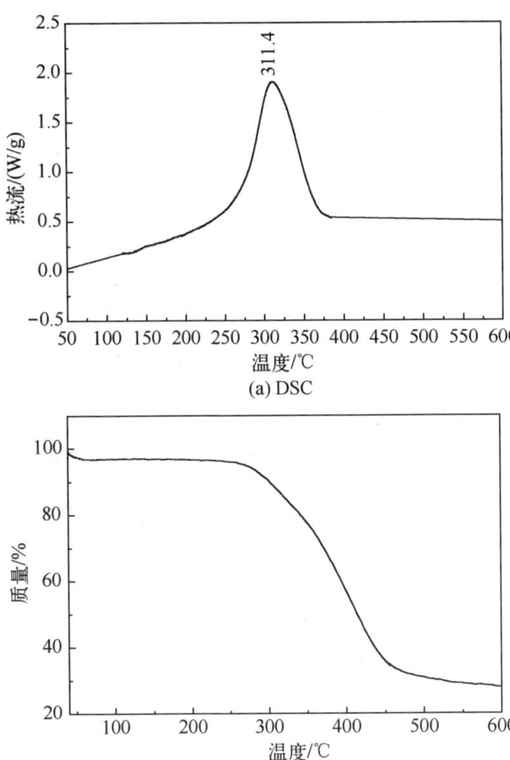

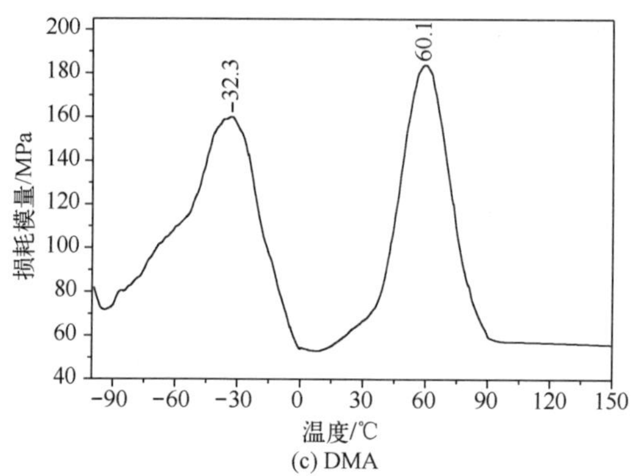

(c) DMA

图 3-32 热分析谱

参考文献

[1] 黄志萍,马新刚,蒋根杰,等. 激光光散射法测定 BAG 分子量及其分子量分布[J]. 固体火箭技术,2004,27(3):233-237.

[2] 刘学. 复合固体推进剂用键合剂的种类及其作用机理[J]. 含能材料,2000,8(3):135-139.

[3] 陈浪. 高能丁羟四组元复合固体推进剂用新型硼酸酯键合剂研究[D]. 长沙:湖南大学,2007:29-31.

[4] SHOKRI S,AFSHANI M E,SAHAFIAN A. Improvement of mechanical properties in CMDB propellant by NPBA[J]. Theory Prac Energ Mat,2005,6:1153-1159.

[5] LI Y P,QING G M,ZHANG Z Z,et al. Study on synthesis of neutral polymeric bonding agent[J]. Theory Prac Energ Mat,2003,5:113-115.

[6] 张海燕. 高能固体推进剂的新型键合剂 NPBA[J]. 火炸药,1995(3):30-34.

[7] 雷贝,邓剑如,陈浪,等. NPBA 的水分散聚合研究[J]. 火炸药学报,2008,31(1):60-63.

防老剂

防老剂是通过消耗自身,消除推进剂在储存条件下引发分解反应的可反应活性基团,抑制推进剂网络及其组分发生不需要的化学反应,改善推进剂的储存性能,提高储存寿命的一类功能助剂。对于抑制氧化引起的老化,也称为抗氧剂。对于抑制含能材料如硝酸酯反应的防老剂,亦称为安定剂、中定剂。

4.1 *N*-环己基-*N'*-苯基对苯二胺

中文名称:*N*-环己基-*N'*-苯基对苯二胺

英文名称:*N*-cyclohexyl-*N'*-phenyl-p-phenylenediamine

中文别称:防老剂 4010;防老剂 CPPD

英文别称:antioxidant 4010;antioxidant CPPD

分子式:$C_{18}H_{22}N_2$

分子量:266.18

CAS 登记号:101-87-1

结构式

1. 物理性质

灰白色粉末,密度 1.29g/cm^3,熔点 115℃,极易溶于氯甲烷,易溶于苯、乙酸乙酯、丙酮,难溶于汽油,不溶于水。

2. 化学性质

易燃,弱碱,可与无机酸反应,生成相应的铵盐,与有机酸反应生成酰胺。胺基具有还原性易被强氧化剂氧化,曝露于空气及日光下氧化,颜色逐渐变深。胺基还可进行加成反应,得到一系列的衍生物,有关反应有 *N*-烷基化和 *N*-芳基化、缩合、重氮化等。苯环受胺基的影响使苯环上胺基邻对位上的氢的活泼性增强,可发生取代反应。

3. 理化指标和检验方法

防老剂 4010 理化指标与理化检验方法见表 4-1。

表 4-1　防老剂 4010 理化指标与理化检验方法

项　　目	理化指标		检验方法
	一级品	二级品	
外观	青灰色至浅灰色粉末或颗粒		目测法
干品初熔点/℃	≥113	108	熔点仪法
灰分/%	≤0.30	0.30	重量法
加热减量/%	≤0.40	0.40	重量法
筛余物(通过 150μm 筛孔)/%	≤0.50	0.50	过筛重量法

4. 制备方法

用 4-胺基二苯胺与环己酮在 150~180℃温度下进行缩合,然后以甲酸还原,再经溶剂(汽油)结晶、洗涤、干燥、粉碎,得成品。反应式如下:

$$\text{C}_6\text{H}_5\text{—NH—C}_6\text{H}_4\text{—NH}_2 + \text{C}_6\text{H}_{10}\text{=O} \xrightarrow{150\sim180℃} \text{C}_6\text{H}_5\text{—NH—C}_6\text{H}_4\text{—N=C}_6\text{H}_{10} + H_2O$$

$$\text{C}_6\text{H}_5\text{—NH—C}_6\text{H}_4\text{—N=C}_6\text{H}_{10} + HCOOH \longrightarrow \text{C}_6\text{H}_5\text{—NH—C}_6\text{H}_4\text{—NH—C}_6\text{H}_{11} + CO_2\uparrow$$

5. 储存、运输和应用

用木桶内衬塑料袋严密包装,储存于阴凉、干燥处。储存时防火、防潮、防晒。按照一般化学品规定运输。

主要用作三元乙丙橡胶绝热层防老剂。天然橡胶、合成橡胶优良的通用型防老剂,尤其适用于天然橡胶和丁苯橡胶,亦可用于燃料油中。对臭氧、热、氧、光等老化防护性能优良,亦为优良的持久机械应力形成的龟裂与曲挠龟裂抑制剂。对高电能辐射和铜害也有一定的防护作用,性能较防老剂甲和防老剂丁好。与其他防老剂如防老剂 AW、结晶性蜡并用对臭氧龟裂和自然老化防护效能更高,也可以与防老剂甲、防老剂丁或其他通用型防老剂并用。易分散,对未硫化胶(尤其是合成橡胶)有显著的硬化效应。用量超过1份时可产生喷霜,制品遇光变色严重,也能通过迁移污染与其硫化胶接触的材料。

6. 毒性与防护

有毒。对皮肤和眼睛有一定的刺激性。小鼠灌胃 LD_{50} 3900mg/kg,每次180mg,连续服用60次会形成8%～10%的高铁血红蛋白。生产场所应通风良好,操作人员应戴防护用具。

7. 理化分析谱图

红外光谱图见图4-1。

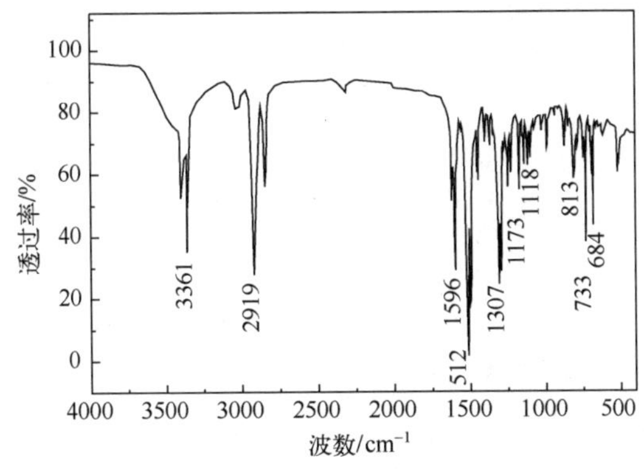

图4-1　红外光谱

参考文献

[1] 化学工业出版社. 中国化工产品大全:上卷[M].2版:北京:化学工业出版社,1998:942.

[2] 王梦蛟,龚怀耀,薛广智. 橡胶工业手册:第二分册　配合剂[M]. 修订版. 北京:化学工业出版社,1989:203-204.

[3] 范秀莉. 橡胶防老剂、硫化促进剂试验方法:GB/T 11409—2008[S]. 北京:中华人民共和国国家质量监督检验检疫总局,2008.

[4] 何颖. 环保型防老剂对丁苯橡胶性能及凝聚水水质的影响[D]. 兰州:兰州大学,2013.

4.2　*N*-异丙基-*N*′-苯基对苯二胺

中文名称: *N*-异丙基-*N*′-苯基对苯二胺

英文名称：*N*-isopropyl-*N'*-phenyl-p-phenylenediamine

中文别称：防老剂 4010NA；防老剂 IPPD

英文别称：antioxidant 4010NA；antioxidant IPPD

分子式：$C_{15}H_{18}N_2$

分子量：226.32

CAS 登记号：101-72-4

结构式

1. 物理性质

紫灰色至紫褐色颗粒晶粉末或片晶，纯品为白色晶体。密度为 1.14g/cm^3，熔点为 80.5℃，沸点为 366℃，有挥发性，溶于油类、苯、丙酮、乙醇、乙酸乙酯、四氯化碳、二氯甲烷、氯仿、二硫化碳等有机溶剂，难溶于汽油，不溶于水。

2. 化学性质

与强氧化剂可分解反应生成氮氧化物、二氧化碳和水。可燃，燃烧温度 195℃，自燃温度 560℃。粉尘空气混合物有爆炸危险，燃烧浓度下限为 20g/m^3，极限允许浓度 2mg/m^3。弱碱，可与无机酸反应，生成相应的铵盐，与有机酸反应生成酰胺。

3. 理化指标和检验方法

防老剂 4010NA 理化指标和检验方法见表 4-2。

表 4-2 防老剂 4010NA 理化指标和检验方法

项目	理化指标		检验方法
	优等品	一等品	
外观	灰紫色至紫褐色片状或粒状		目视法
防老剂 4010NA/%（面积归一）	≥95.0	≥92.0	LC 法
熔点/℃	≥71.0	≥70.0	熔点仪法
灰分/%	≤0.30		重量法
加热减量/%	≤0.50		重量法

4. 制备方法

对胺基二苯胺与丙酮在铜-铬催化剂存在下，于 160～165℃、氢气压力 5～6MPa 条件下反应。反应物趁热滤去催化剂，经冷冻结晶、过滤、干燥，即得成品。反应式如下：

$$C_6H_5\text{-NH-}C_6H_4\text{-}NH_2 + CH_3\overset{\overset{O}{\parallel}}{C}CH_3 + H_2 \xrightarrow{\text{Cu-Cr}} C_6H_5\text{-NH-}C_6H_4\text{-}NHCH(CH_3)_2 + H_2O$$

5. 储存、运输和应用

用铁桶、纸板桶或纤维板桶内衬塑料袋严密包装，储存于阴凉、通风的库房。远离火种、热源。防止阳光直射。应与氧化剂分开存放，切忌混储。按照有毒化学品规定运输。

用作丁腈橡胶、三元乙丙橡胶绝热层防老剂。用作橡胶防老剂，对天然胶、丁苯胶、丁腈胶、氯丁胶、顺丁胶和异戊胶尤为适用，既可用于硫化胶，也可用于未硫化的橡胶中。对臭氧和曲挠疲劳有卓越的防护效能，对氧、热等一般老化也有良好的保护作用，对有害金属如铜、锰对橡胶的破坏也有抑制作用。与防老剂 AW、防老剂 BLE 或蜡类物理性防护剂并用效果更为显著，并可减少其用量。

6. 毒性与防护

对皮肤有刺激，易引起过敏，易迁移，以致影响制品外观，耐水和溶剂的抽提效果较差。生产场所应通风良好，操作人员应戴防护用具。

7. 理化分析谱图

(1) 红外光谱图见图 4-2。

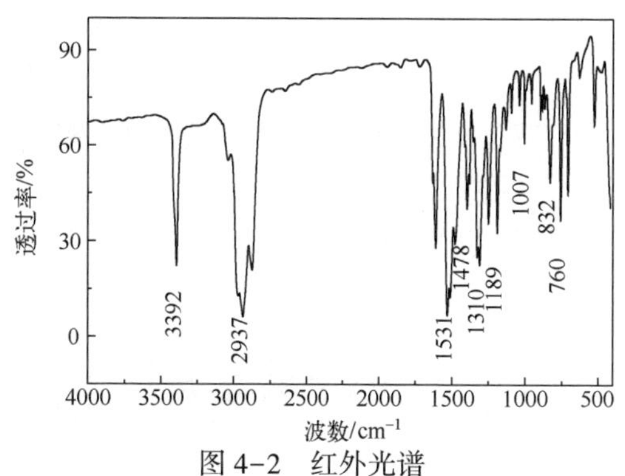

图 4-2　红外光谱

(2) 质谱图见图 4-3。

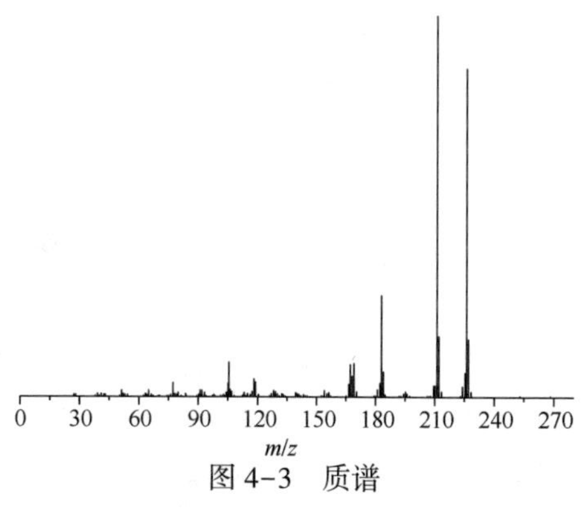

图 4-3　质谱

(3) 核磁共振谱图见图 4-4。

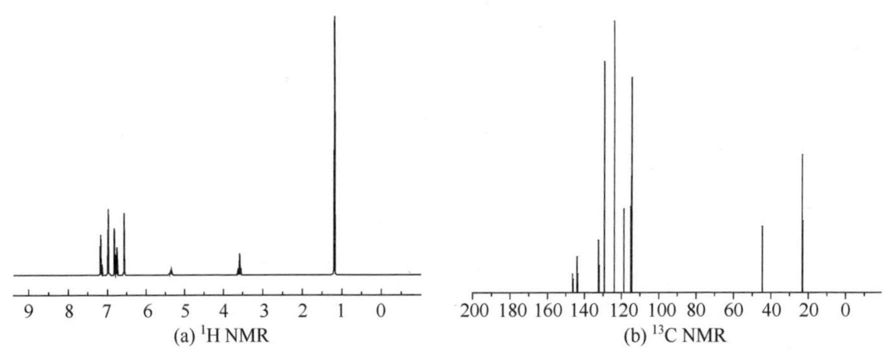

图 4-4 核磁共振谱

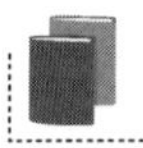

参考文献

[1] 化学工业出版社．中国化工产品大全：上卷[M].2 版．北京：化学工业出版社，1998：942-943.

[2] 王梦蛟，龚怀耀，薛广智．橡胶工业手册：第二分册—配合剂[M]．修订版．北京：化学工业出版社，1989：199-200.

[3] 钱迎春，杜建国．防老剂 4010NA：GB 8828—2003[S]．北京：国家质量监督检验检疫总局，2004.

4.3 *N*,*N'*-二苯基对苯二胺

中文名称：*N*,*N'*-二苯基对苯二胺

英文名称：*N*,*N'*-diphenyl-p-phenylene diamine

中文别称：1,4-二苯胺基苯；防老剂 H；防老剂 DPPD；防老剂 PPD

英文别称：1,4-dianiline benzene；antioxidant H；antioxidant DPPD；antioxidant PPD

分子式：$C_{18}H_{16}N_2$

分子量：260.34

CAS 登记号：74-31-7

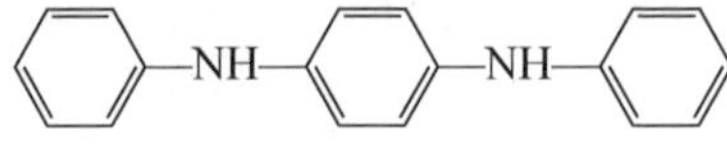

结构式

1. 物理性质

灰褐色粉末。密度 1.20～1.28g/cm³，熔点 145～152℃，沸点 220～225℃

(66.66Pa),282℃(1064Pa),溶于苯、甲苯、氯苯、乙醚、丙酮、氯仿、二氯乙烷、二硫化碳、*N*,*N'*-二甲基甲酰胺、乙酸乙酯、乙酸异丙酯、冰乙酸,微溶于乙醇和汽油,几乎不溶于水和石油醚。

2. 化学性质

易燃,胺基具有还原性易被强氧化剂氧化,曝露于空气及日光下易氧化变色,弱碱,可与无机酸反应,生成相应的铵盐,遇热稀盐酸变绿,与硝酸、亚硫酸钠作用变红色,与有机酸反应生成酰胺。

3. 理化指标和检验方法

防老剂 H 的理化指标和检验方法见表 4-3。

表 4-3　防老剂 H 的理化指标和检验方法

项　　目	理化指标		检验方法
	优级品	工业品	
外观	浅灰色至浅棕色粉末		目视法
加热减量/%	≤0.40	≤0.40	重量法
干品初熔点/℃	≥140	≥125	熔点仪法
灰分/%	≤0.40	≤0.40	重量法
筛余物(通过 150μm 筛孔)/%	≤1.0	≤1.0	过筛重量法

4. 制备方法

对苯二酚与苯胺以磷酸三乙酯为催化剂在加热加压下进行缩合,再经蒸馏、切片、粉碎,得成品。反应式如下:

$$HO-C_6H_4-OH + C_6H_5-NH_2 \xrightarrow{(C_2H_5O)_3PO_4} C_6H_5-NH-C_6H_4-NH-C_6H_5 + 2H_2O$$

5. 储存、运输和应用

用内衬塑料袋覆膜编织袋或木桶严密包装,储存于阴凉、干燥处。储存时防火、防潮、防晒。按照一般有毒化学品规定运输。

用作 HTPB 推进剂、丁腈橡胶、三元乙丙橡胶绝热层防老剂。天然橡胶,丁苯、丁腈、顺丁、聚异戊二烯等合成橡胶,乳胶的通用防老剂,具有优良的抗屈挠龟裂性能,对热、氧、臭氧、光老化特别是铜害和锰害防护作用甚佳,尤适于天然橡胶与合成橡胶的并用体系。变色及污染严重。在橡胶中的溶解度低,若用量超过其溶解度,胶料表面即出现喷霜泛白现象。

6. 毒性与防护

有毒,可致癌。能引起慢性中毒。接触皮肤能引起皮炎。小鼠经口 LD_{50} 18.5g/kg。生产场所应通风良好。设备要密闭。操作人员应戴防尘面罩、橡胶手套,穿胶布防护服。

7. 理化分析谱图

(1) 红外光谱图见图 4-5。

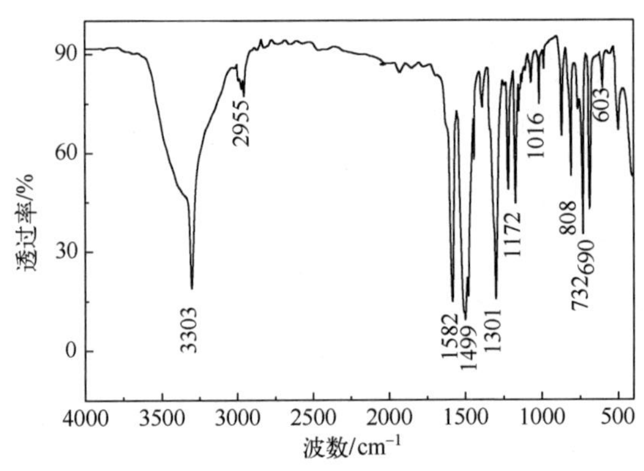

图 4-5 红外光谱

(2) 质谱图见图 4-6。

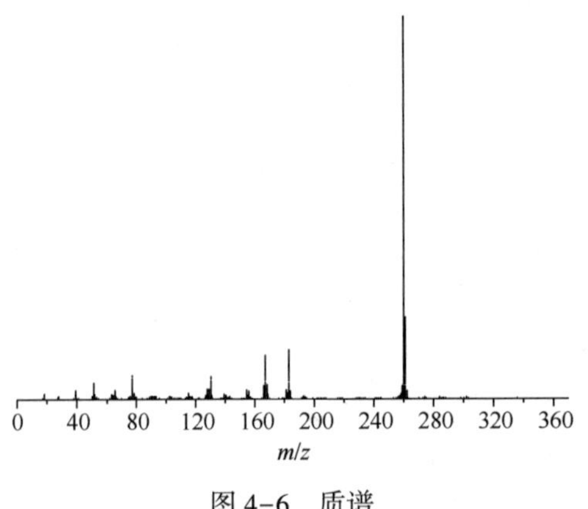

图 4-6 质谱

(3) 核磁共振谱图见图 4-7。

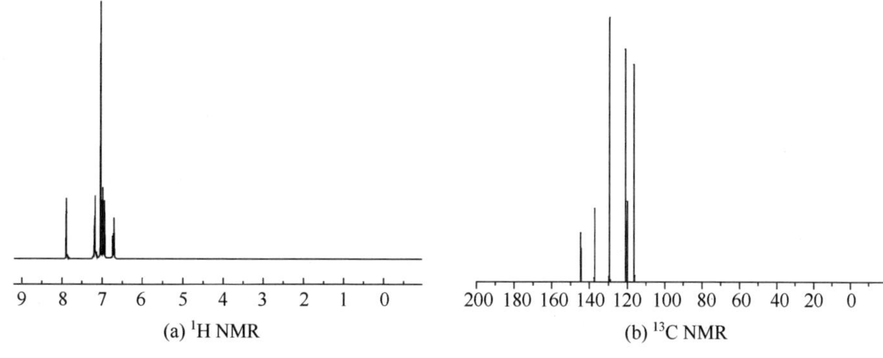

图 4-7　核磁共振谱

参考文献

[1] 化学工业出版社．中国化工产品大全:上卷[M].2 版．北京:化学工业出版社,1998:942.

[2] 王梦蛟,龚怀耀,薛广智．橡胶工业手册:第二分册 配合剂[M]．修订版．北京:化学工业出版社,1989:197.

[3] 蒋芸．复合固体推进剂原材料毒性与防护[M]．乌鲁木齐:新疆科技卫生出版社,1996:91.

[4] 国防科工委后勤部．火箭推进剂监测防护与污染治理[M]．长沙:国防科技大学出版社,1993:99.

[5] 钱迎春,白润玲,杜建国．橡胶配合剂对苯二胺(PPD)防老剂试验方法:GB/T 20646—2006[S]．北京:国家质量监督检验检疫总局,2007.

4.4　*N*-(1,3-二甲基丁基)-*N'*-苯基对苯二胺

中文名称: *N*-(1,3-二甲基丁基)-*N'*-苯基对苯二胺

英文名称: *N*-(1,3-dimethylbutyl)-*N'*-phenyl-p-phenylene-dimine

中文别称: 防老剂 4020

英文别称: antioxidant 4020

分子式: $C_{18}H_{24}N_2$

分子量: 268.40

CAS 登记号: 793-24-8

C_6H_5—NH—C_6H_4—NH—$CH(CH_3)CH_2CH(CH_3)CH_3$

结构式

1. 物理性质

白色固体。熔点52℃,密度0.986~1.00g/cm^3。溶于苯、丙酮、乙酸乙酯、二氯乙烷、甲苯,不溶于水。

2. 化学性质

弱碱,可与无机酸反应,生成相应的铵盐,与有机酸反应生成酰胺。胺基具有还原性易被强氧化剂氧化,曝露在空气中会氧化成褐色固体。胺基可进行加成反应。

3. 理化指标和检验方法

防老剂4020的理化指标和检验方法见表4-4。

表4-4 防老剂4020的理化指标和检验方法

项目	理化指标		检验方法
	优等品	合格品	
外观	紫褐色至黑褐色颗粒或片状		目测法
防老剂4020/%	≥96.0	≥95.0	气相色谱法
结晶点/℃	≥46.0	≥45.0	熔点仪法
加热减量/%	≤0.50	≤1.0	重量法
灰分/%	≤0.30	≤0.30	重量法

4. 制备方法

4-胺基二苯胺与1,3-二甲基丁酮在5~16MPa压力下进行催化加氢反应,反应产物经精制、分离、切片而得成品。反应式如下:

$$C_6H_5\text{—HN—}C_6H_4\text{—}NH_2 + CH_3CH(CH_3)CH_2C(CH_3){=}O + H_2 \xrightarrow[5\sim16MPa]{催化剂} C_6H_5\text{—NH—}C_6H_4\text{—NH—}CH(CH_3)CH_2CH(CH_3)CH_3 + H_2O$$

5. 储存、运输和应用

用铁桶或纸板桶内衬塑料袋包装,应储存于阴凉干燥通风处。按照有毒化学品规定运输。

用作HTPB推进剂防老剂。主要用作橡胶防老剂,天然橡胶、顺丁橡胶、异戊橡胶、丁苯橡胶、丁基橡胶、氯丁橡胶用抗臭氧剂和抗氧剂,对疲劳和臭氧龟裂防护性能优良,其效力介于防老剂4010和4010NA之间,如与蜡并用,能增加静态时的防护效能。具有良好的耐ASTM 3#油老化性能和抗臭氧老化作用。

对热、氧和铜、锰等有害金属亦有较好的防护作用。与防老剂 MB 并用特别适于耐热胶料。因其熔点较低,易混入橡胶,分散性良好。

6. 毒性与防护

有毒。应避免吸入粉尘,操作人员应戴防护用具。

7. 理化分析谱图

(1) 红外光谱图见图 4-8。

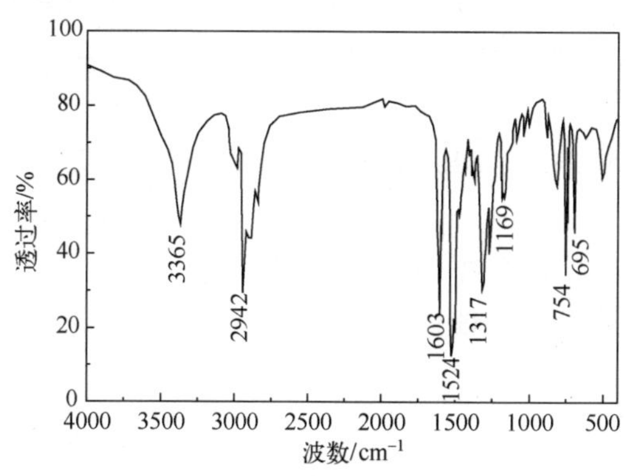

图 4-8　红外光谱

(2) 质谱图见图 4-9。

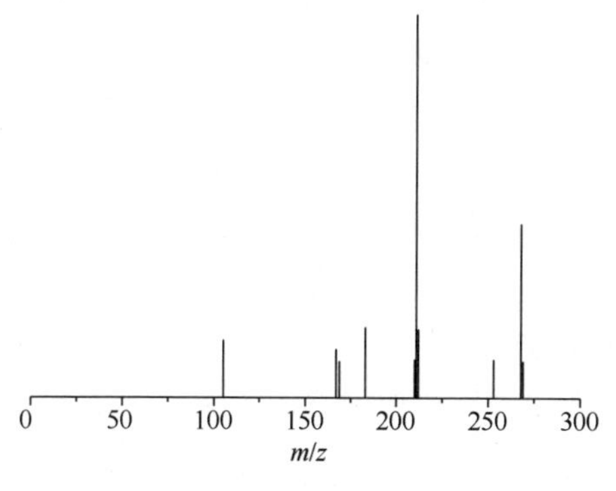

图 4-9　质谱

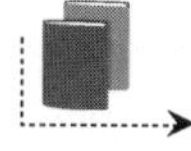

参考文献

[1]　化学工业出版社．中国化工产品大全:上卷[M].2 版．北京:化学工业出版社,1998:943.

[2]　王梦蛟,龚怀耀,薛广智．橡胶工业手册:第二分册　配合剂[M].修订版．北京:化学

工业出版社,1989:219.

[3] 钱迎春,范秀丽,杜建国. 防老剂 6PPD:GB/T 21841—2008[S]. 北京:国家质量监督检验检疫总局,2007.

[4] 陈朝晖,王迪珍,孙仙平. 反应性防老剂 MC 与防老剂 4020 的对比研究[J]. 特种橡胶制品,2006,27(2):13-16.

4.5 *N*,*N*′-二甲苯基-对苯二胺、*N*,*N*′-二苯基-对苯二胺(混合物)

中文名称: *N*,*N*′-二甲苯基-对苯二胺,*N*,*N*′-二苯基-对苯二胺(混合物)

英文名称: 1,4-benzenediamine *N*,*N*′-mixed phenyl and tolyl derivs

中文别称: 防老剂 DTPD(3100)

英文别称: antioxidant DTPD

分子式: $C_{20}H_{20}N_2$

分子量: 288.39

R 为—CH_3或—H

CAS 登记号: 68953-84-4

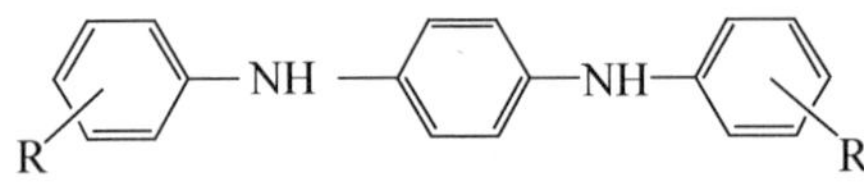

结构式

1. 物理性质

为棕灰色至黑色粉末。熔点 92~98℃,易溶于苯、甲苯、氯苯、丙酮和氯仿,微溶于乙醇,难溶于石油醚,不溶于水。

2. 化学性质

为混合物,其分子中含有反应活性基团胺基,加热后和稀盐酸发生反应。在聚合物的加工过程中,胺基可与聚合物分子中和活性基团以化学键的形式结合在大分子链上。

3. 理化指标和检验方法

防老剂 DTPD 的理化指标和检验方法见表 4-5。

表 4-5 防老剂 DTPD 的理化指标和检验方法

项 目	理化指标	检验方法
外观	棕灰色至黑色片状或颗粒状	目测法
初熔点/℃	92~98	熔点仪法
加热减量/%	≤0.3	重量法
灰分/%	≤0.3	重量法
防老剂 DTPD/%	≥90.0	气相色谱法

4. 制备方法

对苯二酚和混合甲基苯胺,以磷酸三乙酯为催化剂,在加热加压下进行缩合,经蒸馏,切片、粉碎而得成品。反应式如下:

$$\text{HO}-\text{C}_6\text{H}_4-\text{OH} + 2\,\text{R}-\text{C}_6\text{H}_4-\text{NH}_2 \xrightarrow{\text{磷酸三乙酯}} \text{R}-\text{C}_6\text{H}_4-\text{NH}-\text{C}_6\text{H}_4-\text{NH}-\text{C}_6\text{H}_4-\text{R} + 2\text{H}_2\text{O}$$

5. 储存、运输和应用

用铁桶或纸板桶内衬塑料袋包装,储存于阴凉干燥通风处。要防晒、防火、防潮。按照有毒化学品规定运输。

用作丁腈橡胶、三元乙丙橡胶绝热层防老剂。氯丁胶特佳抗臭氧剂,既是轮胎工业用高效防老剂,又可广泛用于多种橡胶制品。由于防老剂 DTPD 的分子结构两边的苯环上引进一个或两个增溶基团,故其在橡胶中的溶解度大增,喷霜性也低得多,允许在胶料中有较大的用量。

6. 毒性与防护

有毒。对皮肤刺激性小,生产场所应通风良好。设备要密封。操作应穿戴防护用品。

7. 理化分析谱图

红外光谱图见图 4-10。

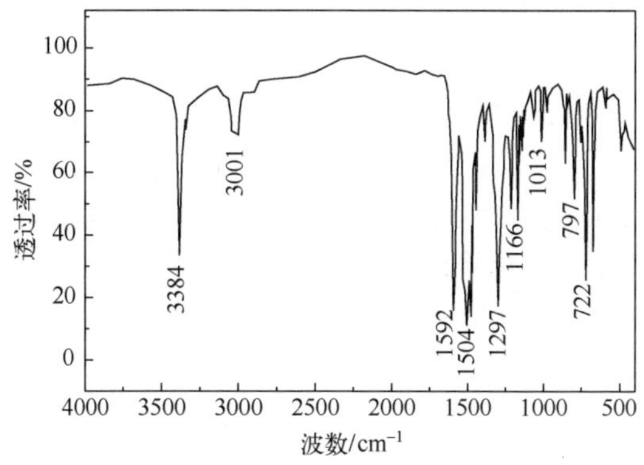

图 4-10　红外光谱

参考文献

[1] 化学工业出版社．中国化工产品大全:上卷[M].2 版．北京:化学工业出版社,1998:948.

[2] 仲伟刚,姜庆鑫,曹云骋．防老剂 DTPD(3100):HG/T 4233—2011[S]．北京:中华人民共和国工业和信息化部,2011.

[3] 夏珊珊,董云,万金方,等．防老剂 3100(DTPD)的合成研究进展[C]//2012 全国第 18 届有机和精细化工中间体学术交流会论文集．合肥:中国化工学会精细化工专业委员会,2012,15-18.

4.6 4,4′-二胺基二苯基甲烷

中文名称:4,4′-二胺基二苯基甲烷

英文名称:4,4′-diamino diphenyl methane

中文别称:二苯胺基甲烷;防老剂 DDM;促进剂 NA11

英文别称:4,4′-methylenebisbenzenamine;antioxidant DDM;acceleratorNA11

分子式:$C_{13}H_{14}N_2$

分子量:198.26

CAS 登记号:101-77-9

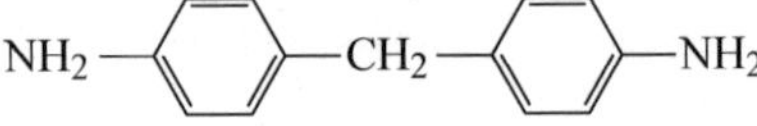

结构式

1. 物理性质

有光泽的银白色针状结晶。密度 1.14~1.15g/cm^3,熔点 92~93℃,沸点 398~399℃(0.1MPa)、257℃(2.4kPa)、232℃(1.2kPa),溶于丙酮、乙醇、二氯乙烷,微溶于苯,不溶于水和石油醚。

2. 化学性质

闪点 221℃,弱碱,可与无机酸反应,生成相应的铵盐,胺基可与醛基反应,生成酰胺。胺基具有还原性易被强氧化剂氧化,在空气中易氧化,遇光有变黑现象。可自聚生成二苯胺基甲烷树脂。

3. 理化指标和检验方法

防老剂 DDM 的理化指标和检验方法见表 4-6。

表 4-6 防老剂 DDM 的理化指标和检验方法

项 目	理化指标	检验方法
外观	纯白色结晶粉末	目测法

续表

项　　目	理 化 指 标	检 验 方 法
干品初熔点/℃	≥92.0	熔点仪法
水分/%	≤0.3	卡尔·费休法
加热减量/%	≤2.0	重量法
灰分/%	≤0.4	重量法
筛余物(通过 150μm 筛孔)/%	≤1.0	过筛重量法

4. 制备方法

苯胺和 40%的甲醛溶液在盐酸或其他液体或者固体酸存在下加热至 55~60℃,进行加成反应生成 4,4′-二胺基二苯基甲烷盐酸盐。用碳酸钠溶液中和并碱化后,进行水蒸气蒸馏,除去未反应的苯胺。将沉淀物加稍过量的盐酸重新溶解,用稀氨水分步沉淀,将最先沉淀的树脂状物滤去,向滤液中加过量的氨水,得白色结晶状沉淀,过滤,即得产品。进一步提纯可采用乙醇或水重结晶。反应式如下:

$$NH_2-C_6H_5 + HCHO \xrightarrow{HCl} NH_2-C_6H_4-CH_2-C_6H_4-NH_2\cdot HCl$$

$$\xrightarrow{Na_2CO_3} NH_2-C_6H_4-CH_2-C_6H_4-NH_2$$

5. 储存、运输和应用

用内衬塑料袋覆膜编织袋或木桶严密包装,储存于阴凉、干燥处。储存时防火、防潮、防晒。按照一般有毒化学品规定运输。

用作 HTPB 推进剂、三元乙丙橡胶绝热层防老剂。用作氯丁胶、丁基胶、天然胶、丁苯胶的抗氧剂,老化防护性能中等。也是作用较强的活性剂。亦可用作环氧树脂的固化剂,性能类似于间苯二胺,适用于浇铸品、层压品、黏合剂和涂料。是染料和有机合成的中间体。用于生产 MDI、缓蚀剂、环氧树脂固化剂、聚酰胺等。

6. 毒性与防护

对肝脏有一定毒害作用,在国际上的应用受到限制。应避免吸入粉尘,操作人员应戴防护用具。

7. 理化分析谱图

(1) 红外光谱图见图 4-11。

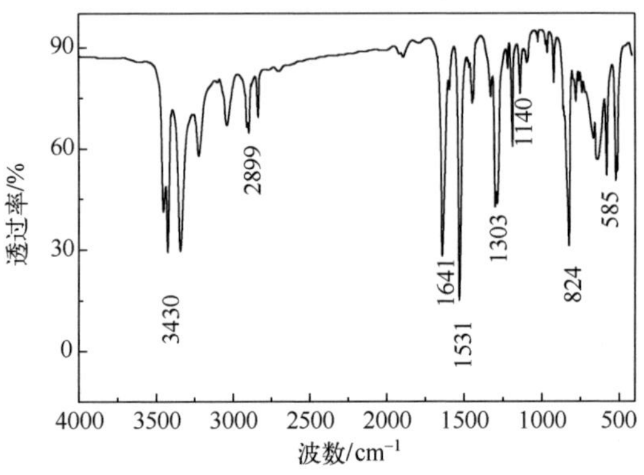

图 4-11　红外光谱

（2）质谱图见图 4-12。

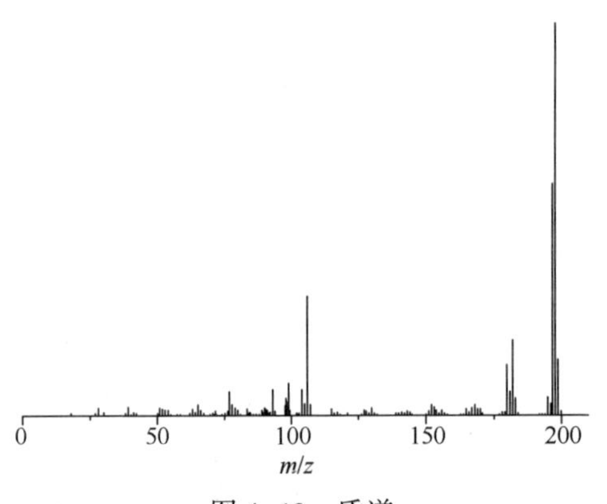

图 4-12　质谱

（3）核磁共振谱图见图 4-13。

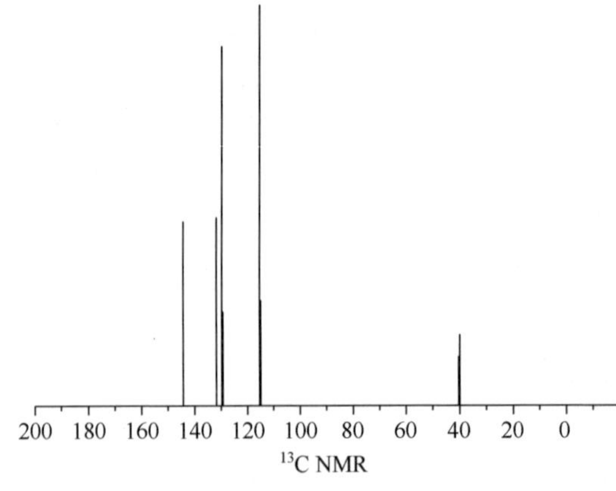

图 4-13　核磁共振谱

参考文献

[1] 王梦蛟,龚怀耀,薛广智．橡胶工业手册:第二分册　配合剂[M]．修订版．北京:化学工业出版社,1989:134-135.

[2] 徐克勋．精细有机化工原材料中间体手册[M]．北京:化学工业出版社,1998:413-414.

[3] 刘志．固体酸催化合成 4,4′-二胺基二苯甲烷及其衍生物[D]．上海:华东理工大学,2010.

[4] 向骁,王林英,宋智甲,等．4,4′二胺基二苯甲烷合成催化剂研究进展[J]．工业催化,2020,28(2):8-13,

[5] 袁利海．4,4′-二胺基二苯基甲烷合成方法研究[J]．河北职业技术学院学报,2003(3):13-15.

[6] 王丽光．急性 4,4′-二胺基二苯基甲烷中毒肝功能改变[J]．化工劳动保护,2000(6):217.

4.7　二苯胺和 2-丙酮缩合物

中文名称:二苯胺和 2-丙酮缩合物

英文名称:2-propanone diphenylamine condensate

中文别称:防老剂 BLE

英文别称:acetone diphenylamine reaction product;antioxidant BLE

分子式:$C_{15}H_{15}N$

分子量:209.29

CAS 登记号:6267-02-3

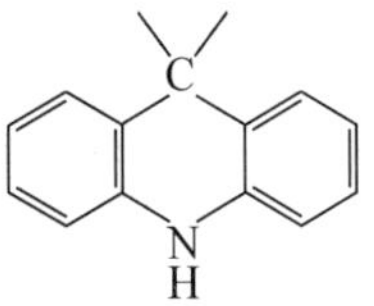

结构式

1. 物理性质

深褐色黏稠液体,密度 1.09~1.10g/cm³。在 200℃ 以下挥发性不大。易溶于丙酮、苯、氯仿、二氯乙烷、二硫化碳、乙醇,微溶于汽油,不溶于水。

2. 化学性质

遇明火、高温、氧化剂可燃,燃烧产生刺激烟雾,可与无机酸反应,生成相应的铵盐,与有机酸反应生成酰胺。

3. 理化指标和检验方法

防老剂 BLE 理化指标和检验方法见表 4-7。

表 4-7　防老剂 BLE 理化指标和检验方法

项　　目	理化指标		检验方法
	一等品	合格品	
外观	深褐色黏稠液体,无结晶析出		目测法
黏度(30℃)/(Pa·s)	2.5~5.0	5.1~7.0	旋转黏度法
密度(20℃)/(g/cm³)	1.08~1.10	1.08~1.12	密度瓶法
灰分/%	≤0.3	≤0.3	重量法
挥发分/%	≤0.4	≤0.4	重量法

4. 制备方法

苯二胺与丙酮在苯磺酸存在下,于 240~250℃进行缩合反应而得。反应式如下:

$$\text{C}_6\text{H}_5\text{–NH–C}_6\text{H}_5 + CH_3COCH_3 \longrightarrow \text{(9,9-dimethylacridan: two benzene rings joined by } (CH_3)_2\text{C and NH)} + H_2O$$

5. 储存、运输和应用

用铁桶或纸板桶内衬塑料袋包装,储存于干燥通风处。要防尘、防火、防潮。按照一般化学品规定运输。

主要用作 HTPB 推进剂、丁腈绝热层防老剂。民用上,主要用于天然橡胶及氯丁橡胶、顺丁橡胶、丁腈橡胶、丁苯橡胶等各种合成橡胶,以及聚乙烯、聚丙烯、聚烯烃等塑料。

6. 毒性与防护

有毒。对皮肤有刺激性,生产场所应通风良好。设备要密封。操作应穿戴防护用品。

7. 理化分析谱图

质谱图见图 4-14。

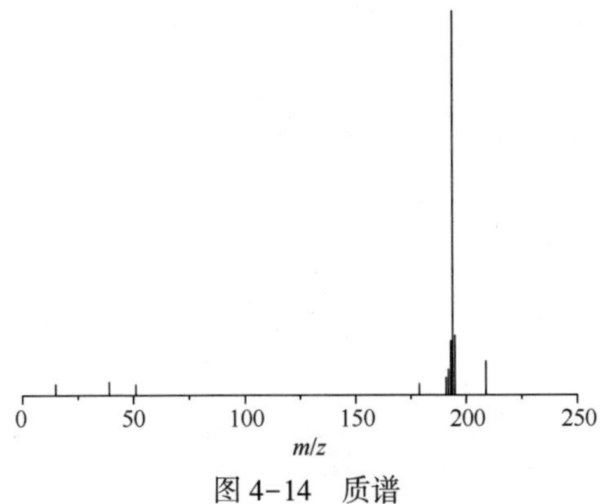

图 4-14　质谱

参考文献

[1]　化学工业出版社．中国化工产品大全:上卷[M].2 版．北京:化学工业出版社,1998:945.

[2]　王梦蛟,龚怀耀,薛广智．橡胶工业手册:第二分册　配合剂[M]. 修订版．北京:化学工业出版社,1989:182.

[3]　张慧娟,赵忠礼．防老剂 BLE:HG/T 2862—1997[S]. 北京:中华人民共和国工业和信息化部,1998.

4.8　4,4′-二(苯基异丙基)二苯胺

中文名称:4,4′-二(苯基异丙基)二苯胺

英文名称:4,4′-bis(pehnylisopropyl)diphenylamine

中文别称:4,4’-双(α,α-二甲基苯基)二苯胺;二[4-(1-甲基-1-苯乙基)苯]胺;防老剂 KY-405

英文别称:4-(1-methyl-1-phenylethyl)-n-[4-(1-methyl-1-phenylethyl)phenyl]-benzenamin antioxidantKY-405

分子式:$C_{30}H_{31}N$

分子量:405.58

CAS 登记号:10081-67-1

结构式

1. 物理性质

白色晶体或颗粒状粉末,熔点 98~105℃,密度 1.061g/cm^3,溶于丙酮、氯仿、三氯乙烯、苯、环已烷等有机溶剂,微溶于水、乙醇。在溶剂中溶解度(g/100mL 溶剂):苯 935.2、甲苯 32.8、丙

酮 40.8、己烷 0.68、环己烷 3.5、庚烷 0.74、甲醇 0.66。

2. 化学性质

常温下稳定，热分解温度为 272℃。弱碱，可与无机酸反应，生成相应的铵盐，与有机酸反应生成酰胺。

3. 理化指标和检验方法

防老剂 KY-405 理化指标和检验方法见表 4-8。

表 4-8 防老剂 KY-405 理化指标和检验方法

<table>
<tr><th colspan="2">项目</th><th>理化指标</th><th>检验方法</th></tr>
<tr><td colspan="2">外观</td><td>白色晶体或颗粒状粉末</td><td>目测法</td></tr>
<tr><td colspan="2">熔点/℃</td><td>≥98.5</td><td>熔点仪法</td></tr>
<tr><td colspan="2">灰分/%</td><td>≤0.10</td><td>重量法</td></tr>
<tr><td colspan="2">加热减量(80℃)</td><td>≤0.25</td><td>重量法</td></tr>
<tr><td rowspan="2">筛余物/%</td><td>通过 250μm 筛孔</td><td>≤60</td><td rowspan="2">过筛重量法</td></tr>
<tr><td>通过 2mm 筛孔</td><td>≤0</td></tr>
</table>

4. 制备方法

二苯胺与甲基苯乙烯在活性白土催化剂作用下加热反应，滤去催化剂，将滤液在石油醚中冷却，结晶，即得成品。反应式如下：

$$C_6H_5-NH-C_6H_5 + 2\,C_6H_5-C(CH_3)=CH_2 \longrightarrow$$

$$C_6H_5-C(CH_3)_2-C_6H_4-NH-C_6H_4-C(CH_3)_2-C_6H_5$$

5. 储存、运输和应用

用铁桶或纸板桶内衬塑料袋包装，储存于干燥通风处。要防尘、防火、防潮。按照一般化学品规定运输。

HTPB 推进剂、EPDM 绝热层防老剂。广泛应用于塑料和天然橡胶、氯丁橡胶、丁苯橡胶、异戊橡胶、丁腈橡胶。应用于聚乙烯、聚丙烯和聚氯乙烯等塑料色母粒。可以作为聚氨酯泡沫塑料以及橡胶电线电缆、食品包装材料、胶黏剂的抗氧剂，尤其在氯丁胶彩色电缆护套中其耐热、耐光抗老化性能显著。在聚醚及其泡沫塑料中作耐光抗老化抗氧剂。

6. 毒性与防护

低毒。对皮肤有刺激性。生产场所应有良好的通风。操作人员应穿戴防护用品。

7. 理化分析谱图

（1）红外光谱图见图 4-15。

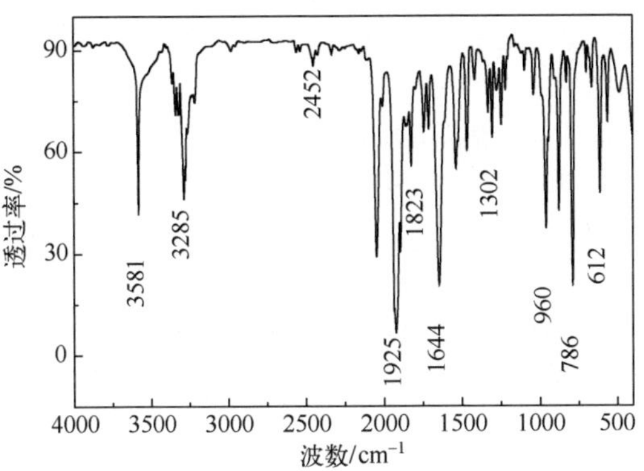

图 4-15　红外光谱

（2）质谱图见图 4-16。

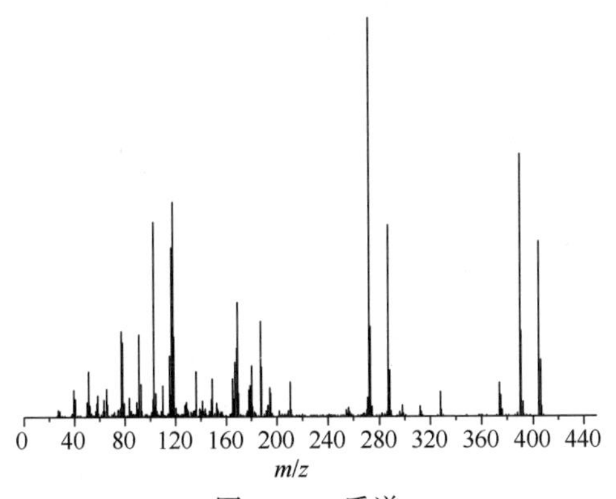

图 4-16　质谱

（3）核磁共振谱图见图 4-17。

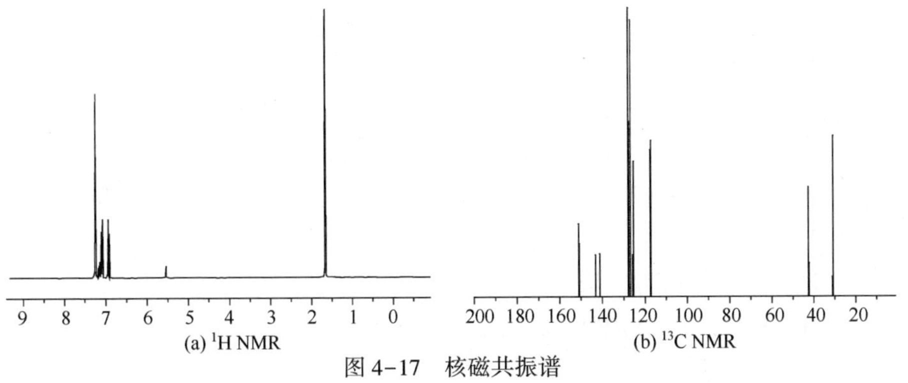

图 4-17　核磁共振谱

参考文献

[1] 化学工业出版社. 中国化工产品大全:上卷[M]. 2 版. 北京:化学工业出版社,1998:944-945.

[2] 王梦蛟,龚怀耀,薛广智. 橡胶工业手册:第二分册 配合剂[M]. 修订版. 北京:化学工业出版社,1989:190.

[3] 王新春,夏正. 橡胶防老剂 KY-405:Q/JSCS 001—2018[S]. 淮安:江苏弛硕新材料科技有限公司,2018.

[4] 许建雄. 防老剂 KY-405[J]. 电线电缆,1986,3:40-43.

[5] 王大鹏,张倩,胡善明,等. 4,4′-二(苯基异丙基)二苯胺的合成工艺研究[J]. 安徽化工,2012,38(02):25-26+30.

[6] 苏建华,胡云静,林富荣. 抗氧剂 4,4′-二(苯基异丙基)二苯胺制备工艺开发[J]. 广东化工,2016,43(09):76-78.

4.9 2-硝基二苯胺

中文名称:2-硝基二苯胺

英文名称:2-Nitrodiphenylamine

中文别称:一硝基二苯胺;邻硝基二苯胺

英文别称:2-NDPA

分子式:$C_{12}H_{10}O_2N_2$

分子量:214.22

CAS 登记号:119-75-5

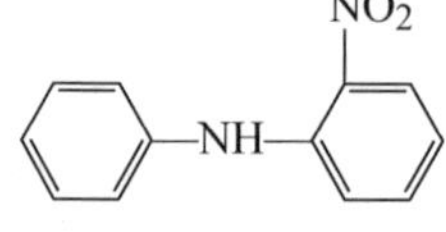

结构式

1. 物理性质

橙色结晶,熔点 75.5~77.4℃。密度 1.37g/cm³。溶于甲醇、乙醇、乙腈、丙酮、氯仿、乙酸乙酯、甲苯、矿物油、汽油等有机溶剂,不溶于水。

2. 化学性质

生成热:-248.11kJ/kg(定压),-64.43kJ/mol(定压),-381kJ/kg(定容)。燃烧热 29014.8kJ/kg,爆热 66.65kJ/kg。可与 NO、NO_2、HNO_2反应,抑制硝化甘油分解反应。与游离溴发生定量取代反应,2-NDPA 上的硝基可与三氯化钛反应,还原成苯胺。

3. 理化指标和检验方法

2-NDPA 的理化指标和检验方法见表 4-9。

表 4-9　2-NDPA 的理化指标和检验方法

项　　目	理 化 指 标	检 验 方 法
外观	桔红色固体粉末	目测法
纯度/%	≥98.5	液相色谱法/化学法
熔点(凝固点)/℃	≥73.5	熔点仪法
挥发物/%	≤0.6	重量法
95%乙醇不溶物/%	≤0.2	重量法
灼烧残渣/%	≤0.1	重量法
pH 值	5.0~7.0	酸度计法
酸度/%(以 HCl 计)	≤0.003	酸碱滴定法
钠	$\leqslant 5.0\times10^{-6}$	原子吸收光谱法

4. 制备方法

用苯胺与 1-氯-2-硝基苯直接缩合法合成邻硝基二苯胺。反应式如下：

$$O_2N\text{—}C_6H_4\text{—}Cl + C_6H_5\text{—}NH_2 \longrightarrow C_6H_5\text{—}NH\text{—}C_6H_4\text{—}NO_2 + HCl$$

5. 储存、运输和应用

用内有塑料袋的铁桶或木桶包装,按一般化学品运输。储存于通风、防潮的库房,室温要较低,严禁与氧化剂一起存放,远离明火。

2-NDPA 用于含硝酸酯的聚醚和双基推进剂中作防老剂,可对推进剂的弹道性能发生作用,加入推进剂中可降低燃速及压力指数,使推进剂燃速和温度系数升高。在双基推进剂中用作安定剂,优于二苯胺。用它取代Ⅱ号中定剂和二苯胺的优点是它与推进剂分解出的 NO_2 反应后产生的气体较少,可减少药柱内部因气体产生裂纹的疵病,进而减少推进剂不正常燃烧。

6. 毒性与防护

有毒,硝基苯胺吸入人体后,迅速引起高铁血红蛋白的变化,对位硝基苯胺较苯胺的毒性大,间位硝基苯胺比对位硝基苯胺的毒性强烈,长期在高浓度硝基苯胺的环境下工作会引起肝脏的损伤。最大允许浓度为 3mg/L。若皮肤上沾有 2-NDPA,应用大量水冲洗,严禁用乙醇等有机溶剂擦洗。用水、泡沫、二氧化碳或四氯化碳灭火。

7. 理化分析谱图

(1) 红外光谱图见图 4-18。

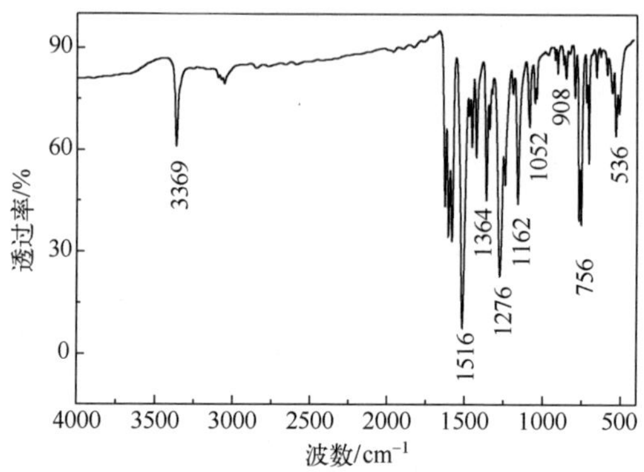

图 4-18　红外光谱

(2) 拉曼光谱图见图 4-19。

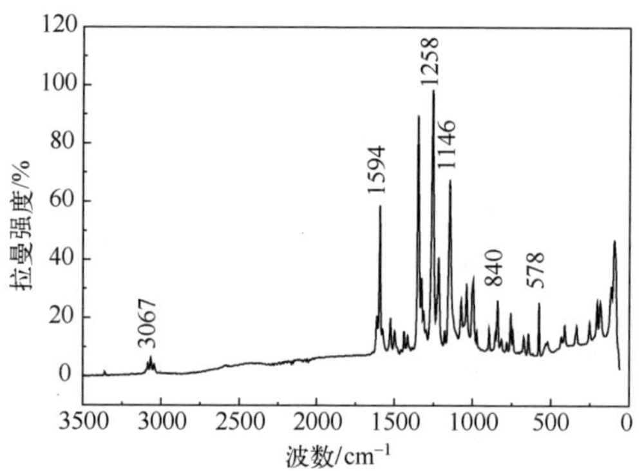

图 4-19　拉曼光谱

(3) 质谱图见图 4-20。

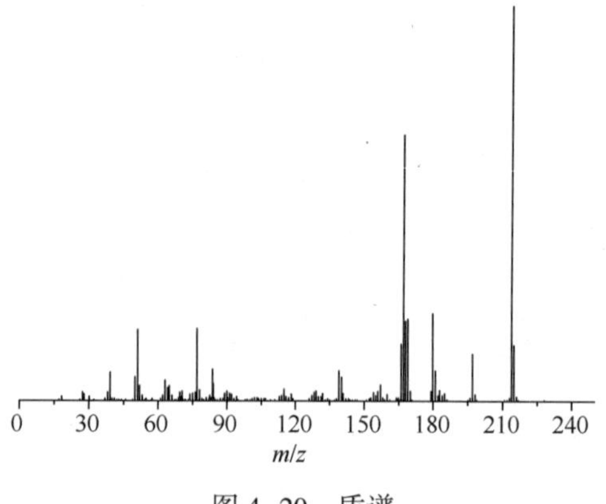

图 4-20　质谱

（4）核磁共振谱图见图 4-21。

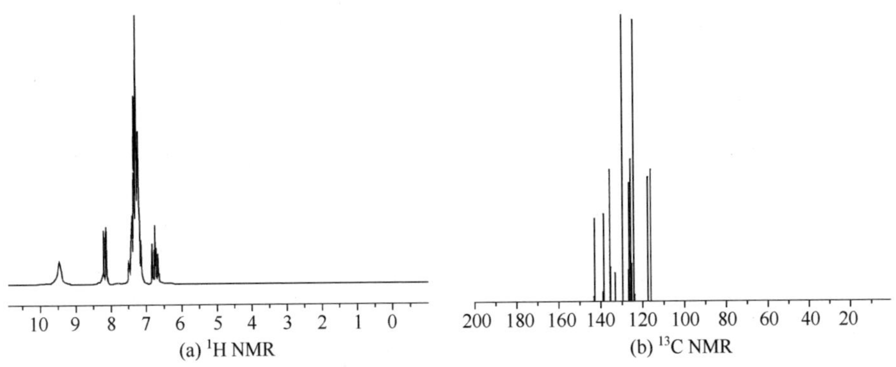

图 4-21　核磁共振谱

参考文献

[1]　张杏芬．国外火炸药原材料性能手册[M]．北京：兵器工业出版社，1991：264-265.

[2]　达维纳 A. 固体火箭推进剂技术[M]．张德雄，王北海，等译．北京：宇航出版社，1997：452，498-500.

[3]　张春芳，王京华，葛培蓉，等．2-硝基二苯胺：GJB752—89[S]．北京：国防科学技术工业委员会，1989.

[4]　田凤文．邻硝基二苯胺合成新工艺研究[J]．河北化工，2002(04)：31-33.

[5]　郭建文．2-硝基二苯胺合成工艺探讨[J]．太原机械学院学报，1987(03)：111-115.

4.10　*N*-甲基对硝基苯胺

中文名称： *N*-甲基对硝基苯胺

英文名称： *N*-methyl-p-nitroaniline

英文别称： MNA

分子式： $C_7H_8N_2O_2$

分子量： 152.15

CAS 登记号： 99-52-5

结构式

1. 物理性质

橙黄色粉末，密度 1.201g/cm^3。熔点 150～153℃，易升华。溶于甲醇、乙醇、乙腈等有机溶剂。不溶于水。

2. 化学性质

易与 NO、NO_2、HNO_2反应，有很强的固着氧化氮的能力，抑制硝酸酯分解反应，因此对硝酸酯具有有效的稳定作用。

3. 理化指标和检验方法

MNA 的理化指标和检验方法见表 4-10。

表 4-10　MNA 的理化指标和检验方法

项　　目	理 化 指 标	检 验 方 法
外观	橙黄色粉末	目测法
MNA/%	≥98.5	液相色谱法
熔点/℃	150~153	熔点仪法/DSC 法
pH 值	5.0~7.0	酸度仪法
水分/%	≤0.05	卡尔·费休法
筛余物(通过 425μm 筛孔)/%	≥5.0	过筛重量法

4. 制备方法

（1）对硝基氯苯和甲胺直接氨解合成 MNA：

$$O_2N-C_6H_4-Cl + CH_3NH_2 \longrightarrow O_2N-C_6H_4-NH-CH_3 + HCl$$

（2）以对硝乙酰苯胺和碘甲烷为原料在碱性条件下制得 *N*-甲基对硝基乙酰苯胺，*N*-甲基对硝基乙酰苯胺酸解得 MNA：

$$O_2N-C_6H_4-NHCOCH_3 + CH_3I \xrightarrow{NaOH} O_2N-C_6H_4-N(CH_3)COCH_3 + HI$$

$$O_2N-C_6H_4-N(CH_3)COCH_3 + HCl \longrightarrow O_2N-C_6H_4-NH-CH_3 + CH_3COCl$$

（3）将对氯硝基苯磺化中和成钠盐，以增加溶解性，然后将钠盐加甲胺进行氨解，最后脱去磺基即得 MNA。

5. 储存、运输和应用

用内衬两层聚乙烯塑料袋的铁桶包装。按照国家关于“有毒品”的运输规定运输，运输过程中应防水、防晒。密闭储存在干燥、通风的库房内，远离火源。

用于含硝酸酯的推进剂中作防老剂，适合用于高热效应或大尺寸药柱中。它消耗快，只能用作快速作用的稳定剂。一般将它与其他慢消耗的稳定剂组合使用,以便延长其互补作用时间。

6. 毒性与防护

MNA 为易升华的有毒品,使用时应佩戴防护用品。若皮肤上沾有 MNA,应用大量水冲洗,严禁用乙醇等有机溶剂擦洗。

7. 理化分析谱图

(1) 红外光谱图见图 4-22。

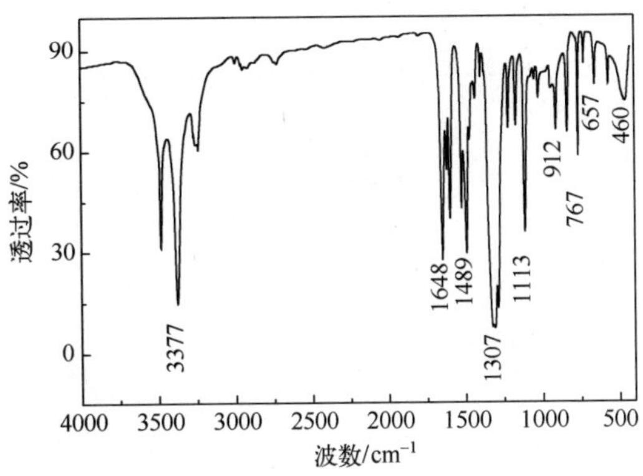

图 4-22 红外光谱

(2) 拉曼光谱图见图 4-23。

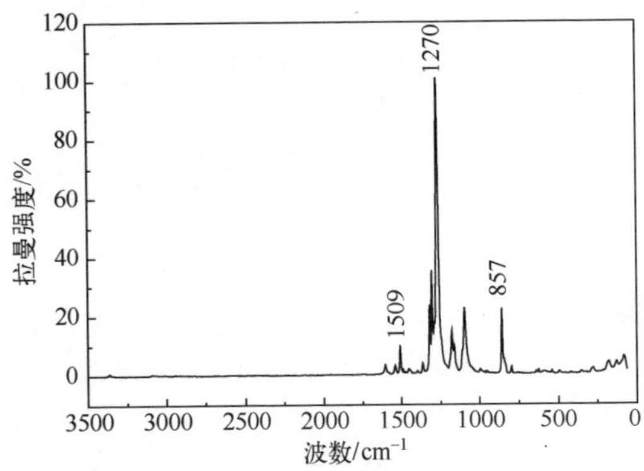

图 4-23 拉曼光谱

(3) 质谱图见图 4-24。

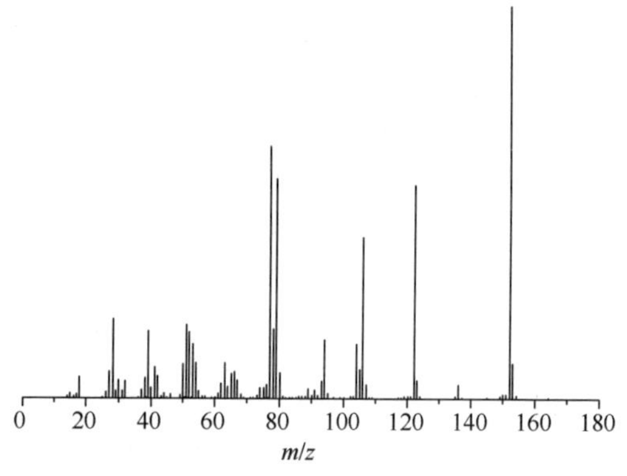

图 4-24　质谱

（4）核磁共振谱图见图 4-25。

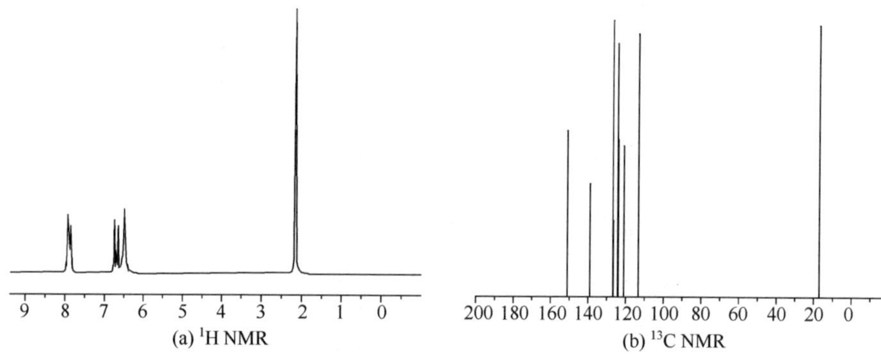

图 4-25　核磁共振谱

参考文献

[1] 达维纳 A. 固体火箭推进剂技术[M]. 张德雄,王北海,等译. 北京:宇航出版社,1997.

[2] 刘梦丽,罗岚,李洁,等. *N*-甲基对硝基苯胺规范:GJB 8494—2015[S]. 北京:中国人民解放军总装备部,2015.

[3] 王丹,宋志祥,蔡涛. *N*-甲基-4-硝基苯胺合成与表征[J]. 染料与染色,2010,47(4):32-34.

[4] 杨锐,陈军,朱习强. *N*-甲基对硝基苯胺的合成[J]. 当代化工,2016,45(12):2769-2771.

[5] 崔建兰,曹端林,徐春彦. *N*-甲基-对硝基苯胺研究进展[J]. 中北大学学报(自然科学

版),2006(04):335-338.

[6] 周继华,陈深坤. N-甲基对硝基苯胺标准物质的制备[J]. 火炸药学报,1998(3):30,35.

[7] 王丹,蔡涛,宋志祥,等. N-甲基对硝基苯胺合成工艺研究[J]. 化工中间体,2010(2):48-51.

4.11 N,N′-二(2-萘基)-1,4-苯二胺

中文名称: N,N′-二(2-萘基)-1,4-苯二胺

英文名称: N,N′-di-2-naphthyl-p-phenylenediamine

中文别称: N,N′-二(β-萘基)对苯二胺;防老剂 DNDP;防老剂 DNP

英文别称: N,N′-di-β-naphthyl-p-phenyienediamine;antioxidant DNP

分子式: $C_{26}H_{20}N_2$

分子量: 360.45

CAS 登记号: 93-46-9

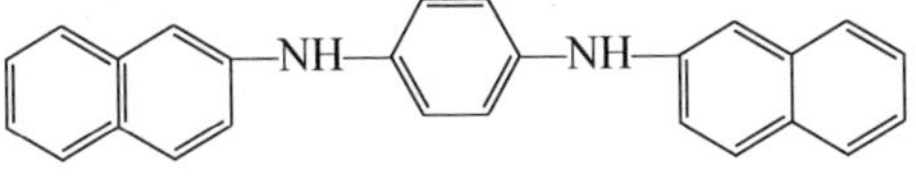

结构式

1. 物理性质

浅灰色粉末,纯品为浅色亮片结晶。熔点不低于 225℃,密度 1.25g/cm^3。易溶于热苯胺、热硝基苯,微溶于苯、氯苯、乙酸乙酯、氯甲烷、丙酮、乙醇、乙醚,不溶于汽油、四氯化碳和水。

2. 化学性质

弱碱性,溶于热乙酸,生成相应的盐。胺基有还原性,长时间曝光可氧化,逐渐变成暗红色。与铜、锰等金属生成络合剂。

3. 理化指标和检验方法

防老剂 DNP 的理化指标和检验方法见表 4-11。

表 4-11 防老剂 DNP 的理化指标和检验方法

项 目	理化指标	检验方法
外观	灰色粉末	目测法
熔点/℃	≥225	熔点仪法
灰分/%	≤0.30	重量法
加热减量/%	0.5	重量法
过筛率(通过 425μm 筛孔)/%	≥99.5	过筛重量法

4. 制备方法

由对苯二胺与 β-萘酚缩合而得。将对苯二胺和 β-萘酚加入高压釜中,于

260~265℃进行缩合反应。反应结束后，将反应产物加入乙醇中回流、冷却、过滤，再用乙醇洗涤、干燥、粉碎即得成品。可回收乙醇。反应式如下：

$$H_2N—\bigcirc—NH_2 + 2\ \text{(萘环)}—OH \xrightarrow{260\sim265℃} \text{(萘环)}—NH—\bigcirc—NH—\text{(萘环)} + 2H_2O$$

5. 储存、运输和应用

用麻袋内衬塑料袋包装，应储存于阴凉干燥通风处。

用作丁腈橡胶绝热层抗氧剂。主要用作天然橡胶、氯丁橡胶、丁苯橡胶、丁基橡胶、顺丁橡胶、丁腈橡胶等橡胶、乳胶和塑料的抗氧剂。防老剂 DNP 既是链断裂抑制剂，又是金属络合剂，有优良的耐热老化、耐天然老化和抗铜、锰等有害金属的作用。在丁苯胶中有防紫外线的功能。用于氯丁橡胶时能减少胶布制品发硬现象。与其他防老剂如防老剂 MB、DOD 等并用时带有协同效应。

6. 毒性与防护

胺类防老剂中毒性较小的品种。生产场所应通风良好。操作人员应穿戴防护用具。

7. 理化分析谱图

（1）红外光谱图见图 4-26。

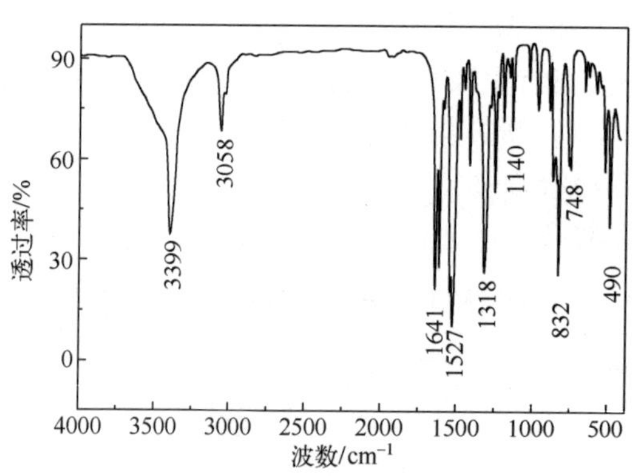

图 4-26　红外光谱

（2）质谱图见图 4-27。

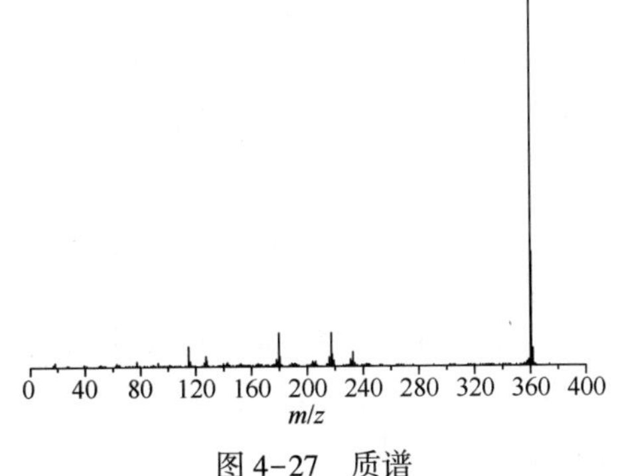

图 4-27　质谱

(3) 核磁共振谱图见图 4-28。

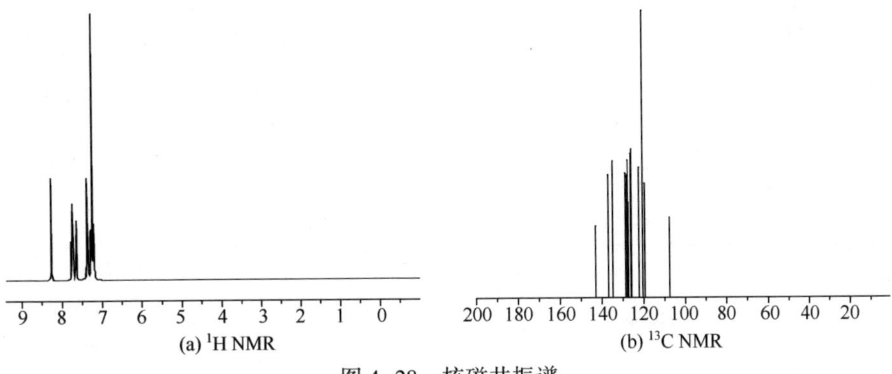

图 4-28　核磁共振谱

参考文献

[1]　化学工业出版社．中国化工产品大全:上卷[M].2 版．北京:化学工业出版社,1998:945.

[2]　王梦蛟,龚怀耀,薛广智．橡胶工业手册:第二分册　配合剂[M]. 修订版．北京:化学工业出版社,1989:198.

[3]　何颖．环保型防老剂对丁苯橡胶性能及凝聚水水质的影响[D]. 兰州:兰州大学,2013.

4.12　*N*-苯基-1-萘胺

中文名称: *N*-苯基-1-萘胺

英文名称: *N*-phenyl-α-naphthylamine

中文别称:防老剂 A;防老剂甲

英文别称:antioxidant A;neozone A

分子式:$C_{16}H_{13}N$

分子量:219.28

CAS 登记号:90-30-2

结构式

1. 物理性质

浅黄色菱形结晶,纯品为白色片状结晶。密度 1.18~1.22g/cm^3。熔点 62℃,沸点 335℃(0.0344MPa)。易溶于丙酮、乙酸乙酯、苯、乙醇、四氯化碳、氯仿、二硫化碳,微溶于汽油,不溶于水。

2. 化学性质

易燃,闪点 188℃。胺基具有还原性,易被强氧化剂氧化,曝露在日光和空气中逐渐变为紫色。弱碱,可与无机酸反应,生成相应的铵盐,与有机酸反应生成酰胺。

3. 理化指标和检验方法

防老剂 A 理化指标和检验方法见表 4-12。

表 4-12 防老剂 A 理化指标和检验方法

项目	理化指标	检验方法
外观	浅黄棕色或紫色片状物	目视法
结晶点/℃	≥53.0	熔点仪法
游离胺(以苯胺计)/%	≤0.20	酸碱滴定法
挥发分/%	≤0.30	重量法
灰分/%	≤0.10	重量法

4. 制备方法

用α-萘胺和苯胺在对胺基苯磺酸催化下,温度 230~240℃进行缩合反应而得。反应中放出的氨用水和硫酸吸收,生成氨水和硫酸铵副产品。加纯碱中和至中性,进行高真空分馏。回收未反应的苯胺、萘胺后,再蒸出防老剂 A。经冷却、切片、包装,即为成品。反应式如下:

$$\alpha\text{-萘胺}(NH_2) + C_6H_5NH_2 \xrightarrow[230\sim240℃]{\text{对氨基苯磺酸}} \text{N-苯基-}\alpha\text{-萘胺} + NH_3$$

5. 储存、运输和应用

采用麻袋或铁桶内衬塑料袋严密包装,储存于阴凉、干燥处。储存时防火、防潮、防晒。按照易燃有毒化学品规定运输。

用作三元乙丙橡胶绝热层防老剂。用于天然橡胶、二烯类合成橡胶、氯丁橡胶、再生胶通用型防老剂,也用于氯丁胶乳。对氧、热和曲挠引起的老化、疲劳有防护效能,对有毒害金属亦有一定的抑制作用。因熔点低,在橡胶中易分散,不喷霜,抗疲劳效应好,对硫化无影响。常与其他防老剂如防老剂 AP、DNP,尤其是 4010 和 4010NA 并用。也用于染料及其他有机产品的中间体。

6. 毒性与防护

有毒。因有亚胺基与苯环和萘环相接而增加了毒性,操作时应穿戴防护用具,不可与皮肤接触。

7. 理化分析谱图

(1) 红外光谱图见图 4-29。

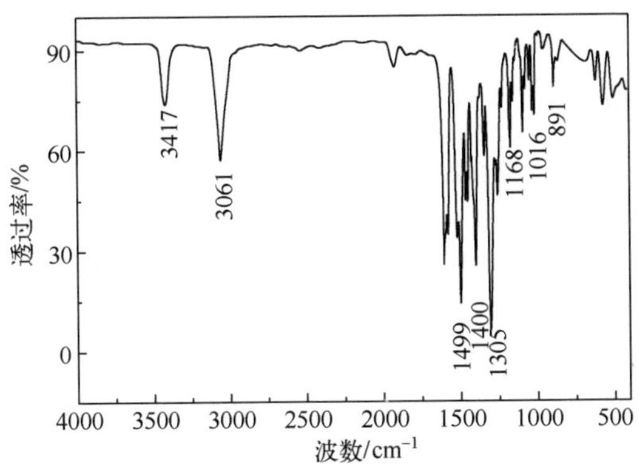

图 4-29　红外光谱

(2) 质谱图见图 4-30。

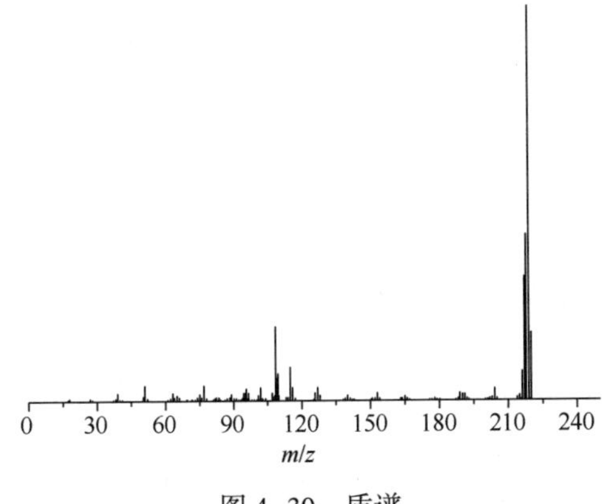

图 4-30　质谱

(3) 核磁共振谱图见图 4-31。

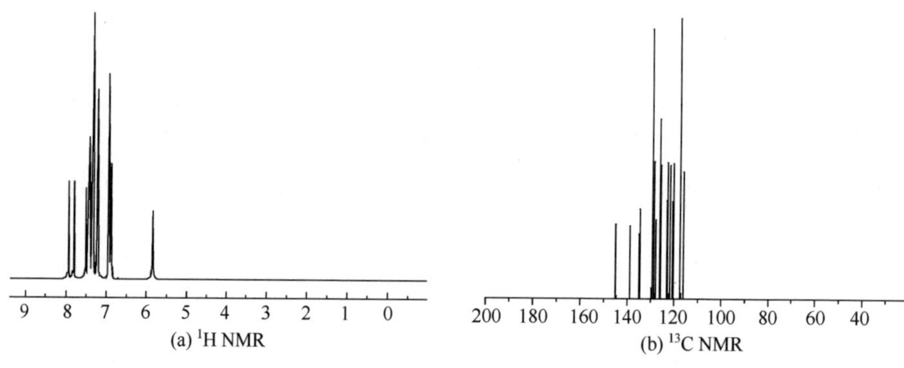

图 4-31　核磁共振谱

参考文献

[1] 化学工业出版社．中国化工产品大全:上卷[M].2 版．北京:化学工业出版社,1998:945.

[2] 王梦蛟,龚怀耀,薛广智．橡胶工业手册:第二分册　配合剂[M]. 修订版．北京:化学工业出版社,1989:184.

[3] 钱迎春,杜建国,安方,等．防老剂 PAN:GB/T 8827—2006[S]. 北京:国家质量监督检验检疫总局,2007.

4.13　*N*-苯基-*β*-萘胺

中文名称:*N*-苯基-*β*-萘胺

英文名称:*N*-phenyl-*β*-naphthylamine

中文别称:防老剂 D;防老剂丁

英文别称:antioxidant D

分子式:$C_{16}H_{13}N$

分子量:219.28

CAS 登记号:135-88-6

NH

结构式

1. 物理性质

灰褐色至浅棕色粉末,纯品为白色粉末。密度 1.18 ~ 1.24g/cm^3,熔点 107℃,沸点 395℃,易溶于丙酮、乙酸乙酯、二硫化碳、氯仿、苯,可溶于乙醇、四氯化碳,不溶于水和汽油。

2. 化学性质

易燃,胺基具有还原性易被强氧化剂氧化,曝露于空气及日光下逐渐氧化转变为灰红色、灰黑色。弱碱,可与无机酸反应,生成相应的铵盐,与有机酸反应生成酰胺。

3. 理化指标和检验方法

防老剂 D 的理化指标和检验方法见表 4-13。

表 4-13　防老剂 D 的理化指标和检验方法

项　　目	理化指标			检验方法
	优等品	一等品	合格品	
外观	灰白色或淡紫色粉末			目测法
初熔点/℃	≥106.0	≥105.5	≥105.0	熔点仪法
加热减量/%	≥0.15	≥0.20	≥0.30	重量法
灰分/%	≤0.20	≤0.20	≤0.20	重量法
过筛率(通过 154μm 筛孔)/%	100.0	≥99.8	≥99.5	过筛重量法

4. 制备方法

β-萘酚与苯胺在苯胺盐酸盐存在下于 250℃ 温度下进行缩合,蒸去过量苯胺后,经干燥、切片、粉碎,得成品。反应式如下:

$$\text{C}_{10}\text{H}_7\text{-OH} + \text{C}_6\text{H}_5\text{-NH}_2 \xrightarrow[250^\circ\text{C}]{\text{苯胺盐酸盐}} \text{C}_{10}\text{H}_7\text{-NH-C}_6\text{H}_5 + H_2O$$

5. 储存、运输和应用

用木桶内衬塑料袋严密包装,储存于阴凉、干燥处,储存时防火、防潮、防晒。按照易燃有毒化学品规定运输。

用作三元乙丙橡胶和丁腈橡胶绝热层防老剂。天然橡胶、合成橡胶、乳胶用通用型防老剂,对热、氧、屈挠龟裂及一般老化有良好的防护作用,并稍优于防老剂甲。对有害金属铜害有抑制作用。若与防老剂 4010 或 4010NA 并用,抗热氧、屈挠龟裂及抗臭氧性能均显著增加。当用量超过 2 份时会产生喷霜现象,与防老剂甲配合使用可避免喷出。不适用于浅色制品。

6. 毒性与防护

有毒。能刺激皮肤,中毒后引起头晕、恶心、呕吐,严重者心搏过速甚至休克。蒸气及气溶胶浓度 0.12~0.18mg/kg 或粉尘 25~26.5mg/m^3 可使人患肝炎、胆囊炎、胃炎及溃疡。空气最高允许浓度 1mg/kg。小鼠经口 LD_{50}1450mg/kg,大鼠经口 LD_{50}8730mg/kg。兔经口 LD_{50}1000mg/kg。生产场所应通风良好。设备要密闭。操作人员应戴防护用具。

7. 理化分析谱图

（1）红外光谱图见图 4-32。

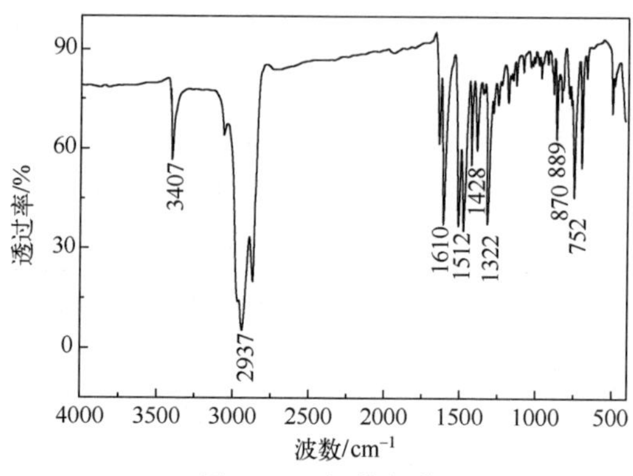

图 4-32　红外光谱

（2）质谱图见图 4-33。

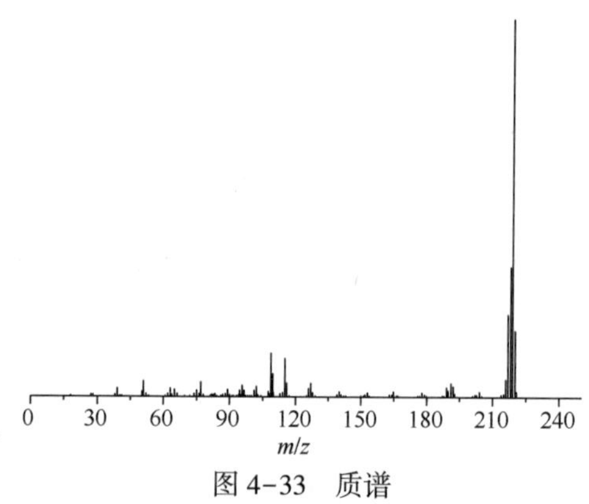

图 4-33　质谱

（3）核磁共振谱图见图 4-34。

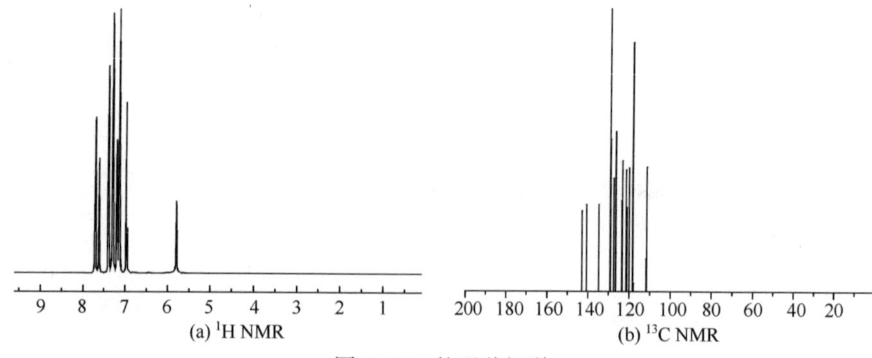

图 4-34　核磁共振谱

参考文献

[1] 化学工业出版社．中国化工产品大全:上卷[M].2 版．北京:化学工业出版社,1998:946.

[2] 王梦蛟,龚怀耀,薛广智．橡胶工业手册:第二分册　配合剂[M]. 修订版．北京:化学工业出版社,1989:185.

[3] 李永红．防老剂 D:Q/CNPC 55—2001[S]. 北京:中国石油天然气集团公司,2001.

[4] 范秀莉．橡胶防老剂、硫化促进剂试验方法:GB/T 11409—2008[S]. 北京:国家质量监督检验检疫总局,2008.

4.14　*N*,*N*′-间苯撑双马来酰亚胺

中文名称:*N*,*N*′-间苯撑双马来酰亚胺

英文名称:*N*,*N*′-m-phenylene dimalemide

中文别称:防老剂 PM;1,3-亚苯基-二(1H-2,5-吡咯二酮)

英文别称:antioxidant PM;N,N-(1,3-phenylene) dimaleimide

分子式:$C_{14}H_8N_2O_4$

分子量:268.22

CAS 登记号:3006-93-7

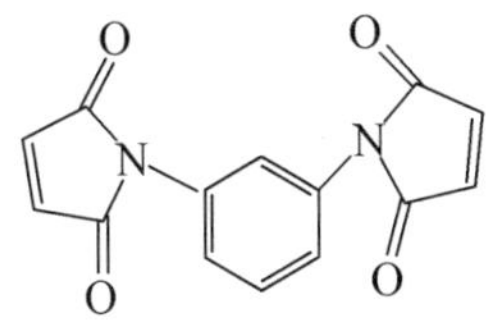

结构式

1. 物理性质

黄色或棕色粉末,熔点 200~204℃,密度 1.44g/cm^3,可溶于二氧六环、四氢呋喃和热丙酮中,不溶于石油醚、氯仿、苯和水中。

2. 化学性质

分子中双键具有高度亲电子性、高的反应活性,容易与多种亲核试剂反应,硫化时易于参与反应。在过氧化物硫化体系中,与过氧化物自由基反应,打开双键,生成自由基。自由基可进一步与橡胶分子发生反应,形成 NBR-MC 接枝产物,也可进行均聚反应聚合生成双马来酰亚胺树脂。

3. 理化指标和检验方法

防老剂 PM 的理化指标和检验方法见表 4-14。

表 4-14 防老剂 PM 的理化指标和检验方法

项　目	理化指标	检验方法
外观	黄色或棕色粉末	目测法
纯度/%	98.0	液相色谱法
熔点/℃	≥200	熔点仪法
加热减量(100℃,4h)/%	≤0.5	重量法
灰分/%	≤0.05	重量法
筛余物(通过 32μm 筛孔)/%	≤0.5	过筛重量法

4. 制备方法

以顺丁二酸酐和间苯二胺为原料,加入乙酸酐作阻聚剂,采用共沸脱水法合成 N,N′-间苯撑双马来酰亚胺。反应式如下:

$$2\,(\text{顺丁烯二酸酐}) + H_2N{-}C_6H_4{-}NH_2 \xrightarrow{\text{室温}} HOOC{-}CH{=}CH{-}CO{-}NH{-}C_6H_4{-}NH{-}CO{-}CH{=}CH{-}COOH \xrightarrow{\text{催化剂}} (\text{N,N′-间苯撑双马来酰亚胺}) + 2H_2O$$

5. 储存、运输和应用

以木桶内衬塑料袋严密包装。储存于阴凉干燥通风处。运输时应防火、防晒、防潮。

主要用于三元乙丙绝热层和硅橡胶防老剂及固化性能调节剂。作为多功能橡胶助剂,在橡胶加工过程中既可作硫化剂,也可作过氧化物体系的助硫化剂,还可以作为防焦剂和增黏剂,既适用于通用橡胶,也适用于特种橡胶和橡塑并用体系。在天然胶中,与硫黄配合,能防止硫化返原,改善耐热性,降低生热,耐老化,提高橡胶与帘子线黏合力和硫化胶模量。在氯丁橡胶、氯磺化聚乙烯橡胶、丁苯橡胶、丁腈橡胶、异戊二烯橡胶、丁基橡胶、溴化丁基橡胶、丙烯酸酯橡胶、硅橡胶和橡塑并用胶等特种橡胶中,作为辅助硫化剂,能显著改善交联性能,提高耐热性,适用于高温硫化体系。

6. 毒性与防护

毒性小,对眼睛、呼吸系统和皮肤有一定刺激。应避免吸入粉尘,操作人员应戴防护用具。

7. 理化分析谱图

(1) 红外光谱图见图 4-35。

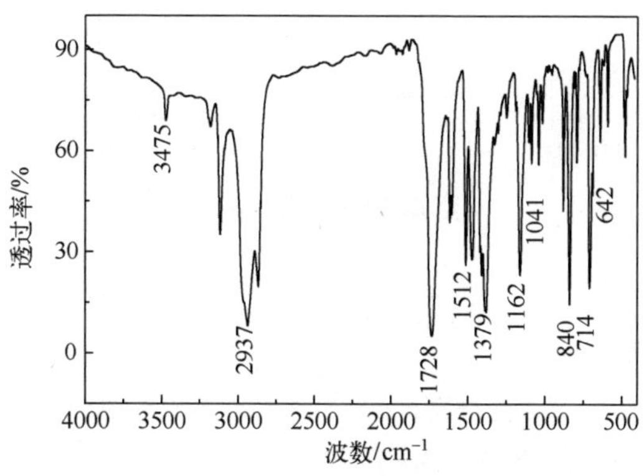

图 4-35　红外光谱

(2) 质谱图见图 4-36。

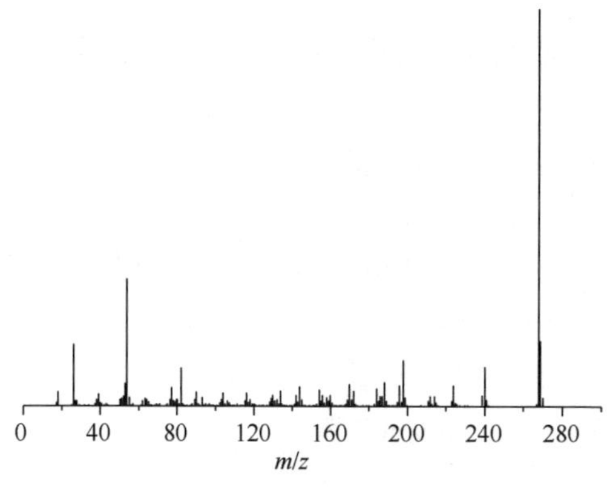

图 4-36　质谱

（3）核磁共振谱图见图 4-37。

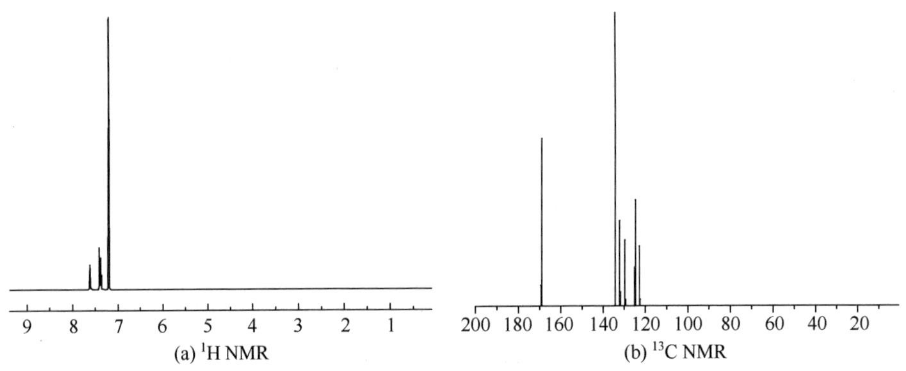

图 4-37 核磁共振谱

参考文献

[1] 邵坤,程先忠. 共沸脱水法合成 *N*,*N′*-间苯撑双马来酰亚胺的研究[J]. 武汉工业学院学报,2009,28(02):39-41+44.

[2] 朱广用,谢峰. *N*,*N′*-间苯撑双马来酰亚胺的合成中试研究[J]. 现代化工,2008(08):73-75.

[3] 谢峰,朱广用. 橡胶硫化剂 *N*,*N′*-间苯撑双马来酰亚胺的合成[J]. 四川理工学院学报(自然科学版),2007(05):88-91.

4.15 6-乙氧基-2,2,4-三甲基-1,2-二氢化喹啉

中文名称:6-乙氧基-2,2,4-三甲基-1,2-二氢化喹啉

英文名称:6-ethoxy-2,2,4-trimethyl-1,2-dihydroquinoline

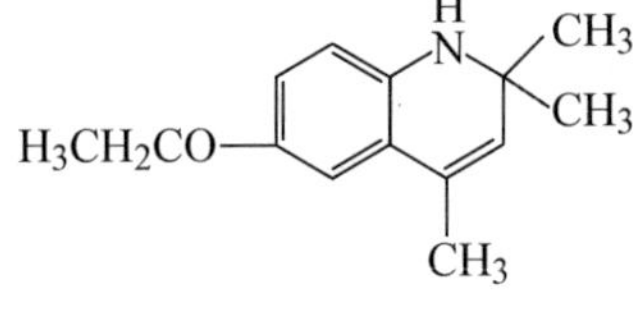

结构式

中文别称:乙氧基喹啉;乙氧喹;防老剂 AW

英文别称:ETMDQ; antioxidant AW

分子式:$C_{14}H_{19}NO$

分子量:217.31

CAS 登记号:91-53-2

1. 物理性质

赤褐色黏稠液体,密度 1.029~1.031g/cm³(25℃),折射率 1.569~1.571(25℃)。沸点 169℃(1.47kPa),123~125℃(0.267kPa),溶于苯、汽油、醇、四氯化碳、二氯乙烷,微溶于丙酮、乙醚,不溶于水。

2. 化学性质

胺基具有还原性,长期曝露于日光和空气中被氧气所氧化,色泽变深。胺基可与醛基反应,生成酰胺。

3. 理化指标和检验方法

防老剂 AW 理化指标和检验方法见表 4-15。

表 4-15 防老剂 AW 理化指标和检验方法

项　目	理化指标	检验方法
外观	赤褐色黏性液体	目测法
加热减量/%	≤1.0	重量法
灰分/%	≤0.5	重量法
对胺基苯乙醚/%	≤1.0	气相色谱法
折射率(25℃)	1.5600~1.5750	折射率计法
密度(25℃)/(g/cm³)	1.020~1.060	密度瓶法

4. 制备方法

对胺基苯乙醚与丙酮在苯磺酸催化下缩合。反应生成的水与未反应的丙酮进入丙酮蒸发器回收丙酮,生成的防老剂 AW 粗品经真空蒸馏得到成品。反应式如下:

$$NH_2-C_6H_4-OC_2H_5+2CH_3-\overset{O}{\overset{\|}{C}}-CH_3\xrightarrow[155\sim160^{\circ}C]{C_6H_5SO_3H}H_3CH_2CO-C_9H_5N(H)(CH_3)_2(CH_3)+2H_2O$$

5. 储存、运输和应用

用铁桶包装,长期保存不变质,保存于阴凉、干燥、通风处。注意防火、防晒、防潮。按照一般化学品规定运输。

用作 HTPB 黏合剂和 HTPB 推进剂防老剂。主要用作橡胶防老剂。适用于动态条件下的橡胶制品,用于天然橡胶和合成橡胶,特别是丁苯橡胶。在塑料工业中用作聚烯烃、聚甲醛的抗氧剂。作为饲料、食品抗氧化剂应用较广,将喷雾喷在脱水饲料或收获前的饲料作物上,可防止脂肪、蛋白质饲料在储存过程中变质。可用于维生素 A 和维生素 E 等药品的保存。防止罐装肉食品、动物性饲料中有机过氧化物的形成。改善维生素 E 在雏鸡体内的摄取情况,使其维持在正常水平。改善胴体质量及增加动物体重。也可用于苹果、梨子等水果的保鲜,能防治苹果和梨的虎皮病。

6. 毒性与防护

低毒。大白鼠口服 LD_{50} 为 3150mg/kg,小白鼠口服 LD_{50} 为 3000mg/kg。作为饲料添加剂使用时毒性低,使用安全,在家禽脂肪、肝、肌肉中的残留量分别为 0.238mL/kg、0.048mL/kg、0.005mL/kg。在鸡蛋中残留量为 0.031mg/kg,主要分布在蛋黄中,人体最大耐受量为 60μg/kg。应避免吸入粉尘。

7. 理化分析谱图

(1) 红外光谱图见图 4-38。

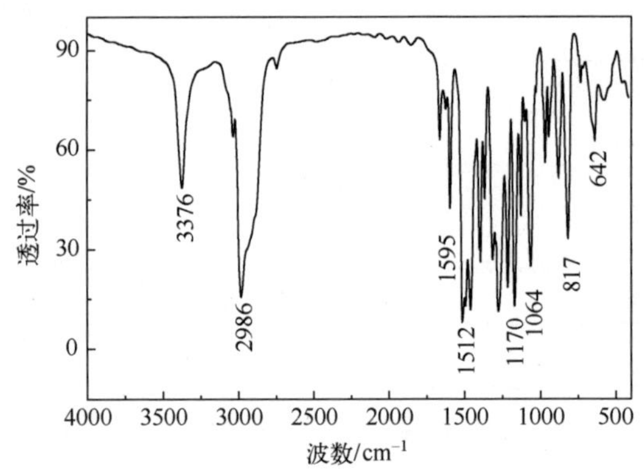

图 4-38 红外光谱

(2) 质谱图见图 4-39。

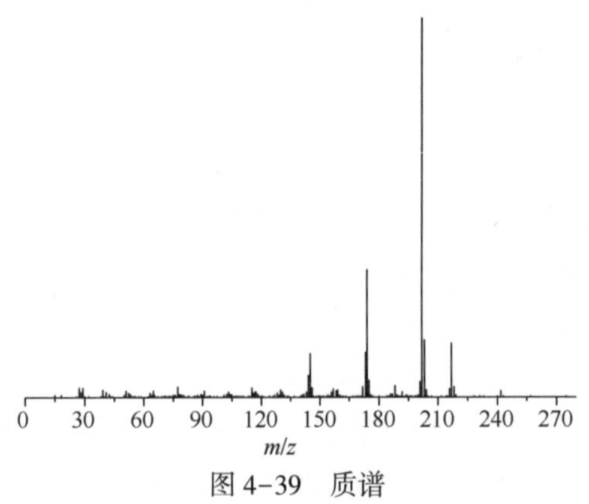

图 4-39 质谱

（3）核磁共振谱图见图 4-40。

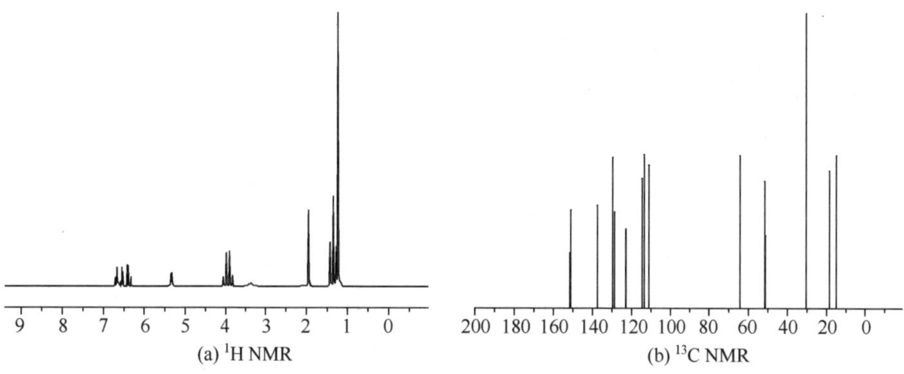

图 4-40　核磁共振谱

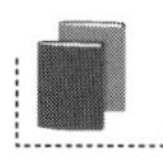

参考文献

[1]　化学工业出版社. 中国化工产品大全:上卷[M]. 2 版. 北京:化学工业出版社, 1998:948.

[2]　王梦蛟,龚怀耀,薛广智. 橡胶工业手册:第二分册　配合剂[M]. 修订版. 北京:化学工业出版社,1989:189-190.

[3]　徐光辉,胡亚东. 防老剂 AW:Q/320411 ADL003—2016[S]. 常州:常州新兴华大明化工有限公司,2016.

[4]　王春民. 乙氧基喹啉的合成方案研究[J]. 化工设计通讯,2021,47(02):5-6.

[5]　韦长梅,支三军,朱安峰,等. WO_3/ATT/SO_3H 协同催化法催化合成乙氧基喹啉[J]. 淮阴师范学院学报(自然科学版),2018,17(01):32-34.

[6]　范本伦. 乙氧喹[J]. 精细与专用化学品,1985(01):15.

4.16　1,2-二氢化-2,2,4-三甲基喹啉聚合体

中文名称:1,2-二氢化-2,2,4-三甲基喹啉聚合体

英文名称:antioxidant RD

中文别称:防老剂 RD;2,2,4-三甲基-1,2-二氢化喹啉聚合体(树脂状)

英文别称:poly(1,2-dihydro-2,2,4-trimethylquinoline)

结构式

分子式：$(C_{12}H_{15}N)_n$

分子量：(173.26)n

CAS 登记号：26780-96-1

1. 物理性质

淡黄色至琥珀色粉末或薄片，熔点 75~100℃，沸点大于 315℃。溶于苯、氯仿、二硫化碳及丙酮，微溶于石油烃，不溶于水。

2. 化学性质

主要为 2,3,4 聚体，占 50%左右。可燃。其双键易吸收自由基，胺基可与金属离子结合，在光照、加热条件下苯胺基容易被氧化，胺基氢易发生取代反应。

3. 理化指标和检验方法

防老剂 RD 理化指标和检验方法见表 4-16。

表 4-16　防老剂 RD 理化指标和检验方法

项　目	理化指标		检验方法
	优等品	一等品	
软化点/℃	80~100	80~100	软化点仪法
加热减量/%	≤0.30	≤0.50	重量法
灰分/%	≤0.30	≤0.50	重量法

4. 制备方法

将苯胺和丙酮在苯磺酸催化下，于 155~165℃进行缩合反应，蒸出水并回收丙酮，再进行减压蒸馏，收集 130~140℃(2kPa)沸程的馏分即得单体 2,2,4-三甲基-1,2-二氢化喹啉：

$$C_6H_5NH_2 + 2CH_3COCH_3 \xrightarrow{C_6H_5SO_3H} \text{2,2,4-三甲基-1,2-二氢化喹啉} + 2H_2O$$

在 17%的盐酸存在下，保持温度 95~98℃进行聚合反应 4h。加入 15%的 NaOH 溶液进行中和，使反应物料呈中性。然后经冷却、结晶、过滤、水洗、干燥，即得成品。反应式如下：

$$n\,(\text{2,2,4-三甲基-1,2-二氢化喹啉}) \xrightarrow{HCl} [\text{2,2,4-三甲基-1,2-二氢化喹啉}]_n$$

5. 储存、运输和应用

用内衬塑料袋的编织袋或纸塑复合袋包装，密闭于阴凉干燥环境中，防火、防水、防尘。装于清洁、有顶篷的车辆内运输。

用作丁腈绝热层抗氧剂。天然橡胶、丁苯橡胶、丁腈橡胶及乳胶用抗氧剂，对热和氧引起的橡胶老化有极好的防护效能，对金属的催化氧化有较强的抑制作用，由于 RD 本身聚合结构的特点，故有不迁移性和较低的挥发性，保持长时间的防老活性，且防护性能持久。

6. 毒性与防护

无毒，粉末容易飞扬。操作人员应戴防护口罩。设备、容器应密闭。

7. 理化分析谱图

(1) 红外光谱图见图 4-41。

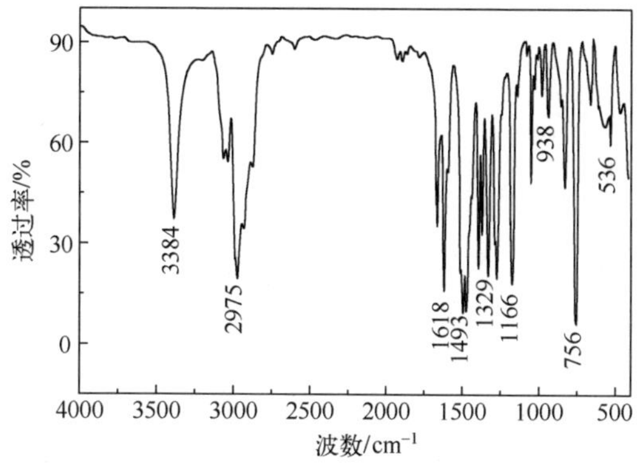

图 4-41　红外光谱

(2) 质谱图见图 4-42。

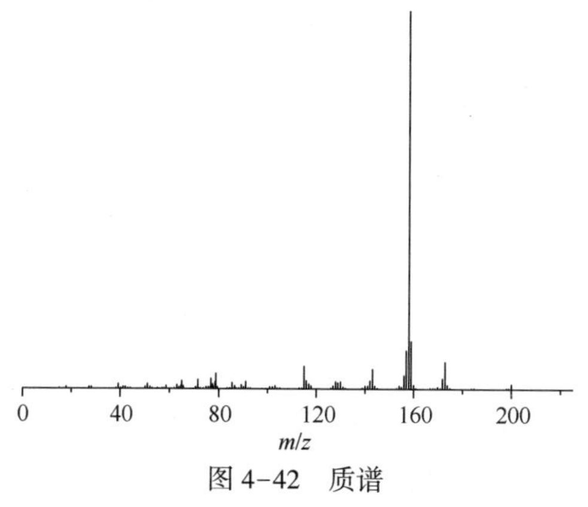

图 4-42　质谱

（3）核磁共振谱图见图 4-43。

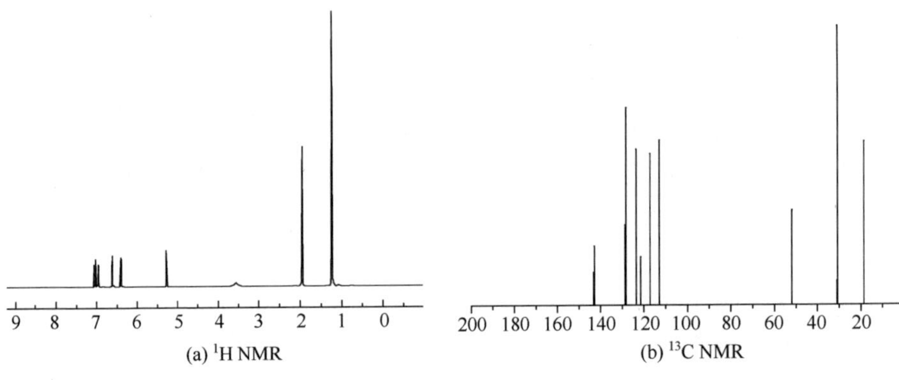

图 4-43　核磁共振谱

参考文献

[1]　化学工业出版社．中国化工产品大全:上卷[M].2 版．北京:化学工业出版社,1998:950.

[2]　王梦蛟,龚怀耀,薛广智．橡胶工业手册:第二分册　配合剂 [M]．修订版．北京:化学工业出版社,1989:177-178.

[3]　李淑娟,范山鹰,周乃东,等．防老剂 RD 中有效成分含量的测定[J]．橡胶工业,2007,54(7):437-439.

[4]　张振坤,刘郁,时光霞．橡胶防老剂 RD 有效成分的测定[J]．橡胶工业,2009,56(12):761-763.

[5]　蔡善勤．复合固体推进剂及衬层、绝热材料的密度测定方法:QJ 917A—1997[S]．北京:中国航天工业总公司,1997.

[6]　钱迎春．防老剂 RD:GB/T 8826—2003[S]．北京:国家质量监督检验检疫总局,2004.

[7]　束艳方,梁金花,刘超英,等．双核磺酸型离子液体催化合成橡胶防老剂 RD[J]．南京工业大学学报(自然科学版),2017,39(3):40-44.

4.17　2,5-二叔丁基对苯二酚

中文名称:2,5-二叔丁基对苯二酚

英文名称:2,5-di-t-butylhydroquinone

中文别称:2,5-二(1,1-二甲基乙基)-1,4-苯二醇;防老剂 ALBA

HO　$C(CH_3)_3$

$(H_3C)_3C$　OH

结构式

英文别称:2,5-bis(1,1-dimethylethyl)-1,4-benzenediol; antioxidant ALBA

分子式:$C_{14}H_{22}O_5$

分子量:222.32

CAS 登记号:88-58-4

1. 物理性质

白色结晶体,熔点 217~219℃,沸点 321℃。溶于乙醇、丙酮、乙酸乙酯和二硫化碳,微溶于苯、汽油,不溶于水。

2. 化学性质

储存稳定。易吸收波长 280~310nm 的紫外线,受阻酚结构可以分解过氧化自由基,具有还原性,长期曝露于空气中被氧气所氧化。与有机酸酸反应,生成相应酸的苯酯。具有弱酸性,可与金属钠反应放出氢气。

3. 理化指标和检验方法

防老剂 ALBA 理化指标和检验方法见表 4-17。

表 4-17 防老剂 ALBA 理化指标和检验方法

项 目	理化指标	检验方法
外观	白色晶体	目测法
熔点/℃	217~219	熔点仪法
灰分/%	≤0.10	重量法
加热减量(80℃)	≤0.25	重量法
筛余物(通过 150μm 筛孔)/%	≤60	过筛重量法

4. 制备方法

(1) 由对苯二酚与异丁烯反应而得:

$$HO-C_6H_4-OH + 2CH(CH_3)_2{=}CH_2 \longrightarrow 2,5\text{-}[(H_3C)_3C]_2C_6H_2(OH)_2$$

(2) 以硫酸为催化剂,由对苯二酚与叔丁醇反应而得:

$$HO-C_6H_4-OH + 2C(CH_3)_3OH \longrightarrow 2,5\text{-}[(H_3C)_3C]_2C_6H_2(OH)_2 + 2H_2O$$

(3) 以硫酸为催化剂,甲基叔丁基醚(MTBE)和对苯二酚反应得 2,5-二叔丁基对苯二酚:

$$HO-C_6H_4-OH + 2(CH_3)_3COCH_3 \longrightarrow 2,5\text{-}[(H_3C)_3C]_2C_6H_2(OH)_2 + 2CH_3OH$$

5. 储存、运输和应用

用铁桶或纸板桶内衬塑料袋包装，避光保存于阴凉、干燥通风处。按照一般化学品规定运输。

用作 HTPB 黏合剂和 HTPB 推进剂防老剂。广泛用于合成橡胶、塑料、树脂等工业。适用于天然胶、合成胶和胶乳，聚烯烃和聚甲醛等塑料，树脂和工程塑料改性用的紫外线吸收剂，各类橡胶、显影材料、树脂、塑料、油类和胶黏剂抗氧剂。塑料与树脂聚合抑制剂。亦可作为油类和合成树脂的抗氧剂。在塑料工业中可作为聚烯烃和聚甲醛的热稳定剂和光稳定剂。

6. 毒性与防护

低毒。对皮肤有刺激性。生产场所应有良好的通风。操作人员应穿戴防护用品。

7. 理化分析谱图

（1）红外光谱图见图 4-44。

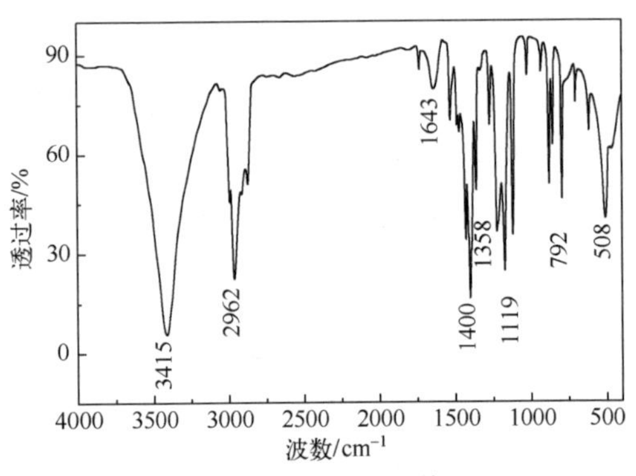

图 4-44　红外光谱

（2）质谱图见图 4-45。

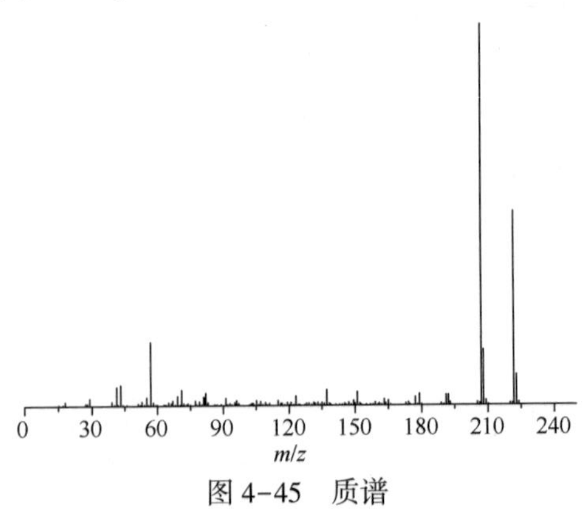

图 4-45　质谱

（3）核磁共振谱图见图 4-46。

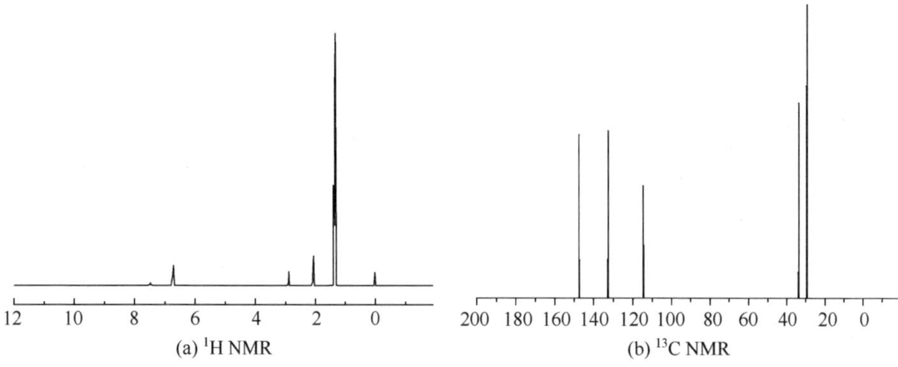

图 4-46　核磁共振谱

（4）X 射线衍射谱图见图 4-47。

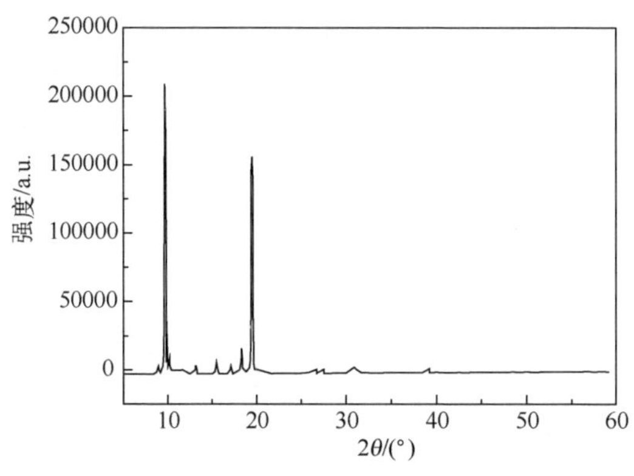

图 4-47　X 射线衍射谱

参考文献

［1］　王梦蛟，龚怀耀，薛广智．橡胶工业手册：第二分册　配合剂［M］．修订版．北京：化学工业出版社，1989：190.

［2］　刘坚．工业抗氧化剂 2，5-二叔丁基对苯二酚的合成工艺研究［D］．广州：华南理工大学，2015.

［3］　程丽华，滕俊江，汪树清，等．MTBE 合成 2，5-二叔丁基对苯二酚的研究［J］．石油化工高等学校学报，2009，22（01）：45-48.

［4］　蔡可迎，杨爱华，翟富民，等．用甲基叔丁基醚合成 2，5-二叔丁基对苯二酚［J］．精细石油化工，2001（03）：22-24.

4.18 2,6-二叔丁基对甲酚

中文名称:2,6-二叔丁基对甲酚

英文名称:2,6-di-tert-butyl-4-methylphenol

中文别称:防老剂264;抗氧剂264

英文别称:2,6-di-tert-butyl-p-cresol;antioxidant 264

分子式:$C_{15}H_{24}O$

分子量:220.35

CAS登记号:128-37-0

结构式

1. 物理性质

白色至淡黄色结晶粉末。无臭,无味,密度1.048g/cm^3,熔点68~71℃,沸点257~265℃,折射率(n_D^{75})1.4859。动力黏度3.47mPa·s(80℃),溶于苯、甲苯、乙醇、异丙醇、丙酮、甲乙酮、四氯化碳、乙酸乙酯、石油醚、亚麻子油和汽油。常温在溶剂中的溶解度(g/100g):甲醇25,乙醇25~26,异丙醇30,矿物油30,丙酮40,石油醚50,苯40,猪油(40~50℃)40~50,玉米油及大豆油40~50。在水、NaOH溶液、甘油、丙二醇中不溶。

2. 化学性质

闪点135℃(开口杯),126.6℃(闭口杯),具有很好的热稳定性。防老剂264的苯酚基具有还原性,长期曝露于空气中被氧气所氧化,颜色呈黄色。与有机酸酸反应,生成相应酸的苯酯。具有弱酸性,可与金属钠反应放出氢气。

3. 理化指标和检验方法

防老剂264的理化指标和检验方法见表4-18。

表4-18 防老剂264的理化指标和检验方法

项 目	理化指标	检验方法
初熔点/℃	≥69.0	熔点仪法
水分/%	≤0.05	卡尔·费休法
灼烧残渣/%	≤0.005	重量法
硫酸盐(以SO_4计)/%	≤0.002	重量法
砷/(mg/kg)	≤1	比色法
重金属(以Pb计)/(mg/kg)	≤5	比色法
游离酚(以对甲酚计)/%	≤0.02	碘量法

4. 制备方法

异丁醇在三氯化铝催化剂存在下脱水得异丁烯。异丁烯在硫酸催化剂存

在下与对甲酚进行加成反应得防老剂 264。反应产物经用乙醇重结晶、干燥，得成品。反应式如下：

$$(CH_3)CHCH_2OH \xrightarrow{AlCl_3} (CH_3)_2C{=}CH_2 + H_2O$$

$$OH\text{—}C_6H_4\text{—}CH_3 + 2(CH_3)_2C{=}CH_2 \xrightarrow{H_2SO_4} [(CH_3)_3C]_2(CH_3)C_6H_2OH$$

5. 储存、运输和应用

用纸袋或木桶内衬塑料袋严密包装，储存于阴凉、干燥处。不宜长期存放。

用作 HTPB 黏合剂、HTPB 推进剂防老剂。可用于丁苯橡胶、顺丁橡胶、乙丙橡胶、氯丁橡胶、聚乙烯、聚氯乙烯及聚乙烯基醚等橡胶、塑料的防老剂，各种石油产品和食品、饲料、动植物油、肥皂等的抗氧剂。它的油溶性好，加入后不影响油品色泽，广泛使用于变压器油、透平油。还可作食品加工工业用的抗氧剂，用于含油脂较多的食品中。

6. 毒性与防护

毒性很小，小鼠经口 LD_{50}1040mg/kg。接触皮肤能引起皮炎，形成过敏症。可用于食品和接触食品的橡胶制品。在油脂、黄油、鱼贝干制品、鱼贝类盐腌品、鲸肉冷冻品等中的用量为 0.2g/kg 以下，在口香糖中 0.75g/kg 以下。美、日和欧洲共同体都将其作为法定的饲料添加剂。欧洲共同体规定，在饲料中的最大用量为 150mg/kg，可用于各种饲料。应避免吸入粉尘，操作人员应戴防护用具。

7. 理化分析谱图

（1）红外光谱图见图 4-48。

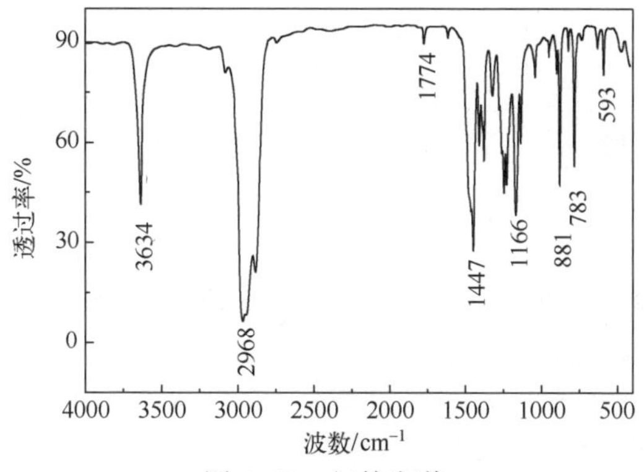

图 4-48　红外光谱

(2) 质谱图见图 4-49。

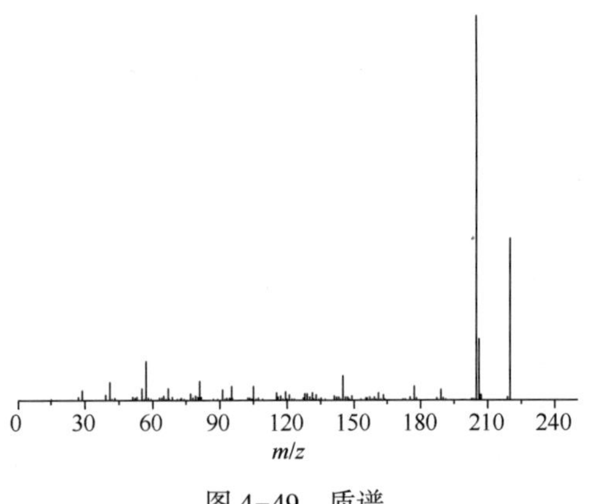

图 4-49　质谱

(3) 核磁共振谱图见图 4-50。

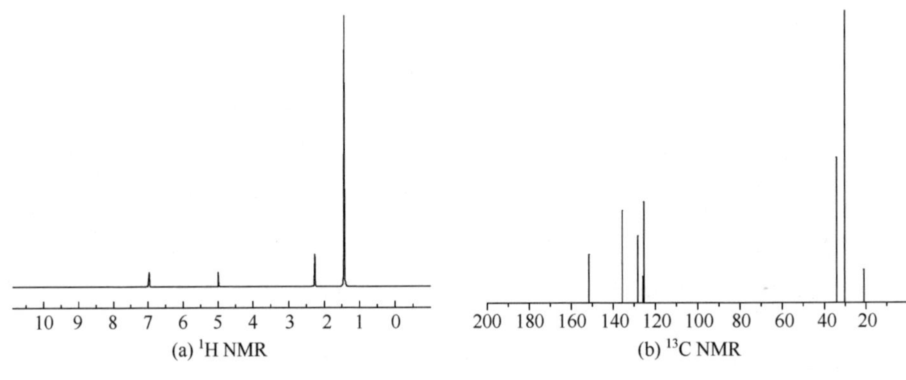

图 4-50　核磁共振谱

参考文献

[1] 化学工业出版社．中国化工产品大全:上卷[M].2 版．北京:化学工业出版社,1998:939.

[2] 王梦蛟,龚怀耀,薛广智．橡胶工业手册:第二分册　配合剂[M]. 修订版．北京:化学工业出版社,1989:209-210.

[3] 食品安全国家标准 食品添加剂 二丁基羟基甲苯(BHT):GB/T1900—2010[S]. 北京:中华人民共和国卫生部,2010.

4.19　2,2′-亚甲基双(4-甲基-6-叔丁基苯酚)

中文名称:2,2′-亚甲基双(4-甲基-6-叔丁基苯酚)

英文名称:2,2′-methylenebis(4-methyl-6-tert-butyl phenol)

中文别称:防老剂 2246;抗氧剂 2246

英文别称:antioxidant 2246

分子式:$C_{23}H_{32}O_2$

分子量:340.51

CAS 登记号:119-47-1

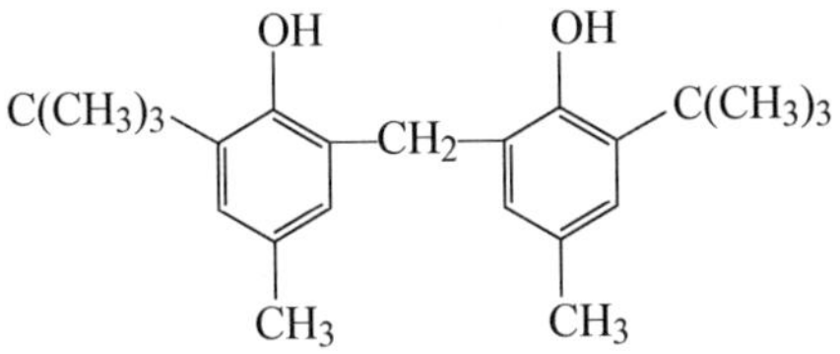

OH　OH

$C(CH_3)_3$　CH_2　$C(CH_3)_3$

CH_3　CH_3

结构式

1. 物理性质

白色或乳黄色粉末。稍有酚味。熔点不低于 120℃。密度 1.04~1.09g/cm^3,蒸气压力为 267Pa(160℃)、2kPa(200℃)、40kPa(280℃)。易溶于乙醇、丙酮、苯、氯仿、四氯化碳、乙酸乙酯、石油醚等有机溶剂,不溶于水。在各种溶剂中的溶解度为(g/100g 溶剂,25℃):95%的乙醇 39、苯 46、丙酮大于 60、四氯乙烯大于 1、氯仿 80、庚烷 4、乙酸乙酯 54.4、液体石蜡小于 0.1、水小于 0.1。在橡胶中溶解度高于 2%。

2. 化学性质

防老剂 2246 的苯酚基具有还原性,长期曝露于空气中被氧气所氧化,颜色呈黄粉红色。与有机酸酸反应,生成相应酸的苯酯。具有弱酸性,可与金属钠反应放出氢气。

3. 理化指标和检验方法

防老剂 2246 的理化指标和检验方法见表 4-19。

表 4-19　防老剂 2246 的理化指标和检验方法

项　　目	理 化 指 标	检 验 方 法
外观	纯白色结晶粉末	目测法
干品初熔点/℃	≥123.0	熔点仪法
水分/%	≤0.3	卡尔·费休法
加热减量/%	≤2.0	重量法
灰分/%	≤0.4	重量法
筛余物(通过 150μm 筛孔)/%	≤1.0	过筛重量法

4. 制备方法

对甲酚在 732#强酸性离子交换树脂的催化下，于 60℃左右，与异丁烯进行烷基化反应，生成防老剂 264 和中间产品 2-叔丁基 4-甲酚。反应结束后，滤去催化剂，将滤液加入甲醇-氢氧化钠溶液中，析出防老剂 264。过滤后，将防老剂 264 在乙醇中重结晶，再过滤、干燥，即得副产物防老剂 264。滤去防老剂 264 后的滤液，经中和、蒸馏(回收甲醇)、水洗、减压蒸馏、结晶、过滤，即得中间产品 2-叔丁基 4-甲酚。将此中间体以 20.0 号汽油为溶剂与甲醛在硫酸介质中，于 90~95℃进行缩合反应。反应产物经中和、过滤、洗涤、干燥、打粉、包装，即得成品。反应式如下：

$$2\ HO-C_6H_4-CH_3 + 3(CH_3)_2C{=}CH_2 \longrightarrow \text{[OH, }C(CH_3)_3\text{, }CH_3\text{]} + \text{[OH, }(H_2C)_3C\text{, }C(CH_3)_3\text{, }CH_3\text{]}$$

$$2\ \text{[OH, }C(CH_3)_3\text{, }CH_3\text{]} + HCHO \longrightarrow \text{[OH, }C(CH_3)_3\text{, }CH_3\text{]}-CH_2-\text{[OH, }C(CH_3)_3\text{, }CH_3\text{]} + H_2O$$

5. 储存、运输和应用

用木桶包装，内衬塑料袋，按一般化学品规定储运。储于阴凉通风处，注意防火、防潮、防晒。

用作 HTPB 黏合剂、HTPB 推进剂防老剂。天然橡胶、异戊橡胶、顺丁橡胶、丁苯橡胶、丁腈橡胶、氯丁橡胶及乳胶用抗氧剂，还可作石油产品的抗氧添加剂，油溶性好，抗氧效果优良，且不易挥发损失。还是聚乙烯、聚丙烯、聚甲醛、聚酰胺、ABS 树脂、氯化聚醚、纤维素树脂的优良抗氧剂。在塑料工业中，抗氧剂 2246 能阻止氯化聚醚、耐冲击聚苯乙烯、ABS 树脂、聚甲醛、纤维素树脂的热老化和光老化。

6. 毒性与防护

抗氧剂 2246 无毒、不易燃、不腐蚀、储存稳定性好。大鼠经口 LD_{50} 6500mg/kg。但应避免吸入粉尘。生产场所应有良好的通风，操作人员应戴防护用具。

7. 理化分析谱图

（1）红外光谱图见图 4-51。

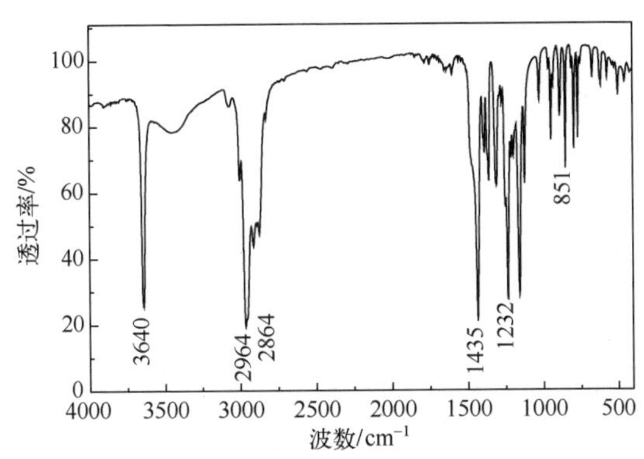

图 4-51　红外光谱

（2）质谱图见图 4-52。

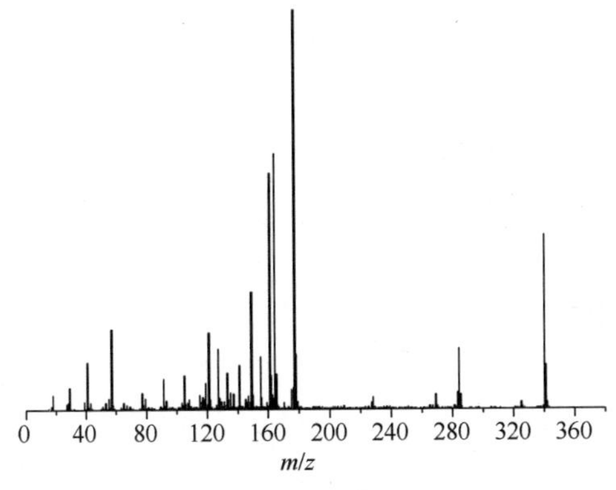

图 4-52　质谱

（3）核磁共振谱图见图 4-53。

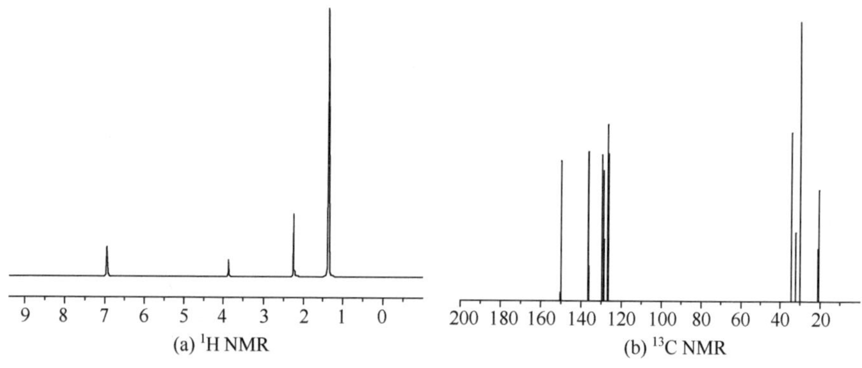

图 4-53　核磁共振谱

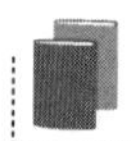

参考文献

[1]　化学工业出版社．中国化工产品大全:上卷[M].2 版．北京:化学工业出版社,1998:957.

[2]　王梦蛟,龚怀耀,薛广智．橡胶工业手册:第二分册　配合剂[M].修订版．北京:化学工业出版社,1989:223-224.

4.20　2,2′-硫代双（4-甲基-6-叔丁基苯酚）

中文名称:2,2′-硫代双(4-甲基-6-叔丁基苯酚)

英文名称:2,2′-thio bis(4-methyl-6-tert-butyl phenol)

中文别称:防老剂 2246-S;抗氧剂 2246-S

英文别称:antioxidant 2246-S

分子式:$C_{22}H_{30}O_2S$

分子量:358.50

CAS 登记号:90-66-4

结构式

1. 物理性质

白色或米色结晶粉末,熔点 79~84℃,无味。易溶于汽油、石油醚、氯仿、苯及乙醇,不溶于水。

2. 化学性质

热分解温度 217℃。苯酚基还原性较弱,不易被空气中氧气所氧化变色。与有机酸酸反应,生成相应酸的苯酯。具有弱酸性,可与金属钠反应放出氢气。

3. 理化指标和检验方法

防老剂 2246-5 的理化指标和检验方法见表 4-20。

表 4-20　防老剂 2246-S 的理化指标和检验方法

项　　目	理 化 指 标	检 验 方 法
外观	纯白色结晶粉末	目测法
熔点/℃	≥79.0	熔点仪法
水分/%	≤0.3	卡尔·费休法
加热减量/%	≤2.0	重量法
灰分/%	≤0.4	重量法

4. 制备方法

对甲酚与异丁烯进行烷基化反应,得到 2-叔丁基对甲酚,2-叔丁基对甲酚与二氯化硫在有机溶剂存在下进行硫代反应,得到抗氧剂 2246-S。反应式如下:

$$HO-C_6H_4-CH_3 + 2(CH_3)_2C{=}CH_2 \xrightarrow{H_2SO_4} (CH_3)_3C-C_6H_3(OH)-CH_3$$

$$2\,(CH_3)_3C-C_6H_3(OH)-CH_3 + SCl_2 \longrightarrow [(CH_3)_3C-C_6H_2(OH)(CH_3)]_2S + 2HCl$$

5. 储存、运输和应用

用木桶包装,内衬塑料袋,储于阴凉通风处,注意防火、防潮、防晒。按一般化学品规定储运。

用于 EPDM 绝热层抗氧剂。天然橡胶、合成橡胶及乳胶用抗氧剂,常用于天然橡胶轮胎的白胎,浅色橡胶制品和乳胶制品。与炭黑、烷基酚或亚磷酸酯类并用有协同效果,亦有抗臭氧作用。亦为其他合成高分子材料如聚乙烯、聚丙烯等用抗氧剂和稳定剂。

6. 毒性与防护

毒性较低、不易燃、不腐蚀、储存稳定性好。应避免吸入粉尘,操作人员应戴防护用具。

7. 理化分析谱图

(1) 红外光谱图见图 4-54。

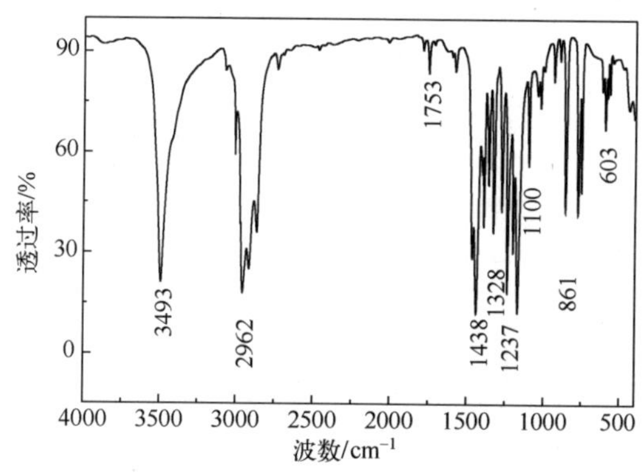

图 4-54　红外光谱

(2) 质谱图见图 4-55。

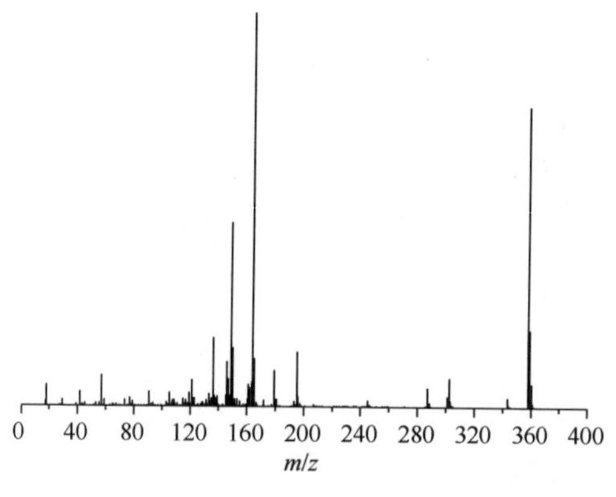

图 4-55　质谱

(3) 紫外光谱图见图 4-56。

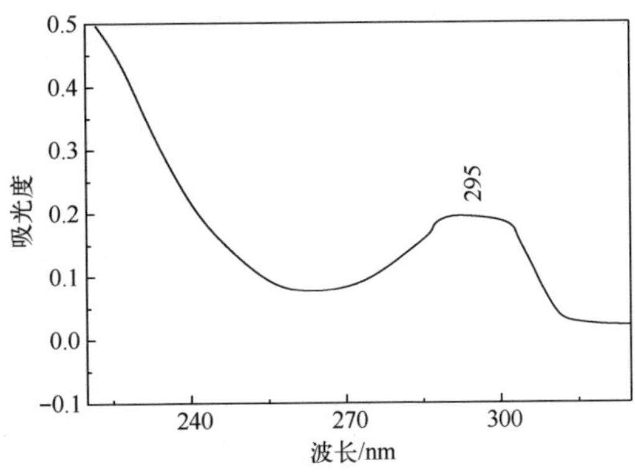

图 4-56　紫外光谱

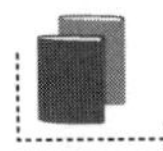

参考文献

[1] 王梦蛟,龚怀耀,薛广智. 橡胶工业手册:第二分册 配合剂[M]. 修订版. 北京:化学工业出版社,1989:218.

[2] 谭砂砾,王金旺,于鲁汕,等. 抗氧剂 2246-S 的合成研究[J]. 现代化工,1997(11):25-26.

[3] 赵崇智,罗一. 抗氧剂 2246-S 的合成及其抗氧性能[J]. 润滑油,1999,14(2):33-36.

[4] 罗一,赵崇智. 抗氧剂 2246-S 在润滑油中的应用[J]. 湖南化工,1999,29(6):50-52.

4.21　苯乙烯化苯酚

中文名称:苯乙烯化苯酚

英文名称:styrenated phenol

中文别称:防老剂 SP

英文别称:antioxidant SP

分子式:$C_{22}H_{22}O$

分子量:406.56

CAS 登记号:61788-44-1

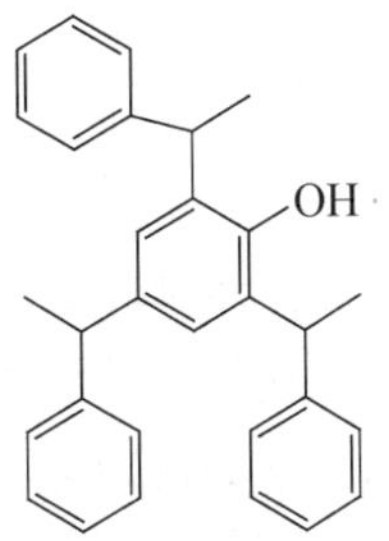

结构式

1. 物理性质

浅黄色至琥珀色透明黏稠液体,挥发性低,沸点高于 250℃。黏度 3.0~5.5Pa·s,密度 1.08g/cm^3,折射率 1.5785~1.6020(25℃)。不溶于水和汽油,溶于苯、甲苯、丙酮和脂肪烃、三氯乙烷等有机溶剂。

2. 化学性质

可燃,闪点大于182℃。不变色,易分散。耐光、耐曲挠、耐氧化性能好。酚基和苯乙烯位阻基团能捕捉生成的自由基,生成活性低的自由基,可抑制自由基反应。

3. 理化指标和检验方法

防老剂SP的理化指标和检验方法见表4-21。

表4-21 防老剂SP的理化指标和检验方法

项　　目	理化指标	检验方法
外观	黄色黏稠液体	目测法
防老剂SP/%	≥99.0	LC法
失重率/%	≤5	重量法
折射率 n_{20}^{D}	1.5985~1.6020	折射率计法
醇溶解性	合格	重量法

4. 制备方法

以苯酚与苯乙烯为原料,在催化剂和一定温度条件下进行芳烷基化反应,生成邻位或对位或多取代的苯乙烯化苯酚,通常二取代、三取代物较多,是防老剂的有效成分。反应式如下:

$$C_6H_5-OH + 3\ C_6H_5CH=CH_2 \longrightarrow 2,4,6\text{-}(C_6H_5CH(CH_3))_3C_6H_2OH$$

5. 储存、运输和应用

用铁桶或纸板桶内衬塑料袋包装,避光保存于阴凉、干燥、通风处。按照一般化学品规定运输。

用作丁腈橡胶绝热层防老剂。中等强度防老剂,适用于天然橡胶、顺丁橡胶、丁苯橡胶及各种合成橡胶。在水中乳化后可用于乳胶。亦可作为丁苯橡胶和丁腈橡胶的非污染性稳定剂。在塑料工业中用作聚烯烃、聚甲醛的抗氧剂。

6. 毒性与防护

低毒,污染性低。对皮肤有刺激性。生产场所应有良好的通风。操作人员应穿戴防护用品。

7. 理化分析谱图

(1) 红外光谱图见图 4-57。

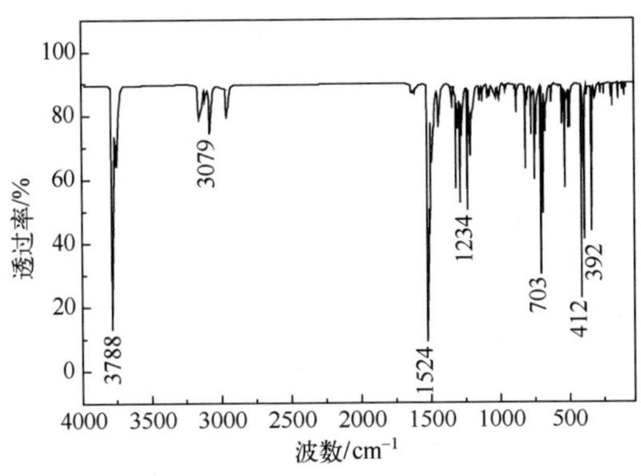

图 4-57　红外光谱

(2) 紫外光谱图见图 4-58。

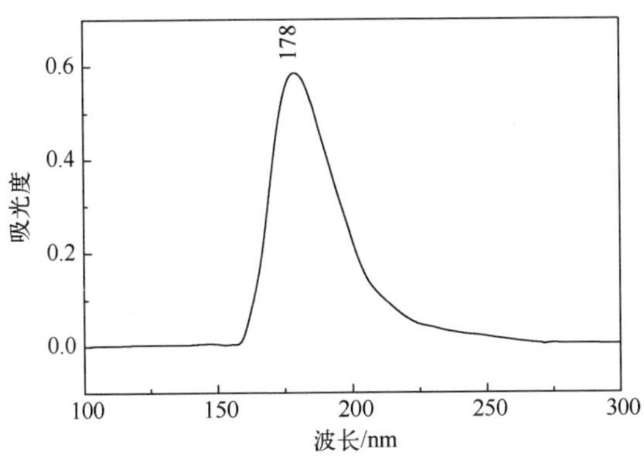

图 4-58　紫外光谱

参考文献

[1] 化学工业出版社. 中国化工产品大全:上卷[M]. 2 版. 北京:化学工业出版社,1998:940-941.

[2] 王梦蛟,龚怀耀,薛广智. 橡胶工业手册:第二分册　配合剂[M]. 修订版. 北京:化学

工业出版社,1989:235.
[3] 唐行亮,郑孝海. 防老剂SP:Q/320621HA 071—2018[S]. 海安:江苏省海安石油化工厂,2018.
[4] 王德堂,夏先伟,王峰. 防老剂SP的生产及应用[J]. 广东化工,2013,40(11):48-49.
[5] 王德堂,李敢,唐学红,等. 防老剂SP的树脂催化法合成新工艺研究[J]. 广东化工,2014,41(22):60-61,68.
[6] 王栎. 防老剂SP危险性分析和安全措施研究[J]. 化工管理,2018,33:35-36.
[7] LEE S,SON S,LEE H,et al. A Study on synthesis of styrenated phenol over Al · Ni/SiO_2-supported catalysts[J]. Journal Nanosci Nanotechn,2018,18(2):1461-1464.
[8] 何伟平,黄菊,王德堂,等. 苯乙烯化苯酚的密度泛函研究[J]. 原子与分子物理学报,2017,34(5):839-845.

4.22 硫代双(3,5-二叔丁基-4-羟基苄)

中文名称:硫代双(3,5-二叔丁基-4-羟基苄)

英文名称:thio bis(3,5-di-tert-butyl-4-benzyl phenol)

中文别称:防老剂甲叉-4426-S

分子式:$C_{30}H_{46}O2S$

分子量:470.75

CAS登记号:1620-93-5

$C(CH_3)_3$ $(H_3C)_3C$
HO— —CH_2SCH_2— —OH
$C(CH_3)_3$ $C(CH_3)_3$

结构式

1. 物理性质

白色结晶粉末,熔点143℃,溶于丙酮、芳烃、石油醚、氯仿等大多数有机溶剂,微溶于四醇、乙醇,不溶于水。

2. 化学性质

抗氧剂甲叉-4426-S是一种同时具有受阻酚和硫醚结构的抗氧剂,具有分子内的协同效应。受阻酚结构可以分解过氧化自由基,硫醚结构可以猝灭氢过氧化物。

3. 理化指标和检验方法

防老剂甲叉-4426-S 的理化指标和检验方法见表 4-22。

表 4-22 防老剂甲叉-4426-S 的理化指标和检验方法

项目	理化指标	检验方法
外观	纯白色结晶粉末	目测法
干品初熔点/℃	≥141.0	熔点仪法
水分/%	≤0.3	卡尔·费休法
加热减量/%	≤2.0	重量法
灰分/%	≤0.4	重量法
筛余物(通过 150μm 筛孔)/%	≤1.0	过筛重量法

4. 制备方法

(1) 用 2,6-特丁基苯酚、硫化钠和 37% 甲醛溶液在 40~45℃,甲醇溶液中反应,生成甲叉-4426- S,反应式如下:

$$2\ (H_3C)_3C\text{-}C_6H_3(OH)\text{-}C(CH_3)_3 + 2\ H\text{—}\overset{O}{\overset{\|}{C}}\text{—}H + Na_2S \longrightarrow$$

$$[(H_3C)_3C]_2(HO)C_6H_2\text{—}CH_2SCH_2\text{—}C_6H_2(OH)[C(CH_3)_3]_2 + 2NaOH$$

(2) 用 2,6-特丁基苯酚、多聚甲醛、硫化氢,在碱催化剂催化下,于 50~55℃温度,乙醇溶液中反应,反应时间 40~50min,生成甲叉-4426- S,反应式如下:

$$2\ (H_3C)_3C\text{-}C_6H_3(OH)\text{-}C(CH_3)_3 + 2H\text{—}\overset{O}{\overset{\|}{C}}\text{—}H + H_2S \xrightarrow{NaOH}$$

$$[(H_3C)_3C]_2(HO)C_6H_2\text{—}CH_2SCH_2\text{—}C_6H_2(OH)[C(CH_3)_3]_2 + 2H_2O$$

5. 储存、运输和应用

采用内衬塑料袋编织袋包装，储存于阴凉干燥通风处。

用作 HTPB 黏合剂和 HTPB 推进剂防老剂。合成橡胶丁苯橡胶、丁腈橡胶、乙丙橡胶和热塑性弹性体的稳定剂。抗氧性能好，亦适用于胶乳、生胶和塑料等。

6. 毒性与防护

污染性低。低毒，口服急性毒性 LD_{50}：15000mg/kg，小白鼠无中毒和死亡现象。应避免吸入粉尘，操作人员应戴防护用具。

7. 理化分析谱图

（1）红外光谱图见图 4-59。

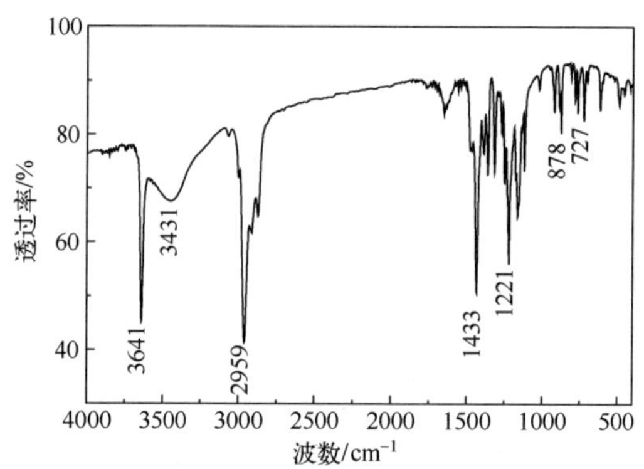

图 4-59 红外光谱

（2）质谱图见图 4-60。

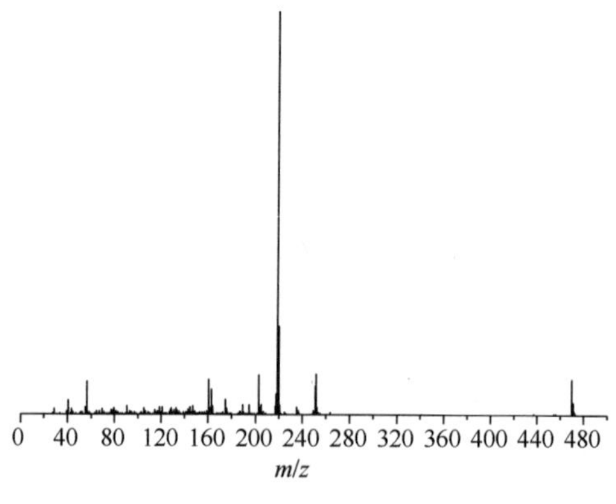

图 4-60 质谱

（3）核磁共振谱图见图 4-61。

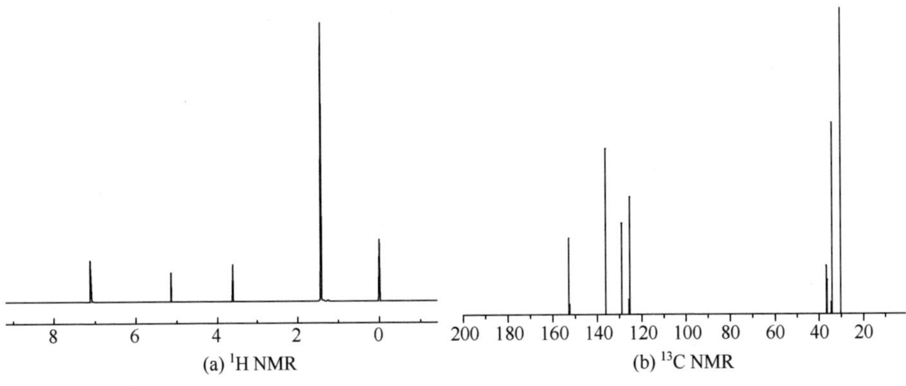

图 4-61　核磁共振谱

（4）热分析谱图见图 4-62。

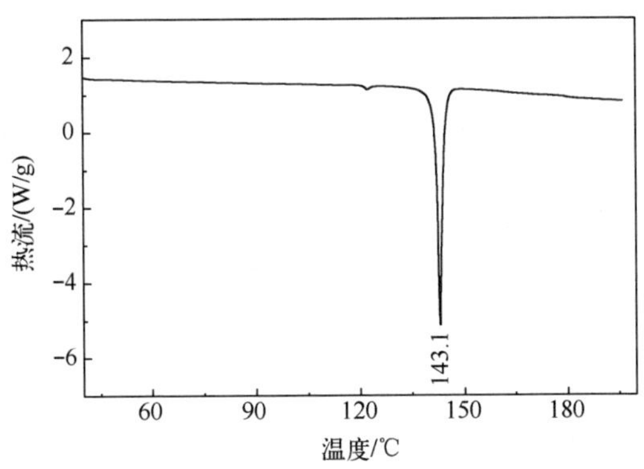

图 4-62　热分析谱(DSC)

参考文献

［1］ 王梦蛟,龚怀耀,薛广智．橡胶工业手册:第二分册　配合剂[M]．修订版．北京:化学工业出版社,1989:219.

［2］ 万明,鲍远志,翁世兵,等．抗氧剂甲叉-4426-S 的合成工艺研究[J]．广州化工,2013,41(21):60-62.

［3］ 陆网军,杜飞,郭静波．抗氧剂双(3,5-二叔丁基-4-羟基苄基)硫醚的合成研究[J]．精细石油化工,2012,29(6):39-42.

4.23　2-巯基苯并咪唑

中文名称:2-巯基苯并咪唑

英文名称:2-benzimidazolethiol

中文别称:2-硫醇基苯并咪唑;巯苯咪唑;1,3-二氢-2H-苯并咪唑-2-硫酮苯并二氮唑-2-硫酚;防老剂 MB

N
SH
NH
结构式

英文别称:1,3-dihydro-2H-benzimidazole-2-thione;2-mercaptoben-zimid-azole;antioxidant MB

分子式:$C_7H_6N_2S$

分子量:150.20

CAS 登记号:583-39-1

1. 物理性质

白色或淡黄色片状结晶。有苦味。熔点 298℃,密度 1.40~1.44g/cm^3。溶于乙醇、丙酮、乙酸乙酯,难溶于二氯甲烷、氯仿、乙醚、石油醚和汽油,不溶于四氯化碳、苯和水。

2. 化学性质

弱酸性,巯基易被氧化,可与碘乙酰胺、氯化苄、*N*-乙基丁烯二亚酰胺和对氯汞苯甲酸反应。形成氢键能力比羟基低。2-巯基并咪唑碱金属盐水溶液与水溶性锌盐溶液反应可得 2-巯基苯并咪唑锌盐,即防老剂 MBZ($C_{14}H_{10}N_4S_2Zn$)。

3. 理化指标和检验方法

防老剂 MB 理化指标和检验方法见表 4-23。

表 4-23　防老剂 MB 理化指标和检验方法

项　目	理化指标	检验方法
外观	白色或浅黄色	目测法
初熔点/℃	≥296	熔点仪法
灰分/%	≤0.3	重量法
水分/%	≤0.3	重量法
粒度(D_{50})/μm	≤10	激光粒度仪法

4. 制备方法

由邻硝基氯苯和浓氨水在 180～185℃、2.941MPa 经加压氨化生成邻苯二胺，在碱性溶液中邻苯二胺和硫化钠成环反应而得 2-巯基苯并咪唑钠，用 $NaHCO_3$ 中和后得 2-巯基苯并咪唑：

$$\text{(}-NO_2, -Cl\text{)} + 2NH_3 \xrightarrow{180\sim185℃} \text{(}-NH_2, -Cl\text{)} \longrightarrow \text{(}-NH_2, -NH_2\text{)}$$

$$\text{(}-NH_2, -NH_2\text{)} + Na_2S \xrightarrow{NaOH} \text{(N, NH)}-SNa \xrightarrow{NaHCO_3} \text{(N, NH)}-SH$$

5. 储存、运输和应用

用铁桶或纸板桶内衬塑料袋包装，储存于干燥通风处，按照一般化学品规定运输。

HTPB 推进剂、EPDM 绝热层防老剂。用作天然橡胶、二烯类合成橡胶及胶乳的抗氧剂，亦可用于聚乙烯。它是一种二次防老剂，与其他防老剂（如 DNP、AP 及其他非污染性防老剂）并用，可获得明显的协同效果。在橡胶中易分散，在日光下不变色。2-巯基苯并咪唑在医药上是一种新抗麻风药，毒性比砜类药物低，而疗效也低，可产生耐药性，无蓄积作用。可用于不适用砜类药物的患者。

6. 毒性与防护

低毒。略有污染性。大鼠灌胃 LD_{50} 2700mg/kg，空气中最高允许浓度 0.25mg/m^3。味极苦，粉末易飞扬，操作应穿戴防护用品。

7. 理化分析谱图

（1）红外光谱图见图 4-63。

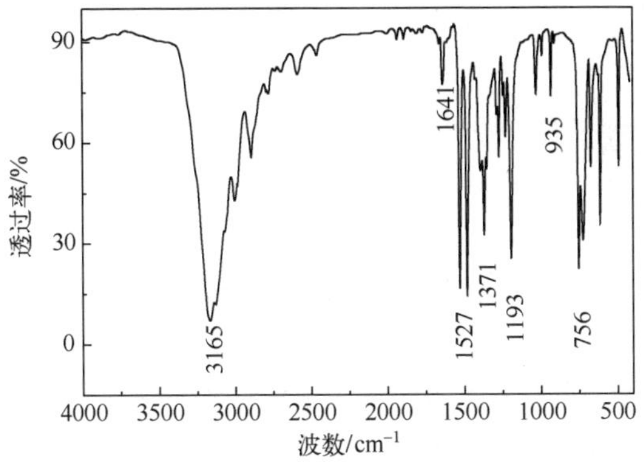

图 4-63　红外光谱

（2）质谱图见图 4-64。

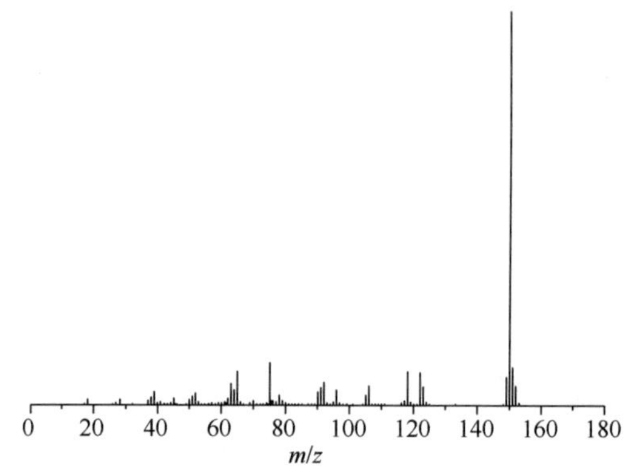

图 4-64　质谱

（3）核磁共振谱图见图 4-65。

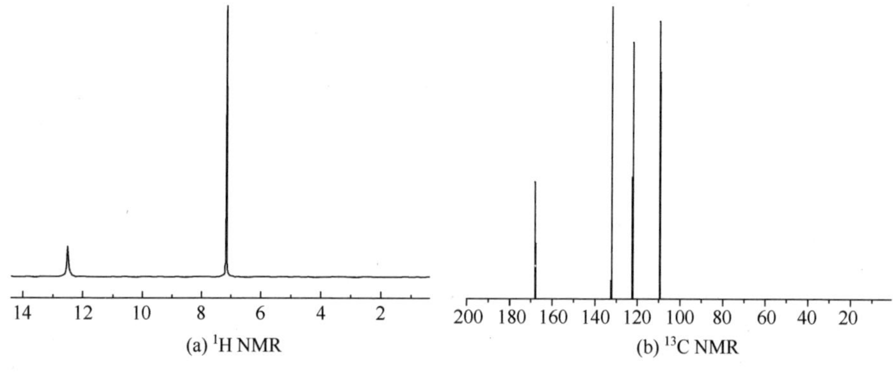

图 4-65　核磁共振谱

参考文献

[1]　化学工业出版社．中国化工产品大全:上卷[M].2 版．北京:化学工业出版社,1998:949.

[2]　王梦蛟,龚怀耀,薛广智．橡胶工业手册:第二分册　配合剂[M]．修订版．北京:化学工业出版社,1989:236.

[3]　陈慧．橡胶防老剂 MB-A:Q/320412 AVY 001—2019[S]．常州:常州市五洲化工有限公司,2019.

[4]　李延升,王文斐,赵小峰．橡胶防老剂 MB 清洁合成工艺的研究[J]．广州化工,2015,43(17):103-105.

[5] 谢扬,周益民,张勇,等. 聚乙二醇催化合成巯苯咪唑优化工艺条件的研究[J]. 化学世界,1997(07):351-353.
[6] 谢扬,张殿志,崔铭玉,等. 聚乙二醇对巯苯咪唑合成反应的催化研究[J]. 第一军医大学学报,1996(02):128-129.

4.24 2-巯基苯并咪唑锌盐

中文名称:2-巯基苯并咪唑锌盐

英文名称:zinc salt of 2-mercaptobenzimidazol

中文别称:2-硫醇基苯并咪唑锌盐;防老剂 MBZ

英文别称:antioxidant MBZ

分子式:$(C_7H_6N_2S)_2Zn$

分子量:363.8

CAS 登记号:3030-82-6

结构式

1. 物理性质

白色粉末,无臭,有苦味。密度 1.63~1.64g/cm^3,熔点 300℃以上(分解),可溶于丙酮、乙醇,不溶于苯、汽油及水。

2. 化学性质

化学性能较防老剂 MB 稳定,300℃以上分解。弱碱,可与无机酸反应,生成相应的铵盐,与有机酸反应生成酰胺。

3. 理化指标和检验方法

防老剂 MBZ 的理化指标和检验方法见表 4-24。

表 4-24 防老剂 MBZ 理化指标和检验方法

项目	理化指标		检验方法
	优质品	一级品	
外观	淡黄色或白色粉状结晶		目测法
锌/%	18.0~20.0	18.0~20.0	络合滴定法
加热减量/%	≤0.30	≤0.40	重量法
灰分/%	≤0.30	≤0.40	重量法

4. 制备方法

将防老剂 MB 与氢氧化钠反应制成钠盐,再与氯化锌反应,所得粗制品,经离心、洗涤、干燥即得。反应式如下：

$$\text{(2-巯基苯并咪唑)-SH} + NaOH \longrightarrow \text{(苯并咪唑)-SNa} \xrightarrow[30℃]{ZnCl_2} \text{(苯并咪唑)-S-Zn-S-(苯并咪唑)}$$

5. 储存、运输和应用

包装必须严密，装在严密封口的塑料袋内，外套铝桶。储存于阴凉、干燥、通风处。要防晒、防火、防潮。按照一般化学品规定运输。

HTPB 推进剂、EPDM 绝热层防老剂。性能与防老剂 MB 相似，但其改善了防老剂 MB 的一些缺点，减少了对乳胶的不安定作用，延长并保持其作用时间，可作乳胶良好的辅助热敏化剂，还是较好的胶凝剂。与噻唑促进剂并用防止铜害的作用。

6. 毒性与防护

无毒。应避免吸入粉尘。

7. 理化分析谱图

红外光谱图见图 4-66。

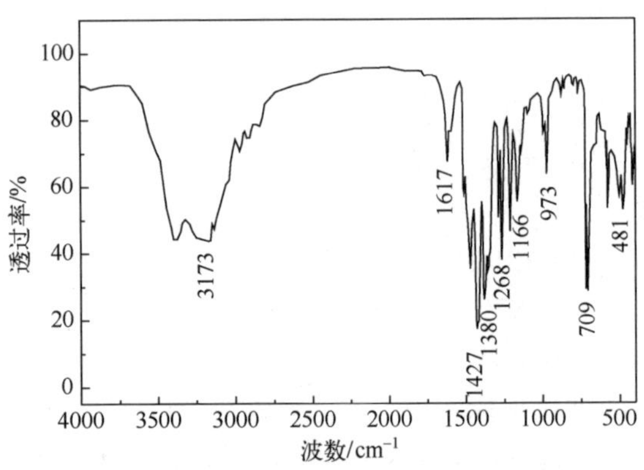

图 4-66 红外光谱

参考文献

[1] 化学工业出版社. 中国化工产品大全:上卷[M]. 2 版. 北京:化学工业出版社,1998:949-950.

[2] 王梦蛟,龚怀耀,薛广智. 橡胶工业手册:第二分册 配合剂[M]. 修订版. 北京:化学工业出版社,1989:237-238.

[3] 田帅承,王增林,张福涛,等. 防老剂在氢化丁腈橡胶复合材料中的应用研究[J]. 弹

性体,2015,25:17-20.

4.25　*N*,*N*-二正丁基二硫代胺基甲酸镍

中文名称:*N*,*N*-双(二丁胺基二硫代甲酸)镍

英文名称:*N*,*N*-dual(dibutylidine disthiformate) nickel

中文别称:二丁氨荒酸镍;*N*,*N*-双(二丁胺基二硫代甲酸)镍;光稳定剂 NBC;防老剂 NBC

英文别称:antioxidant NBC;bis(dibutyl dithio carbamato)nickel

分子式:$C_{18}H_{36}N_2NiS_4$

分子量:467.45

CAS 登记号:13927-77-0

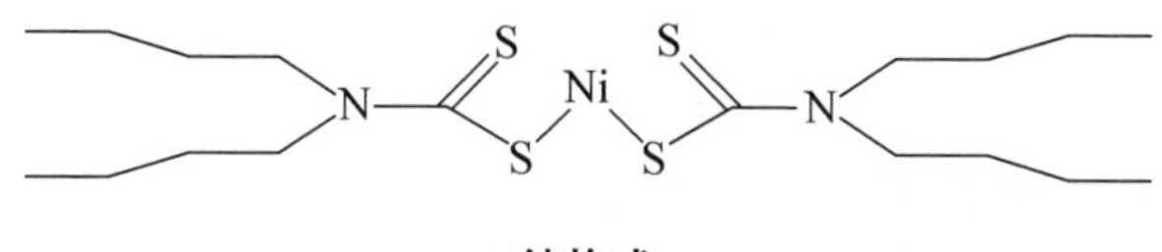

结构式

1. 物理性质

深绿色粉末。熔点 86.5~87.8℃,密度 1.26g/cm^3,溶于氯仿、苯、二硫化碳,微溶于丙酮、乙醇,不溶于水和轻油。

2. 化学性质

储存稳定,分解温度 250℃以上,闪点 263℃。分子中的碳硫双键 S ═受自由基 RO · 引发而打开形成 · S—C ·,硫所形成的自由基一部分与橡胶自由基 R · 结合生成稳定结构,另一部分自身结合形成 S—S 稳定结构,防止聚合物老化。反应式如下:

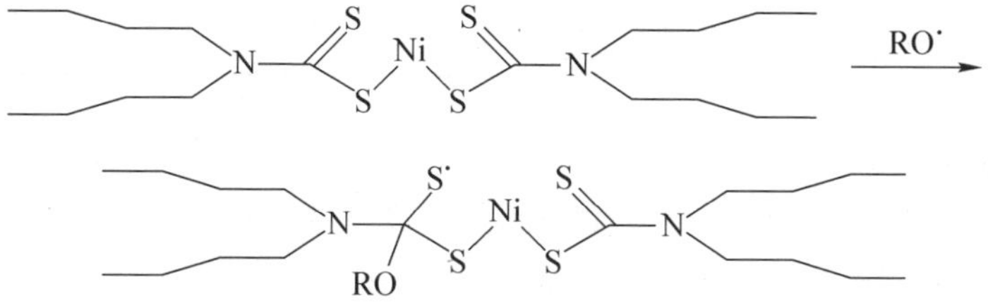

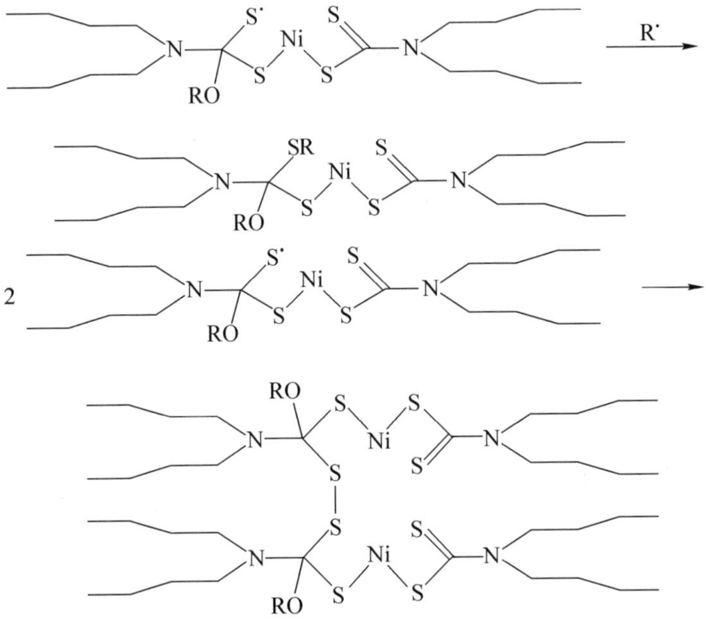

3. 理化指标和检验方法

防老剂 PM 的理化指标和检验方法见表 4-25。

表 4-25　防老剂 PM 的理化指标和检验方法

项　目	理化指标	检验方法
外观	深绿色粉末	目测法
纯度/%	98.0	液相色谱法
熔点/℃	≥86.5	熔点仪法
加热减量(100℃,4h)/%	≤0.5	重量法
灰分/%	≤0.05	重量法
筛余物(通过 32μm 筛孔)/%	≤0.5	过筛重量法

4. 制备方法

(1) 二丁胺、二硫化碳和氢氧化钠以 1.02:1:1(mol)的配比在 25~30℃反应生成二丁基二硫代胺基甲酸钠溶液,在此溶液中加入浓度为 40%~50%的氯化镍溶液,在 20~30℃进行复分解反应,生成的沉淀经水洗、干燥、粉碎得二正丁基硫代胺基甲酸镍。反应式如下:

$$CS_2+(C_4H_9)_2NH+NaOH \longrightarrow (C_4H_9)_2NCS_2Na+H_2O$$

$$2(C_4H_9)_2NCS_2Na+NiCl_2 \longrightarrow ((C_4H_9)_2NCS_2)_2Ni+2NaCl$$

（2）以 Ni 片为阳极，将二丁胺、二硫化碳和氢氧化钠直接电解得二正丁基硫代胺基甲酸镍。

阴极：$CS_2+2(C_4H_9)_2NH+2e \longrightarrow H_2+2(C_4H_9)_2NCS_2^-$

阳极：$Ni \longrightarrow Ni^{2+}+2e$

总反应：$2CS_2+2(C_4H_9)_2NH+Ni \longrightarrow H_2+((C_4H_9)_2NCS_2)_2Ni$

5. 储存、运输和应用

用铁桶包装，在阴凉、通风、干燥处，隔绝光热保存，按照一般化学品规定运输。

用作聚氯乙烯黏合剂防老剂。用于聚丙烯纤维、薄膜和窄带光稳定剂。用于丁苯、氯丁、氯磺化聚乙类等合成橡胶作防老剂，防止日光龟裂、臭氧龟裂，且可提高氯丁胶和氯磺化聚乙烯的耐热性，但无抗氧化效能，需与优良抗氧剂并用。

6. 毒性与防护

毒性小，对眼睛、呼吸系统和皮肤有一定刺激。应避免吸入粉尘，操作人员应戴防护用具。

7. 理化分析谱图

热分析谱图见图 4-67。

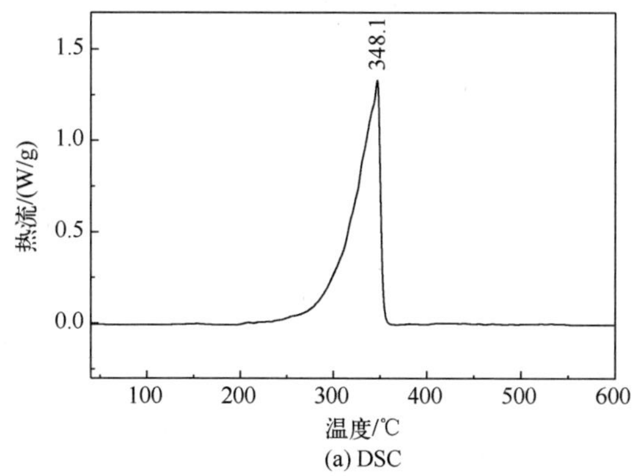

(a) DSC

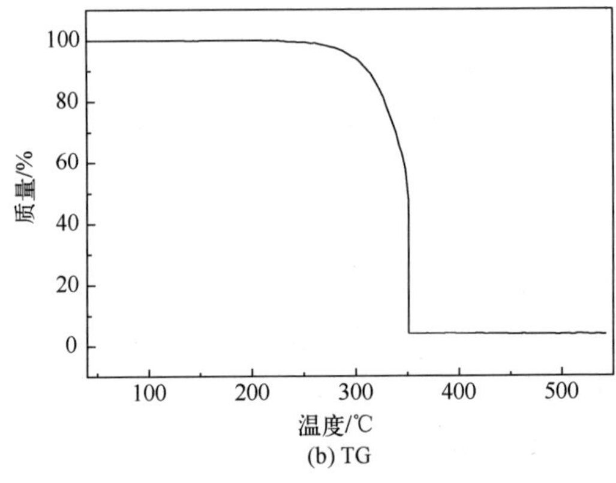

(b) TG

图 4-67 热分析谱

参考文献

[1] 王梦蛟,龚怀耀,薛广智．橡胶工业手册:第二分册 配合剂[M]．修订版．北京:化学工业出版社,1989:238.

[2] 申雄军,舒万良,周忠诚．甘油锌和光稳定剂 NBC、BZ 的光稳定作用测试与评价[J]．中国塑料,2003(01):87-88.

[3] 陈胜洲,林维明,鲁德平,等．*N*,*N*-二正丁基硫代胺基甲酸镍的直接电化学合成[J]．湖北大学学报(自然科学版),2002,24(3):238-240.

[4] 秦颖,马驹,陈春花,等．胺类防老剂及其并用对三元乙丙橡胶性能的影响[J]．合成橡胶工业,2017,40(4):320-324.

[5] 石泽宾,杨翠平．橡胶防老剂 NBC:Q/321300GHX 002—2018[S]．宿迁:江苏华星新材料科技股份有限公司,2019.

4.26 4,4′-硫代双(3-甲基-6-叔丁基苯酚)

中文名称:4,4′-硫代双(3-甲基-6-叔丁基苯酚)

英文名称:4,4′-thio bis(6-tert-butyl-3-methyl phenol)

中文别称:6-叔丁基间甲酚;抗氧剂 300

分子式:$C_{22}H_{30}O_2S$

分子量:358.54

结构式

CAS 登记号:96-69-5

1. 物理性质

白色粉末。密度 1.06~1.12g/cm^3。熔点 161~164℃,溶于苯、甲苯、甲醇、乙醇、丙酮、四氯化碳,微溶于石油醚,不溶于水。溶解度(20℃,g/100g 溶剂):甲醇 64.8,乙醇 45.9,苯 12.9,甲苯 8.5,丙酮 35.8,乙二醇 10.2,甘油 0.53,机油 1.8,汽油 0.8。

2. 化学性质

分解温度 260℃,具有酚的性质,与碱生成盐。在聚合过程中能够提供活泼氢原子,捕获引发聚合物氧化老化的过氧自由基,形成稳定的苯氧自由基,具有结合聚合物自由基的能力,可有效防止聚合物自由基向过氧自由基的转化。

3. 理化指标和检验方法

抗氧剂 300 的理化指标和检验方法见表 4-26。

表 4-26　抗氧剂 300 的理化指标和检验方法

项　　目	理 化 指 标	检 验 方 法
外观	白色晶体	目测法
4,4-硫代双(6-叔丁基间甲酚)/%	98.0	液相色谱法
熔点/℃	≥160	熔点仪法
加热减量(100℃,4h)/%	≤0.5	重量法
灰分/%	≤0.05	重量法
筛余物(通过 32μm 筛孔)/%	≤0.5	过筛重量法

4. 制备方法

间甲酚用异丁烯烷基化,得 6-叔丁基-3-甲基苯酚,然后与二氯化硫反应制得成品。反应式如下:

$$\text{HO-C}_6\text{H}_4\text{-CH}_3 + (CH_3)_2C{=}CH_2 \longrightarrow \text{HO-C}_6\text{H}_3(CH_3)(C(CH_3)_3)$$

$$2\,\text{HO-C}_6\text{H}_3(CH_3)(C(CH_3)_3) + SCl_2 \longrightarrow \text{HO-C}_6\text{H}_2(CH_3)(C(CH_3)_3)\text{-S-C}_6\text{H}_2(CH_3)(C(CH_3)_3)\text{-OH} + 2HCl$$

5. 储存、运输和应用

采用木桶内衬塑料袋包装，储存于阴凉干燥通风处。运输注意防火、防潮、防晒。

主要用于三元乙丙绝热层性能调节。具有主、辅抗氧剂的双重功能，与炭黑具有良好的协同效应，适用于各种塑料、橡胶和石油制品。天然橡胶和氯丁橡胶、丁苯橡胶、丁腈橡胶、丁基橡胶、乙丙橡胶等合成橡胶用抗氧剂。耐热、耐氧、耐曲挠性能良好。可以提高塑料的热稳定性和耐天候老化性能，尤适于聚乙烯和聚丙烯及白色、艳色和透明制品。添加量一般为 0.3% ~0.5%。当与硫代二丙酸二月桂醇酯或硫代二丙酸十八醇酯并用时，有特别好的协同效应，并能显著提高塑料的热稳定性。

6. 毒性与防护

毒性较低，LD_{50} 6000mg/kg。应避免吸入粉尘，操作人员应戴防护用具。

7. 理化分析谱图

（1）红外光谱图见图 4-68。

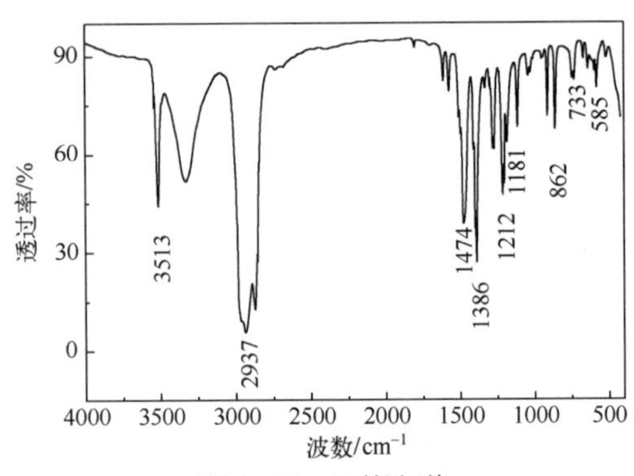

图 4-68　红外光谱

（2）质谱图见图 4-69。

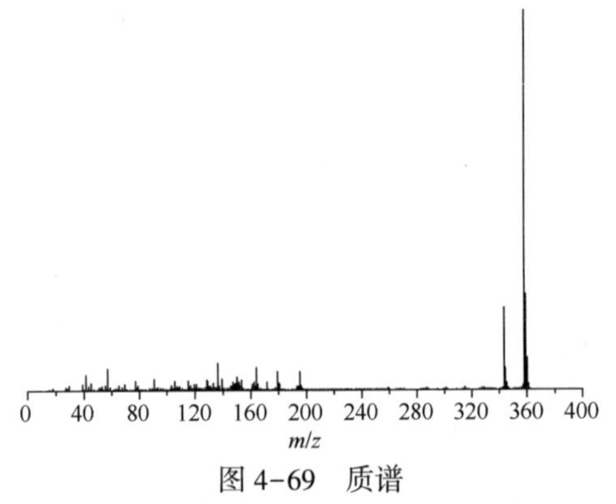

图 4-69　质谱

（3）核磁共振谱图见图 4-70。

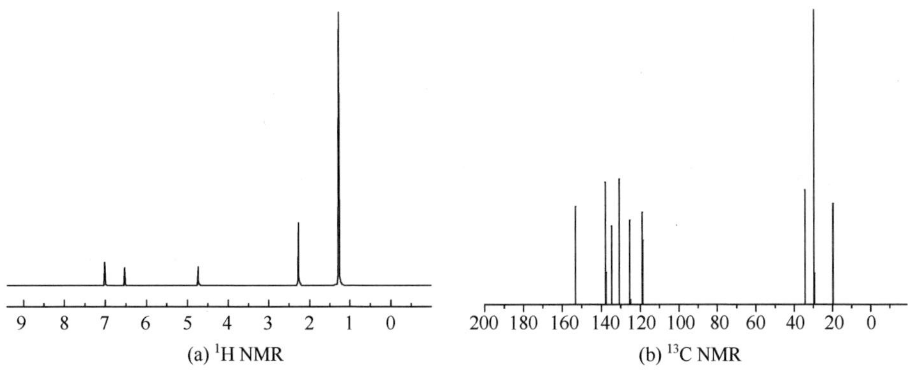

图 4-70　核磁共振谱

（4）紫外光谱图见图 4-71。

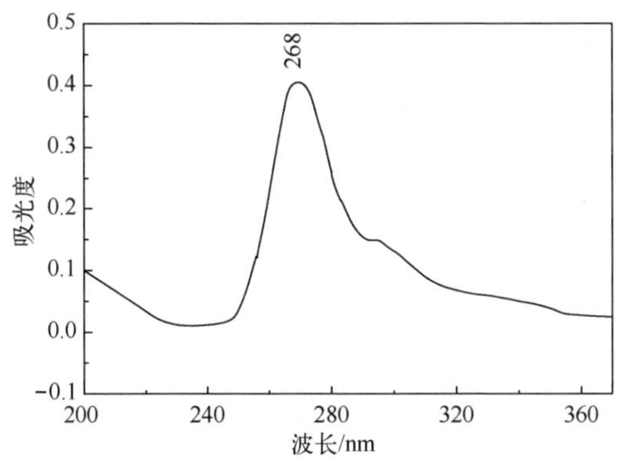

图 4-71　紫外光谱

参考文献

［1］　化学工业出版社．中国化工产品大全：上卷［M］．2 版．北京：化学工业出版社，1998：958.

［2］　王梦蛟，龚怀耀，薛广智．橡胶工业手册：第二分册　配合剂［M］．修订版．北京：化学工业出版社，1989：219.

［3］　朱永国，黄东华．抗氧剂 300：Q/0321ZWK 001-2018［S］．淄博：淄博万科化工有限公司，2018.

［4］　张威．抗氧剂 300［J］．辽宁化工，1995(04)：10-13，16.

［5］　朱永国．抗氧剂 300 的合成及应用［J］．适用技术市场，1994(07)：8-9.

[6] 印其山,蒋旭亮,钟慧萍,等. 抗氧剂300的合成与应用[J]. 精细石油化工,1991(04):25-31.

4.27 N-环己基硫代邻苯二甲酰亚胺

中文名称:N-环己基硫代邻苯二甲酰亚胺

英文名称:N-(cyclohexylthio) phthalimide

中文别称:N-环己基硫代酞酰亚胺;防焦剂CTP;防焦剂PVI

英文别称:antiscorchingagent CTP;antiscorchingagent PVI

分子式:$C_{14}H_{15}NO_2S$

分子量:261.34

CAS登记号:17796-82-6

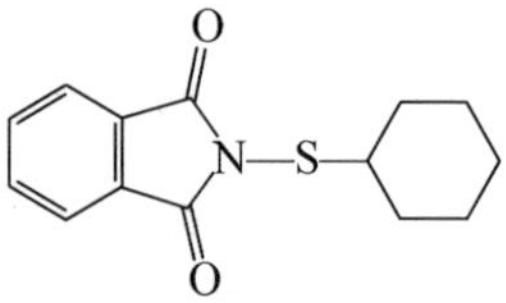

结构式

1. 物理性质

白色晶体,熔点93~94℃。密度1.25~1.35g/cm^3。溶于丙酮、苯、甲苯、乙醚、乙酸乙酯、热四氯化碳、热醇。微溶于汽油,不溶于煤油和水。

2. 化学性质

可燃。与硫磺反应,防止橡胶焦化。可分解过氧化物,生成稳定的硫氧化物和醇:

$$R'SR''+ROOH \longrightarrow R'SOR''+ROH$$

3. 理化指标和检验方法

防焦剂CTP的理化指标和检验方法见表4-27。

表4-27 防焦剂CTP的理化指标和检验方法

项目	理化指标	引用标准
外观(目测法)	白色或灰白色粉状	目测法
熔点/℃	90.0~94.0	熔点仪法
加热减量/%	≤0.30	重量法

续表

项目	理化指标	引用标准
灰分/%	≤0.10	重量法
甲苯不溶物/%	≤0.50	重量法

4. 制备方法

环己基次磺酰氯和邻苯二甲酰亚胺在三乙胺存在下,在反应温度0~5℃缩合,即可制得防焦剂CTP。反应式如下:

$$\text{邻苯二甲酰亚胺(NH)} + \text{C}_6\text{H}_{11}\text{SCl} + (C_2H_5)_3N \xrightarrow{0\sim5℃} \text{邻苯二甲酰亚胺-N—S—C}_6\text{H}_{11} + (C_2H_5)_3NHCl$$

其中,环己基次磺酰氯可由环己硫醇或二环己基二硫化物氯化反应制备。

(1) 用环己硫醇在光照下通入氯气进行氯化反应,得环己基次磺酰氯。反应式如下:

$$\text{C}_6\text{H}_{11}\text{—SH} + Cl_2 \longrightarrow \text{C}_6\text{H}_{11}\text{—SCl} + HCl$$

(2) 以二环己基二硫化物用通入氯气氯化得环己基次磺酰氯。反应式如下:

$$\text{C}_6\text{H}_{11}\text{—S—S—C}_6\text{H}_{11} + Cl_2 \longrightarrow 2\ \text{C}_6\text{H}_{11}\text{—SCl}$$

5. 储存、运输和应用

用木桶包装,防热、防潮。储存于阴凉、干燥、通风处,按一般化学品规定运输。

主要用于三元乙丙绝热层固化性能调节。是一种公认的优秀防焦剂,对所有硫黄硫化的二烯类和低不饱和度的橡胶,如天然橡胶、丁苯橡胶、丁氰橡胶、丁基橡胶、氯丁橡胶、异戊橡胶、顺丁橡胶、三元乙丙橡胶等均具有良好的防焦烧效果,能有效防止胶料在加工过程中发生早期硫化(焦烧)。防焦性能与硫磺用量有关,硫磺用量越高,效能亦越高,反之亦然。无论天然焦还是丁苯胶,当不加硫磺时,防焦剂CTP都不起作用。

6. 毒性与防护

无毒。应避免吸入粉尘。

7. 理化分析谱图

(1) 红外光谱图见图4-72。

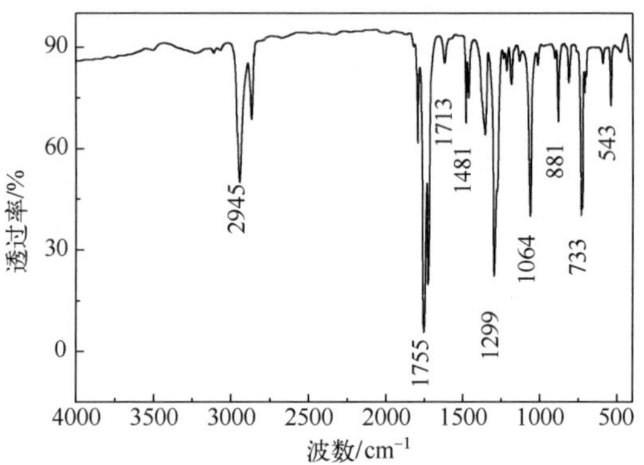

图 4-72　红外光谱

（2）质谱图见图 4-73。

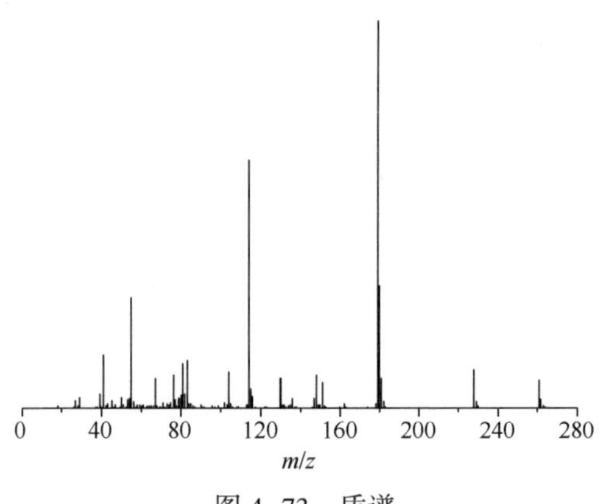

图 4-73　质谱

（3）核磁共振谱图见图 4-74。

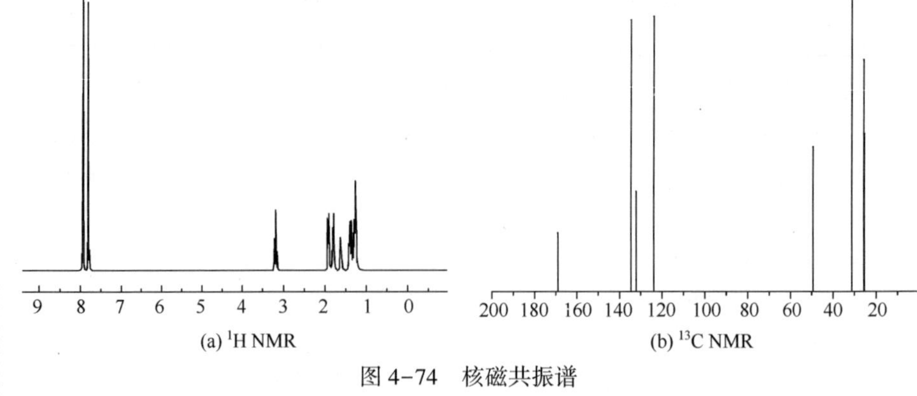

图 4-74　核磁共振谱

参考文献

[1] 化学工业出版社．中国化工产品大全:上卷[M].2 版．北京:化学工业出版社,1998:970-971.

[2] 王梦蛟,龚怀耀,薛广智．橡胶工业手册:第二分册　配合剂[M]．修订版．北京:化学工业出版社,1989:167.

[3] 宋魁景,尧红梅,郝培深．橡胶防焦剂 CTP:Q/YZJ 01—2016[S]．汤阴:河南省汤阴县永新助剂厂,2016.

[4] 张本杰．橡胶防焦剂 CTP 的合成[J]．广东化工,2005(12):70-71.

[5] 于智．橡胶防焦剂 CTP 的功用[J]．世界橡胶工业,2004(08):7-9.

[6] 李铭新,王秉章,杨丰科．防焦剂 CTP 合成技术进展[J]．辽宁化工,1995(05):24-25.

[7] 包光英．合成防焦剂 CTP 的新工艺[J]．沈阳化工学院学报,1994(03):183-188.

[8] 刘燕生,吴育生,黄炜,等．国产防焦剂 CTP 在橡胶中的应用[J]．轮胎工业,1994(05):3-7.

[9] 李惠云,张海宗．*N*-环己基硫代酞酰亚胺新合成路线探讨[J]．科技通报,1995(01):39-42.

[10] 孙惠章,王琳,刘文阁,等．*N*-环己基硫代邻苯二甲酰亚胺合成的研究[J]．山东师大学报(自然科学版),1998(04):105-107.

[11] 鲜乾元,芦晨,张桂荣,等．新型防焦剂——*N*-环己基硫代邻苯二甲酰亚胺[简称 CTP]的合成[J]．西北大学学报(自然科学版),1975(02):15-21.

4.28　硫代二丙酸双十二烷酯

中文名称:硫代二丙酸双十二烷酯

英文名称:didodecyl -3,3′-thiodipropionate

中文别称:硫代二丙酸二月桂酯;抗氧剂 DLTDP

英文别称:dilauryl thiodipropionate

分子式:$C_{30}H_{58}O_4S$

分子量:514.84

CAS 登记号:123-28-4

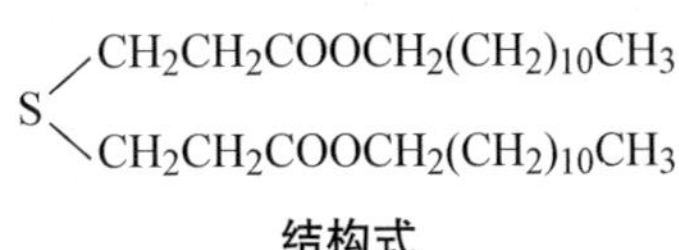

结构式

1. 物理性质

白色粉末或晶状物,熔点 40~42℃,挥发性低。密度 0.915g/cm^3。溶于苯、甲苯等,微溶于乙醇。

2. 化学性质

闪点大于 110℃,热稳定性好,200℃下 30min 损失率只有 0.7% ,易与氢过氧化物(ROOH)反应,分子中的 S 元素与氧结合为硫氧化物,中断链式反应。反应式如下:

$$ROOH + R'—S—R'' \longrightarrow R'—\overset{\overset{O}{|}}{S}—R'' + ROH$$

$$R'—\overset{\overset{O}{|}}{S}—R'' + ROOH \longrightarrow R'—\overset{\overset{O}{\|}}{\underset{\underset{O}{\|}}{S}}—R'' + ROH$$

3. 理化指标和检验方法

硫代二丙酸二月桂酯的理化指标和检验方法见表 4-28。

表 4-28 硫代二丙酸二月桂酯的理化指标和检验方法

项 目	理化指标	检验方法
外观	白色颗粒或粉末	目测法
结晶点/℃	38.5~41.5	熔点仪法
酸值(以 KOH 计)/(mg/g)	0.05	酸碱滴定法
灰分/%	≤0.01	重量法
熔融色度/(Pt-Co)号	≤60	比色法
铁(以 Fe 计)/%	$\leqslant 3\times10^{-4}$	比色法
挥发分/%	≤0.05	重量法

4. 制备方法

(1) 丙烯腈与硫化钠缩合生成硫代二丙腈酸钠,用 55% 硫酸水解生成硫代二丙酸,硫代二丙酸与月桂醇酯化生成硫代二丙酸月桂醇酯,粗酯经加丙酮热溶,用纯碱中和残余酸,压滤、结晶、过滤、干燥得成品。反应式如下:

$$2CH_2{=}CHCN+Na_2S \longrightarrow S(CH{=}CHCOONa)_2$$

$$S(CH{=}CHCOONa)_2+H_2SO_4 \longrightarrow S(CH{=}CHCOOH)_2$$

$$S(CH=CHCOOH)_2+2C_{12}H_{25}OH \longrightarrow S(CH=CHCOOC_{12}H_{25})_2+2H_2O$$

(2) 硫代二丙烯腈与月桂醇在硫酸和催化剂存在下反应生成硫代二丙酸月桂醇酯。反应式如下：

$$S(CH_2CH_2CN)_2+2\ C_{12}H_{25}OH+2H_2SO_4+2H_2O \longrightarrow$$
$$S(CH=CHCOOC_{12}H_{25})_2+2\ NH_4HSO_4$$

5. 储存、运输和应用

用内衬塑料袋塑料桶包装。储存阴凉通风处。

用于 HTPB 推进剂中作为抗氧剂，为优良的硫酯类辅助抗氧剂，广泛用于聚丙烯、聚乙烯和 ABS 等合成材料中，也可用于橡胶加工和润滑油脂中。抗氧剂 DLTP 常与酚类主抗氧剂 1076、1010 等并用，产生协同效应，可以大大提高主抗氧剂的抗氧效果，改善制品的加工性能和延长使用寿命。不污染，不着色，热加工损失小。由于抗氧剂 DLTP 毒性低，也常用于食品和食品包装等材料中。

6. 毒性与防护

抗氧剂 DLTP 无毒、不易燃、不腐蚀、不刺激、储存稳定性好。大鼠经口 LD_{50}>2500mg/kg。应避免吸入粉尘。

7. 理化分析谱图

(1) 红外光谱图见图 4-75。

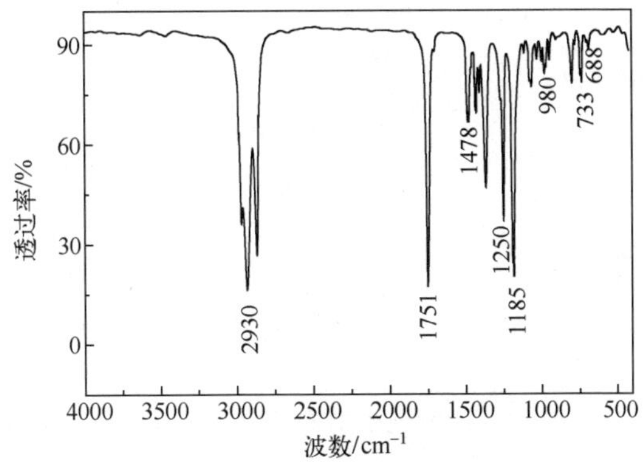

图 4-75　红外光谱

（2）质谱图见图 4-76。

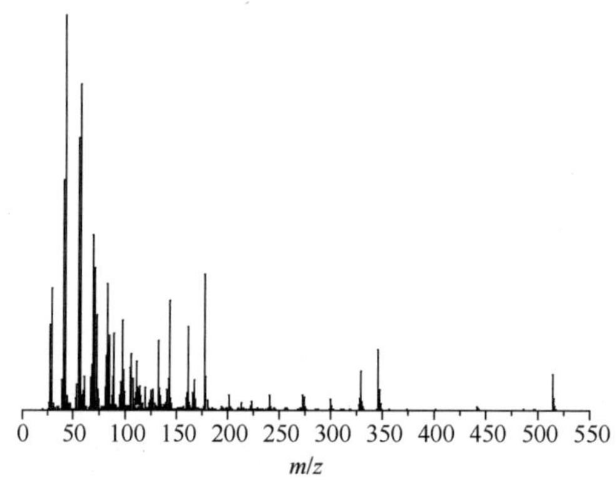

图 4-76　质谱

（3）核磁共振谱图见图 4-77。

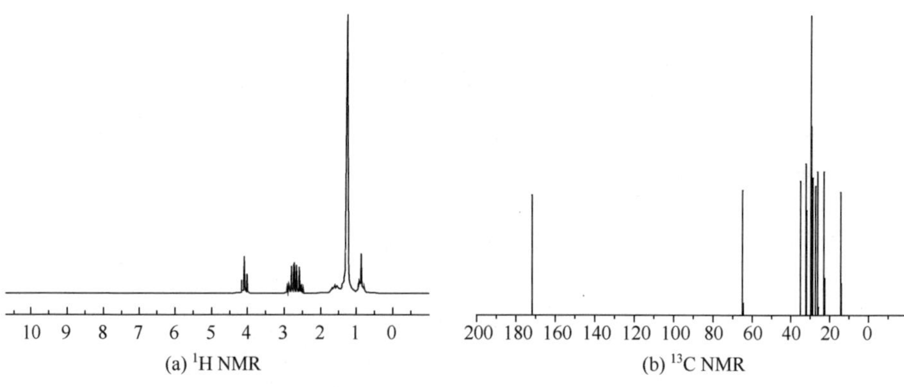

图 4-77　核磁共振谱

参考文献

[1] 化学工业出版社．中国化工产品大全:上卷[M].2 版．北京:化学工业出版社,1998:642-643.

[2] 张学平．硫代二丙酸二月桂酯纯度分析方法的研究[J]．天津化工,2009,23(4):53-55.

[3] 魏立新,焦蕾,石惠兰,等．抗氧剂 DLTDP:HG/T 2564—2007[S]．北京:中华人民共和国国家发展与改革委员会,2008.

[4] 赖旭新,郑铁武,李炎．硫代二丙酸二月桂酯应用特性的研究[J]．食品与发酵工业,1999(01):30-33.

[5]　李铭新,杨秀英．硫代二丙酸二月桂醇酯的合成[J]．青岛化工学院学报,1994(03):215-217.

[6]　李炎,易凯,金正林,等．硫代二丙酸二月桂酯对食用油脂抗氧化作用的研究[J]．食品与发酵工业,1993(03):29-33.

4.29　对苯二酚一苄醚

中文名称:对苯二酚一苄醚

英文名称:hydroquinone mono benzylether(p-(benzyloxy)phenol)

中文别称:防老剂 MBH

英文别称:antioximant MBH

分子式:$C_{13}H_{12}O_2$

分子量:200.20

CAS 登记号:103-16-2

HO—⟨苯环⟩—O—CH_2—⟨苯环⟩

结构式

1. 物理性质

浅褐色至灰色粉末。微有气味,对皮肤稍有刺激性。密度 1.23~1.29g/cm^3。熔点 108~115℃。易溶于丙酮、乙醚、乙醇、苯和碱。微溶于水,不溶于石油溶剂。

2. 化学性质

储存稳定。具有还原性,酚基团可以分解过氧化自由基,使游离基断裂,长期曝露于空气中被氧气所氧化。与有机酸反应,生成相应酸的苯酯。具有弱酸性,可与金属钠反应放出氢气。

3. 理化指标和检验方法

防老剂 ALBA 理化指标和检验方法见表 4-29。

表 4-29　防老剂 ALBA 理化指标和检验方法

项　　目	理化指标	检验方法
外观	白色晶体	目测法
熔点/℃	217~219	熔点仪法
灰分/%	≤0.10	重量法
加热减量(80℃)	≤0.25	重量法
筛余物(通过 150μm 筛孔)/%	≤60	过筛重量法

4. 制备方法

将对苯二酚、氯化苄(苄基氯)和氢氧化钠溶于乙醇中,在回流情况进行醚化反应。经冷却结晶、过滤、洗涤、干燥、打粉,即得成品。反应式如下:

$$HO-C_6H_4-OH + C_6H_5-CH_2Cl + NaOH \xrightarrow{C_2H_5OH} HO-C_6H_4-O-CH_2-C_6H_5 + NaCl + H_2O$$

5. 储存、运输和应用

用铁桶或纸板桶内衬塑料袋包装,避光保存于阴凉、干燥、通风处。按照一般化学品规定运输。

用作 HTPB 黏合剂和 HTPB 推进剂防老剂。天然橡胶、丁苯橡胶及乳胶用抗氧剂,对一般老化如热、光和曲挠有中等防护作用,对未固化胶的氧化老化防护效能较显著,亦能使未固化胶硬化以减少冷流现象。可用于白色及浅色橡胶制品、乳胶制品,但不宜与人体直接接触的橡胶制品。亦能抑制氧对不饱和树脂和油类的作用。

6. 毒性与防护

低毒。对皮肤有刺激性。生产场所应有良好的通风,操作人员应穿戴防护用品。

(1) 红外光谱见图 4-78。

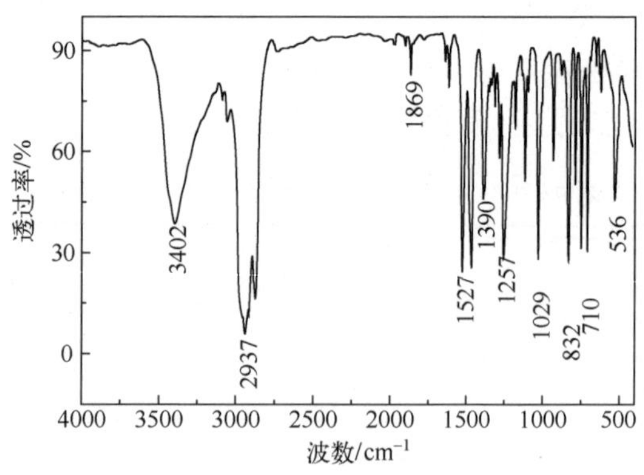

图 4-78 红外光谱

（2）质谱图见图 4-79。

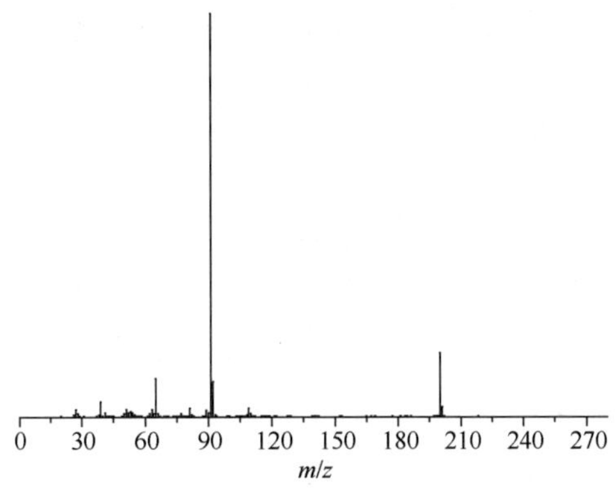

图 4-79　质谱

（3）核磁共振谱图见图 4-80。

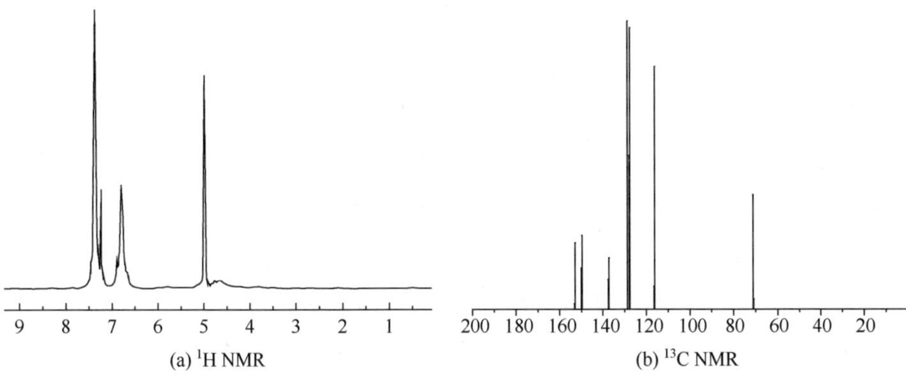

图 4-80　核磁共振谱

参考文献

[1]　王梦蛟，龚怀耀，薛广智．橡胶工业手册：第二分册　配合剂[M]．修订版．北京：化学工业出版社，1989：238.

[2]　陈良璧，李碧婵．微波法合成对苯二酚二苄醚[J]．南平师专学报，2004，23(04)：62-64.

[3]　吴赛苏，倪秀琴，蒋小红．对苯二酚二苄醚合成的新工艺[J]．化学世界，2001(09)：472-474.

4.30 对苯二酚二苄醚

中文名称:对苯二酚二苄醚

英文名称:1,4-dibenzyloxybenzene(p-bis(benzyloxy)benzene)

中文别称:防老剂 DBH;二苯甲氧基苯;对二苄氧基苯

英文别称:antioxidant DBH

分子式:$C_{20}H_{18}O_2$

分子量:290.36

CAS 登记号:621-91-0

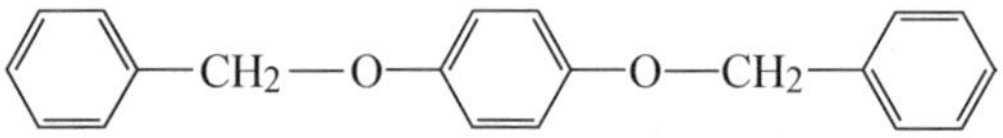

结构式

1. 物理性质

白色至土白色粉末,纯品为银白色片晶,熔点 125~130℃。溶于丙酮、热醇、苯、氯苯,难溶于乙醇、醚、汽油和水。

2. 化学性质

易燃。可以分解过氧化自由基,使游离自由基断裂。

3. 理化指标和检验方法

防老剂 DBH 理化指标和检验方法见表 4-30。

表 4-30 防老剂 DBH 理化指标和检验方法

项目	理化指标	检验方法
熔点/℃	≥125	熔点仪法
水分/%	≤1.0	卡尔·费休法
灰分/%	≤0.5	重量法
游离氯量	≤0.03	比色法
过筛率(通过 150μm 筛孔)/%	≥99.5	过筛重量法

4. 制备方法

将对苯二酚、氯化苄(苄基氯)和氢氧化钠溶于乙醇中,在回流情况进行醚化反应。先生成对苯二酚一苄醚,最终生成对苯二酚二苄醚。经冷却结晶、过滤、洗涤、干燥、打粉,即得成品。反应式如下:

$$HO-C_6H_4-OH + 2\,C_6H_5-CH_2Cl + 2NaOH \xrightarrow{C_2H_5OH} C_6H_5-CH_2-O-C_6H_4-O-CH_2-C_6H_5 + 2NaCl + 2H_2O$$

5. 储存、运输和应用

用铁桶或纸板桶内衬塑料袋包装,避光保存于阴凉、干燥、通风处。按照一般化学品规定运输。

用作聚醚推进剂防老剂。是橡胶中等程度的防老剂,适用于浅色天然橡胶、合成橡胶和不饱和制品。因防老剂 DBH 能使碱性乳胶不发生聚结,尤其适用于乳胶工业制品,主要用于制造海绵橡胶等乳胶制品。

6. 毒性与防护

低毒。对皮肤有刺激性。生产场所应有良好的通风。操作人员应穿戴防护用品。

7. 理化分析谱图

(1) 红外光谱图见图 4-81。

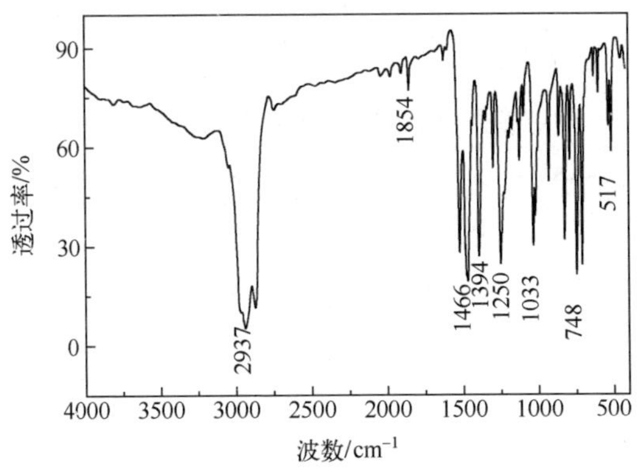

图 4-81　红外光谱

(2) 质谱图见图 4-82。

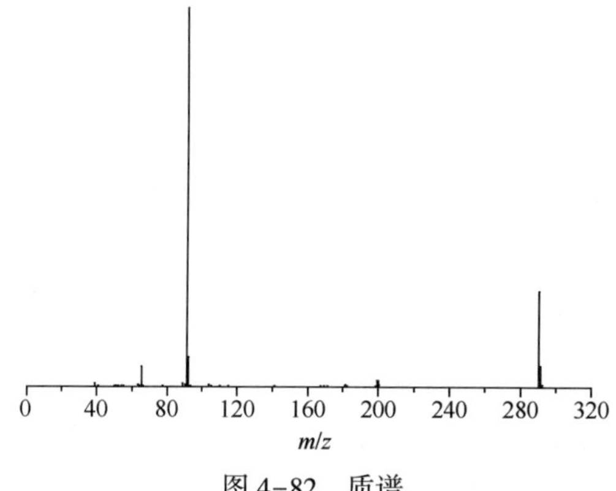

图 4-82　质谱

参考文献

[1] 化学工业出版社. 中国化工产品大全:上卷[M]. 2 版. 北京:化学工业出版社,1998:941.

[2] 王梦蛟,龚怀耀,薛广智. 橡胶工业手册:第二分册　配合剂[M]. 修订版. 北京:化学工业出版社,1989:235.

[3] 陈良璧,李碧婵. 微波法合成对苯二酚二苄醚[J]. 南平师专学报,2004(04):62-64.

[4] 吴赛苏,倪秀琴,蒋小红. 对苯二酚二苄醚合成的新工艺[J]. 化学世界,2001(09):472-474.

4.31　双十八烷基季戊四醇双亚磷酸酯

中文名称:双十八烷基季戊四醇双亚磷酸酯

英文名称:3,9-bis(octadecyloxy)-2,4,8,10-tetraoxa-3,9-diphosphaspiro[5.5]undecane

中文别称:抗氧剂 618;二亚磷酸季戊四醇二硬脂醇酯

分子式:$C_{41}H_{82}O_6P_2$

分子量:733.06

CAS 登记号:3806-34-6

$C_{18}H_{37}$—O—P(O)(O) spiro (O)(O)P—O—$C_{18}H_{37}$

结构式

1. 物理性质

白色蜡状固体，熔点 54～56℃，密度 0.940～0.960g/cm^3(25℃)，折射率 1.4610～1.4660(50℃)。溶解度(g/100g 溶剂，25℃)：苯 14.7，己烷 0.3，氯仿 45.0，丙酮 0.3，甲醇 0.3，不溶于水。

2. 化学性质

性能稳定，闪点 260℃，分解温度大于 300℃。可分解过氧化物，生成稳定的磷酸酯和醇。反应式如下：

$$R'O_3P + ROOH \longrightarrow R'O_3P=O + ROH$$

3. 理化指标和检验方法

抗氧剂 618 的理化指标和检验方法见表 4-31。

表 4-31 抗氧剂 618 的理化指标和检验方法

项 目	理化指标	检验方法
外观	白色片状或粉状固体	目测法
熔点/℃	≥54	熔点仪法
挥发分/%	≤0.4	重量法
磷/%	7.3～8.2	分光光度法
酸值/(mgKOH/g)	≤0.5	酸碱滴定法

4. 制备方法

(1) 由季戊四醇与三氯化磷反应得到二氯代季戊四醇二亚磷酸酯，二氯代季戊四醇二亚磷酸酯与十八碳醇在三乙胺存在下反应得抗氧剂 618。反应式如下：

$$C(CH_2OH)_4 + 2PCl_3 \longrightarrow Cl-O-P(OCH_2)_2C(CH_2O)_2P-O-Cl + 4HCl$$

$$Cl-O-P(OCH_2)_2C(CH_2O)_2P-O-Cl + 2C_{18}H_{37}OH \xrightarrow{N(C_2H_5)_3}$$

$$C_{18}H_{37}-O-P(OCH_2)_2C(CH_2O)_2P-O-C_{18}H_{37} + 2HCl$$

(2) 由季戊四醇、亚磷酸三乙酯、十八碳醇在有机锡催化剂催化下反应得抗氧剂 618。反应式如下：

$$(HOH_2C)_2C(CH_2OH)_2 + 2P(OC_2H_5)_3 \longrightarrow$$

$$C_2H_5O—O—P\langle_{O-CH_2}^{O-CH_2}\rangle C\langle_{CH_2-O}^{CH_2-O}\rangle P—O—OC_2H_5 + 4C_2H_5OH$$

$$C_2H_5O—O—P\langle_{O-CH_2}^{O-CH_2}\rangle C\langle_{CH_2-O}^{CH_2-O}\rangle P—O—OC_2H_5 + 2C_{18}H_{37}OH \longrightarrow$$

$$C_{18}H_{37}—O—P\langle_{O-CH_2}^{O-CH_2}\rangle C\langle_{CH_2-O}^{CH_2-O}\rangle P—O—C_{18}H_{37} + 2C_2H_5OH$$

5. 储存、运输和应用

用内衬塑料袋铁桶或编织袋包装,储存于阴凉、干燥通风的库房内。储存时防火、防晒。按照一般化学品规定运输。

用于三元乙丙绝热层辅助抗氧剂。适用于聚乙烯、聚丙烯、聚氯乙烯和聚酯等。制品透明性好,不污染,与紫外线吸收剂作用有协同效应。可用于食品包装材料。

6. 毒性与防护

无毒。应避免吸入粉尘。

7. 理化分析谱图

红外光谱图见图 4-83。

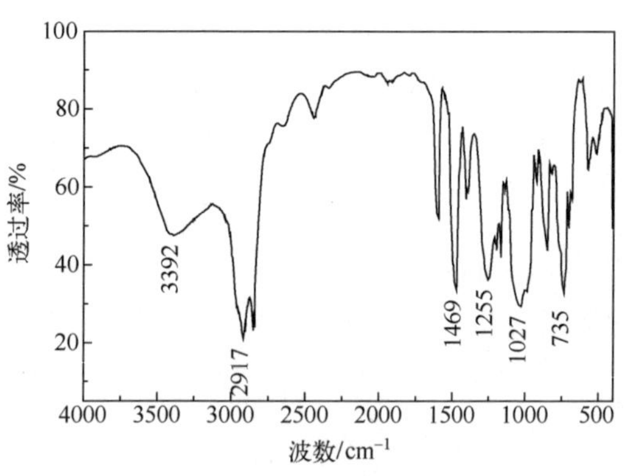

图 4-83 红外光谱

参考文献

[1] 潘朝群,江涛,陈作义. 抗氧剂 618 的合成及在聚合物加工中的应用[J]. 化学工业与

工程,2006,23(6):502-506.

[2]　尹振晏,李燕芸,胡应喜,等．双(十八烷基)季戊四醇二亚磷酸酯的合成[J]．化学世界,2001(03):144-145,165.

[3]　刘霞,胡应喜,李燕芸,等．二亚磷酸二硬脂醇季戊四醇酯的合成新工艺[J]．石油化工高等学校学报,2002(02):37-39.

[4]　苑哲．塑料用稳定剂 SPEP(抗氧剂 618):Q/JLBYX 02—2019[S]．吉林:吉林市博禹祥实工贸有限公司,2019.

第5章 绝热层黏合剂

绝热层是在发动机燃烧室壳体内表面和推进剂之间的保护层,亦称为内绝热层,是一种耐烧蚀高分子复合材料。由于固体推进剂燃烧温度高达3000℃以上,加上高压燃气流的冲刷,金属材料是难以承受的。绝热层的作用是通过自身的缓慢燃烧损失,保证燃烧室壳体在高温高压燃气环境下不失强、不烧穿,使发动机在静态试验和飞行过程中可靠地工作。绝热层黏合剂一般是分解温度高、易碳化的高分子材料,与硫化剂、增强剂和阻燃剂等一起配制成橡胶软片或黏合剂。绝热层要求其强度适中、密度较小、隔热性好。橡胶型还要求断裂伸长率较大,通过黏合剂黏贴在发动机燃烧室壳体内;黏合剂型绝热层是通过浇注、喷涂、挤压、刮涂成型于燃烧室壳体内壁上。

5.1 酚醛树脂

中文名称:酚醛树脂

英文名称:phenol formaldehyde resin

中文别称:电木;电木粉

英文别称:PF;phenolic resin;bakelite

分子量:124(单元结构)

分子式:$(C_6H_6O \cdot CH_2O)_x$

CAS 号:9003-35-4

结构式

1. 物理性质

酚醛树脂也称电木，又称电木粉，是一种合成塑料，无色或黄褐色透明固体，市场销售往往加着色剂而呈红、黄、黑、绿、棕、蓝等颜色，有颗粒、粉末状。密度 1.30~1.32g/cm^3，不溶于水，溶于丙酮、乙醇等有机溶剂中。力学性能和电气性能良好，易于切割。

2. 化学性质

耐热性、耐燃性、耐水性和绝缘性优良，耐弱酸和弱碱，遇强酸发生分解，遇强碱生成盐，水溶性增加，表现为发生腐蚀。酚醛树脂最重要的特征就是耐高温性，燃烧低烟低毒。

酚醛树脂可以分为热塑性和热固性两种。

热塑性酚醛树脂为线性酚醛树脂，不含有能进一步反应的基团。如使其交联固化，必须加入交联剂。

热固性酚醛树脂不需加入交联剂，在加热和酸的作用下即可交联固化。据其反应程度的深浅，可分为 A、B、C 三个阶段。A 阶段酚醛树脂几乎无交联，加热和加溶剂时可分别熔化和溶解。B 阶段酚醛树脂交联程度不深，加热和加溶剂时可分别软化（但不溶化）和溶胀（但不溶解）。C 阶段酚醛树脂交联程度很深，成为体型高分子，加热和加溶剂既不软化、熔化，也不溶胀溶解。

3. 理化指标和检验方法

酚醛树脂理化指标和检验方法见表 5-1。

表 5-1　酚醛树脂理化指标和检验方法

项　　目	理化指标						检验方法
	通用(A)		耐热(C)		电气(E)		
	PF2A4	PF2A5	PF2C3	P2C4F	PF2E2	PF2E3	
体积系数	≤3.0	≤3.0	≤4.0	≤3.0	≤3.0	≤4.0	GB/T 8324
密度/(g/cm^3)	≤1.45	≤1.60	≤2.0	≤2.0	≤1.85	≤1.95	GB/T 1033
弯曲强度/MPa	≥70	≥70	≥60	≥50	≥45	≥50	GB/T 9341
冲击强度/(kJ/m^2)	≤1.5	≤1.5	≤2.0	≤1.0	≤1.0	≤1.3	GB/T 1043

续表

项　目	理化指标						检验方法
	通用(A)		耐热(C)		电气(E)		
	PF2A4	PF2A5	PF2C3	P2C4F	PF2E2	PF2E3	
热形变温度/℃	≥140	≥140	≥155	≥150	≥140	≥140	GB/T 1634
绝缘电阻/Ω	$\geqslant 10^9$	$\geqslant 10^9$	$\geqslant 10^8$	$\geqslant 10^8$	$\geqslant 10^{12}$	$\geqslant 10^{12}$	GB/T 10064
吸水率/%	≤40	≤40	≤40	≤30	≤15	≤15	GB/T 1034

4. 制备方法

合成酚醛树脂常用的原料有苯酚、甲酚、间苯二酚、间甲酚、对叔丁基酚和甲醛、糠醛等,以苯酚和甲醛树脂最为重要。热塑性酚醛树脂是在酸性催化剂(如盐酸、草酸、磷酸)、酚过量(酚与醛摩尔比为 6/5 或 7/6)的条件下,经缩聚制得,热固性酚醛树脂是醛过量(醛与酚摩尔比为 7/6),在碱性(如氢氧化钠、氢氧化钡、氨水)催化剂中缩聚而成。酚醛树脂是酚和醛经缩聚反应生成的一系列合成树脂,分为两个阶段。

(1) 羟甲基化反应:

OH-C6H5 + HCHO → o-HOC6H4-CH_2OH + p-HOC6H4-CH_2OH

(2) 缩聚反应:

o-HOC6H4-CH_2OH + HOH_2C-C6H4OH-o → o-HOC6H4-CH_2-O-CH_2-C6H4OH-o

---→ ~~C6H3(OH)-CH_2-C6H3(OH)-CH_2-C6H2(OH)(~~)-CH_2-C6H2(OH)(~~)~~

5. 储存、运输和应用

塑料桶或铁桶包装,储存于阴凉、通风的库房,远离火种、热源。应与氧化剂分开存放,切忌混储。储区应配备相应品种和数量的消防器材。

酚醛树脂作为固体推进剂绝热层黏合剂,一般采用高温酚醛树脂、苯基硅烷和聚酰胺改性酚醛,填料采用石棉、碳纤维、尼龙纤维、玻璃纤维等,耐烧蚀性能好,广泛应用于高温燃气流冲刷较为严重的部位,如燃烧室后开口、后端盖、喷管扩张段及收敛段等。还作为复合材料壳体和绝热层配套使用。在民用上用途十分广泛。体型酚醛树脂主要用作金属如镀锌钢和铝合金类容器的涂料,通常需要加入环氧树脂以改进其柔软性和金属的黏结性。线型酚醛树脂的活性低,在醇、酮和酯等极性溶剂中有极好的溶解性。主要用作家具、木器和玩具等的抛光漆,加入少量醇酸树脂或聚乙烯丁醛树脂可以改善漆膜的柔软性。线型酚醛树脂具有高的双电子常数,因而也可用作电绝缘涂料。线型酚醛树脂在涂料中的应用不及体型酚醛树脂的大。改性的酚醛树脂经常与氯化橡胶一起用作船舶的防污涂料。

6. 毒性与防护

本身无毒,其分解产物有毒。应避免吸入粉尘。

7. 理化分析谱图

(1) 红外光谱图见图 5-1。

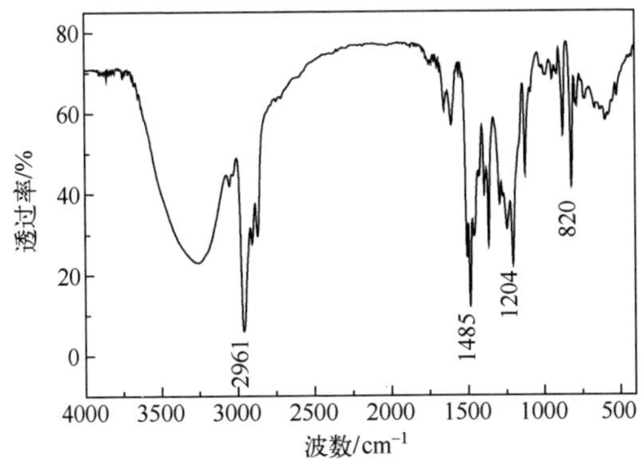

图 5-1 红外光谱

（2）核磁共振谱图见图 5-2。

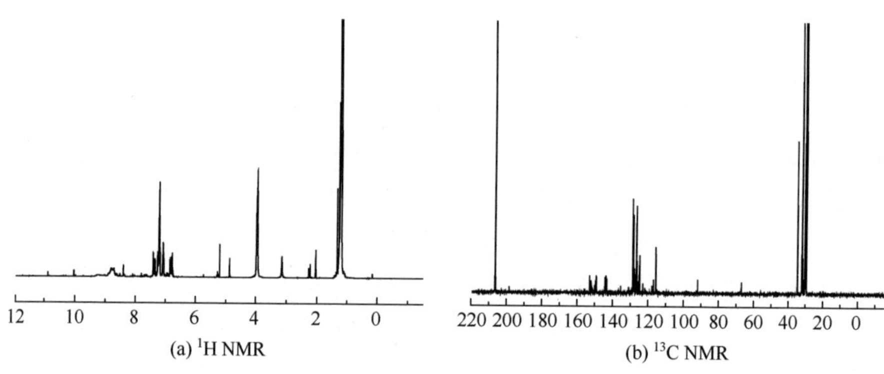

图 5-2　核磁共振谱

（3）热分析谱图见图 5-3。

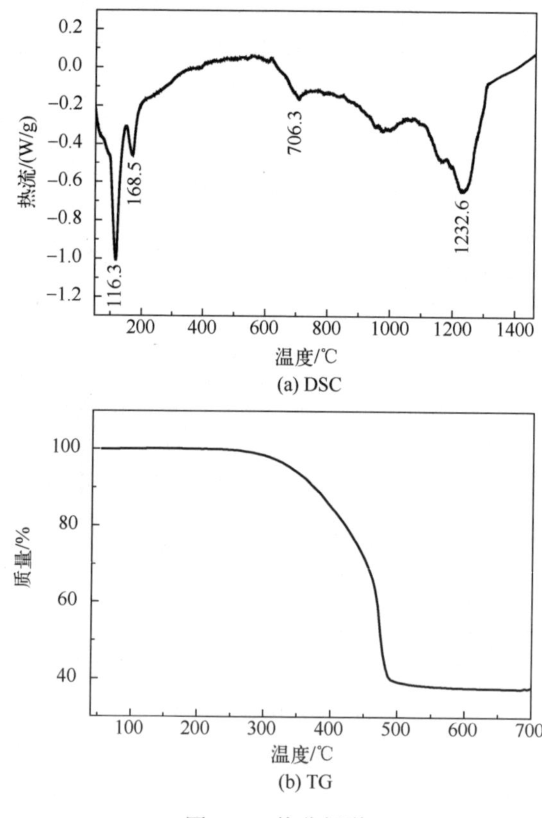

图 5-3　热分析谱

参考文献

[1]　武利民. 现代涂料配方设计[M]. 北京:化学工业出版社,2000:48-49.
[2]　宋心琦,实用化学化工辞典[M]. 北京:宇航出版社,1995:132.
[3]　沈敏如,汪洋,陆庆云,等. 酚醛模塑料:GB1404—1995[S]. 北京:国家技术监督总局,1995.

5.2　三元乙丙橡胶

中文名称:三元乙丙橡胶

英文名称:ethylene propylene diene monomer terpolymer

中文别称:三元乙丙

英文别称:EPDM

分子量:重均 $2\times10^5 \sim 4\times10^5$

CAS 号:23627-24-9

$$\left[\left(CH_2 - CH_2 \right)_x \left(CH(CH_3) - CH_2 \right)_y \left(CH_2 - CH(CH_2 - CH{=}CH - CH_3) \right)_z \right]_n$$

结构式

1. 物理性质

三元乙丙橡胶耐低温性好,电绝缘性能好。密度 $0.85 \sim 0.86 g/cm^3$,三元乙丙橡胶不溶于极性溶剂,吸水率低,线性 PF 高温下可溶解于二氯苯、氯代苯(>100℃),可在甲苯、二甲苯中溶胀,部分溶解。配合时有容纳高量填料和油类的承受能力。可与不饱和橡胶、低不饱和橡胶和塑料相容并用。

2. 化学性质

三元乙丙橡胶是乙烯、丙烯和非共轭二烯烃的三元共聚物。其主要聚合物链是完全饱和的,具有耐臭氧性、耐候性、耐热性和耐化学稳定性。第三单体二烯烃具有特殊的结构,只有一个双键能共聚,另一个不饱和双键不会成为聚合物主链,只会成为边侧链,不饱和的双键主要是作为交联基团进一步硫化。因此 EPDM 的主要化学反应是双键的固化反应。一般用自由基引发剂进行硫化,如过氧化二异丙苯等,或采用硫磺加促进剂配合的方式硫化。

3. 理化指标和检验方法

三元乙丙橡胶理化指标和检验方法见表 5-2。

表 5-2　三元乙丙橡胶理化指标和检验方法

项　　目	理化指标					检验方法
	3070	3091	X-4010	4021	4045	
外观	白色	白色	白色	白色	白色	目视法
门尼黏度 $ML_{1+4}^{100℃}$	62~76	54~68	5~11	19~29	40~50	门尼黏度仪法
乙烯/%	58.5	62.5	63	53	56	红外光谱法
碘值	13	15	22	22	22	碘量法
二烯烃/%	5.3~7.2	6.2~8.1	9.5~11.5	9.5~11.5	9.5~11.5	红外光谱法
密度/(g/cm³)	0.86	0.87	0.87	0.87	0.87	密度计法
挥发分/%	<0.75	<0.75	<0.75	<0.75	<0.75	重量法
钒/×10⁻⁶	<15	<15	<15	<15	<15	ICP/比色法
灰分/%	<0.1	<0.1	<0.1	<0.1	<0.1	重量法
特性	硫化快物性好		硫化极快挤出性好			

弹性体的分子量通常用门尼黏度表示。在三元乙丙橡胶的门尼黏度中,这些值是用门尼黏度计在高温下得到的,通常为 100℃,以便消去由高乙烯质量分数所产生的结晶化影响。三元乙丙橡胶的门尼黏度在 5~100。更高分子量的商用三元乙丙橡胶也有生产,但一般都充油,以便混炼。

三元乙丙橡胶的分子量和分子量分布可以通过凝胶渗透色谱法使用二氯苯作为溶剂在高温下(150℃)测量而得。分子量分布通常以重均分子量与数均分子量的比例表示。根据普通和高度支化的结构,这个值在 2~5 之间变化。

4. 制备方法

三元乙丙橡胶系乙烯和丙烯单体经溶液在齐格勒-纳塔催化剂引发下,加入少量第三单体非共轭二烯烃共聚合而得。在三元乙丙橡胶生产过程中,通过改变三单体的数量、乙烯丙烯比、分子量及其分布以及硫化的方法可以调整其特性。三元乙丙橡胶生产中第三单体主要是乙叉降冰片烯(ENB)和双环戊二烯(DCPD)。三元乙丙橡胶中最广泛使用的是 ENB,它比 DCPD 产品硫化要快得多。在相同的聚合条件下,第三单体的本质影响着长链支化,按以下顺序递增:EPM<EPDM(ENB)<EPDM(DCPD)。

随着二烯烃第三单体的增加,将会有下列影响发生:更快硫化率,更低的压缩形变,高定伸,促进剂选择的多样性,减少防焦性和延展性,更高的聚合物成本。

乙烯丙烯比可以在硫化阶段进行改变，商业的三元乙丙聚合物乙烯丙烯比由 80/20 变化到 50/50。当乙烯丙烯比由 50/50 变化到 80/20 时，正面的影响有：更高的压坯强度，更高的拉伸强度，更高的结晶化，更低的玻璃化转变温度，能将原材料聚合物转化成丸状，以及更好的挤出特性。不好的影响就是不好的压延混合性、较差的低温特性，以及不好的压缩形变。当丙烯比例更高时，好处就是更好的加工性能、低温特性以及压缩形变等。

5. 储存、运输和应用

用复合袋或聚丙烯编织袋，内衬聚乙烯薄膜包装，储存在常温、通风、干燥、清洁的仓库中，严禁露天堆放和日光照射。运输过程中，应采取措施，防止日光照射和雨水淋泡，避免包装破损和混入杂物。

三元乙丙橡胶（EPDM）在固体推进剂领域主要用途为固体火箭发动机燃烧室内绝热层黏合剂。EPDM 绝热层具有密度低、耐烧蚀、耐老化等优点，已逐步取代丁腈（NBR）类绝热材料。由于 EPDM 本身的耐烧蚀性能无法满足固体发动机中高温、高压、高速气流冲刷的环境使用要求，因此 EPDM 作为燃烧室绝热层使用时，必须加入纤维材料如芳纶纤维、阻燃剂、固体填料（如白炭黑）以提高其耐烧蚀性能。用于汽车工业、电线电缆工业、建筑和防水材料、工业橡胶制品、民用制品，与其他橡胶和塑料树脂等并用或共混，以及用作添加剂。

6. 毒性与防护

无毒。

7. 理化分析谱图

（1）红外光谱图见图 5-4。

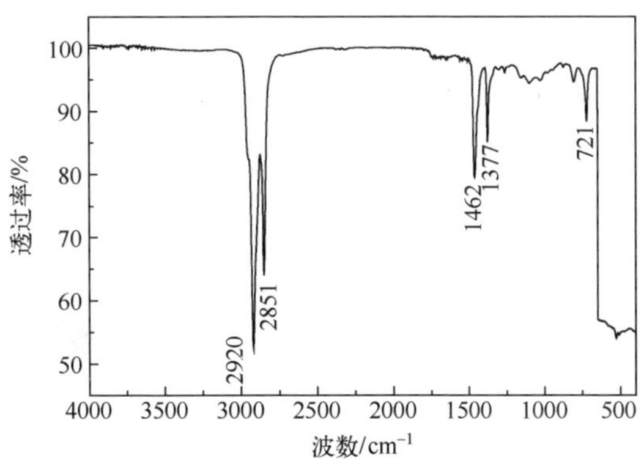

图 5-4　红外光谱

（2）核磁共振谱图见图 5-5。

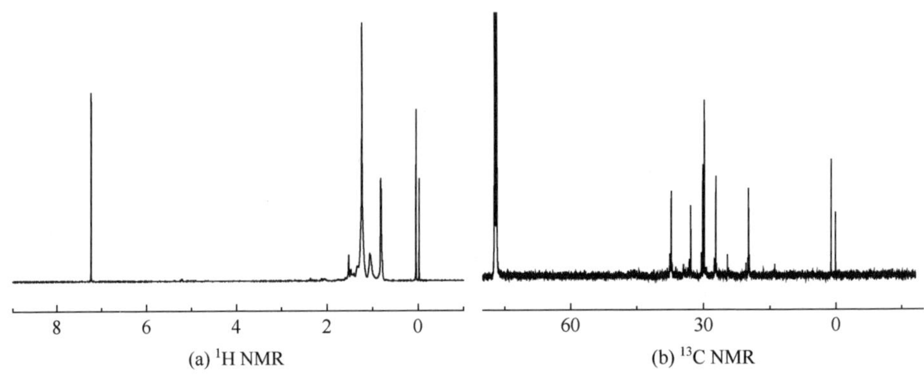

图 5-5　核磁共振谱

（3）热分析谱图见图 5-6。

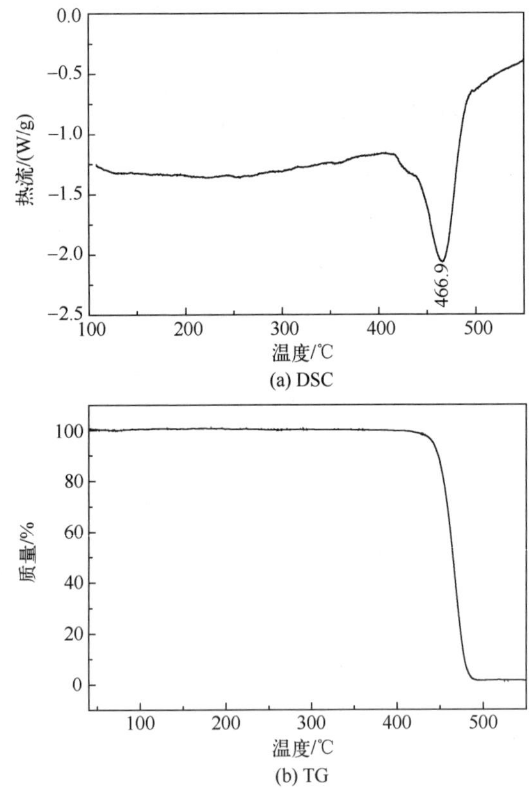

图 5-6　热分析谱

参考文献

[1] 谢遂志,刘登祥,周鸣峦. 橡胶工业手册:第一分册　生胶与骨架材料[M]. 北京:化学工业出版社,1989,263-273.

[2] 化学工业出版社. 中国化工产品大全:上卷[M].2 版. 北京:化学工业出版社,1998:1549-1550.

[3] 于清溪. 橡胶原材料手册[M]. 北京:化学工业出版社,1996:91-92.

[4] 唐斌,李晓强,王进文. 乙丙橡胶应用技术[M]. 北京:化学工业出版社,2005:343.

[5] 汪建丽,王红丽,熊治荣. 三元乙丙橡胶绝热层在固体火箭发动机中的应用[J]. 宇航材料工艺,2009,39(2):12.

[6] 曹军,房雷. 三元乙丙橡胶绝热层的烧蚀特性研究[J]. 航空兵器,2015(2):46-49.

[7] 李军强,肖啸,刘庆,等. 六(2,4,6-三溴苯氧基)环三磷腈对固体推进剂三元乙丙橡胶包覆层性能的影响[J]. 火炸药学报,2019,42(3):289.

[8] 何吉宇,郝会娟,周续源,等. 添加有机氟化物的固体复合推进剂对 EPDM 绝热材料烧蚀特性研究[J]. 推进技术,2019,40(10):2350.

[9] 凌玲,陈德宏,周俊,等. 芳纶纤维对 EPDM 绝热层烧蚀性能的影响[J]. 固体火箭技术,2019,42(4):529.

[10] 凌玲,吴磊,陈雯,等. 硫化剂种类对 EPDM 绝热层性能的影响研究[J]. 固体火箭技术,2021,44(4):532-538.

5.3 丁腈橡胶

中文名称:丁腈橡胶

英文名称:nitrile butadiene rubber

中文别称:聚丙烯腈丁二烯;丁二烯丙烯腈共聚物;丁腈

$$-\!\left(\mathrm{CH_2-CH=CH-CH_2}\right)_m\!\left(\mathrm{CH_2-CH(CN)}\right)_n$$

结构式

英文别称:NBR;poly(acrylonitrile-co-butadiene);1,3-butadiene acrylonitrile polymer

分子量:107(单元结构)

分子式:$(C_4H_6)_m-(C_3H_3N)_n$

CAS 号:9003-18-3

1. 物理性质

丁腈橡胶外观为黄褐色或黄色带状或碎块有弹性胶,密度 0.98g/cm^3,玻璃化转变温度-55℃。耐低温和高温性能良好,耐油性极好,耐磨性较高,黏接力强。其缺点是绝缘性能低劣,弹性稍低。在非极性或弱极性的脂肪烃、矿物油、动植物油、液体燃料和溶剂中有较高的稳定性,丙烯腈质量分数越高耐油性越好。而芳烃溶剂、酮、酯等极性物质则对其有溶胀作用。气密性较好,仅次于丁基橡胶。

2. 化学性质

丁腈橡胶一般系指由丁二烯和丙烯腈经乳液聚合制得的无规共聚物,也包括添加少量第三单体的改性品种。丁腈橡胶由于含有易被电场极化的腈基,因而降低了介电性能,属于半导体橡胶。门尼黏度在65以下的软丁腈橡胶一般不需要塑炼,而门尼黏度在90~120的硬丁腈橡胶可塑性低,加工工艺性能差,加工前应进行充分塑炼。总体来说,由于丁腈橡胶韧性大,收缩剧烈,生热大,塑炼较为困难。与丁腈橡胶配伍的树脂主要是酚醛树脂和环氧树脂,在密封胶中则主要是酚醛树脂。树脂在胶中的作用主要是改善胶的耐热性、黏接力、刚度和交联基团。

丁腈橡胶热稳定性较好,分解温度300℃以上。采用硫磺固化,硫化曲线平坦,硫化速度比天然橡胶慢,工业上丁腈橡胶制品的硫化温度一般为149~171℃,但有时为了提高产量,缩短硫化周期,也可采用204℃以上的硫化温度。其双键易被臭氧氧化打开,生成羟基,部分橡胶分子链发生交联反应,氰基可被硫酸消解,转化为硫酸氢铵。

3. 理化指标和检验方法

丁腈橡胶中丙烯腈质量分数有42%~46%、36%~41%、31%~35%、25%~30%、18%~24%等五种。国内最常用的几种牌号的理化指标和检测标准见表5-3。

表5-3 丁腈橡胶理化指标和检验方法

项目	理化指标				测试方法
	NBR-2707		NBR-1704	NBR-3604	
	合格品	一级品	合格品	合格品	
外观	黄褐色或黄色带状或碎块胶	黄褐色或黄色带状	黄褐色或黄色带状或碎块胶	黄褐色或黄色带状或碎块胶	目测法
挥发分/%	≤1.00	≤0.75	≤0.80	≤0.80	重量法
总灰分/%	≤1.00	≤1.00	≤1.00	≤1.00	重量法
防老剂D/%	≥1.0	≥1.0	≥1.0	≥1.0	液相色谱法
结合丙烯腈/%	27~30	27~30	17~20	36~40	元素分析仪法/化学滴定法

续表

项　　目	理化指标				测试方法
	NBR-2707		NBR-1704	NBR-3604	
	合格品	一级品	合格品	合格品	
拉伸强度/MPa	≥27.0	≥27.1	≥22.0	≥27.5	哑铃状试样法
断裂伸长率/%	≥425	≥450	≥390	≥400	哑铃状试样法
溶胀度/%	≤38	≤38	≤70	≤20	重量法
生胶门尼黏度 $ML_{1+4}^{100℃}$	70~120	70~95	40~65	40~65	门尼黏度仪法

4. 制备方法

丁腈橡胶是由丁二烯和丙烯腈经乳液聚合法制得的，丁腈橡胶主要采用低温乳液聚合法生产，高温丁腈橡胶作为传统品种，国内外仍有少量生产。聚合温度早期为 30~50℃，即高温聚合丁腈橡胶，目前聚合温度多采用 5~10℃，即低温乳液聚合丁腈橡胶。聚合引发剂为热聚合采用无机过氧化物(如过硫酸盐)，冷聚合采用氧化还原引发剂(如过氧化氢和二价铁盐共存的催化体系)。聚合度调节剂为长链烷基硫酸等。乳化剂为阴离子表面活性剂、松香酸皂和脂肪酸皂等。电解质为氯化钾、磷酸钠和硫酸钠等。聚合终止剂为氢醌类、二甲基二硫代胺基甲酸盐类等。

聚合工艺过程如下：

(1) 碳氢相、水相、助剂的配制。将一定比例的丁二烯、丙烯腈混合均匀，制成碳氢相。在乳化剂中加入氢氧化钠、焦磷酸钠、三乙醇胺、软水等制成水相，并配制引发剂等待用。将碳氢相和水相按一定比例混合后送入乳化槽，在搅拌下经充分乳化后送入聚合釜。

(2) 聚合。往聚合釜内直接加入引发剂，在一定温度(工艺条件聚合温度为 13℃)的釜内进行聚合反应，尔后分批加入调节剂，以调节橡胶的分子量。聚合反应进行至规定转化率时，加入终止剂终止反应，并将胶浆卸入中间储槽。

(3) 脱气。经过终止后的胶浆，送至脱气塔，减压闪蒸出丁二烯，然后借水蒸气加热及真空脱出游离的丙烯腈。丁二烯经压缩升压后循环使用，丙烯腈经回收处理后再使用。

(4) 后处理。经脱气后的胶浆加入防老剂 D，过滤除去凝胶后，用食盐水凝聚成颗粒胶，经水洗后挤压除去水分，再用干燥机干燥，经干燥后的橡胶含水量应低于 1%。然后包装即得成品橡胶。

反应式如下：

$$m\mathrm{CH_2{=}CH{-}CH{=}CH_2} + n\mathrm{CH_2{=}CHCN} \longrightarrow \mathrm{-\!\!\left(\overset{H_2}{C}-\underset{H}{C}{=}\underset{H}{C}-\overset{H_2}{C}\right)_{\!m}\!\!\left(\overset{H_2}{C}-\underset{H}{\overset{CN}{C}}\right)_{\!n}}$$

5. 储存、运输和应用

用硬纸桶纸袋包装，存放于常温、通风、干燥、清洁的仓库中，严禁露天堆放或日光照射。运输过程中，应采取措施，防止日光照射和雨水淋泡，运输车辆应整洁，避免包装破损和杂物混入。

在固体推进剂领域主要作为固体火箭发动机燃烧室内绝热层黏合剂。目前已部分被 EPDM 取代，但仍有应用。主要用于制作耐油橡胶制品，广泛用于制造密封件、垫片、垫圈等模制品和压出制品，各种橡胶胶辊、耐油胶管、工业用品和黏合剂等。耐热性优于天然橡胶、丁苯橡胶、氯丁橡胶，可在空气中 120℃ 长期使用，若隔绝空气则可在 160℃ 下使用。耐热性和气密性均随丙烯腈质量分数的增加而提高。随丙烯腈结合量的提高，橡胶密度、加工性、硫化速度、强度、硬度、耐磨性、耐油性以及与极性聚合物的互溶性也有提高，而回弹性、耐寒性、耐低温性下降，丙烯腈质量分数越高，耐寒性越差。因是非结晶性橡胶，生胶强度较低，需配入补强剂，提高结合丙烯腈量有助于增高强度和耐磨性，但弹性下降。

6. 毒性与防护

橡胶本身无毒，其中的挥发分、工艺助剂有低毒，高温使用时注意通风。

7. 理化分析谱图

（1）红外光谱图见图 5-7。

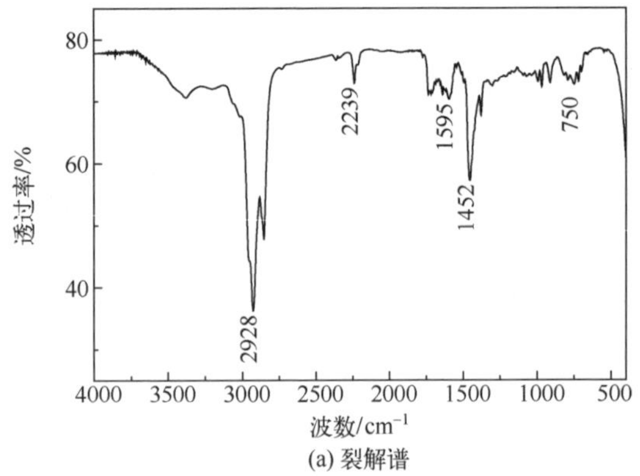

(a) 裂解谱

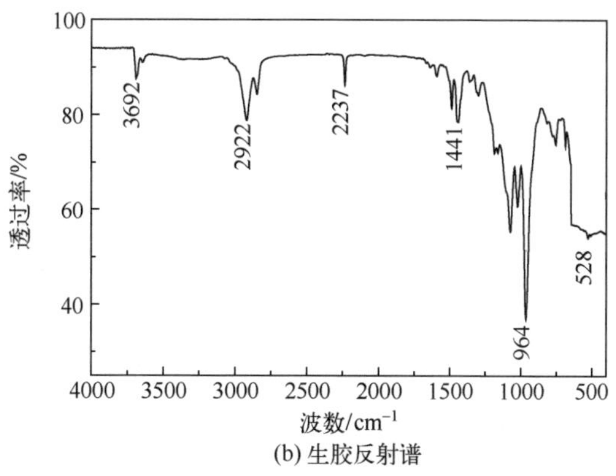

(b) 生胶反射谱

图 5-7　红外光谱

（2）核磁共振谱图见图 5-8。

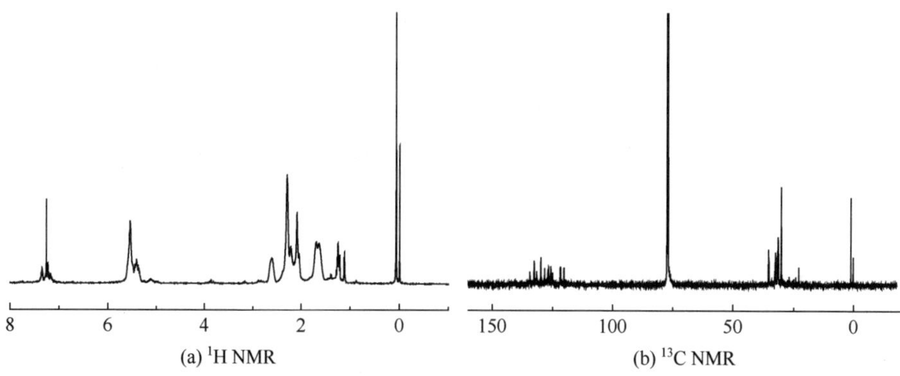

(a) ^{1}H NMR　　(b) ^{13}C NMR

图 5-8　核磁共振谱

（3）热分析谱图见图 5-9。

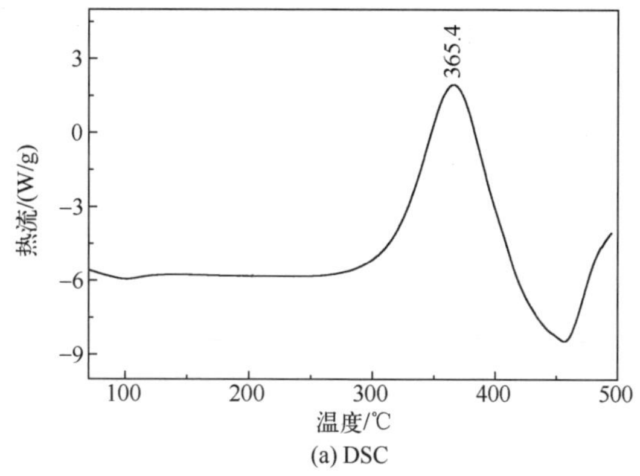

(a) DSC

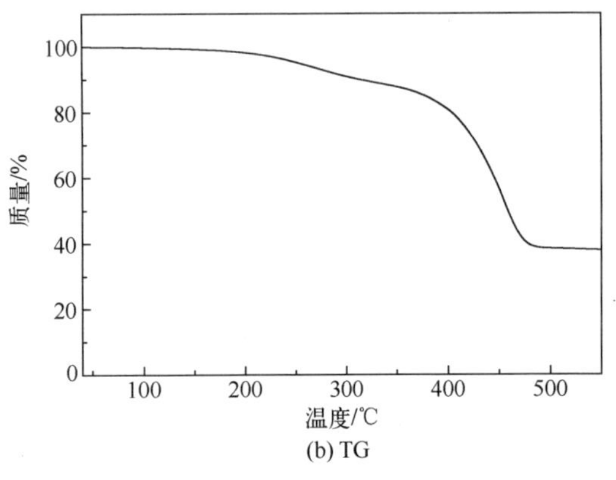

(b) TG

图 5-9　热分析谱

参考文献

[1]　谢遂志,刘登祥,周鸣峦. 橡胶工业手册:第一分册　生胶与骨架材料[M]. 北京:化学工业出版社,1989,263-273.

[2]　化学工业出版社. 中国化工产品大全:上卷[M]. 2 版. 北京:化学工业出版社,1998:1550-1551.

[3]　于清溪. 橡胶原材料手册[M]. 北京:化学工业出版社,1996:91-92.

[4]　李晓银,丛日新,范国宁,等. 燃烧法测定丁腈橡胶中结合丙烯腈含量[J]. 合成橡胶工业,2013,36(3):186-188.

[5]　孙丽君. 丁腈橡胶中结合丙烯腈含量的测定:SH/T 1157—1997[S]. 北京:中国石油化工总公司,1997.

[6]　王春龙,孙丽君,吴毅,等. 丙烯腈-丁二烯橡胶(NBR)溶胀度的测定:SH/T 1159—2010[S]. 北京:中华人民共和国工业信息化部,2010.

[7]　陈尚军,车宗兴,潘广勤. 丁腈橡胶的发展现状与应用研究进展[J]. 弹性体,2021,31(01):83-88.

[8]　黄溪岱,胡海华,何连成,等. 丁腈橡胶/橡塑材料并用研究进展[J]. 合成橡胶工业,2021,44(01):70-75.

[9]　刘璇,杨睿,杨文,等. 丁腈橡胶热氧老化过程结构性能关系研究[J]. 合成材料老化与应用,2020,49(06):1-3.

[10]　裴高林,丁方政,赖亮庆,等. 丁腈橡胶和丁腈酯橡胶性能对比[J]. 合成橡胶工业,2020,43(03):246-249.

5.4 硅 橡 胶

中文名称：硅橡胶

英文名称：silicone rubber

分子量：$4\times10^5\sim5\times10^5$

分子式：$(SiO)_xC_{2x+n}H_{(2x+n)y}N_p$，$x$ 为 $10^3\sim10^4$，y 为 $1\sim2$，$x>p\geqslant0$

CAS 号：63394-02-5

$$*\!-\!\left(\begin{matrix}R\\|\\Si\\|\\R\end{matrix}-O\right)_m\!-\!\left(\begin{matrix}R'\\|\\Si\\|\\R''\end{matrix}-O\right)_n\!-*$$

结构式

R 为甲基，R′、R″为甲基、乙烯基、苯基、三氟丙基或腈烷基

1. 物理性质

玻璃化转变温度-75.1℃。硅橡胶具有不怕高温和抵御严寒的特点，在300℃和-90℃时，仍不失原有的强度和弹性。还有良好的电绝缘性、透气性，氧气透过率在合成聚合物中是最高的。在氯代烃、酮、醚、苯、汽油中易溶胀。表 5-4 所列为不同橡胶在多种油和溶剂中的溶胀性能对比。

表 5-4　有机硅橡胶的耐化学溶剂、油性与其他常用橡胶比较

放置于不同液体中 168h 的体积溶胀比/%

液体	温度/℃	腈基橡胶			氯丁橡胶	天然橡胶	丁苯橡胶	丁基橡胶	硅橡胶	超弹性尼龙 HYPERLON
		28%	33%	38%						
汽油	50	15	10	6	55	250	140	240	260	85
1#油	50	-1	-1.5	-2	5	60	12	20	4	4
3#油	50	10	3	0.5	65	200	130	120	40	65
柴油	50	20	12	5	70	250	150	250	150	120
橄榄油	50	-2	-2	-2	27	100	50	10	4	40
猪油	50	0.5	1	1.5	30	110	50	10	4	45
甲醛水	50	10	10	10	25	6	7	0.5	1	1.2
乙醇	50	0.5	0.5	0.5	2	0.5	0.5	-0.2	1	0.5
乙醚	50	50	30	20	95	170	135	90	270	85
甲乙酮	50	250	250	250	150	85	80	15	150	150
三氯乙烯	50	290	230	230	380	420	400	300	300	600
四氯化碳	50	110	75	55	330	420	400	275	300	350

续表

液体	温度/℃	腈基橡胶			氯丁橡胶	天然橡胶	丁苯橡胶	丁基橡胶	硅橡胶	超弹性尼龙HYPERLON
		28%	33%	38%						
苯	50	250	200	160	300	350	350	150	240	430
苯胺	50	360	380	420	125	15	30	10	7	70
苯酚	50	450	470	510	85	35	60	3	10	80
环己醇	50	50	40	25	40	55	35	7	25	20
蒸馏水	100	10	11	12	12	10	2.5	5	2	4
海水	50	2	3	3	5	2	7	0.5	0.5	0.5

2. 化学性质

硅橡胶是一种分子链兼具无机和有机性质的高分子弹性材料，分子主链由硅原子和氧原子交替组成（—Si—O—Si—），硅原子上通常连有两个碳氢或取代的碳氢有机侧基基团。硅氧键的键能达370kJ/mol，比一般橡胶碳-碳结合键能（240kJ/mol）大很多，具有很高的热稳定性、化学稳定性、耐氧老化性、耐光老化性以及防霉性等。分解温度300℃以上。分为热硫化型、室温硫化型，其中室温硫化型又分缩聚反应型和加成反应型。

几乎所有的商品硅橡胶都含有一定量的乙烯基，硅生胶的活性基团乙烯基一般采用过氧化物，如过氧化对甲基苯甲酰（低温）、2,5-二甲基-2,5-二（叔丁基过氧基）己烷（C-8，高温）引发交联反应，形成弹性体。根据侧基的不同，其性能也各有不同。

二甲基硅橡胶生胶为无色透明的弹性体，通常用活性较高的有机过氧化物进行硫化。

甲基乙烯基硅橡胶简称乙烯基硅橡胶，由于含有少量的乙烯基侧链，故比甲基硅橡胶容易硫化，使之有更多种类的过氧化物可供硫化使用，并可大大减少过氧化物的用量。

甲基苯基乙烯基硅橡胶简称苯基硅橡胶。此种橡胶是在乙烯基硅橡胶的分子链中，引入二苯基硅氧链节或甲基苯基硅氧链节而得。根据硅橡胶中苯基质量分数的不同，可将其分为低苯基、中苯基及高苯基硅橡胶。低苯基硅橡胶（$C_6H_5/Si=6\%\sim11\%$）具有优良的耐低温性能，且与所用苯基单体类型无关，硫化胶的脆性温度为-120℃，是现今低温性能最好的橡胶。苯基质量分数达$C_6H_5/Si=20\%\sim34\%$为中苯基硅橡胶具有耐烧蚀的特点，高苯基硅橡胶（$C_6H_5/$

Si = 35% ~ 50%)则具有优异的耐辐射性能,但刚性增加导致耐寒性和弹性的降低。

氟硅橡胶是侧链引入氟代烷基的一类硅橡胶。常用的氟硅橡胶为含有甲基、三氟丙基和乙烯基的氟硅橡胶。氟硅橡胶具有良好的耐热性及优良的耐油、耐溶剂性能,如在脂肪烃、芳香烃、氯代烃、石油基的各种燃料油、润滑油、液压油以及某些合成油中的常温和高温下的稳定性均较好,这些是单纯的硅橡胶所不及的。

腈硅橡胶是侧链引入腈烷基(一般为 β-腈乙基或 γ-腈丙基)的一类硅橡胶。极性腈基的引入改善了硅橡胶的耐油、耐溶剂性能,但其耐热性、电绝缘性及加工性则有所降低。

3. 理化指标和检验方法

通常按硫化温度和使用特征分为高温硫化或热硫化和室温硫化两大类。高温硫化硅橡胶有二甲基硅橡胶、甲基乙烯基硅橡胶、甲基-苯基-乙烯基硅橡胶、氟硅橡胶等。室温硫化硅橡胶有缩合型室温硫化硅橡胶、加成型室温(中温)硫化硅橡胶。表 5-5 所列为常用的 110 甲基乙烯基硅橡胶的理化指标。

表 5-5　110 甲基乙烯基硅橡胶的理化指标

项目	理化指标						检验方法
	110-1 型		110-2 型		110-3 型		
	A	B	A	B	A	B	
分子量/$\times 10^4$	45~59	60~70	45~59	60~70	45~59	60~70	毛细管黏度法
乙烯基/%	0.07~0.12		0.13~0.18		0.19~0.24		碘量法/GC 法
挥发分(150℃,3h)/%			≤3.0				重量法

4. 制备方法

工业上主要采用碱催化聚合法及酸催化聚合法生产硅橡胶。较多使用的是 KOH 和对有机硅产品无污染的暂时性催化剂四甲基氢氧化铵[$(CH_3)_4NOH$]、四正丁基氢氧化膦[$(n\text{-}C_4H_9)_4POH$]。甲基乙烯基硅橡胶的制备方法是用二甲基二氯硅烷经水解得到的八甲基环四硅氧烷,然后与四甲基四乙烯基环四硅氧烷在催化剂作用下,开环共聚得甲基乙烯基硅橡胶。苯基的引入可提高硅橡胶的耐高温、低温性能，三氟丙基及氰基的引入则可提高硅橡胶的耐温及耐油性能。其制备方法与二甲基硅橡胶的制法没有本质的区别，其制备方法一般是在有利于环体形成的条件下，使所需的某种双官能度的硅单体进行水解缩合，然后按其所需比例加入八甲基环四硅氧烷，再在催化剂作用下共同反应而制得。反应式如下：

$$4\ (CH_3)_2SiCl_2 + 4H_2O \longrightarrow [\text{八甲基环四硅氧烷}] + 8HCl$$

$$m/4\ [\text{八甲基环四硅氧烷}] + n/4\ [\text{四甲基四乙烯基环四硅氧烷}] \longrightarrow *\!\left(Si-O\right)_m\!\left(Si-O\right)_n\!*$$

5. 储存、运输和应用

用内衬聚乙烯薄膜铁桶或纸板桶包装，放在常温、通风、干燥、清洁的仓库中。运输过程中，应防止日光照射和雨水淋泡。

硅橡胶在固体推进剂和航天领域主要用作绝热层黏合剂，还广泛用于密封胶、密封橡胶圈等。高温硅橡胶主要用于制造各种硅橡胶制品，而室温硅橡胶则主要是作为黏接剂、灌封材料或模具使用。热硫化型用量最大。硅橡胶还具有生理惰性，不会导致凝血的突出特性，因此在医用领域应用广泛，如用于防噪声耳塞、抬头吸引器、人造血管和鼓膜修补片、人造气管、人造肺、人造骨等。甲基乙烯基硅橡胶是产量最大、应用最广的一类硅橡胶，由于硫化活性提高，耐热性和高温抗压缩变形有很大改进。除通用型胶料外，各种专用性和具有加工特性的硅橡胶，也都以它为基础进行加工配合，如高强度、低压缩变形、导电性、迟燃性、导热性等硅橡胶。

6. 毒性与防护

无味无毒。

7. 理化分析谱图

未注明的为甲乙硅橡胶生胶。

（1）红外光谱图见图 5-10。

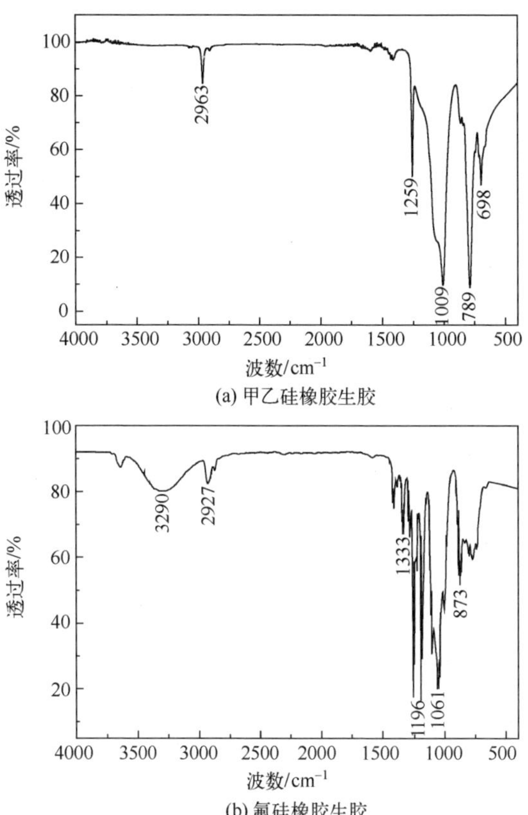

(a) 甲乙硅橡胶生胶

(b) 氟硅橡胶生胶

图 5-10　红外光谱

（2）核磁共振谱图见图 5-11。

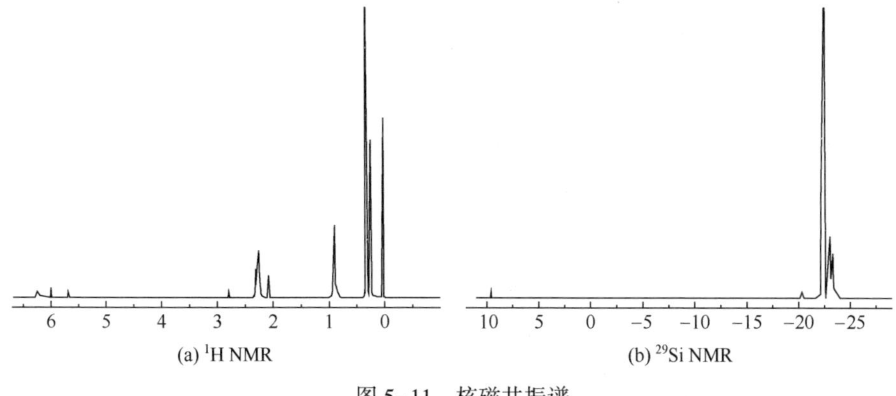

(a) ^{1}H NMR

(b) ^{29}Si NMR

图 5-11　核磁共振谱

（3）热分析谱图见图 5-12。

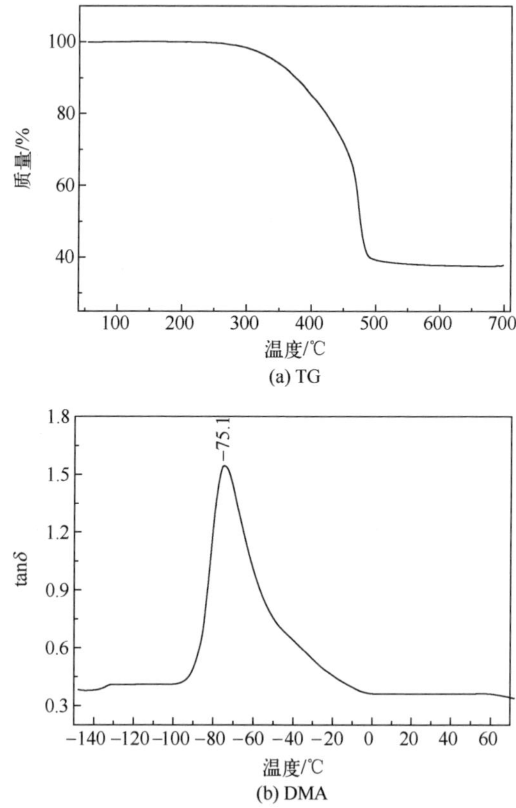

(a) TG

(b) DMA

图 5-12　热分析谱

参考文献

[1]　谢遂志，刘登祥，周鸣峦．橡胶工业手册：第一分册　生胶与骨架材料[M]．北京：化学工业出版社，1989，538-595.

[2]　于清溪．橡胶原材料手册[M]．北京：化学工业出版社，1996：160-161.

[3]　宋心琦．实用化学化工辞典[M]．北京：宇航出版社，1995：279.

[4]　樊志国，何伟超，张迪．氟硅生胶的制备与表征[J]．有机硅材料，2019，33(6)：471.

[5]　戴丽娜，胡涛，张志杰，等．含氰基聚硅氧烷的制备及性能研究[J]．有机硅材料，2017，31(4)：341.

[6]　鲁姗姗．导电硅橡胶模型的制备及性能研究[D]．吉林：吉林大学，2019.

[7]　韩霄．高介电硅橡胶材料的制备与研究[D]．广州：华南理工大学，2019.

[8]　徐焕斌，郝凤岭，杜月南．110 甲基乙烯基硅橡胶：HG/T 3312—2000[S]．北京：国家石油和化学工业局，2000.

第6章 降温剂

降温剂是降低推进剂燃烧温度的物质,降温剂一般燃烧时易产生气体,能降低燃烧温度。在复合固体推进剂配方中,降温剂通常是一类燃温低、产气量高的物质,将其加入推进剂配方中,能够降低推进剂燃气对接触部件的烧蚀,延长其使用寿命。常用的降温剂有偶氮类、酰胺类、肟类物质等。

6.1 偶氮二异丁腈

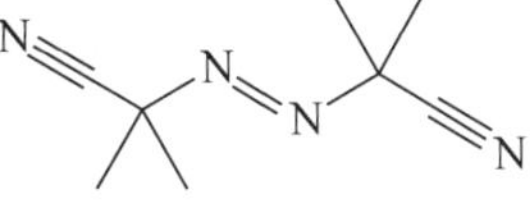

结构式

中文名称:偶氮二异丁腈

英文名称:2,2′-azobisisobutyronitrile

中文别称:2,2′-偶氮二(2-甲基丙腈)

英文别称:2,2′-azobis(2-methyl-Propanenitrile);2,2′-dicyano-2,2′-azopropane;AIBN; ABN

分子式:$C_8H_{12}N_4$

分子量:164.21

CAS 登记号:78-67-1

1. 物理性质

白色柱状或粉末状结晶,熔点102~104℃,密度1.11g/cm^3(20℃)。不溶于水,溶于甲醇、乙醇、丙酮、乙醚等有机溶剂。

2. 化学性质

在室温下会缓慢分解产生自由基并释放氮气。易燃,受热和光照下易分解生成自由基,放出氮气,100℃以上温度急剧分解,能引起爆炸着火。

3. 理化指标和检验方法

偶氮二异丁腈理化指标和检验方法见表6-1。

表6-1 偶氮二异丁腈理化指标和检验方法

项 目	理化指标			检验方法
	优级品	一级品	合格品	
外观	白色结晶粉末			目测法
纯度/%	≥98.0	≥98.0	≥97.0	气体容量法
熔点/℃	100.0~103.0	99.0~103.0	99.0~103.0	熔点仪法
挥发分/%	≤0.10	≤0.30	≤0.50	重量法
甲醇不溶物/%	≤0.10	≤0.10	≤0.10	重量法
色点/(个/10g)	≤5.0	≤10.0	≤10.0	人工计数法

4. 制备方法

丙酮氰醇与水合肼缩合生成二异丁腈肼,然后用氯气氧化制得偶氮二异丁腈粗品,最后精制。反应式如下:

$$2\,H_3C-\underset{OH}{\overset{CN}{C}}-CH_3 + NH_2NH_2 \longrightarrow H_3C-\underset{CH_3}{\overset{CN}{C}}-NH-NH-\underset{CH_3}{\overset{CN}{C}}-CH_3 + 2H_2O$$

$$H_3C-\underset{CH_3}{\overset{CN}{C}}-\overset{H}{N}-\overset{H}{N}-\underset{CH_3}{\overset{CN}{C}}-CH_3 + Cl_2 \longrightarrow H_3C-\underset{CH_3}{\overset{CN}{C}}-N=N-\underset{CH_3}{\overset{CN}{C}}-CH_3 + 2HCl$$

5. 储存、运输和应用

宜储存于干燥、通风、避光和10℃以下低温环境。远离火源、热源。按危险货物规定进行运输。

在推进剂中作为降温剂使用。也常用于塑料、橡胶起泡剂,也作聚氯乙烯、聚乙酸乙烯、聚丙烯腈、有机玻璃和离子交换树脂等高分子聚合物的聚合引发剂。

6. 毒性与防护

有毒,小鼠 LD_{50} 经口700mg/kg,腹腔注射25mg/kg。加热至105℃熔融时急剧分解放出氮气和有机氰化物,对人体毒害较大。在生产使用过程中应保持良好通风,操作人员应穿戴防护用具。

7. 理化分析谱图

(1) 红外光谱图见图6-1。

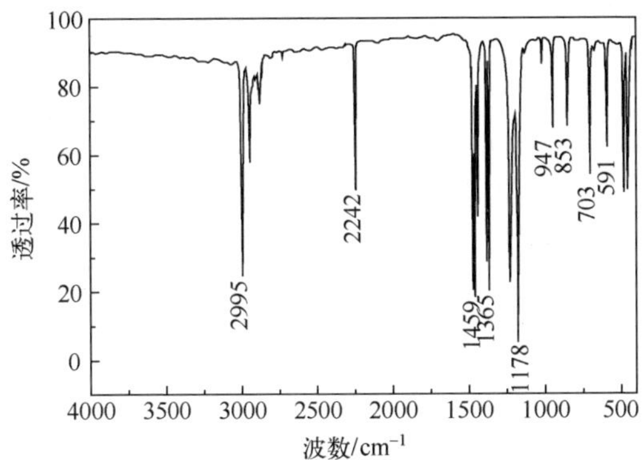

图 6-1　红外光谱

（2）质谱图见图 6-2。

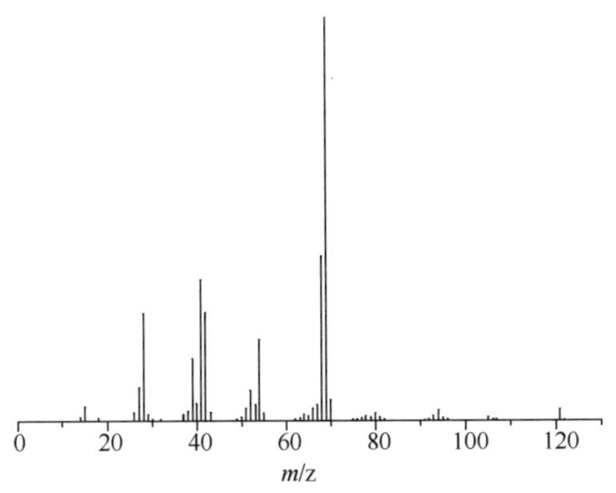

图 6-2　质谱

（3）核磁共振谱图见图 6-3。

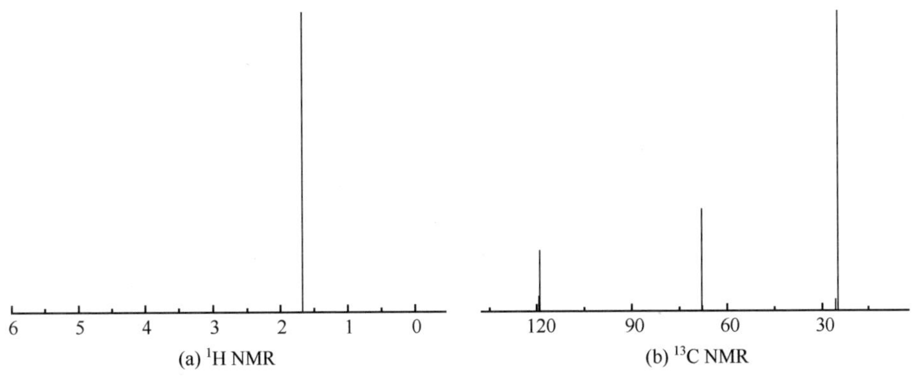

图 6-3　核磁共振谱

(4) 热分析谱图见图 6-4。

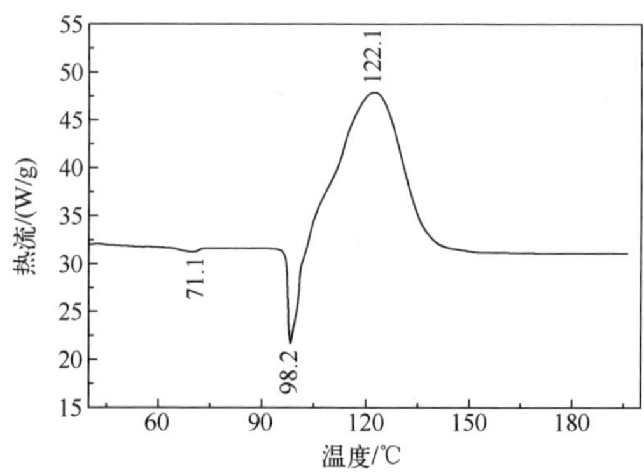

图 6-4 热分析谱(DSC)

参考文献

[1] 化学工业出版社. 中国化工产品大全:上卷[M].2 版. 北京:化学工业出版社,1998:704.

[2] 王梦蛟,龚怀耀,薛广智. 橡胶工业手册:第二分册 配合剂[M]. 修订版. 北京:化学工业出版社,1987:457-458.

[3] 曹子英,徐景峰. 偶氮二异丁腈生产工艺改造的研究进展[J]. 化学工程师,2008,157(10):62-64.

[4] 偶氮二异丁腈(AIBN):Q/1624SHM 001—2010[S]. 滨州:山东海明化工有限公司,2010.

[5] 万伟,陈网桦,卫水爱,等. 偶氮二异丁腈热安全性分析与评估[J]. 中国安全科学学报,2012,22(08):131-137.

6.2 偶氮二异庚腈

中文名称:偶氮二异庚腈

英文名称:2,2′-azobisisoheptonitrile

中文别称:2,2′-偶氮-二-(2,4-二甲基戊腈);偶氮二甲基戊腈

英文别称:2,2′-azobis(2,4-dimethyl-pentanenitrile)

分子式:$C_{14}H_{24}N_4$

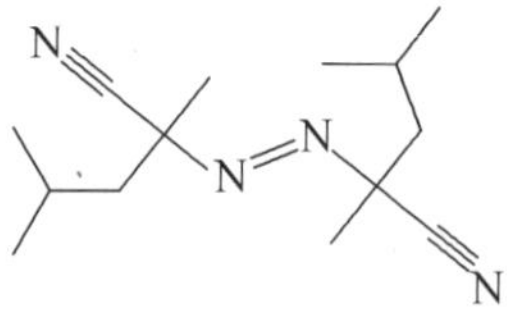

结构式

分子量:248.37

CAS 登记号:4419-11-8

1. 物理性质

无色或白色菱形片状结晶,有两种异构体,其熔点分别为 55.5~57℃和 74~76℃,通常为两种异构体混合物,熔点范围 45~86℃。密度 0.991~0.997g/cm^3。能溶于醇、醚、酮、苯等有机溶剂,不溶于水。

2. 化学性质

易燃、易爆,遇热或光易分解,并放出氮气,同时产生含氰游离基,最终分解释放出大量的热和有毒的一氧化碳、一氧化氮、二氧化氮气体。如保存在 30℃室温下,则经 10 多天即分解失效。

3. 理化指标和检验方法

偶氮二异庚腈理化指标和检验方法见表 6-2。

表 6-2　偶氮二异庚腈理化指标和检验方法

项　　目	理化指标	检验方法
外观	无色或淡乳白色晶状体	目测法
偶氮二异庚腈(ABVN)/%	≥98.0	气量法
密度/(g/cm^3)	0.991~0.997	密度瓶法
熔点范围/℃	45~86	熔点仪法
水分/%	≤1.0	卡尔·费休法
酸值(以硫酸计)/%	≤0.2	酸碱滴定法
铁(Fe^{3+})/%	≤0.002	分光光度法
挥发物/%	≤1.0	重量法

4. 制备方法

将甲基异丁基酮与水合肼缩合,在 90~95℃下回流 4~6h 制得己酮联氮。然后将己酮联氮与氰化氢进行氰化反应,此时,氰化氢应过量 15%,反应温度为 30~40℃。经搅拌、降温后,制得二异庚腈基肼,再将二异庚腈基肼在 10℃下,用双氧水或氯气氧化制得偶氮二异庚腈粗品,最后以乙醇为溶剂在 0℃下进行精制,经冷却结晶得成品。反应式如下:

$$2H_3C-\overset{\overset{\displaystyle O}{\|}}{C}-CH_2CH(CH_3)_2 + NH_2NH_2 \longrightarrow$$

$$(H_3C)_2HCH_2C-\underset{\underset{\displaystyle CH_3}{|}}{C}=N-N=\underset{\underset{\displaystyle CH_3}{|}}{C}-CH_2CH(CH_3)_2 + 2H_2O$$

$$(H_3C)_2HCH_2C-\underset{\underset{CH_3}{|}}{C}=N-N=\underset{\underset{CH_3}{|}}{C}-CH_2CH(CH_3)_2 + 2HCN \longrightarrow$$

$$(H_3C)_2HCH_2C-\overset{\overset{CN}{|}}{\underset{\underset{CH_3}{|}}{C}}-NH-NH-\overset{\overset{CN}{|}}{\underset{\underset{CH_3}{|}}{C}}-CH_2CH(CH_3)_2$$

$$(H_3C)_2HCH_2C-\overset{\overset{CN}{|}}{\underset{\underset{CH_3}{|}}{C}}-NH-NH-\overset{\overset{CN}{|}}{\underset{\underset{CH_3}{|}}{C}}-CH_2CH(CH_3)_2 + 2H_2O_2 \xrightarrow{Br^-}$$

$$(H_3C)_2HCH_2C-\overset{\overset{CN}{|}}{\underset{\underset{CH_3}{|}}{C}}-N=N-\overset{\overset{CN}{|}}{\underset{\underset{CH_3}{|}}{C}}-CH_2CH(CH_3)_2$$

5. 储存、运输和应用

该品宜储存于干燥、通风、避光和低温(10℃以下)的环境。要远离火源、热源。按照易燃有毒物品规定运输。

该品在推进剂中作为降温剂使用,广泛应用于聚氯乙烯悬浮聚合中,还可用作聚丙烯腈、聚乙烯醇、有机玻璃等高分子合成材料的高效引发剂,也可用作橡胶、塑料的发泡剂。

6. 毒性与防护

有毒。对大鼠口服 LD_{50}为 700mg/kg。当加热至 100℃熔融时急剧分解,放出氮和几种氰化物,对人体毒害较大。生产过程要保持操作现场的良好通风,操作人员应穿戴防护用具。

7. 理化分析谱图

(1) 红外光谱图见图 6-5。

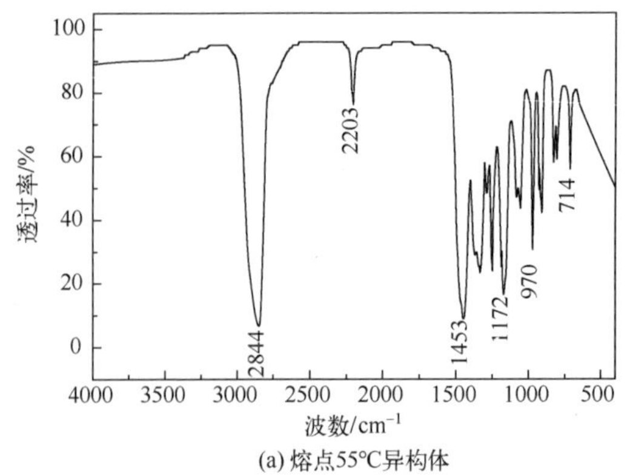

(a) 熔点55℃异构体

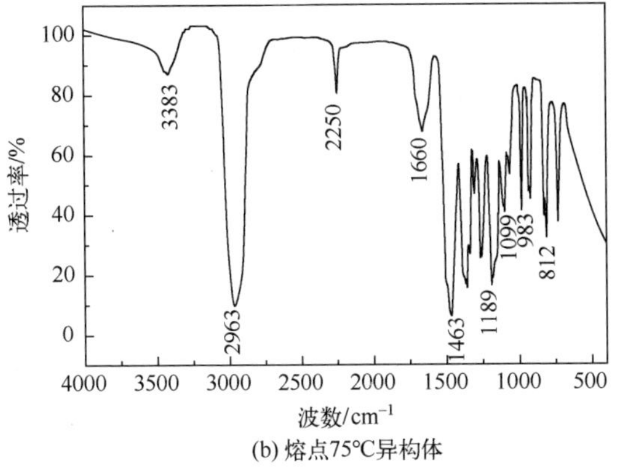

(b) 熔点75℃异构体

图 6-5　红外光谱

（2）质谱图见图 6-6。

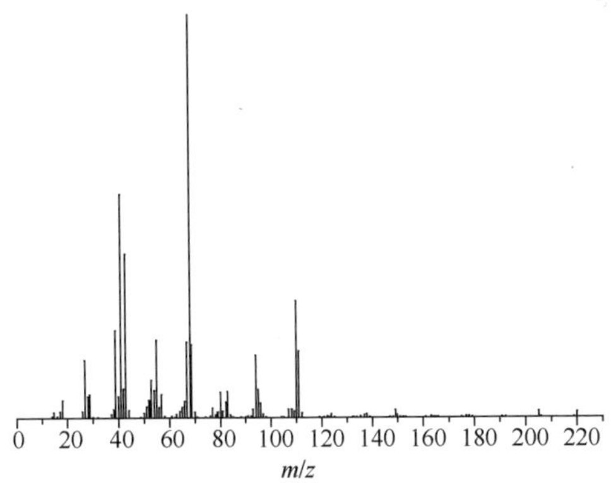

图 6-6　质谱

（3）热分析谱图见图 6-7。

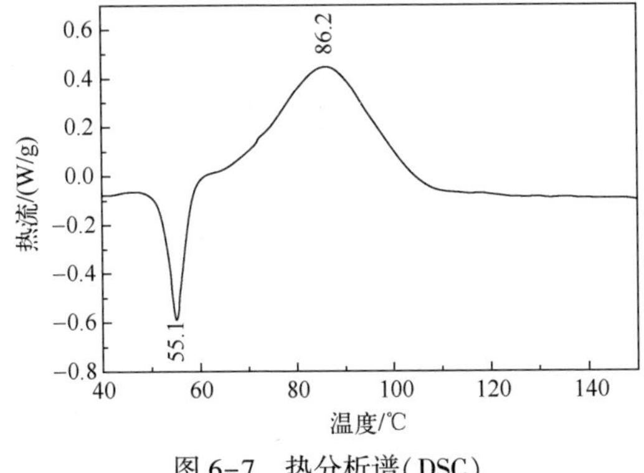

图 6-7　热分析谱（DSC）

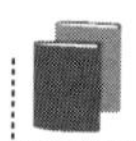

参考文献

[1] 化学工业出版社．中国化工产品大全:上卷[M].2版．北京:化学工业出版社,1998:704-705.

[2] 杨卫国．偶氮二异庚腈在聚氯乙烯工业中的应用[J]．适用技术市场,1997(8):32-34.

[3] 姜中明,姜岳岩．双氮化合物(双氮庚酰胺):Q/DHXH 001—2017[S]．大庆:大庆市华兴化工有限责任公司,2017.

[4] 高英敏,张亚琳,王屹．红外光谱法测定偶氮二异庚腈(ABVN)[J]．分析测试通报,1985(02):47-50.

[5] 费轶,金满平,张帆．偶氮二异庚腈(ABVN)的安全性分析[J]．安全、健康和环境,2015,15(11):42-46.

[6] 郭心怡,潘惠泉,王顺尧,等．偶氮二异庚腈的热分解动力学研究[J]．安全与环境工程,2019,26(04):165-170.

[7] 王长斌．三氯乙酰氯与芳基化合物的傅-克酰基化反应及双氧水氧化法制备偶氮类引发剂的研究[D]．济南:山东师范大学,2003.

6.3 偶氮二甲酰胺

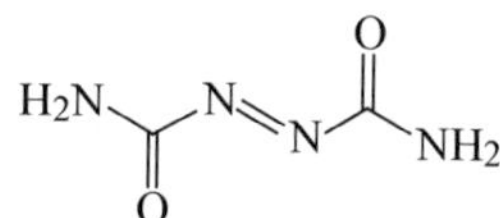

结构式

中文名称:偶氮二甲酰胺

英文名称:azodicarbonamide

中文别称:偶氮二酰胺;二氮烯二羧酸酰胺;AC发泡剂;发泡剂ADC

英文别称:azobisformamide; blowing agent AC; foaming agent ADC

分子式:$C_2H_4O_2N_4$

分子量:116.08

CAS登记号:123-77-3

1. 物理性质

白色或淡黄色粉末,无毒,无臭,不易燃。熔点225℃,密度(20℃)1.65g/cm^3,微溶于二甲基亚砜,不溶于汽油、醇、苯、吡啶和水。

2. 化学性质

通常情况下化学性质稳定,可燃,燃烧热1090kJ/mol。在240℃左右放热分解,主要生成N_2、CO和少量CO_2气体。酰胺基可与强酸反应,形成很不稳定的加合物,遇水即完全水解成羧酸和氨。酰胺基在强碱存在下可形成金属盐,金属盐遇水即全部水解。酰胺基在脱水剂五氧化二磷存在下小心加热,即转变成腈基。酰胺经催化氢化或与氢化铝锂反应,可还原成胺。酰胺还可与次卤酸盐发生反应,生成少一个碳原子的一级胺。偶氮基在加热和光照下易分解生成自由基,进一步与烃基或氢结合生成胺基。

3. 理化指标和检验方法

偶氮二甲酰胺理化指标和检验方法见表 6-3。

表 6-3 偶氮二甲酰胺理化指标和检验方法

项 目	理化指标			检验方法
	优等品	一等品	合格品	
外观		淡黄色粉末		目测法
发气量(20℃,101325Pa)/(mL/g)	≥222.0	≥215.0	≥210.0	排水集气法
筛余物(通过 75μm 筛孔)/%	≤0.03	≤0.05	≤0.05	过筛重量法
熔点/℃		≥200		熔点仪法
加热减量/%	≤0.15	≤0.20	≤0.20	重量法
灰分/%	≤0.10	≤0.10	≤0.20	重量法
pH 值		6.5~7.5		酸度计法
偶氮二甲酰胺/%		≥97.0		化学滴定法

4. 制备方法

由水合肼、尿素与硫酸缩合成中间体联二脲,再经氧化反应而得成品。常用的氧化剂及催化剂有 Cl_2/ NaBr、H_2O_2/ PC-8、$NaClO_3$/ V 等体系。反应式如下:

$$NH_2NH_2+H_2SO_4 \longrightarrow NH_2NH_2 \cdot H_2SO_4$$

$$NH_2NH_2 \cdot H_2SO_4+2NH_2CONH_2 \longrightarrow NH_2CONHNHCONH_2+(NH_4)_2SO_4$$

$$NH_2CONHNHCONH_2+Cl_2 \longrightarrow NH_2CON=NCONH_2+2HCl$$

5. 储存、运输和应用

应储存于通风、干燥的仓库内,不可露天堆放,防止受潮,运输按易燃品规定进行。轻装、轻卸,不可靠近任何热源,防止猛烈撞击,应有防雨雪和防曝晒措施。

在推进剂中利用其燃烧产物为气体的特性,作为降温剂使用。也是生产具有多孔或海绵结构模塑制品中使用最广泛的通用型高效发泡剂。

6. 毒性与防护

低毒,受热分解时产生的气体含有10%~30%的一氧化碳和氮氧化物,易引起中毒。若遇高热可发生剧烈分解,引起容器破裂或爆炸事故。生产车间应注意密闭操作,局部排风。操作人员佩戴自吸过滤式防尘口罩,戴化学安全防护眼镜。

7. 理化分析谱图

(1)红外光谱图见图6-8。

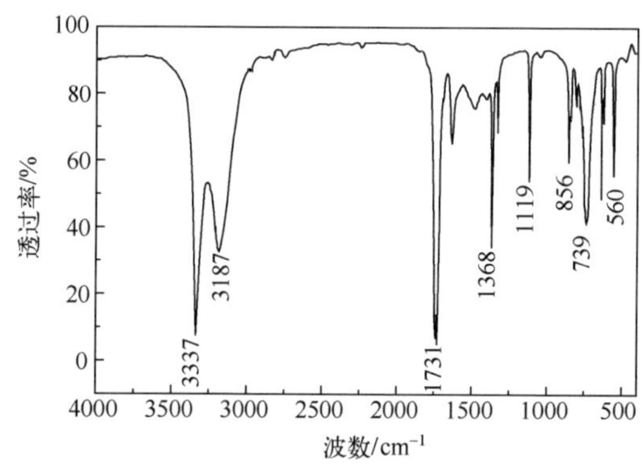

图6-8 红外光谱

(2)质谱图见图6-9。

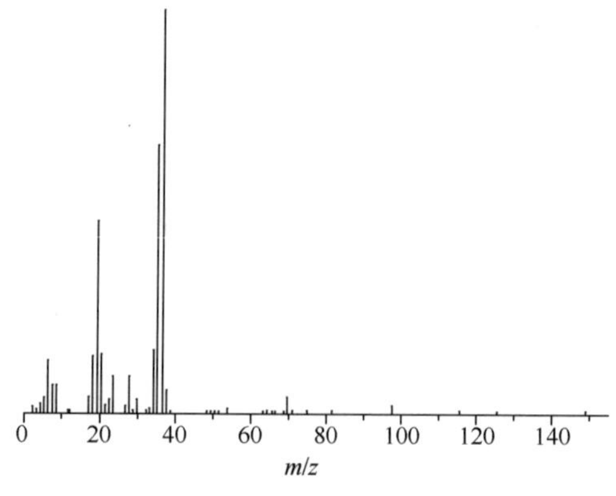

图6-9 质谱

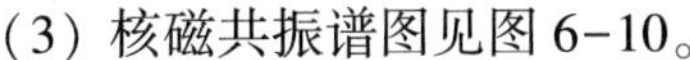

（3）核磁共振谱图见图 6-10。

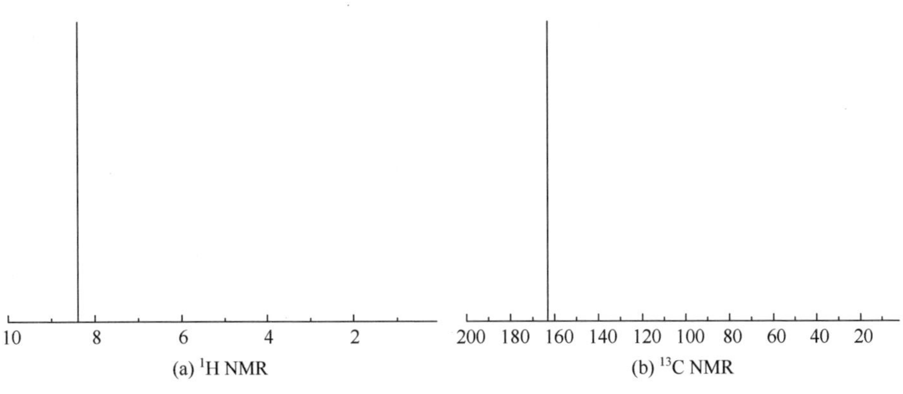

图 6-10　核磁共振谱

（4）热分析谱图见图 6-11。

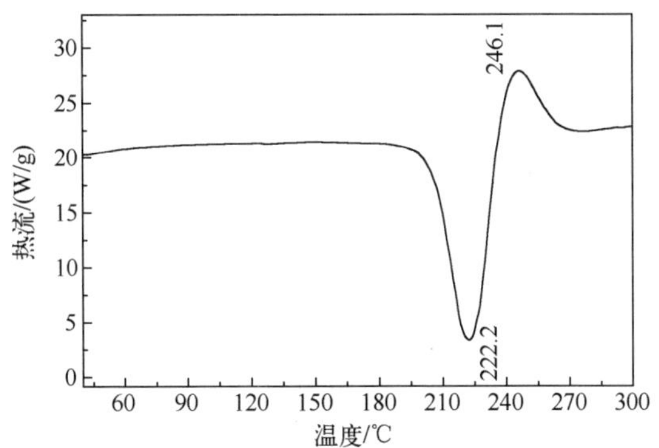

图 6-11　热分析谱（DSC）

参考文献

[1]　王梦蛟，龚怀耀，薛广智．橡胶工业手册：第二分册　配合剂[M]．修订版．北京：化学工业出版社，1987：456-457.

[2]　周银根．偶氮二甲酰胺合成中钒催化剂的催化机制[J]．氯碱工业，2015，51(2)：25-27.

[3]　胡宗贵，葛立新，安方，等．发泡剂 ADC：HG/T 2097—2017[S]．北京：中华人民共和国工业和信息化部，2017.

[4]　张婕，史翎，张军营．偶氮二甲酰胺热分解机理及氧化锌对其分解的影响[J]．北京化工大学学报(自然科学版)，2011，38(03)：39-43.

6.4 乙二酰二胺

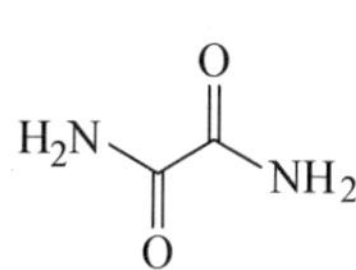

结构式

中文名称:乙二酰二胺

英文名称:ethanediamide

中文别称:草酰二胺;草酰胺

英文别称:oxalic acid diamide;oxamide

分子式:$C_2H_4N_2O_2$

分子量:88.07

CAS 登记号:471-46-5

1. 物理性质

白色三斜针状结晶或粉末,熔点 220℃,无气味,沸点 163℃(1.33kPa),密度 1.667g/cm^3,折射率 1.4264,可溶于乙醇,微溶于水,不溶于乙醚。

2. 化学性质

草酰胺常温下非常稳定,起始分解温度 238℃,并可水解和生物分解,分解过程中放出氨态氮和二氧化碳。

3. 理化指标和检验方法

草酰胺理化指标和检验方法见表 6-4。

表 6-4 草酰胺理化指标和检验方法

项目	理化指标	检验方法
外观	白色粉末	目测法
乙二酰胺/%	≥98.0	蒸馏后滴定法
酸度(以 H^+ 计)/(mmol/100g)	≤1	酸碱滴定法
灼烧残渣(以硫酸盐计)/%	≤0.1	重量法
粒度/μm	<425	过筛法

4. 制备方法

(1) 以一氧化碳和甲醇、氧为原材料,在高温高压条件下反应制取得到中间产物草酸二酯,然后再由草酸二甲酯在反应温度约 130℃,反应时间 30min 氨解得到草酰胺。反应式如下:

$$2CO+2CH_3OH+1/2O_2 \longrightarrow CH_3OOC—COOCH_3+H_2O$$

$$CH_3OOC—COOCH_3+2NH_3 \longrightarrow NH_2OC—CONH_2+2CH_3OH$$

(2) 草酸与氨反应生成草酸铵,再由草酸铵热解脱水后得到草酰胺。反应式如下:

$$H_2C_2O_4+2NH_3 \longrightarrow NH_4OOC—COONH_4$$

$$NH_4OOC—COONH_4 \xrightarrow{\text{常压},380℃} NH_2OC—CONH_2+2H_2O$$

(3) 通过氰的水化制备,其中氰由氰化氢催化氧化制得。反应式如下:

$$2HCN+1/2O_2+H_2O \longrightarrow NH_2OC—CONH_2$$

5. 储存、运输和应用

储存于阴凉、通风、干燥的库房内,避免与其他氧化物接触。运输时要防雨淋和曝晒。

在推进剂中用作降速剂,在衬层配方中用作增链增黏剂,在燃气发生剂中用作发气剂和降温剂。草酰胺在降低推进剂燃烧温度的同时,也降低了比冲。草酰铵对比冲的影响是最严重的,但是作为冷却剂它是最有效的。用作硝化纤维素的稳定剂。作为一种含氮量很高的化合物,广泛应用于农业化肥领域。

6. 毒性与防护

低毒,LD_{50}经口 500mg/kg,对皮肤、眼睛有刺激性,生产过程应注意穿防护服,戴防护眼镜。用水雾、耐醇泡沫、干粉或二氧化碳灭火。

7. 理化分析谱图

(1) 红外光谱图见图 6-12。

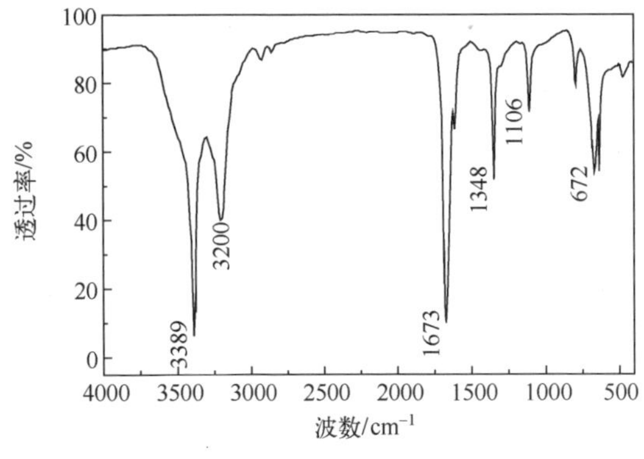

图 6-12　红外光谱

（2）质谱图见图 6-13。

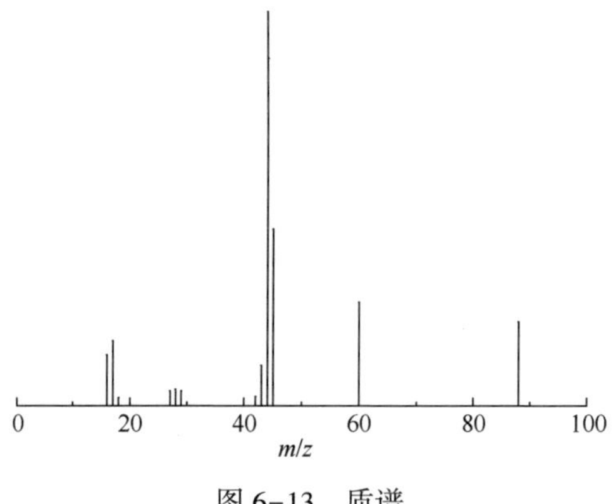

图 6-13　质谱

（3）核磁共振谱图见图 6-14。

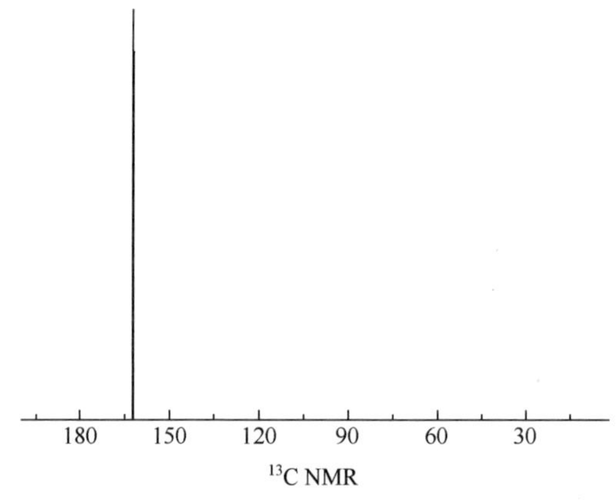

图 6-14　核磁共振谱

（4）热分析谱图见图 6-15。

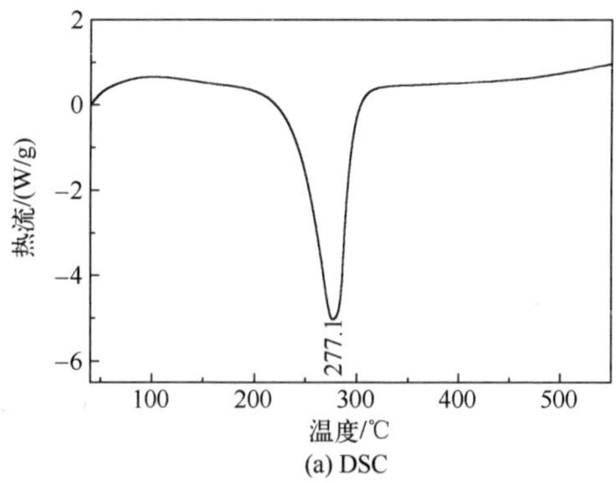

(a) DSC

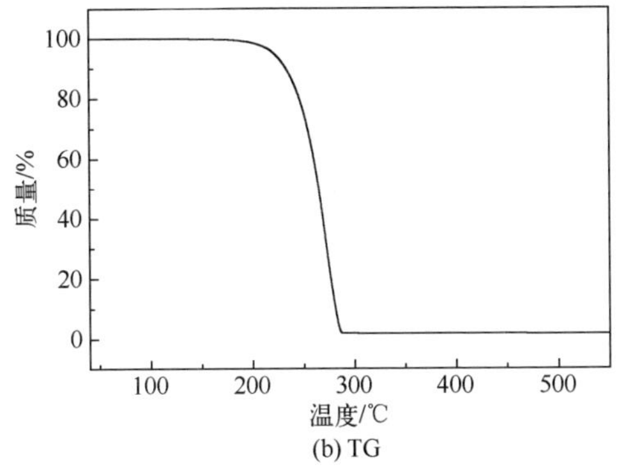

(b) TG

图 6-15　热分析谱

参考文献

[1] GOKEL G W. 有机化学手册[M]. 2 版. 张书圣,温永红,丁彩凤,等译. 北京:化学工业出版社,2006:460-498.

[2] 达维纳 A. 固体火箭推进剂技术[M]. 张德雄,王北海,等译. 北京:宇航出版社,1997:442.

[3] 任春华,戴志谦,汪国瑜. 草酰胺合成技术发展[J]. 泸天化科技,2016(04):228-230.

[4] 胡玉容,王科,李扬,等. 新型缓释氮肥草酰胺[J]. 化工技术与开发,2012,41(10):31-33.

[5] 刘长有,卓泽凡,田亚梅. 利用碳酸氢铵生产工艺制备草酰胺的可行性探讨[J]. 肥料与健康,2021,48(3):37-40,44.

[6] 李俊,陈驰,张弘,等. 缓释肥料草酰胺合成工艺及其性能[J]. 江苏农业科学,2019,47(21):290-293.

6.5 乙二酸铵

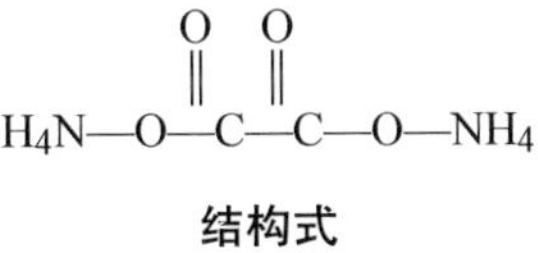

结构式

中文名称: 乙二酸铵

英文名称: ammonium ethanedioate

中文别称: 草酸铵;乙二酸二铵盐

英文别称: ammonium oxalate; oxalic acid diammonium salt

分子式: $(NH_4)_2C_2O_4$; $(COONH_4)_2$; $C_2H_8N_2O_4$

分子量: 124.1

CAS 登记号:1113-38-8

一水合草酸铵:$(COONH_4)_2 \cdot H_2O$

分子量:142.11

CAS 登记号:6009-70-7

1. 物理性质

无色无臭,其晶体即一水合草酸铵$(COONH_4)_2 \cdot H_2O$,四方晶体。密度 $1.501g/cm^3$。折射率 1.439。熔点 70℃,沸点 230.85℃。溶于水,在水中的溶解度 11.8g/100g,微溶于乙醇,不溶于氨。

2. 化学性质

闪点 188.8℃。加热可分解,在 200℃以下容易分解成水、氨、草酸,以及中间产物草酰胺和草酸氢铵,在 200℃以上分解产物为 NH_3、H_2O、CO 和 CO_2。可燃,燃烧产生有毒氮氧化物和氨烟雾。在脱水剂五氧化二磷的作用下脱水生成有毒气体氰:

$$(NH_4)_2C_2O_4 \longrightarrow H_2C_2O_4 + 2NH_3\uparrow$$

3. 理化指标和检验方法

表 6-5 所列为 HG/T 3453—2012 一水合草酸铵的理化指标和检验方法;表 6-6 所列为推进剂用草酸铵的理化指标和检验方法。

表 6-5 HG/T 3453 一水合草酸铵的理化指标和检验方法

项　　目	理化指标			检验方法
	优级纯	分析纯	化学纯	
$[(NH_4)_2C_2O_4 \cdot H_2O]$/%	≥99.8	≥99.5	≥99.5	氧化还原法
pH 值(50g/L,25℃)	6.0~7.0	6.0~7.0	6.0~7.0	酸度计法
澄清度试验/号	≤3	≤4	≤6	比浊法
水不溶物/%	≤0.003	≤0.005	≤0.015	重量法
氯化物(Cl^-)/%	≤0.0005	≤0.001	≤0.002	比浊法
硫酸盐(SO_4^{2-})/%	≤0.005	≤0.01	≤0.02	比浊法
硝酸盐(NO_3^-)/%	≤0.002	—	—	比色法
钠(Na)/%	≤0.001	≤0.002	≤0.005	火焰原子吸收光谱法
镁(Mg)/%	≤0.001	≤0.002	≤0.005	火焰原子吸收光谱法
钾(K)/%	≤0.001	≤0.002	≤0.005	火焰原子吸收光谱法

续表

项　　目	理化指标			检验方法
	优级纯	分析纯	化学纯	
钙(Ca)/%	≤0.001	≤0.002	≤0.005	比色法
铁(Fe)/%	≤0.0002	≤0.0005	≤0.001	比色法
重金属(以Pb计)/%	≤0.0005	≤0.001	≤0.0015	比色法

表6-6　推进剂用草酸铵的理化指标和检验方法

项　　目	理化指标	检验方法
$(COONH_4)_2$/%	≥99.5	氧化还原法
总水/%	≤0.3	卡尔·费休法
粒度(D_{50})/μm	≤10	激光粒度仪法
外观	无色结晶粉末	目测法

4. 制备方法

由氨水与草酸中和反应制得,草酸铵的生产工艺可简单地分为化合、结晶、分离、干燥和包装五个工序。将草酸溶于水中,加至氨水中并不断搅拌,将溶液迅速冷却到25℃,滤出结晶,室温干燥得草酸铵。反应式为

$$HOOC—COOH+2NH_3+H_2O = (COONH_4)_2 \cdot H_2O$$

上述反应是放热反应,但反应初期为了增加草酸的溶解度必须加热,使反应均匀,速率增加。

5. 储存、运输和应用

铁桶内衬塑料袋包装,存于密闭容器中,置于凉爽、通风处。需贴"远离食品"标签。航空、铁路限量运输。

草酸铵用作火箭推进剂降温剂,也用于安全炸药、化肥。用于化学试剂,检定和测定钙、铅及稀土金属离子,用于血液常规检定。作为含金溶液还原剂和稀有(土)金属溶液的沉淀剂,用于贵稀金属的提取和回收。

6. 毒性与防护

有毒。吞咽有害,皮肤接触有害。吸入可刺激鼻、咽喉、肺,接触刺激皮肤,反复接触可导致皮肤破裂,并减缓破裂愈合,过度曝露可导致肾结石和肾损伤。接触限值:中国MAC0.02mg/L(以NH_3计)。佩戴过滤式防毒面具(半面罩)或携气式呼吸器,戴橡胶耐油手套,戴化学安全防护眼镜,穿防毒物渗透工作服。喷水或使用干粉、二氧化碳、泡沫灭火。

7. 理化分析谱图

（1）红外光谱图见图 6-16。

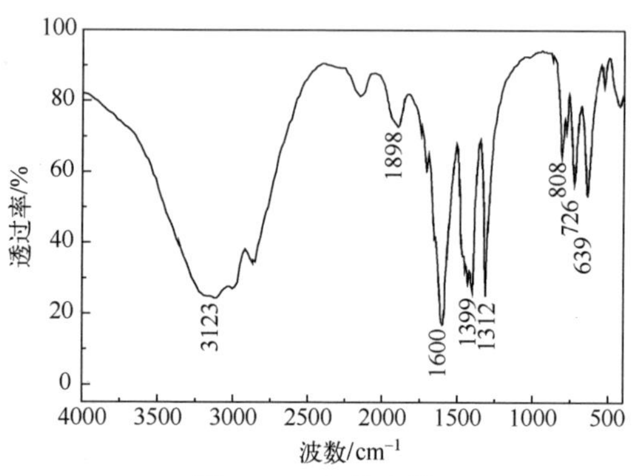

图 6-16 红外光谱

（2）拉曼光谱图见图 6-17。

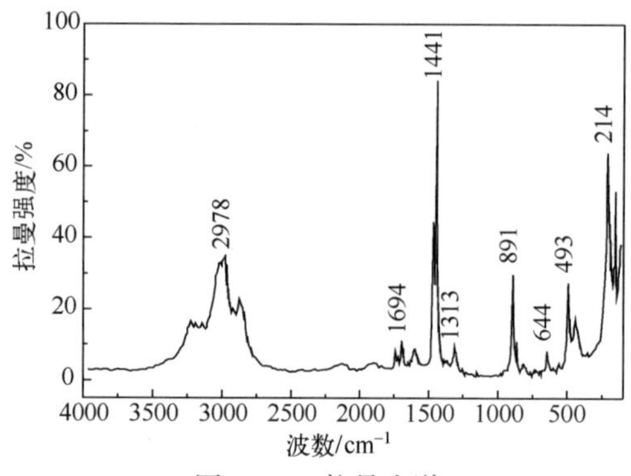

图 6-17 拉曼光谱

（3）质谱图见图 6-18。

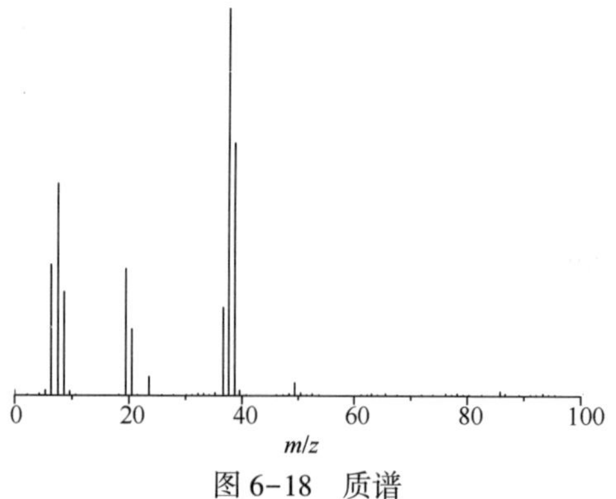

图 6-18 质谱

（4）热分析谱图见图 6-19。

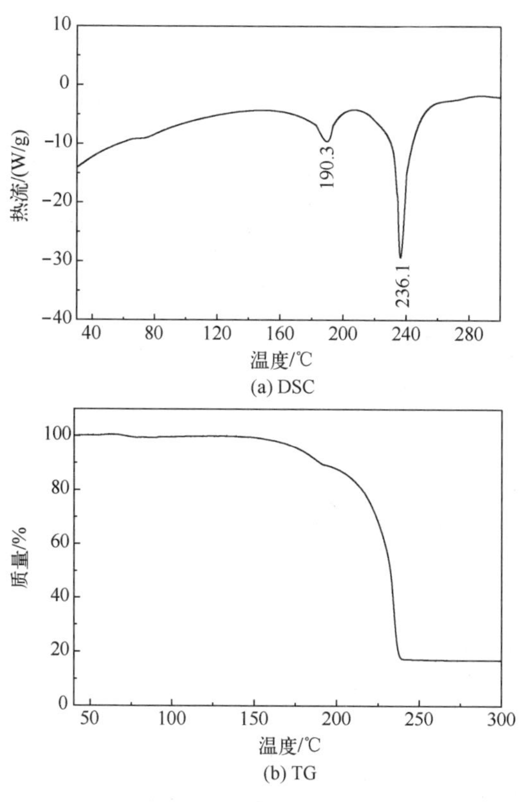

图 6-19　热分析谱

参考文献

[1]　北京化学试剂公司．化学试剂标准手册[M]．北京：化学工业出版社，2003：48.

[2]　贾玲．化学试剂 一水合草酸铵(草酸铵)：HG/T 3453—2012[S]．北京：中华人民共和国工业和信息部，2012.

[3]　李传友．草酸铵用途及生产工艺条件[J]．化学工程师，1998，68：54.

[4]　王宁，赵孝彬，李彦荣，等．草酸铵热分解动力学研究[C]//2010 年火炸药技术学术研讨会论文集(下册)．桂林：中国兵工学会，2010：983-988.

6.6 *N*,*N'*-二硝基五亚甲基四胺

中文名称:*N*,*N'*-二硝基五亚甲基四胺

英文名称:*N*,*N'*-dinitroso-pentamethylene-tetramine

中文别称:发泡剂 H;发乳剂 BN;发泡剂 DPT

英文别称:foamer H;3,7-dinitroso-1,3,5,7-tetraazabicyclo[3. 3. 1]nonane

结构式

分子式:$C_5H_{10}N_6O_2$

分子量:186. 17

CAS 登记号:101-25-7

1. 物理性质

淡黄色结晶粉末,无臭,密度 1. 40~1. 45g/cm^3,熔点 200℃。溶于乙酰乙酸乙酯、二甲基甲酰胺、丙酮,微溶于氯仿、吡啶、甲乙酮、丙烯腈,几乎不溶于乙醚。

2. 化学性质

分解温度 190~200℃,受热、阳光直接照射或酸作用能分解出大量氮气及有毒的一氧化碳、一氧化氮、二氧化氮气体和热量。

3. 理化指标和检验方法

发泡剂 H 理化指标和检验方法见表 6-7。

表 6-7　发泡剂 H 理化指标和检验方法

项　　目	理化指标		检测方法
	一级品	二级品	
外观	浅黄色粉末		目测法
水分/%	≤0. 2	≤0. 2	卡尔·费休法
发气量(标准状态下)/(mL/g)	270~285	270~290	排水集气法
分解温度/℃	≥205	≥203	热分析法
过筛率(通过 75μm 筛孔)/%	100	≥99. 5	过筛重量法
灰分/%	≤0. 2	≤0. 3	重量法

4. 制备方法

由六亚甲基四胺(乌洛托品)经亚硝化而得。将乌洛托品和亚硝酸钠用水溶解后,在搅拌下滴加稀硫酸(或稀盐酸),反应温度控制在 0℃ 左右。亚硝化结束后补加少量氨水及亚硝酸钠。生成物经抽滤、洗涤、干燥、过筛即得成品。

5. 储存、运输和应用

储存于阴凉、干燥、通风良好的库房,远离火种、热源。库温不超过 30℃,相对湿度不超过 80%。应与氧化剂、酸类、碱类、食用化学品分开存放,切忌混储。采用防爆型照明、通风设施。禁止使用易产生火花的机械设备和工具。运输按照危险品规定运输。

在推进剂中作为降温剂使用。为应用广泛的发泡剂之一,加热分解成氮气而致孔,发气量大,发泡效率高。可用作聚氯乙烯及其共聚物、聚烯烃、聚苯乙烯、聚酰胺、聚酯、酚醛树脂、聚偏二氯乙烯、聚硅氧烷、聚氯丁二烯、乙烯和丙烯共聚物、聚氧化乙烯及其弹性体的发泡剂。

6. 毒性与防护

该品对皮肤及黏膜有中等刺激性。热解能放出有毒的氮氧化物烟雾,生产过程要注意穿戴防护用具及防爆。

7. 理化分析谱图

(1) 红外光谱图见图 6-20。

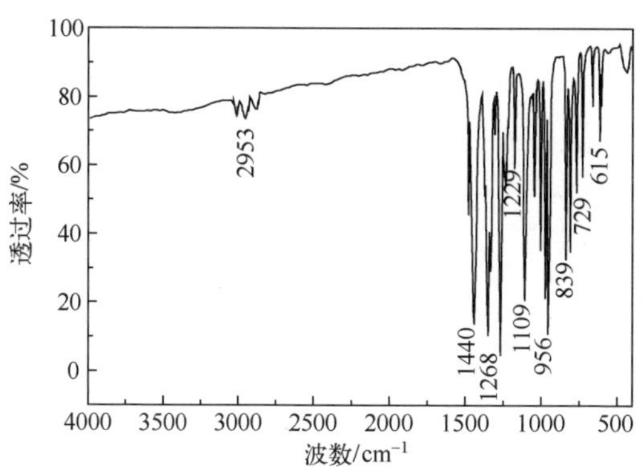

图 6-20 红外光谱

（2）拉曼光谱图见图 6-21。

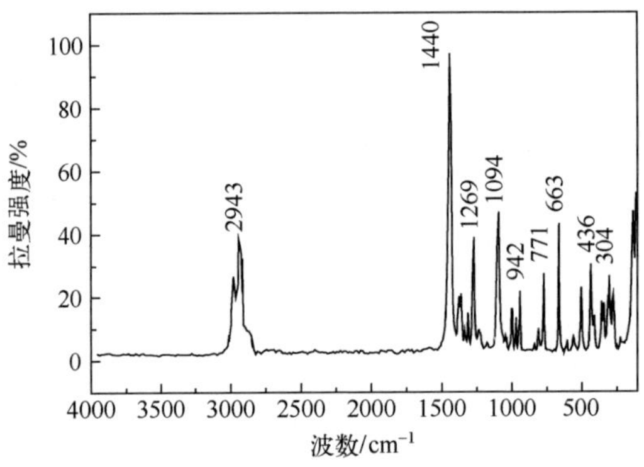

图 6-21　拉曼光谱

（3）质谱图见图 6-22。

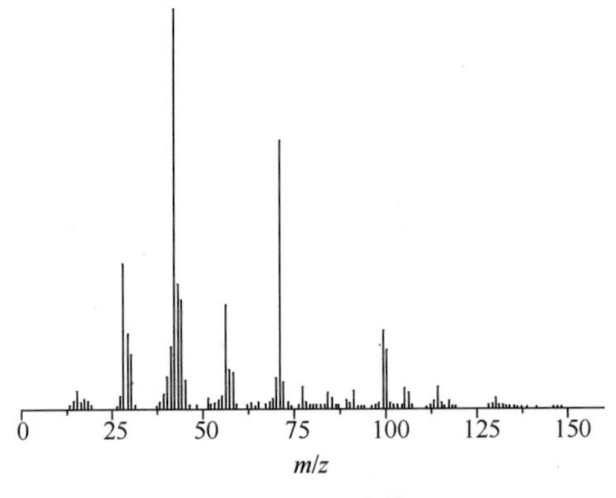

图 6-22　质谱

（4）热分析谱图见图 6-23。

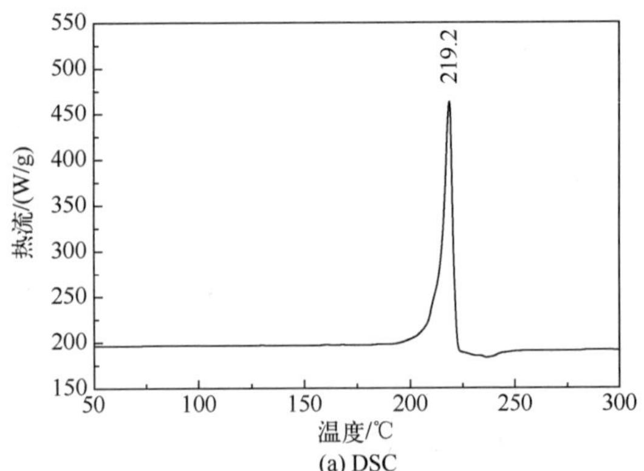

(a) DSC

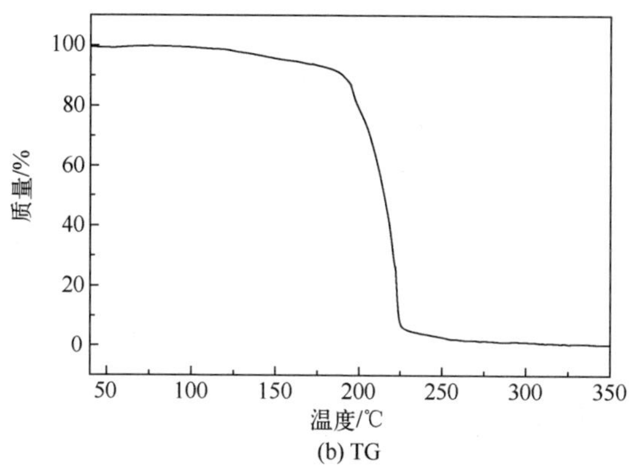

(b) TG

图 6-23　热分析谱

参考文献

[1] 王梦蛟,龚怀耀,薛广智. 橡胶工业手册:第二分册　配合剂[M]. 修订版. 北京:化学工业出版社,1987:462.

[2] 彭宗林,张隐西. 影响发泡剂 H 热分解的因素探讨[J]. 橡胶工业,1995,42(6):358-362.

[3] 徐二永. H 发泡剂的工艺热危险性研究[D]. 北京:北京石油化工学院,2017.

[4] 王宇. *N*,*N*-二亚硝基五亚甲基四胺(DNPT)热危险性及热分解机理研究[D]. 北京:中国石油大学(华东),2018.

6.7　二羟基乙二肟

中文名称:二羟基乙二肟

英文名称:dihydroxyglyoxime

中文别称:草酰二异羟基肟酸

英文别称:oxaladihydroximic acid;DHG

分子式:$C_2H_4N_2O_4$

分子量:120.06

CAS 登记号:1687-60-1

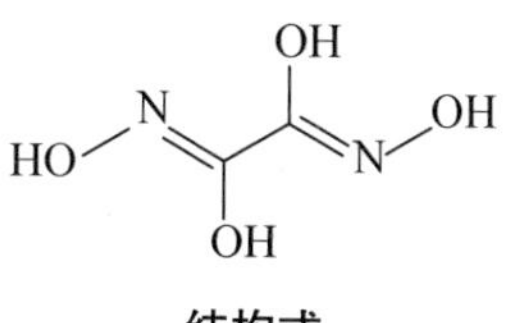

结构式

1. 物理性质

白色粉末状固体,不吸湿,熔点 157~160℃,密度 1.84~1.87g/cm³。溶于二甲基酰胺、吡啶、二甲亚砜等,不溶于水。

2. 化学性质

生成焓-567.4kJ/mol。二羟基乙二肟常温稳定性好,热解温度163℃,其分解产物为富燃料气体,主要成分为 CO、CO_2、H_2、H_2O、N_2等。可燃,燃速燃温均较低,燃烧稳定。

DHG在高温酸性水溶液条件下易分解,生成草酸和羟胺,反应式如下:

$$\begin{matrix} HO-N=C-OH \\ | \\ HO-N=C-OH \end{matrix} + 2H_2O \xrightarrow[\triangle]{H^+} HO-\overset{\overset{O}{\|}}{C}-\overset{\overset{O}{\|}}{C}-OH + 2NH_2OH$$

3. 理化指标和检验方法

二羟基乙二肟理化指标和检验方法见表6-8。

表6-8 二羟基乙二肟理化指标和检验方法

项目	理化指标	检验方法
外观	细小颗粒白色晶体 无肉眼可见杂质	目测法
密度(20℃)/(g/cm^3)	>1.84	密度瓶法
起始分解温度/℃	>143	热分析法
分解温度/℃	≥163	差热分析仪法
碳/%	20.00±0.30	元素分析仪法
氢/%	3.36±0.15	
氮/%	23.33±0.30	
冲击感度:50%特性落高/cm	≥50.0	卡片式隔板法
热安定性试样减少(60℃,半年)/%	≤5.0	重量法

4. 制备方法

盐酸羟胺与不同试剂生成羟胺,羟胺与草酸二酯反应生成二烃基乙二肟,经酸解生成二羟基乙二肟。根据反应试剂不同有三种工艺。

(1)醇钠法:

$$NH_2OH \cdot HCl+Na \xrightarrow{ROH} NH_2OH+NaCl+1/2H_2$$

$$2NH_2OH+(COOR)_2 \xrightarrow{ROH} (NOHCOR)_2+2H_2O$$

$$(NOHCOR)_2+2H_2O \xrightarrow{H^+} (NOHCOH)_2+2ROH$$

（2）氨气法：

$$NH_2OH \cdot HCl + NH_3 \xrightarrow{ROH} NH_2OH + NH_4Cl$$

$$NH_2OH + (COOR)_2 \xrightarrow{ROH} (NOHCOR)_2 \xrightarrow{H^+} (NOHCOH)_2$$

（3）混合溶剂法：

$$NH_2OH \cdot HCl + NaOH \xrightarrow{ROH, H_2O} NH_2OH + NaCl + H_2O$$

$$NH_2OH + (COOR)_2 \xrightarrow{NaOH, H_2O} (NOHCONa)_2 \xrightarrow{H^+} (NOHCOH)_2$$

5. 储存、运输及应用

储存于干燥通风的仓库里，库内温度为-20～45℃，不允许与易燃、易爆、易挥发的物品存放在一起。可用各种交通工具运输，运输时应有防火、防雨措施，轻装轻卸。

可用作固体推进剂降温剂。

6. 毒性与防护

属低毒类，具有明显蓄积作用，原形及代谢产物主要经肾脏排泄，引起肾脏损伤，并有致突变和致畸作用。DHG 在常温下不易挥发，难以经皮肤和呼吸道侵入机体，故在生产中不易发生中毒。

7. 理化分析谱图

（1）红外光谱图见图 6-24。

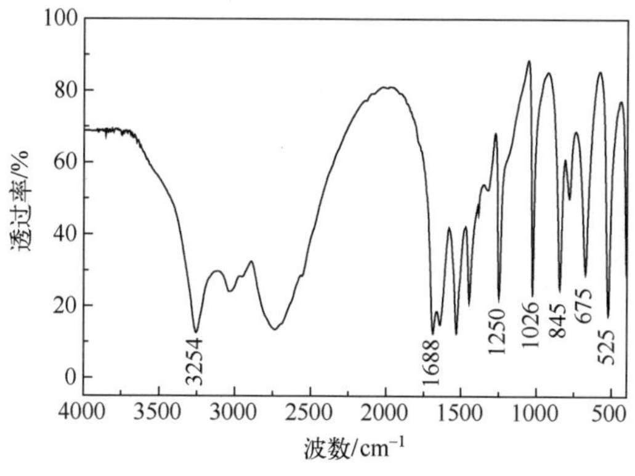

图 6-24　红外光谱

（2）核磁共振谱图见图 6-25。

（3）热分析谱图见图 6-26。

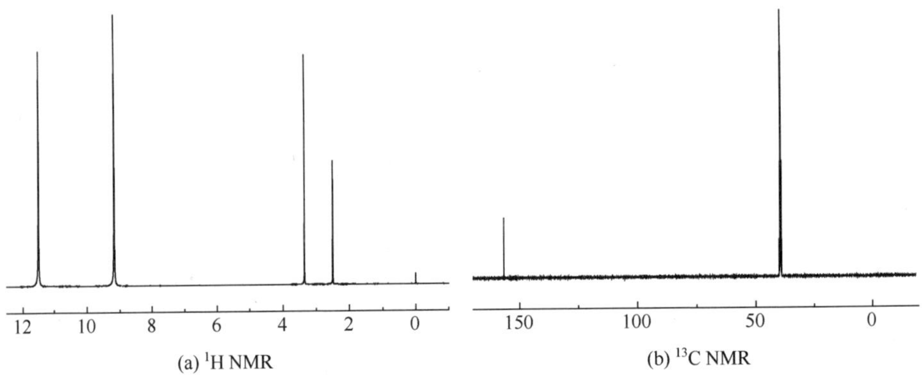

(a) ^{1}H NMR　(b) ^{13}C NMR

图 6-25　核磁共振谱

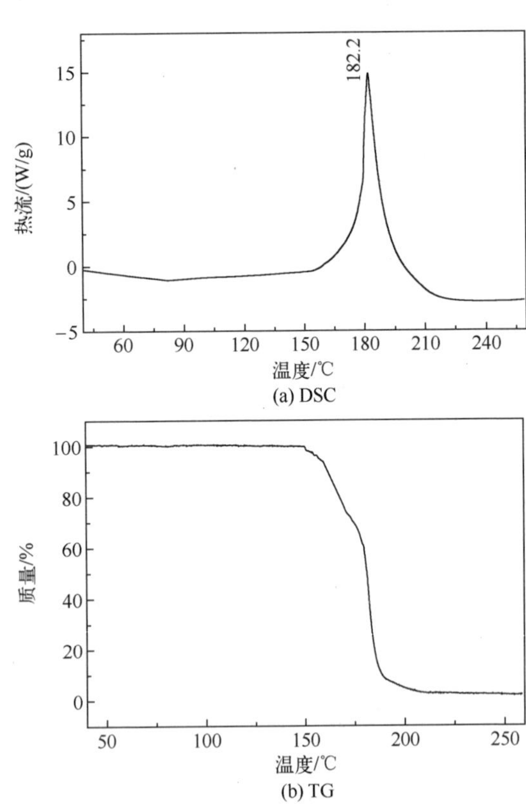

(a) DSC

(b) TG

图 6-26　热分析谱

参考文献

[1] 侯林法．复合固体推进剂[M]．北京:宇航出版社,1994:653-654.

[2] 蒋芸．复合固体推进剂原材料毒性与防护[M]．乌鲁木齐:新疆科技卫生出版社,1996:105-106.

[3] 吴晓艺,王亚军,韩利民,等．二羟基乙二肟的合成[J]．内蒙古石油化工,1998,24:20-21.

[4] 汪伟,姬月萍,丁峰,等．二羟基乙二肟的合成研究[C]//2006年火炸药新技术研讨会论文集,深圳:中国兵工学会,2006:216-219.

[5] 张俊娜,何炜,兰婷,等．二羟基乙二肟的合成与晶体结构[J]．应用化工,2013,42(4):771-773.

[6] 刘世炽,张忠义,江英武,等．二羟基乙二肟规范:GJB 2039—94[S]．北京:国防科学技术工业委员会,1994.

6.8 硝酸胍

中文名称: 硝酸胍

英文名称: guanidine nitrate

中文别称: 胍硝酸盐,硝酸亚氨脲

分子式: $CH_5N_3 \cdot HNO_3$

分子量: 122.08

结构式: $HN=C(NH_2)_2 \cdot HNO_3$

CAS登记号: 506-93-4

1. 物理性质

白色结晶粉末或颗粒。熔点213~215℃,密度1.44g/cm^3,易溶于水和醇,在水中的溶解度12.5g/100g(20℃),41g/100g(50℃),99g/100g(80℃)。在甲醇中的溶解度5.5g/100g(20℃),9.4g/100g(40℃),15.69g/100g(60℃)。不溶于丙酮、苯和乙醚。

2. 化学性质

偏酸性,25℃时1%水溶液的pH值为5.7。有氧化性。在高温下分解并爆炸。

3. 理化指标和检验方法

硝酸胍理化指标和检验方法见表6-9。

表 6-9 硝酸胍理化指标和检验方法

项 目	理化指标			检验方法
	优级品	一级品	合格品	
硝酸胍/%	≥98.0	≥97.0	≥90.0	沉淀重量法
加热减量/%	≤0.3	≤0.5	≤1.0	重量法
水不溶物/%	≤0.05	≤0.10	≤0.15	重量法
游离酸(以 HNO_3 计)/%	≤0.3	≤0.5	—	酸碱滴定法
游离硝酸铵/%	≤0.3	≤0.5	—	化学滴定法

4. 制备方法

(1) 以双氰胺和硝酸铵为原料,以 1∶2 配比投料在 170~210℃下进行缩合反应,生成硝酸胍,放出氰胺,由于氰胺又生成双氰胺,最终只生成硝酸胍。经结晶、切片,制得。

$$NH_2\overset{\overset{\displaystyle NH}{\|}}{C}NH_2CN + NH_4NO_3 \longrightarrow NH{=\!=}C(NH_2)_2 \cdot HNO_3 + NH_2CN$$

$$NH_2\overset{\overset{\displaystyle NH}{\|}}{C}NH_2CN + 2NH_4NO_3 \longrightarrow NH{=\!=}C(NH_2)_2 \cdot HNO_3$$

(2) 以尿素和硝酸铵为原料,在 180~200℃下进行缩合反应,制得硝酸胍。

$$NH_2\overset{\overset{\displaystyle O}{\|}}{C}NH_2 + NH_4NO_3 \longrightarrow NH{=\!=}C(NH_2)_2 \cdot HNO_3 + H_2O$$

5. 储存、运输和应用

用塑料编织袋或铁桶包装,内衬聚氯乙烯塑料袋,包装物应注明爆炸物标志。装运时应小心轻放,不得敲击或扔摔,不得与可燃物质同车装运。储存于阴凉、干燥、通风的危险品仓库内,一旦着火,用大量水灭火。

用作固体推进剂降温剂。亦用作炸药,可作为安全气囊材料。在医药工业中用作生产磺胺脒、磺胺嘧啶等磺胺类药物的原料。用于制取油漆工业用的碳酸胍及其他胍盐,以及照相材料和消毒剂。还可用作分析试剂,以检验络合酸中的胍盐。

6. 毒性与防护

具有中等毒性,吸入过量硝酸胍可致死。对皮肤和呼吸道有刺激性。如吸入应立即用温水或温肥皂水洗胃,并及时请医生治疗。

7. 理化分析谱图

(1) 红外光谱图见图 6-27。

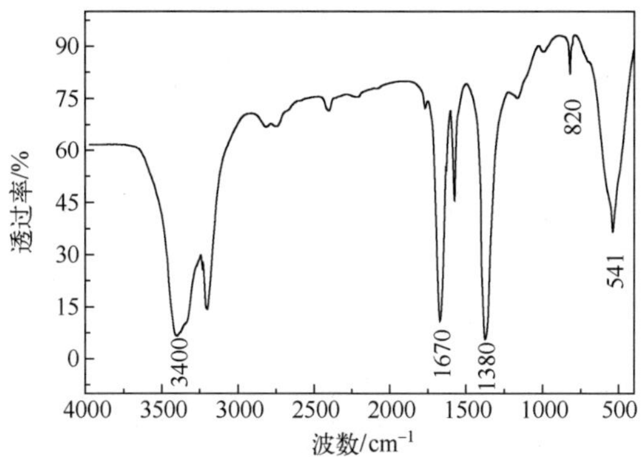

图 6-27　红外光谱

（2）拉曼光谱图见图 6-28。

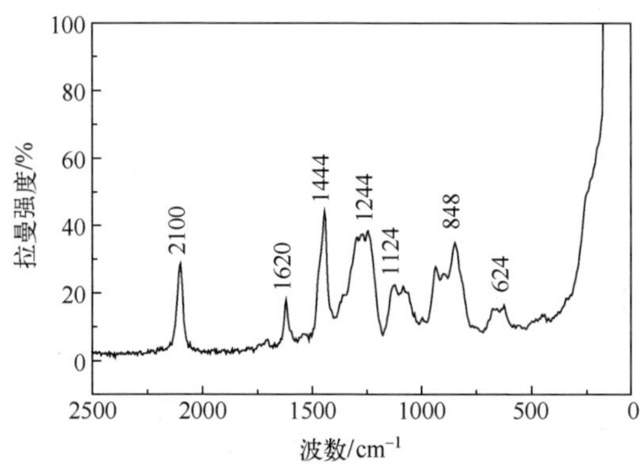

图 6-28　拉曼光谱

（3）热分析谱图见图 6-29。

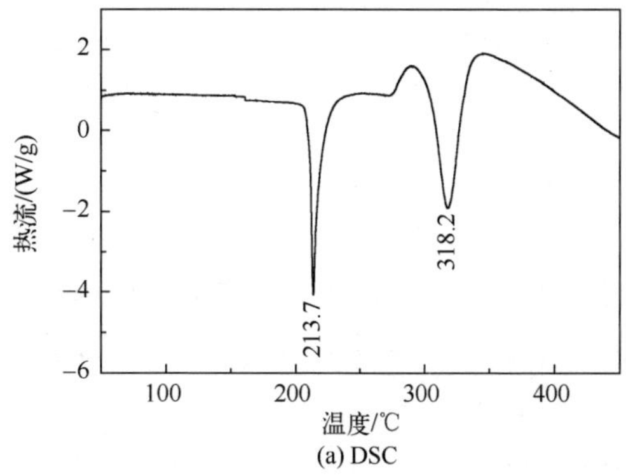

(a) DSC

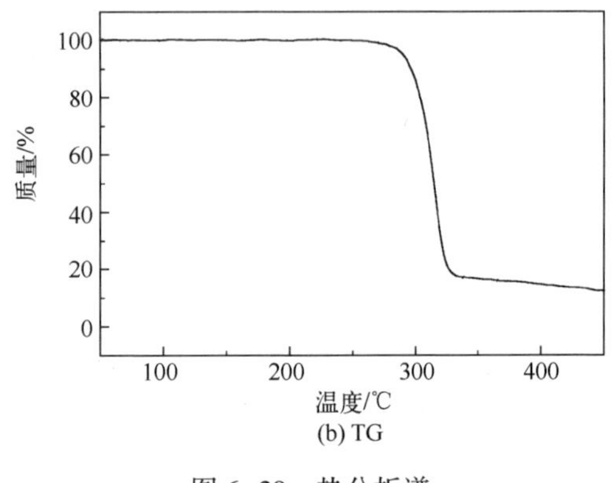

图 6-29　热分析谱

参考文献

[1]　化学工业出版社．中国化工产品大全:上卷[M]. 2 版．北京:化学工业出版社,1998:715-716.

[2]　张皋．新型含能化合物数据手册[M]. 北京:化学工业出版社,2016.

[3]　郑美心,顾顺兴．硝酸胍[S]. 中华人民共和国专业标准 HG/T 3269—1989,中华人民共和国化学工业部,1989.

6.9　三胺基胍硝酸盐

中文名称:三胺基胍硝酸盐

英文名称:triaminoguanidine nitrate

中文别称:硝酸三胺基胍

英文别称:TAGN

分子式:$CH_9N_7O_3$

分子量:167.13

$$H_2N—N{=}C\begin{cases} NH—NH_2 \cdot HNO_3 \\ NH—NH_2 \end{cases}$$

结构式

1. 物理性质

无色或白色结晶,密度 1.5g/cm^3。熔点 206~216℃。在 21℃高达 90%相对湿度不吸湿。在水中溶解度 1.47g/100g(0℃),4.5g/100g(25℃),22.0g/100g(65℃)。

2. 化学性质

生成热-280.6kJ/kg(定压),-46.90kJ/mol(定压),-279.49kJ/kg(定容)。

5s 爆发点 227℃，火焰温度 2300.4℃（定容）、1778℃/g（定压），热量系数：37.85kJ/kg，燃烧热 9768.38kJ/kg，爆热系数 39.18kJ/kg，爆热 3472.72kJ/kg，爆温 260℃。

3. 理化指标和检验方法

TAGN 理化指标和检验方法见表 6-10。

表 6-10　TAGN 理化指标和检验方法

项　　目	理 化 指 标	检 验 方 法
TAGN/%	≥99.00	化学滴定法
水不溶物质/%	≤0.20	恒重法
pH 值	4.5~7.0	pH 计
粒度（D_{50}）/μm	3.4~6.0	粒度测定仪

4. 制备方法

（1）硝酸胍和水合肼在水中由硝酸催化反应 4h 制得。

$$HN{=}C(NH_2)_2\cdot HNO_3 + 2NH_2NH_2 \longrightarrow H_2N{-}N{=}C\begin{cases}NH{-}NH_2\cdot HNO_3\\ NH{-}NH_2\end{cases}$$

（2）H_2NCN 在水或有机溶剂中与 N_2H_4 和硝酸反应制得。

$$H_2NCN + HNO_3 + 2NH_2NH_2 \xrightarrow{H_2O} H_2N{-}N{=}C\begin{cases}NH{-}NH_2\cdot HNO_3\\ NH{-}NH_2\end{cases}$$

5. 储存、运输和应用

用塑料编织袋或铁桶包装，内衬聚氯乙烯塑料袋，包装物应注明爆炸物标志。储存于阴凉、干燥、通风的危险品仓库内，一旦着火，用大量水灭火。装运时应小心轻放，不得敲击或扔摔，不得与可燃物质同车装运。

TAGN 在推进剂和火药中用作降温剂，它比硝基胍和草酰胺可达到更低的火焰温度。用作火药的添加剂，能提高能量，又能降低温度。

6. 毒性与防护

具有中等毒性，对皮肤和呼吸道有刺激性。操作时应佩戴橡胶手套，防止皮肤接触，必要时佩戴防护眼镜。

7. 理化分析谱图

红外光谱图见图 6-30。

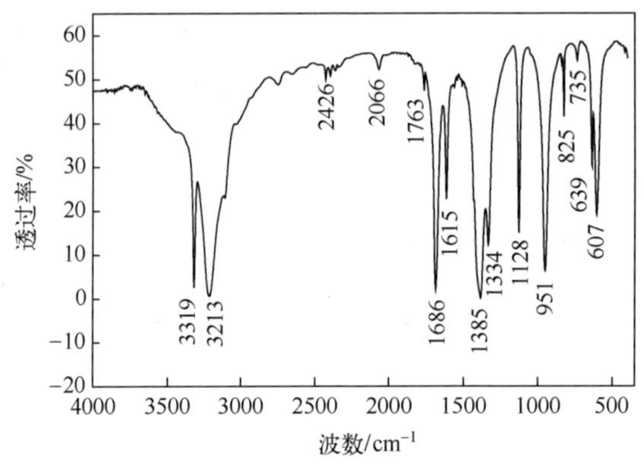

图 6-30　红外光谱

参考文献

[1]　张杏芬．国外火炸药原材料性能手册[M]．北京:兵器工业出版社,1991:48.

[2]　王锐,肖金武,张先瑞,等．一种适合工业化生产的三胺基胍硝酸盐的合成方法[P]．中国,ZL201510887960.9,2019.07.02.

第7章 增强剂

增强剂是一类广泛用于固体发动机衬层和绝热层聚合物体系中，以改善它们的强度性能的一类物质，一般为无机化合物和无机、有机纤维。

7.1 氧 化 钙

中文名称：氧化钙

英文名称：calcium oxide

中文别称：生石灰

英文别称：quicklime

分子式：CaO

结构式：56.08

CAS 登记号：1305-78-8

1. 物理性质

白色立方晶系粉末。熔点2572℃，密度3.3g/cm^3(25℃)。溶于甘油，不溶于醇。

2. 化学性质

对湿敏感，在空气中放置可吸收空气中的水分和二氧化碳，生成氢氧化钙和碳酸钙。与水作用(称消化)生成氢氧化钙并产生大量热，与酸反应生成相应的钙盐。

3. 理化指标和检验方法

氧化钙理化指标和检验方法见表7-1。

表 7-1　氧化钙理化指标和检验方法

项　　目		理化指标			检验方法
		Ⅰ类	Ⅱ类	Ⅲ类	
氧化钙(CaO)/%		≥92.0	≥82.0	≥90.0	滴定法
氧化镁(MgO)/%		≤1.5	≤1.6	—	分光光度法
盐酸不溶物/%		≤1.0	≤1.8	≤0.5	重量法
氧化物/%		—	≤1.8	—	重量法
铁(Fe)/%		≤0.1	—	—	分光光度法
硫(S)/%		—	≤0.18	—	重量法
磷(P)/%		—	≤0.02	—	分光光度法
二氧化硅(SiO_2)/%		—	≤1.2	—	分光光度法
灼烧减量/%		≤4.0	—	≤4.0	重量法
筛余物/%	通过 38μm 筛孔	—	—	≤2.0	—
	通过 45μm 筛孔	≤5.0	—	—	过筛重量法
	通过 75μm 筛孔	≤1.0	—	—	—
生烧过烧/%		—	≤6.0	—	重量法

4. 制备方法

石灰石煅烧法:将石灰石粗碎至 150mm,并筛除 30~50mm 以下的细渣。无烟煤或焦炭要求粒度在 50mm 以下,其中所含的低熔点灰分不宜过多,无烟煤或焦炭的加入量为石灰石的 7.5%~8.5%(重量)。将经筛选的石灰石及燃料定时、定量由窑顶加入窑内,于 900~1200℃锻烧,经冷却即得成品。

5. 储存、运输和应用

属于无机碱性腐蚀物品,应储存于阴凉通风干燥的库房内,并需下垫垫层,防止受潮。避免与酸类物质接触。在运输过程中,防止雨淋,不得受潮,包装不应受到污损。装卸时要轻拿轻放。

用于绝热层橡胶增强剂,在固体推进剂中用作燃烧催化剂。

6. 毒性与防护

氧化钙是一种强腐蚀性刺激剂,对皮肤和呼吸系统有腐蚀作用。工业生产过程中,其粉尘能引起皮炎,沾染后需用大量水处理。操作时要注意保护呼吸器官,使用防尘纤维制作的工作服、手套、密闭的防尘眼镜。

7. 理化分析谱图

(1) 红外光谱图见图 7-1。

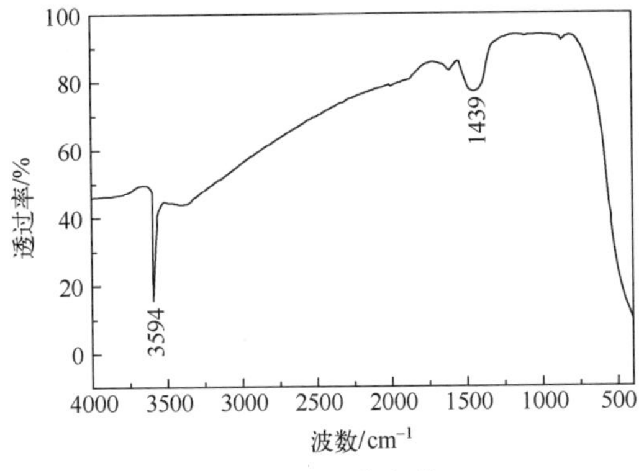

图 7-1　红外光谱

（2）拉曼光谱图见图 7-2。

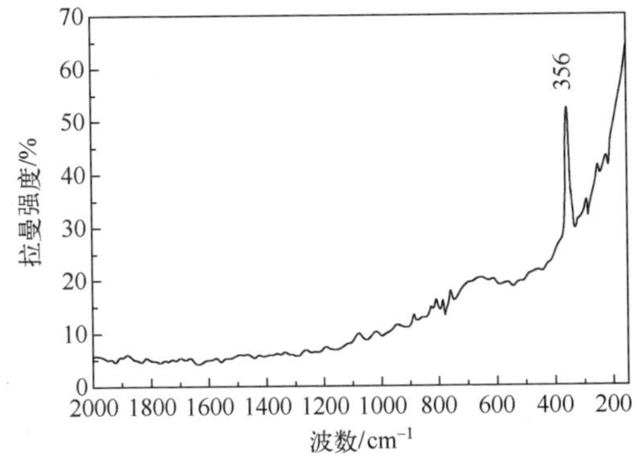

图 7-2　拉曼光谱

（3）X 射线衍射谱图见图 7-3。

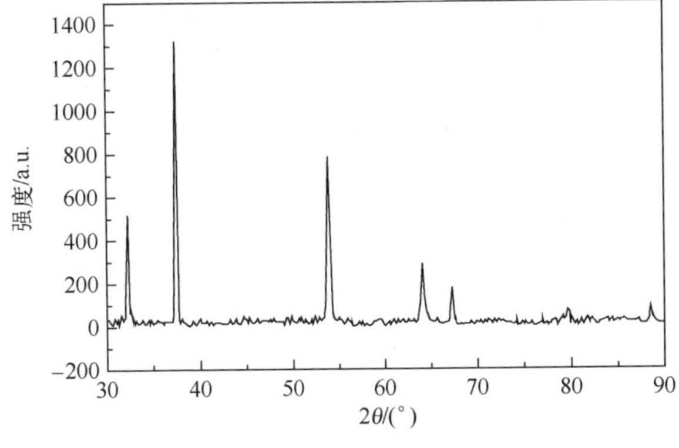

图 7-3　X 射线衍射谱

参考文献

[1] 化学工业出版社．中国化工产品大全：上卷[M]．2 版．北京：化学工业出版社，1998：377.

[2] 杨南如，岳文海．无机非金属材料图谱手册[M]．武汉：武汉工业大学出版社，2000：10，316，376.

[3] 李霞，项建平，李芳，等．工业氧化钙：HG/T 4205—2011[S]．北京：中华人民共和国工业和信息化部，2011.

[4] 张杏芬．国外火炸药原材料性能手册[M]．北京：兵器工业出版社，1991：216.

7.2 氧化镁

中文名称：氧化镁

英文名称：magnesium oxide

中文别称：苦土；灯粉

分子式：MgO

结构式：40. 30

CAS 登记号：1309-48-4

1. 物理性质

白色极细粉末。无臭无味。熔点 2852℃，密度 3. 58g/cm^3(25℃)。溶于铵盐溶液，不溶于乙醇。

2. 化学性质

经 1000℃以上的高温灼烧，可转化为晶体。温度升高至 1500℃以上时，则成烧结氧化镁。在空气中能吸收水分和二氧化碳，生成碳酸镁复盐。微溶于水，生成氢氧化镁，溶液呈碱性，溶于稀酸，与酸反应生成相应的镁盐。

3. 理化指标和检验方法

工业轻质氧化镁理化指标和检验方法见表 7-2。

表 7-2 氧化镁理化指标和检验方法

项目	理化指标			检验方法
	优等品	一等品	合格品	
氧化镁(MgO)/%	≥95. 0	≥93. 0	≥92. 0	络合滴定法
氧化钙(CaO)/%	≤1. 0	≤1. 5	≤2. 0	络合滴定法

续表

项目	理化指标			检验方法
	优等品	一等品	合格品	
盐酸不溶物/%	≤0.10	≤0.20	—	重量法
硫酸盐(以 SO_4 计)/%	≤0.2	—	—	比浊法
筛余物(通过 150μm 筛孔)/%	≤0	≤0.03	≤0.05	过筛重量法
铁(Fe)/%	≤0.05	≤0.06	≤0.10	分光光度法
锰(Mn)/%	≤0.003	≤0.010	—	分光光度法
氯化物(以 Cl 计)/%	≤0.07	≤0.20	≤0.30	比浊法
灼烧失量/%	≤3.5	≤5.0	≤5.5	重量法
堆积密度/(g/cm^3)	≤0.16	≤0.20	≤0.25	自然堆积法

4. 制备方法

(1) 纯碱法:先将苦卤水(主要为氯化镁)稀释至 20Be(波美度)左右加入反应器,在搅拌下徐徐加入 20Be 左右的纯碱(碳酸钠)澄清溶液,于 55℃左右进行反应,生成重质碳酸镁,经漂洗、离心分离,在 700~900℃下进行焙烧,经粉碎、风选,制得轻质氧化镁。

(2) 碳化法:白云石经煅烧、消化、碳化后得到碱式碳酸镁,再经热分解、煅烧、粉碎、风选,即得轻质氧化镁。

(3) 碳氨法:将海水制盐后的母液(镁离子质量分数在 50g/L 左右)除去杂质后与碳酸氢氨按适宜的比例混合,进行沉淀反应,再经离心脱水、烘干、煅烧、粉碎分级、包装,即得氧化镁。

5. 储存、运输和应用

应储存于阴凉干燥库房中,防止受潮。与无机酸和强碱以及有潮解性等物品隔离储存。运输中应有遮盖物,防止雨淋和受潮。装卸时要轻拿轻放,防止包装破损。

用于丁腈橡胶、三元乙丙橡胶绝热层橡胶增强剂和碱性调节剂,也可用作固体推进剂的燃烧稳定剂及化学安定剂。

6. 毒性与防护

氧化镁对眼睛结膜和鼻黏膜有轻度刺激作用。粉尘可导致呼吸困难、胸痛、咳嗽、肺弥漫性间质纤维化并合肺气肿。生产过程中应注意穿工作服,戴防尘口罩和防尘眼镜。

7. 理化分析谱图

(1) 红外光谱图(石蜡片)见图 7-4。

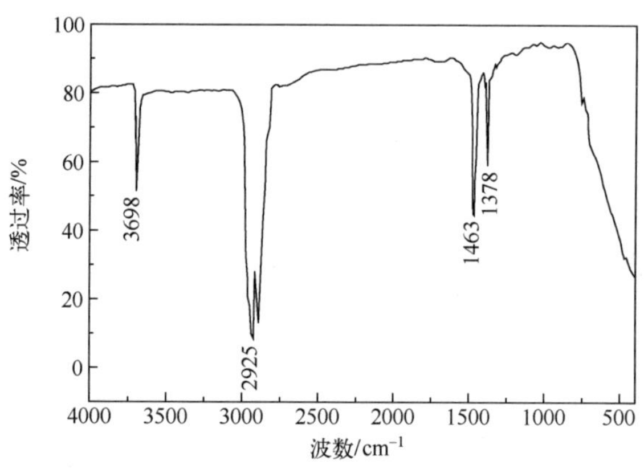

图 7-4　红外光谱

(2) X 射线衍射谱图见图 7-5。

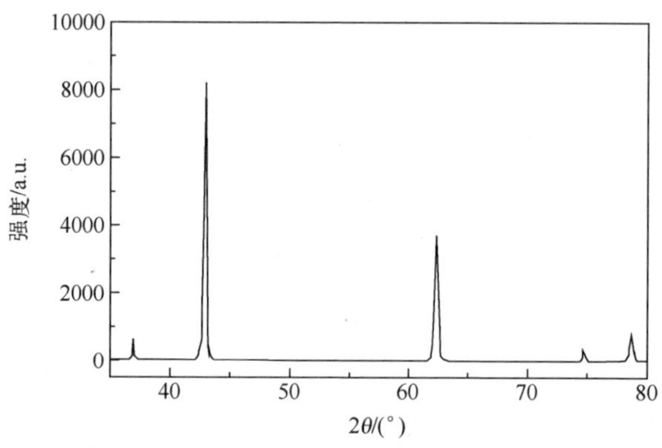

图 7-5　X 射线衍射谱

参考文献

[1] 化学工业出版社. 中国化工产品大全:上卷[M]. 2 版. 北京:化学工业出版社,1998:190.

[2] 张杏芬. 国外火炸药原材料性能手册[M]. 北京:兵器工业出版社,1991:215-216.

[3] 郭凤鑫,王健生,史祖余,等. 工业轻质氧化镁:HG/T 2573—2006[S]. 北京:中华人民共和国国家发展和改革委员会,2006.

[4]　杨南如,岳文海．无机非金属材料图谱手册[M]．武汉:武汉工业大学出版社,2000:11.

7.3　二氧化锆

中文名称:二氧化锆

英文名称:zirconium oxide

中文别称:锆酸酐;氧化锆

分子式:ZrO_2

结构式:123.22

CAS 登记号:1314-23-4

1. 物理性质

白色粉末,无臭无味。熔点 2715℃。密度 5.89g/cm^3(25℃),不溶于水。

2. 化学性质

化学性质稳定。有酸碱两性,溶于热浓氢氟酸、硫酸,微溶于盐酸和硝酸生成相应酸的锆盐,与碱共熔可生成相应的锆酸盐。

3. 理化指标和检验方法

二氧化锆理化指标和检验方法见表 7-3。

表 7-3　二氧化锆理化指标和检验方法

项　　目	理化指标		检验方法
	Ⅰ类	Ⅱ类	
外观	白色粉末	白色粉末	目视法
二氧化锆(以 ZrO_2 计,以干基计)/%	≥99.5	≥99.5	重量法/络合滴定法
氧化铁(Fe_2O_3)/%	≤0.01	≤0.005	分光光度法
二氧化硅(SiO_2)/%	≤0.02	—	分光光度法
氧化铝(Al_2O_3)/%	≤0.01	—	等离子发射光谱法
二氧化钛(TiO_2)/%	≤0.01	≤0.005	分光光度法/等离子发射光谱法
氧化钠(Na_2O)/%	≤0.01	—	原子吸收光谱法
灼烧减量/%	≤0.40	≤0.30	重量法
氯化物(以 Cl 计)/%	≤0.10	—	比浊法
水分/%	≤0.10	≤0.30	重量法

4. 制备方法

(1) 氯化锆热解法:锆英石与氢氧化钠在650℃熔融,热水浸出熔融体,硅呈硅酸钠形态与锆酸钠分离。再用硫酸处理,得硫酸锆溶液,进一步除杂质后加氨水,沉淀出氢氧化锆。加盐酸溶解氢氧化锆,得到氯化锆,经蒸发浓缩、冷却结晶、粉碎、焙烧,得到二氧化锆成品。

(2) 溶胶-凝胶法:在锆的醇盐,如 $ZrO(C_3H_7)_4$ 中加入醇和水,再加入酸作催化剂进行混合,进行加水分解反应,形成溶胶,溶胶进一步聚合成为凝胶。该凝胶为黏稠的液体,选择适当的黏度进行干燥纺丝,纤维化成一次纤维。进一步在500~1000℃高温下加热,进行无机化处理,制得氧化锆纤维。

5. 储存、运输和应用

储存在阴凉干燥的库房中。运输过程中应有遮盖物,防止雨淋、受潮。装卸时轻拿轻放,防止包装破损。

用于丁腈橡胶、三元乙丙橡胶绝热层橡胶增强剂。在航空航天、国防军工、核能等领域用作超高温隔热防护材料和陶瓷基复合增强材料。

6. 毒性与防护

属于低毒类,有刺激性。应避免吸入粉尘,操作人员应穿工作服、戴防尘口罩和防尘眼镜。

7. 理化分析谱图

(1) 红外光谱图(石蜡片)见图7-6。

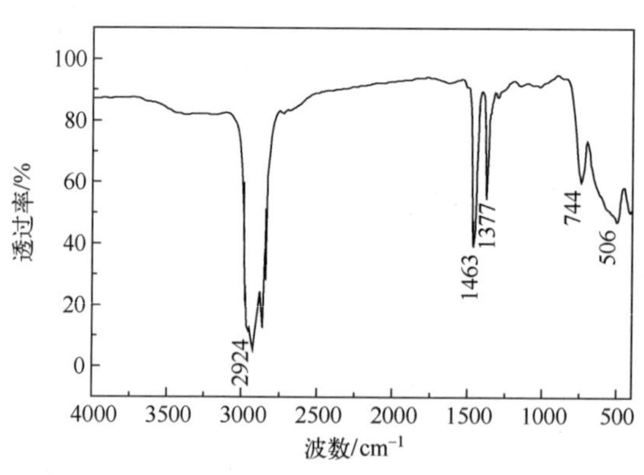

图7-6 红外光谱

(2) X射线衍射谱图见图7-7。

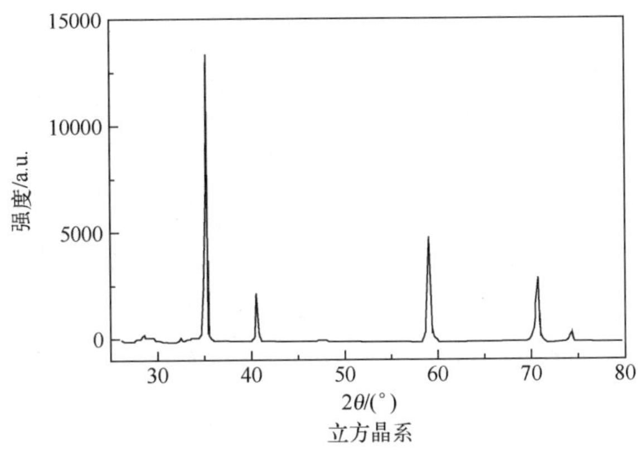

图 7-7　X 射线衍射谱

参考文献

[1] 化学工业出版社．中国化工产品大全:上卷[M]．2 版．北京:化学工业出版社,1998:352.

[2] 蒋芸．复合固体推进剂原材料毒性与防护[M]．乌鲁木齐:新疆科技卫生出版社,1996:64.

[3] 杨南如,岳文海．无机非金属材料图谱手册[M]．武汉:武汉工业大学出版社,2000:381,183.

[4] 许小军,沈建章,韩文学,等．二氧化锆:HG/T 2773—2012[S]．北京:中华人民共和国工业和信息化部,2012.

[5] 刘天平,黄永红,戴凤英,等．氧化锆、氧化铪化学分析方法 氧化锆中铝、钙、镁、锰、钠、镍、铁、钛、锌、钼、钒、铪含量的测定电感耦合等离子体发射光谱法:YS/T 568.8—2008[S]．北京:国家发展和改革委员会,2008.

7.4 氧 化 锌

中文名称:氧化锌

英文名称:zinc oxide

中文别称:锌白;锌氧粉

分子式: ZnO

结构式:81.38

CAS 登记号:1314-13-2

1. 物理性质

白色无定形粉末或六角晶形,有苦味,质细腻。密度 5.606g/cm³(20℃)。不溶于水、乙醇。在阴极线和阳极线上,能发出绿色和紫色等光。

2. 化学性质

有酸碱两性,溶于稀酸,生成相应酸的锌盐,溶于碱金属氢氧化物生成相应的锌酸盐。溶于氨水和铵盐溶液,形成可溶性络合盐。ZnO 与水反应生成氢氧化锌,从空气中吸收 H_2O 和 CO_2,生成碳酸锌,氧化物越细,吸收速度越快,并随温度上升而增加。ZnO 的分解温度为(1977±25)℃。

3. 理化指标和检验方法

氧化锌理化指标和检验方法见表 7-4。

表 7-4　氧化锌理化指标和检验方法

项　　目	理化指标		检 验 方 法
	分析纯	化学纯	
ZnO/%	≥99.0	≥99.0	络合滴定法
澄清度试验/号	≤3	≤5	比浊法
稀硫酸不溶物/%	≤0.01	≤0.02	重量法
游离碱	合格	合格	酸碱滴定法
氯化物(Cl)/%	≤0.001	≤0.005	比浊法
硫化合物(以 SO_4 计)/%	≤0.01	≤0.02	比浊法
硝酸盐(NO_4)/%	≤0.003	≤0.005	分光光度法
砷(As)/%	≤0.00005	≤0.0002	比色法
钠(Na)/%	≤0.05	≤0.10	原子吸收光谱法/ICP
镁(Mg)/%	≤0.005	≤0.01	
钾(K)/%	≤0.01	≤0.02	
钙(Ca)/%	≤0.005	≤0.01	
锰(Mn)/%	≤0.0005	≤0.001	
铁(Fe)/%	≤0.0005	≤0.0025	
铅(Pb)/%	≤0.005	≤0.05	
还原高锰酸钾物质(以 O 计)/%	≤0.002	≤0.004	氧化还原法

4. 制备方法

碱式碳酸锌煅烧法：以低级氧化锌或锌矿砂为原料，与稀硫酸溶液反应，制成粗制硫酸锌溶液，将溶液加热至 80～90℃，加入高锰酸钾氧化除掉铁、锰，然后加热至 80℃，加入锌粉，置换清液中铜、镍、镉，置换后再用高锰酸钾在 80～90℃进行第二次氧化除杂质，得到精制硫酸锌溶液，用纯碱中和至 pH 值为 6.8，生成碱式碳酸锌，经过滤，漂洗除去硫酸盐和过量碱，再经干燥和在 500～550℃焙烧，得到活性氧化锌。

5. 储存、运输和应用

储存于通风、阴凉、干燥的库房中。严禁与碱类及酸类物品混储。运输过程要防止雨淋、受热、受潮。严禁与碱类及酸类物品混运。运输、装卸时要求轻装轻卸，防止碰撞和破裂。

用于丁腈橡胶、三元乙丙橡胶绝热层橡胶增强剂。也用作硝酸铵炸药组分的结块抑制剂和火药中的添加剂。

6. 毒性与防护

对眼睛有刺激性。操作中应戴防毒口罩、防护眼镜，穿工作服。要注意防止蒸气及气溶胶形成及排放到工作地点空气中。应注意防尘通风。

7. 理化分析谱图

（1）红外光谱图（石蜡片）见图 7-8。

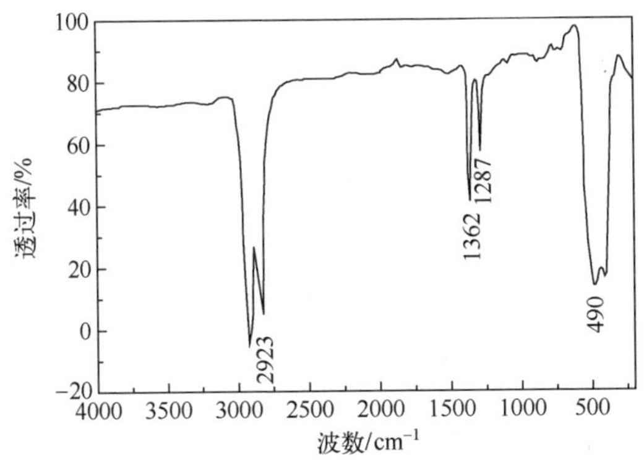

图 7-8　红外光谱

（2）拉曼光谱见图 7-9。

（3）X 射线衍射谱图见图 7-10。

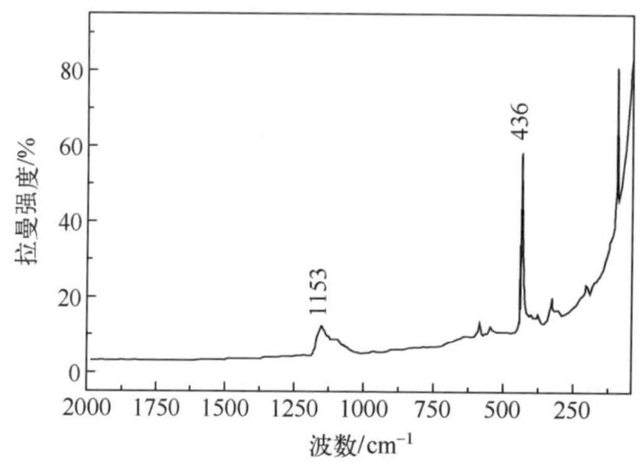

图 7-9　拉曼光谱

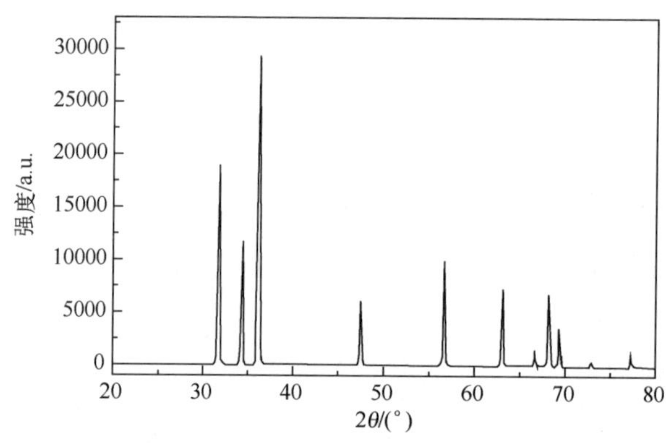

图 7-10　X 射线衍射谱

参考文献

[1] 张杏芬. 国外火炸药原材料性能手册[M]. 北京:兵器工业出版社,1991:225-227.

[2] 化学工业出版社. 中国化工产品大全:上卷[M]. 2 版. 北京:化学工业出版社,1998:391-393.

[3] 佘辣娇,王军波,余少丹,等. 化学试剂氧化锌:HG/T 2890—2011[S]. 北京:中华人民共和国工业和信息化部,2011.

[4] 杨南如,岳文海. 无机非金属材料图谱手册[M]. 武汉:武汉工业大学出版社,2000:94,316,378.

7.5 氧 化 锡

中文名称:氧化锡

英文名称:stannic oxide

中文别称:二氧化锡;氧化高锡;锡灰

英文别称:tin dioxide

分子式:SnO_2

结构式:150.71

CAS 登记号:18282-10-5

1. 物理性质

白色、淡黄色或淡灰色粉末。熔点 1127℃。密度 6.95g/cm^3(25℃)。有导电性能。不溶于水、醇。

2. 化学性质

在空气中加热稳定。在酸中稳定,不溶于王水,偏酸性,溶于热浓的氢氧化钠、氢氧化钾溶液,与氢氧化钾或氢氧化钠共熔能形成锡酸盐。

3. 理化指标和检验方法

二氧化锡理化指标和检验方法见表 7-5。

表 7-5　二氧化锡理化指标和检验方法

项　　目	理 化 指 标	检 验 方 法
SnO_2/%	≥99.0	氧化还原法
铁(Fe)/%	≤0.035	分光光度法
铜(Cu)/%	≤0.015	原子吸收光谱法
铅(Pb)/%	≤0.04	原子吸收光谱法
砷(As)/%	≤0.005	分光光度法
锑(Sb)/%	≤0.03	分光光度法
硫酸盐(以 SO_4^{2-} 计)/%	≤0.10	比浊法
灼烧失重/%	≤0.50	重量法
盐酸可溶物/%	≤0.40	重量法

4. 制备方法

硝酸氧化法:将金属锡熔化后,用硝酸氧化制得锡酸,锡酸再加热失水得氧化锡。反应式如下:

$$3Sn+4HNO_3+H_2O \longrightarrow 3H_2SnO_3+4NO$$

$$H_2SnO_3 \longrightarrow SnO_2+H_2O$$

5. 储存、运输和应用

储存在通风、干燥和避免光照射的库房中。按照一般化学品运输。运输过程中不要碰破铁桶,防止受潮和雨淋。

用于丁腈橡胶、三元乙丙橡胶绝热层橡胶增强剂。用于其他橡胶增强剂,也在轻武器发射药中用作防沾污剂。

6. 毒性与防护

人体长期(15~20年)受二氧化锡作用会患肺尘埃沉着病,即尘肺。空气中最大容许浓度为10mg/m^3(换算成金属锡计)。粉尘多时使用防毒口罩,注意保护皮肤。

7. 理化分析谱图

(1) 红外光谱图见图7-11。

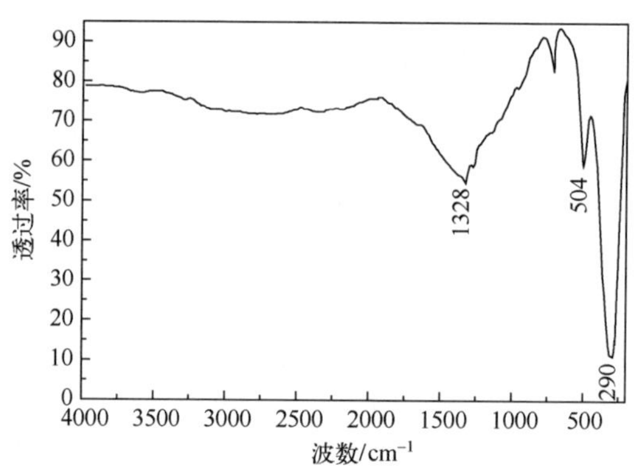

图7-11 红外光谱

(2) 拉曼光谱见图7-12。

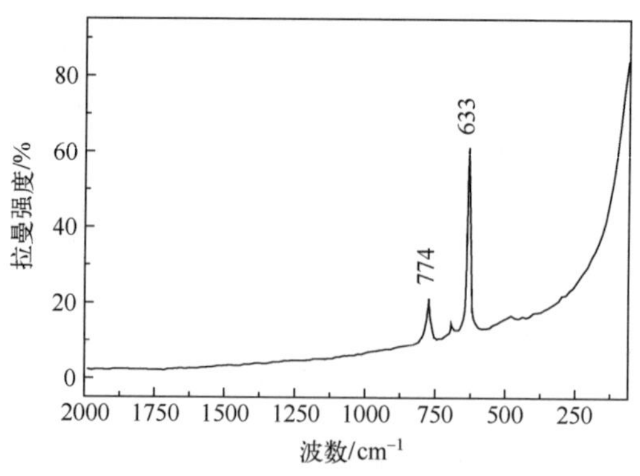

图7-12 拉曼光谱

（3）X 射线衍射谱图见图 7-13。

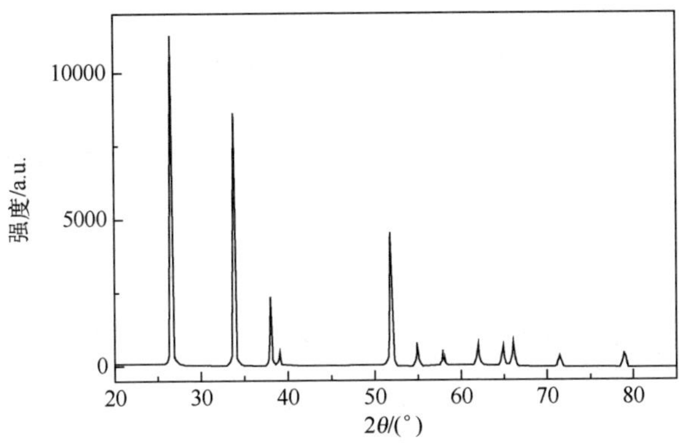

图 7-13　X 射线衍射谱

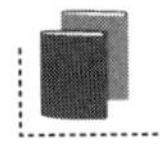

参考文献

[1] 化学工业出版社．中国化工产品大全：上卷[M]．2 版．北京：化学工业出版社，1998：390.

[2] 欧育湘，李建军．阻燃剂——性能、制造及应用[M]．北京：化学工业出版社，2006：321-322.

[3] 杨南如，岳文海．无机非金属材料图谱手册[M]．武汉：武汉工业大学出版社，2000：96，318，382.

[4] 白健，曹靖，汤粉兰，等．二氧化锡：GB/T 26013—2010[S]．北京：中国国家标准化管理委员会，2010.

[5] 李生英．金属氧化物纳米材料的制备、表征及应用[D]．兰州：西北师范大学，2003.

7.6 二氧化钛

中文名称：二氧化钛

英文名称：titanium dioxide

中文别称：钛酐；钛白粉；氧化钛(IV)；金红石

英文别称：titanic anhydride；titanium white；titania

分子式：TiO_2

结构式：79. 87

CAS 登记号：13463-67-7

1. 物理性质

白色粉末状。自然界存在三种二氧化钛晶体,纯度都在95%以上,由于含有其他金属,颜色不同。金红石为四方柱状或针状晶形四方晶体,红棕色、红色、黄色或黑色,硬度6~6.5,密度4.2~4.3g/cm^3(25℃),双反射率0.2870。锐钛矿为锥状、板状、柱状四方晶体,颜色褐、黄、浅绿蓝、浅紫、灰黑色,偶见近于无色。密度为3.84g/cm^3(25℃),折射率很高:黄色晶体,n_0=2.501;灰色晶体,n_0=2.556。板钛矿为板状、叶片状斜方晶系,黄褐色、红褐色或褐黑色,薄片中黄褐色或金褐色。莫氏硬度5.6~6,密度3.9~4.1g/cm^3,折射率很高:n_p=2.583,n_m=2.584~2.586,n_g=2.700~2.741。工业上主要用的是金红石和锐钛矿。锐钛矿较不稳定,在1100℃下保温1h,转变为金红石。

2. 化学性质

TiO_2化学性质相对稳定,耐高温、耐低温、耐腐蚀,不溶于水、有机酸和无机弱酸,经500℃以上灼烧后难溶于盐酸、硝酸及稀硫酸。有酸碱两性,可溶于碱,与碱金属氢氧化物或碱金属碳酸盐熔融成相应水溶性的钛酸盐。溶于热浓硫酸,生成硫酸钛;溶于氢氟酸,生成氟化钛;溶于热磷酸,生成磷酸钛,冷却稀释后加入过氧化钠可氧化生成黄褐色钛酸钠溶液。与焦硫酸钾或硫酸氢钾加热反应生成硫酸钛。

3. 理化指标和检验方法

二氧化钛理化指标和检验方法见表7-6。

表7-6 二氧化钛理化指标和检验方法

项　目	理化指标	检验方法
外观	白色或黄色粉末	目测法
晶型	锐钛(硫酸法生产)	X射线衍射法
粒度(D_{50})/μm	0.8~1.5	激光粒度分析仪法
二氧化钛(TiO_2)/%	≥98.0	铝还原法/X射线荧光光谱仪法
水溶物/%	≤0.6	X射线荧光光谱仪法
干燥减量/%	≤0.5	重量法

4. 制备方法

(1)硫酸法:将钛铁矿经浓硫酸酸解成块状固相物,用酸性水浸取后得到钛液,经沉降除杂质、冷冻分离副产硫酸亚铁后,加晶种使硫酸氧钛分解生成偏钛酸。经水洗达标后煅烧、粉碎而制得钛白粉。

(2)氯化法:将粉碎后的金红石或高钛渣与焦炭混合,在硫化床氯化炉中与氯气反应生成四氯化钛，经净化，加入晶型转化剂氧化生成二氧化钛，再经水洗、干燥、粉碎得到。

5. 储存、运输和应用

储存于通风、阴凉、干燥的库房中。不可与强碱类物质共储混运。在运输中应有遮盖物，防止雨淋、受潮，装卸时要轻拿轻放，防止包装破损。

用于丁腈橡胶、三元乙丙橡胶绝热层橡胶增强剂，也可用作固体推进剂的燃烧稳定剂。

6. 毒性与防护

属于低毒类。长期吸入氧化钛粉尘的工人，肺部无任何变化，亦未发生接触性皮炎、过敏反应。操作人员需穿工作服，戴防尘口罩和防尘眼镜。

7. 理化分析谱图

(1) 红外光谱(石蜡糊法)见图 7-14。

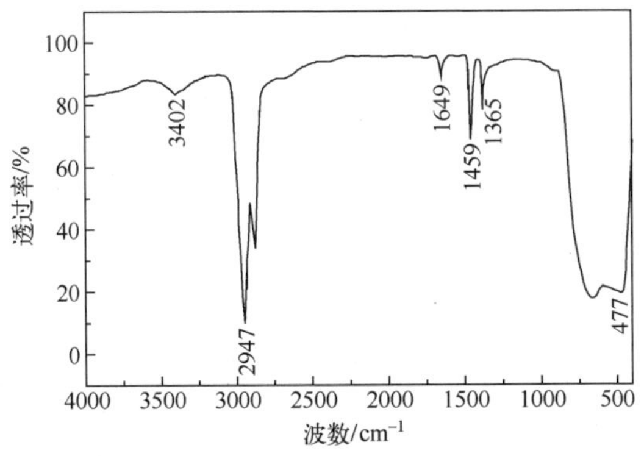

图 7-14　红外光谱

(2) 拉曼光谱图见图 7-15。

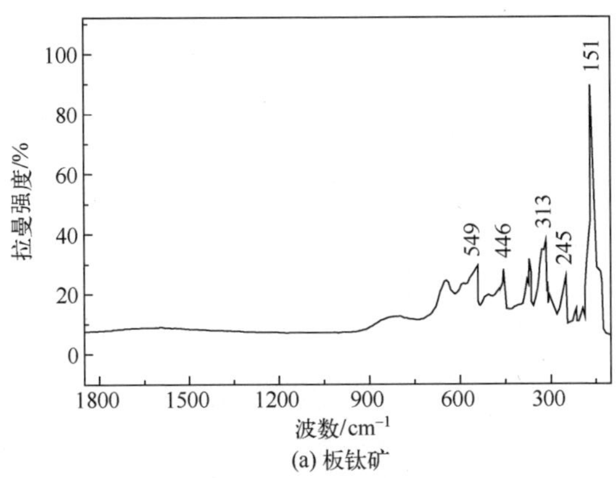

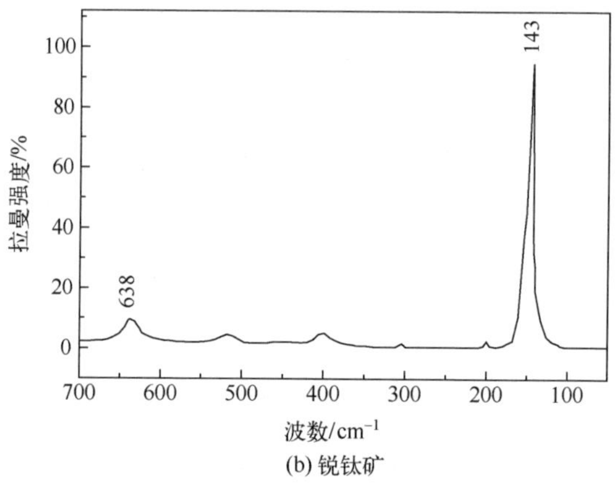

(b) 锐钛矿

图 7-15　拉曼光谱

（3）X 射线衍射谱图见图 7-16。

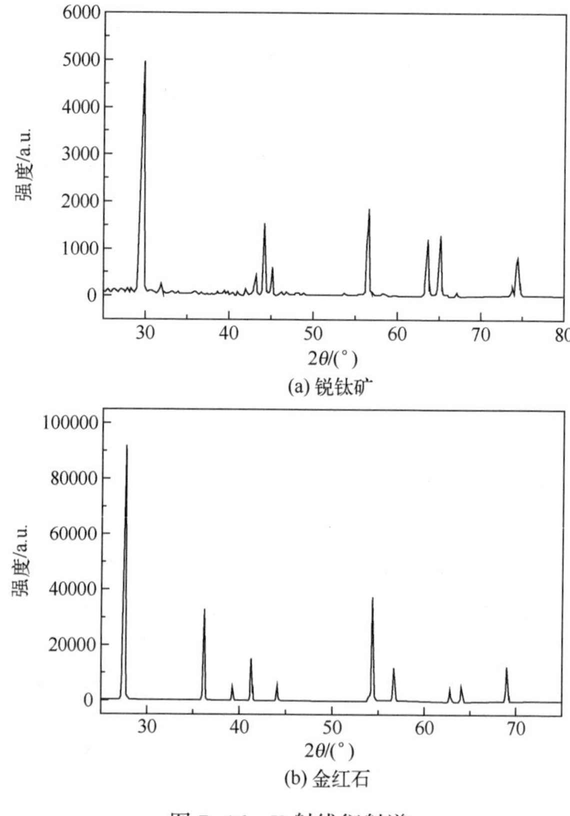

(a) 锐钛矿

(b) 金红石

图 7-16　X 射线衍射谱

参考文献

[1] 化学工业出版社．中国化工产品大全：上卷[M]．2 版．北京：化学工业出版社，1998：342-343.

[2] 杨南如，岳文海．无机非金属材料图谱手册[M]．武汉：武汉工业大学出版社，2000：8-9，281，377.

[3] 范国强，郭永欣，陈建立，等．触媒用二氧化钛：HG/T 4525—2013[S]．北京：中华人民共和国工业和信息化部，2013.

[4] 沈苏江，赵玲，黄国鑫，等．二氧化钛颜料：GB/T 1706—2006[S]．北京：中华人民共和国国家质量监督检验检疫总局，2006.

7.7 二氧化硅

中文名称：二氧化硅

英文名称：silica

中文别称：白炭黑

英文别称：fumed silica；precipitated silica；hydrated silica

分子式：SiO_2；$SiO_2 \cdot nH_2O$

结构式：60.08

CAS 登记号：气相白炭黑 112945-52-5；沉淀白炭黑 10279-57-9

1. 物理性质

根据制备方法不同分为气相白炭黑和沉淀白炭黑。白色无定形微细粉末，无臭。质轻，堆积密度 0.22g/cm^3，密度 2.6g/cm^3（25℃）。熔点 1610~1750℃，含水越少，熔点越高。气相白炭黑粒度一般小于沉淀白炭黑，粒度在 7~40nm 之间。比电阻 $10\times10^{12}\Omega\cdot cm$。具有很高的多孔性和大的比表面积，有吸水性，在生胶中有较大的分散力。不溶于水和有机溶剂。

2. 化学性质

表面带有羟基和吸附水。化学稳定性好，高温不易分解、不燃烧。与氢氧化钠反应生成水溶性硅酸钠，与氢氟酸反应生成挥发性的 SiF_4。

3. 理化指标和检验方法

沉淀水合二氧化硅理化指标和检验方法见表 7-7。气相二氧化硅理化指标和检验方法见表 7-8。

表 7-7　沉淀水合二氧化硅理化指标和检验方法

项　　目	理 化 指 标	检 验 方 法
外观	白色粉末	目测法
二氧化硅/%	≥90	重量法
灼烧减量/%	4.0~8.0	重量法
pH 值	5.0~8.0	pH 计法
总铜/(mg/kg)	≤10	原子吸收光谱法
总锰/(mg/kg)	≤40	原子吸收光谱法
总铁/(mg/kg)	≤500	原子吸收光谱法
水可溶物/%	≤2.5	重量法

表 7-8　气相二氧化硅理化指标和检验方法

项　　目	理化指标		检 验 方 法
	A 类	B 类	
外观	蓬松的白色粉末		目测法
二氧化硅/%	≥99.8	≥99.8	重量法
灼烧减量/%	≤2.5	≤10.0	重量法
三氧化二铝/(mg/kg)	≤400	≤400	ICP-AES 法
二氧化钛/(mg/kg)	≤200	≤200	ICP-AES 法
三氧化二铁/(mg/kg)	≤30	≤30	ICP-AES 法
氯化物/(mg/kg)	≤250	≤250	化学滴定法
悬浮液 pH 值	3.7~4.5	≥3.5	酸度计法
105℃挥发物/%	≤3.0	≤1.0	重量法
筛余物(通过 45μm 筛孔)/(mg/kg)	≤250	—	过筛重量法

4. 制备方法

(1) 将净化后的四氯化硅、氢气与空气的均匀混合气体送入燃烧室,在1000℃左右由于氢气在空气中燃烧产生的水使四氯化硅高温水解而生成二氧化硅,将含气溶胶状二氧化硅的燃烧气送入冷凝室,二氧化硅凝集粒子,经旋风分离器分离,尾气经水洗排放,得到二氧化硅。经氨或干空气脱酸制得气相二氧化硅。

（2）将硅酸钠与硫酸或盐酸作用，生成硅酸，再分解，最后经压滤水洗、干燥、粉碎、分级等工序而得沉淀二氧化硅。

5. 储存、运输和应用

应储存于干燥、通风、防湿的库房，避免受潮和污染。

主要用作推进剂硅橡胶绝热层增强剂。用作硅橡胶、天然橡胶和合成橡胶的补强填充剂、防止塑料薄膜黏结的开口剂、油墨增稠剂、颜料的防沉降剂、涂料的消光剂、黏度调节剂、催化剂载体等。

6. 毒性与防护

无毒，粉末可引起支气管炎和矽肺。应注意控制工作厂房空气中粉尘的形成和扩散，避免吸入粉尘，操作人员应戴防护用具。

7. 理化分析谱图

红外光谱图见图 7-17。

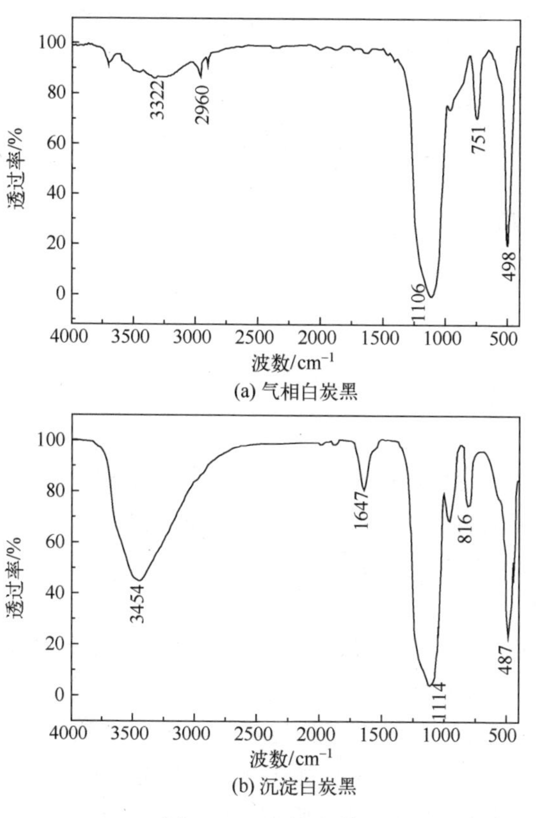

(a) 气相白炭黑

(b) 沉淀白炭黑

图 7-17　红外光谱

参考文献

[1] 化学工业出版社．中国化工产品大全:上卷[M]．2版．北京:化学工业出版社,1998:282-283.

[2] 王梦蛟,龚怀耀,薛广智．橡胶工业手册:第二分册　配合剂[M]．修订版．北京:化学工业出版社,1987:308-309.

[3] 张杏芬．国外火炸药原材料性能手册[M]．北京:兵器工业出版社,1991:281-283.

[4] 吴春蕾,聂素青,王立军,等．气相二氧化硅:GB/T 20020—2013[S]．北京:中国国家标准化管理委员会,2013.

[5] 王定友,毛善兵,代传银,等．沉淀二氧化硅:HG/T 3061—2009[S]．北京:中华人民共和国工业和信息化部,2009.

[6] 杜高翔．纳米沉淀二氧化硅的硅烷偶联剂原位表面改性[J]．功能材料,2008,39(12):2072-2078.

[7] 韩静香,佘利娟,翟立新,等．化学沉淀法制备纳米二氧化硅[J]．硅酸盐通报,2010,29(03):681-685.

7.8 硅　粉

中文名称:硅粉

英文名称:silicon

分子式:Si

结构式:28.086

CAS登记号:7440-21-3

1. 物理性质

硅有晶体硅和无定形硅两种同素异构体。晶体硅为灰黑色,硬而有金属光泽,可导电,具有半导体性质;无定形硅为黑色。密度 2.33g/cm^3(25℃),熔点1420℃,沸点2355℃。不溶于水。

2. 化学性质

硅共有23种同位素,其中有三种天然的稳定同位素。硅有明显的非金属特性,化学活性比较稳定,常温下很难与其他物质发生反应。具有还原性,粉体在高热、明火条件与空气中氧气或其他氧化剂可发生氧化反应生成二氧化硅。与单质卤素、氮、碳等非金属反应,如与氟、氯发生剧烈的化学反应,生成氟化硅、氯化硅。也能同金属如镁、铁、钙、铂作用生成硅化物。不溶于盐酸、硝酸,溶于氢氟酸,生成氟化硅和氢气,溶于碱金属氢氧化物溶液,生成(偏)硅酸盐和氢气。在赤热温度下与水蒸气发生反应生成二氧化硅和氢气。

3. 理化指标和检验方法

硅粉理化指标和检验方法见表 7-9。

表 7-9 硅粉理化指标和检验方法

项 目	理化指标	检验方法
硅(Si)/%	≥99.0	杂质减量法
铁(Fe)/%	≤0.5	分光光度法
铝(Al)/%	≤0.3	分光光度法
钙(Ca)/%	≤0.2	原子吸收光谱法
硼(B)/%	≤0.005	等离子发射光谱法
磷(P)/%	≤0.010	分光光度法

4. 制备方法

(1) 在电弧炉中用石油焦和木炭还原硅石(SiO_2质量分数大于 99%)得到纯净硅块,石油焦灰分小,得到硅纯度更高。再将硅块用物理粉碎法制取硅粉。方法包括雷蒙法、对辊法、盘磨法和冲旋法,所用设备相应是雷蒙法机、对辊机、盘磨机(也称立磨)和冲旋法机。其制粉原理前三种是挤压粉碎,后一种是冲击粉碎。反应式如下:

$$C+SiO_2 = CO_2+Si$$

(2) 电子行业用的高纯硅是用氢气还原三氯氢硅或四氯化硅制得。反应式如下:

$$SiHCl_3+H_2 = 3HCl+Si$$

5. 储存、运输和应用

储存于阴凉、干燥、通风良好的库房。远离火种、热源。包装要求密封,不可与空气接触。应与氧化剂、酸类、碱类分开存放。运输中应防止雨淋、受潮。搬运时要轻装轻卸,防止包装及容器损坏。

用于丁腈橡胶、三元乙丙橡胶绝热层橡胶增强剂。也用于橡胶增强剂,制造硅有机化合物、合金、耐火材料等。

6. 毒性与防护

LD_{50}:3160mg/kg(大鼠经口),对人体无毒。高浓度吸入引起呼吸道轻度刺激,进入眼内作为异物有刺激作用。操作人员一般不需要特殊保护,佩戴自吸过滤式防尘口罩，戴化学安全防护眼镜，穿戴一般作业防护服、防护手套。

7. 理化分析谱图

（1）拉曼光谱图见图 7-18。

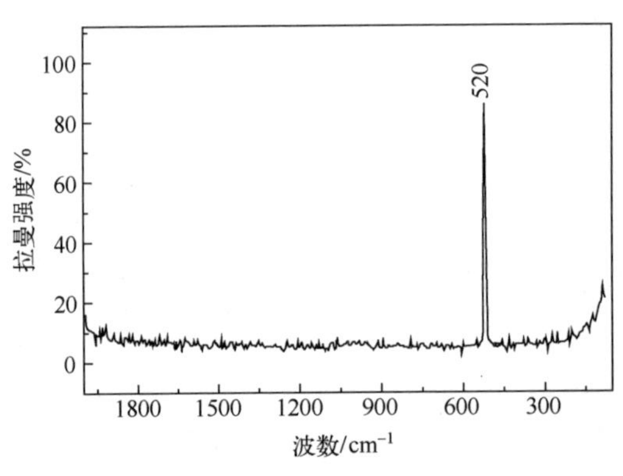

图 7-18　拉曼光谱

（2）X 射线衍射谱图见图 7-19。

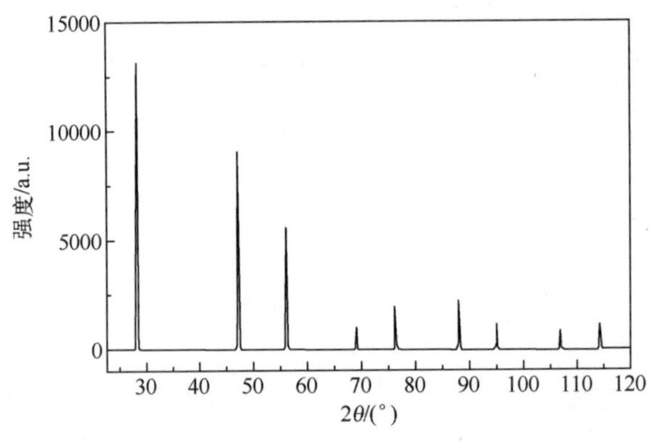

图 7-19　X 射线衍射谱

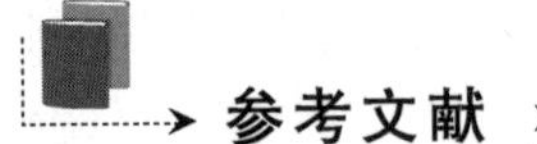

参考文献

[1]　杨南如,岳文海. 无机非金属材料图谱手册[M]. 武汉:武汉工业大学出版社,2000:64,392.

[2]　袁金满. 硅粉:YS/T 724—2009[S]. 北京:中华人民共和国工业和信息化部,2009.

7.9 炭　　黑

中文名称:炭黑

英文名称:carbon black

分子式:C

结构式:12.01

CAS 登记号:1333-86-4

1. 物理性质

黑色无定形粉末。比表面积 2~3000m^2/g,密度 1.80~2.27g/ cm^3,橡胶用炭黑的粒度一般在 11~500nm。不溶于水,易吸附水。

2. 化学性质

炭黑由 90%~99%的元素碳组成,表面含有少量氢、氧及由它们组成的各种官能团,如酚基、醌基、羧基等基团,还有少量结合硫及其他杂质,其杂质包括硫、灰分、焦油和水。炭黑粒子具有类似石墨的微晶结构,碳原子排列成六角形平面,通常 3~5 个这样的层面组成一个微晶,炭黑粒子间聚集成链状、葡萄状或网状,网状链堆积紧密,比表面积大,导电性好。炭黑在低温时很稳定,不溶于酸和碱。高温时在空气中燃烧生成二氧化碳,有还原性,可还原除碱金属之外的大多数金属氧化物,生成相应金属单体和二氧化碳。

3. 理化指标和检验方法

橡胶用炭黑理化指标和检验方法见表 7-10。

表 7-10　橡胶用炭黑理化指标和检验方法

项　　目		理化指标		检 验 方 法
		N330	N539	
外观		黑色粉末		目测法
吸碘值/(g/kg)		82±6	43±5	化学滴定法
加热减量/%		≤2.0	≤1.5	重量法
筛余物/(mg/kg)	通过 500μm 筛孔	≤10	≤10	过筛重量法
	通过 45μm 筛孔	≤1000	≤1000	

4. 制备方法

由含碳物质,如煤、天然气、重油、燃料油在空气不足的条件下经不完全燃烧或受热分解制得炭黑。根据受热方法的不同,分为以下方法。

(1) 炉法(furnace):以油类为原料,在缺氧条件密闭炉中以大火燃烧,达到一定温度制得。产能高,为最主要生产方法。价廉、级数多、黑度高。表面活性低,不适于油墨涂料,或水性系统使用。不过可利用表面氧化克服。

(2) 槽法(channel):以天然气为原料,与气法相似,采用平坦的水冷 U 槽燃烧器燃烧生成炭黑。炭黑表面活性高,适用于油墨、涂料或水性系统。黑度高、亮度好。该法产能低、价格高,对环境污染重,已停产。

(3) 热法(thermal):又称气法,原料烃经加热先气化,与空气混合后在蝙蝠形的燃烧器中燃烧生成炭黑。粒子直径 10~30nm,适用于橡胶填充,弹性好,绝缘性好。几乎无着色力,制品呈灰黑色。

(4) 灯法(lamp):原料在直径大至 1.5m^2 的平坦燃烧铁盘上燃烧并裂解,裂解粒子粒度大,表面活性高。在橡胶的用途与热法同,另可用于黑度要求不高的油墨,流动性特佳。产能低、价格高、黑度不够。

5. 储存、运输和应用

储存于干燥、通风的库房。

主要用作推进剂绝热层增强剂及燃烧调节剂,可提高推进剂燃速,降低燃烧温度,增加气体体积,克服双基推进剂中的不稳定燃烧。用于橡胶增强剂。

6. 毒性与防护

炭黑可引起结膜炎,也可引起角膜的表皮增生以及眼睑的湿疹发炎。吸入后对肺有害。操作人员须穿防护衣,戴化学安全防护眼镜和面罩。

7. 理化分析谱图

红外光谱图见图 7-20。

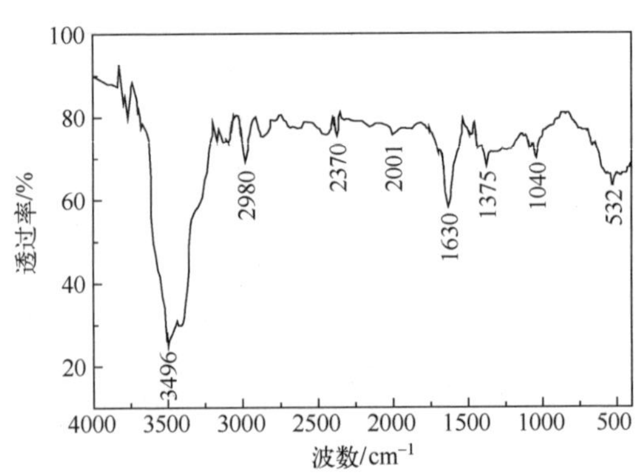

图 7-20 红外光谱

参考文献

[1]　王梦蛟,龚怀耀,薛广智．橡胶工业手册:第二分册　配合剂[M]．修订版．北京:化学工业出版社,1987:290-295.

[2]　张杏芬．国外火炸药原材料性能手册[M]．北京:兵器工业出版社,1991:252-253.

[3]　王定友,代传银,侯贺钢,等．橡胶用炭黑:GB/T 3778—2011[S]．北京:中国国家标准化管理委员会,2011.

[4]　季君晖．炭黑表面性能的表征[J]．炭素,1999(04):8-12.

7.10 石　墨

中文名称:石墨

英文名称:graphite

中文别称:石墨粉;墨铅;笔铅

英文别称:graphite powder

分子式:C

结构式:12.011

CAS 登记号:7782-42-5

1. 物理性质

灰黑色具金属光泽的腻滑物质。六方晶系,呈层状结构。质软,莫氏硬度 1~2。密度 2.25g/cm^3(20℃),熔点 3652℃。属炭的同素异型体,具有良好导电、传热、润滑、可塑性等性能,不溶于水和有机溶剂。

2. 化学性质

在常温下化学稳定性好,不溶于酸、碱。低氧条件下可耐 2000℃以上高温,高温富氧条件下可燃烧生成二氧化碳,可与硼酸反应生成碳化硼、二氧化碳和水。

3. 理化指标和检验方法

石墨理化指标和检验方法见表 7-11。

表 7-11　石墨理化指标和检验方法

项　目	理化指标			检验方法
	G2	G3	G4	
灰分/%	≤0.010	≤0.025	≤0.100	重量法
真密度/(g/cm^3)	≥2.20	≥2.15	≥2.15	密度瓶法
电阻率/(μΩ·m)	≤15	—	—	电阻率测量仪法

4. 制备方法

原料矿产石墨经氢氟酸、盐酸提纯得到纯石墨粉。

第一次提纯:原料石墨质量分数约89%,含有二氧化硅、铁等杂质。在内衬聚氯乙烯的反应桶内,加入石墨粉、盐酸、氢氟酸,用蒸汽加热至120℃搅拌数小时后放入离心机用水洗至中性。提纯后的石墨用气流干燥器干燥,然后先用万能打粉机破碎至325目颗粒度,再经气流粉碎。经气流粉碎后的石墨粉配上纯浆在振动磨内振动数天,将此物料根据石墨不同颗粒在水中沉降速度不同进行分级。分级后的石墨料,因经过振动磨处理,夹杂着较多杂质,需进行第二次提纯,

第二次提纯:方法和第一次提纯相同。提纯后的石墨粉灰分不大于0.5%,根据用途配入相应稳定剂、在球磨机内进行球磨混合,即得各类成品。例如配成油剂、粉剂、水剂等。

5. 储存、运输和应用

储存于通风、干燥的库房中。防潮、防水、保持包装完整。

主要用作推进剂绝热层增强剂。用于橡胶增强剂,也常用作火药的附加成分和混合炸药的钝感剂,用来对黑火药和无烟药进行光泽处理可起到以下作用:①改善药柱的流散性,提高假密度;②增加药柱的导电性,以消除静电,利于安全;③可以作为药柱表面的缓燃剂;④减少火药的吸湿性,防止药粒黏结或结块。

6. 毒性与防护

粉末可以刺激眼睛,接触石墨的工人易患石墨型的肺尘埃沉着病。操作人员应穿防护衣,戴防尘口罩。

7. 理化分析谱图

X射线衍射谱图见图7-21。

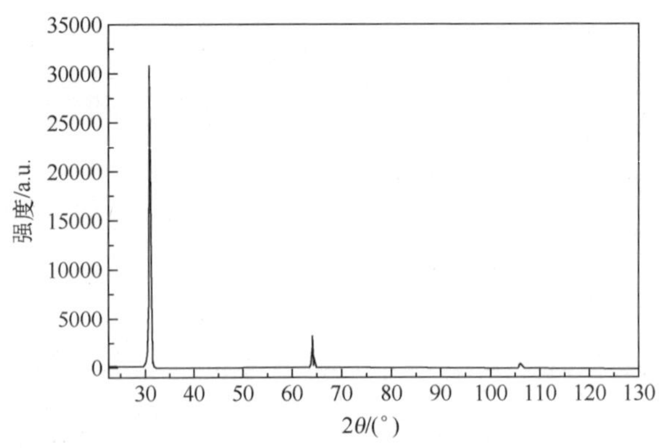

图7-21 X射线衍射谱

参考文献

[1] 张杏芬. 国外火炸药原材料性能手册[M]. 北京:兵器工业出版社,1991:279-280.

[2] 杨南如,岳文海. 无机非金属材料图谱手册[M]. 武汉:武汉工业大学出版社,2000:4.

[3] 张启彪,张爱民,尹斌,等. 高纯石墨:JB/T 2750—2006[S]. 北京:中华人民共和国国家发展和改革委员会,2006.

7.11 石　　棉

中文名称:石棉

英文名称:chrysotileasbestos

中文别称:温石棉;石绵

分子式:$3MgO \cdot 2SiO_2 \cdot 2H_2O$

CAS 登记号:12001-29-5

1. 物理性质

天然纤维状硅酸盐的总称,纤维长度一般 3~50mm,共有 6 种矿物:蛇纹石石棉、角闪石石棉、阳起石石棉、直闪石石棉、铁石棉、透闪石石棉。呈白色或灰色,密度 2.49~2.53g/cm^3(20℃),硬度 2.0~2.5,轴向抗张强度 3000MPa,导热系数 0.104~0.260kcal/(m·℃),表面比电阻 8.2×10^7~$1.2\times10^{10}\Omega$,体积比电阻 1.9×10^8~$4.8\times10^9\Omega$,绝热,不导电,无磁性。纤维坚韧柔软,强度高,具有丝的光泽和好的可纺性。

2. 化学性质

为镁的含水硅酸盐,除主要含 Si、Mg、O、H 元素外,还含有少量 Na、Ca 和 Fe 元素,耐火,不可燃。加热至 600~700℃失去结晶水,纤维结构破坏,变脆,揉搓易变成粉末,1700℃以上加热 2h 失重较多。耐碱性能较好,几乎不受碱类的腐蚀,但耐酸性较差,很弱的有机酸就能将石棉中的氧化镁溶解,使石棉纤维的强度下降。

3. 理化指标和检验方法

温石棉理化指标和检验方法见表 7-12。

表 7-12　温石棉理化指标和检验方法

项　　目	理化指标			检 验 方 法
	1~70	1~60	1~50	
外观	灰白色纤维状物			目测法

续表

项　　目	理化指标			检 验 方 法
	1~70	1~60	1~50	
砂粒/%	≤0.3			重量法
杂质	无金属杂质			X 射线无损探伤法

4. 制备方法

采用露天开采,一般不选矿。剥离后采矿(装运),破碎。

5. 储存、运输和应用

储存于阴凉干燥处。运输时应注意防雨、防潮、防破损,避免粉尘飞扬,污染环境。

主要用作推进剂绝热层增强剂和推进剂包覆层材料。还广泛用于制造耐酸碱、耐热、防腐蚀、绝缘等制品。用作环氧树脂和酚醛树脂胶黏的耐高温填充剂。

6. 毒性与防护

毒性大,通过呼吸道和消化道进入人体会引起许多疾病,已被确认有致癌性。由于石棉纤维能引起石棉肺、胸膜间皮瘤等疾病,许多国家全面禁止使用这种危险性物质。应避免吸入粉尘,操作人员应戴防护用具。

7. 理化分析谱图

(1) X 射线衍射谱图见图 7-22。

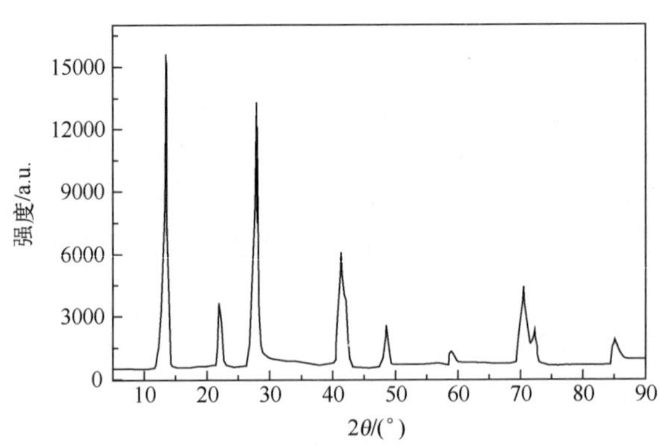

图 7-22　X 射线衍射谱

(2) 热分析谱图见图 7-23。

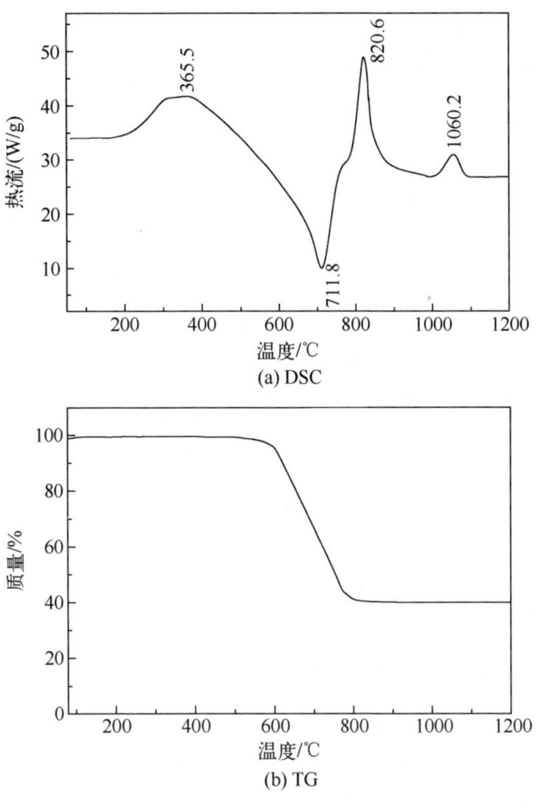

图 7-23　热分析谱

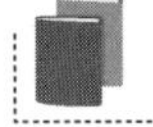

参考文献

[1]　张杏芬. 国外火炸药原材料性能手册[M]. 北京:兵器工业出版社,1991:281.

[2]　王梦蛟,龚怀耀,薛广智. 橡胶工业手册:第二分册　配合剂[M]. 修订版. 北京:化学工业出版社,1987:315.

[3]　王继生,覃东萍. 温石棉:GB/T 8071—2008[S]. 北京:中国国家标准化管理委员会,2008.

[4]　杨南如,岳文海. 无机非金属材料图谱手册[M]. 武汉:武汉工业大学出版社,2000:40,228.

7.12　聚-*P*-亚苯基对苯二甲酰胺纤维

中文名称:聚-*P*-亚苯基对苯二甲酰胺纤维

英文名称:poly p-phenylene terephthalamide fiber
中文别称:芳纶 II 纤维;Kevlar-49 纤维
英文别称:p-aramid
分子式:$C_{14}H_{10}N_2O_2$
CAS 登记号:24938-64-5

$$*\!-\!\!\left[\!-\overset{H}{N}-C_6H_4-NH\overset{O}{\overset{\|}{C}}-C_6H_4-\overset{O}{\overset{\|}{C}}-\right]_n\!-*$$

结构式

1. 物理性质

浅黄色纤维,可通过原液染色等制成军绿、黑、蓝等所需颜色。密度 1.44~1.47g/cm³(20℃),玻璃化转变温度为 240℃,有高强型、高模型和高伸长型等,产品形态有复丝、短切纤维、浆粕和短纤维。比强度和比模量高,抗冲击强度和冲击吸收能高,耐磨性好,可溶于强酸,如硫酸、氯酸、硝酸,可溶于 *N*-甲基吡咯烷酮、酰胺-碱土金属盐溶剂,不溶于大多数有机溶剂,不溶于水。

2. 化学性质

耐酸、碱,耐海水的腐蚀,但耐疲劳性稍差,可通过共聚第三单体加以改进。分解温度约 550℃。

3. 理化指标和检验方法

Kevlar-49 纤维理化指标和检验方法见表 7-13。

表 7-13 Kevlar-49 纤维理化指标和检验方法

项 目	理化指标	检验方法
密度/(g/cm³)	≥1.30	密度瓶法
耐温失量/%	≤6.0	重量法
摩擦系数	≤0.15	摩擦磨损试验机法
磨耗量/g	≤0.05	摩擦磨损试验机法
酸失量(5% H_2SO_4)/%	≤5.5	重量法
碱失量(25% NaOH)/%	≤6.5	重量法

4. 制备方法

用对苯二胺与对苯二甲酰氯在 *N*-甲基吡咯烷酮-氯化钙(或氯化锂)溶剂中进行低温溶液缩聚,再进行纺丝或制浆得长丝或短丝。

(1) 缩聚:连续缩聚是在双螺杆反应器中进行,间歇缩聚是在带有搅拌刮壁装置的釜中进行。将高纯度的对苯二胺与对苯二甲酰氯在 *N*-甲基吡咯烷酮-氯化钙(或氯化锂)溶剂中进行低温溶液缩聚,用链中止剂使聚合物的对数比浓黏度根据需要控制在 5.0~6.0 的某个黏度值上,水洗、烘干后得到浅黄色粉末。反应式如下:

$$n\,H_2N-C_6H_4-NH_2 + n\,Cl-\overset{O}{\overset{\|}{C}}-C_6H_4-\overset{O}{\overset{\|}{C}}-Cl \longrightarrow$$

$$*-\left[\overset{H}{N}-C_6H_4-NH\overset{O}{\overset{\|}{C}}-C_6H_4-\overset{O}{\overset{\|}{C}}\right]_n-* + 2nHCl$$

(2) 纺丝:将聚对苯二甲酰对苯二胺聚合物溶于浓硫酸中配制成旋光各向异性的液晶溶液,聚合物浓度为 19% ~20% ,在 70 ~ 80℃ 进行干喷湿纺,凝固液为硫酸水溶液,充分水洗后干燥而得高强丝,若进一步在热管中进行高温拉伸热处理,则可得高模量丝。

(3) 制浆:将对苯二甲酰氯和对苯二胺在酰胺-碱土金属盐溶剂中及吡啶类添加剂存在下,进行低温溶液浓缩,同时施以一定的搅拌剪切应力,使聚合物在高分子量化的同时沿力场方向高度取向,并在特定的溶剂键桥作用下使其高分子聚集成原纤化的微区结构,再通过高速粉碎使之成形成浆粕,经水洗、干燥或离心脱水而得到短纤维。

5. 储存、运输和应用

产品应储存在清洁、干燥的仓库内,严禁烘烤、曝晒、受潮、雨淋。

主要用作推进剂绝热层增强剂、火箭固体发动机壳体增强剂。用作塑料增强材料,用于防弹背心、头盔、硬质装甲等。

6. 毒性与防护

无毒。

7. 理化分析谱图

(1) 红外光谱图见图 7-24。

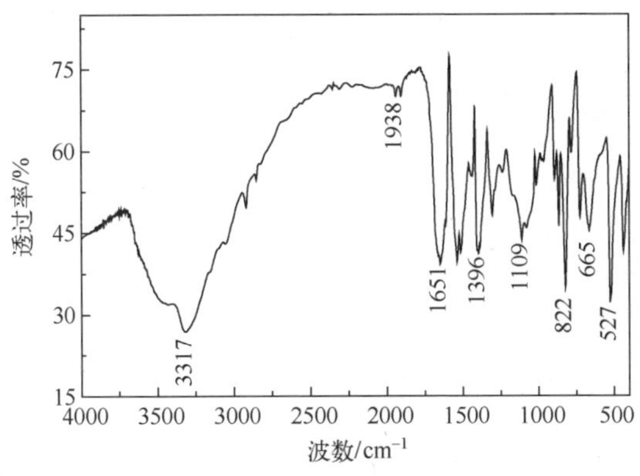

图 7-24　红外光谱

（2）拉曼光谱见图 7-25。

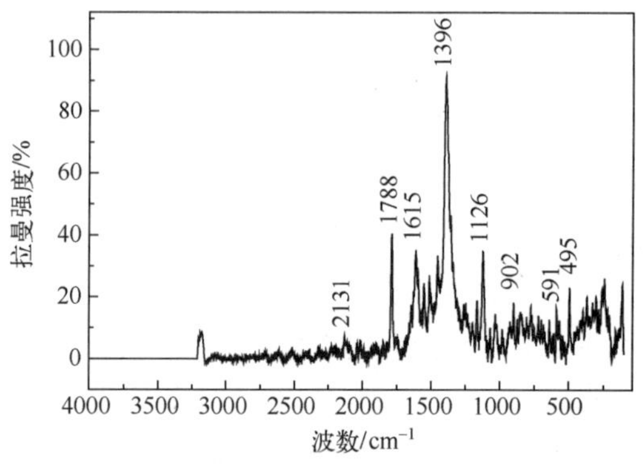

图 7-25　拉曼光谱

（3）X 射线衍射谱图见图 7-26。

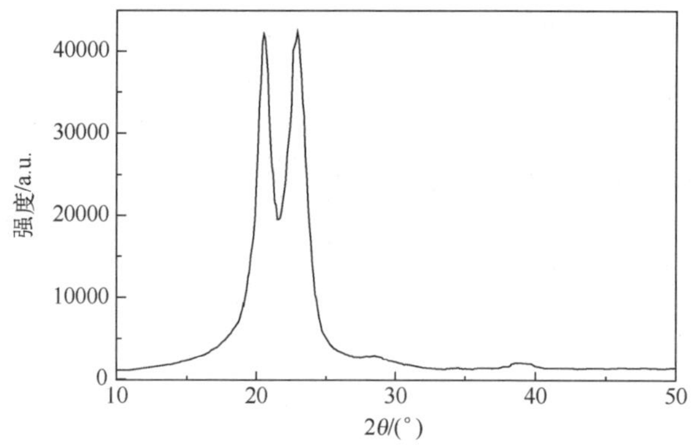

图 7-26　X 射线衍射谱

（4）热分析谱图见图 7-27。

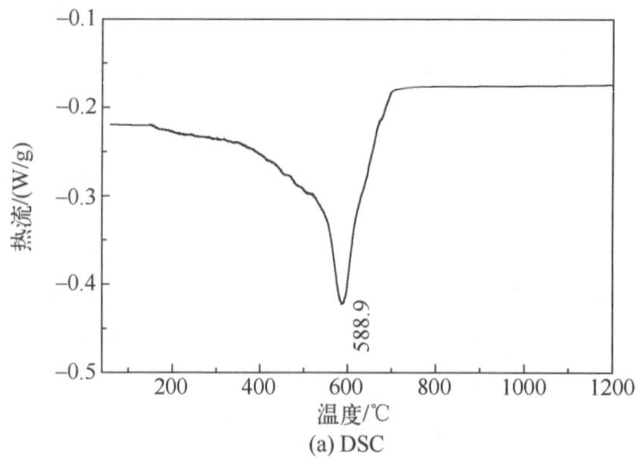

(a) DSC

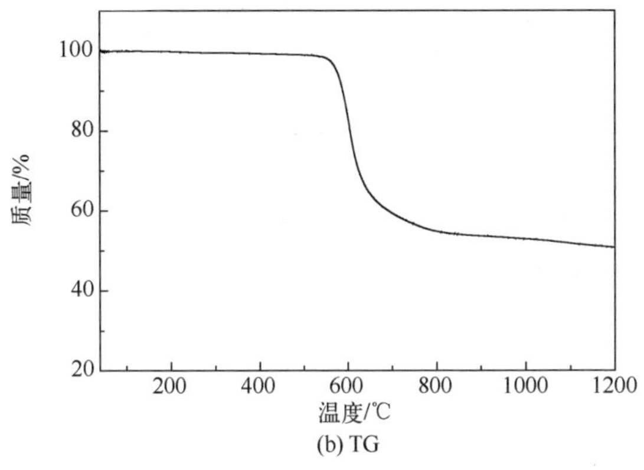

(b) TG

图 7-27　热分析谱

参考文献

[1]　化学工业出版社．中国化工产品大全：上卷[M]．2 版．北京：化学工业出版社，1998：1341.

[2]　周玉玺，曾金芳，王斌．芳纶Ⅲ与 Kevlar-49 纤维组成、结构与力学性能的对比[J]．宇航材料工艺，2007(03)：71-73.

[3]　于春茂，魏月贞，龙军，等．Apmoc-Ⅱ和 Kevlar-49 纤维结晶的 X 射线衍射分析研究[J]．宇航材料工艺，1999(02)：56-59.

[4]　杨书益，熊微，王培洲．芳纶纤维、酚醛纤维编织填料技术条件：JB/T 7759—2008[S]．北京：中华人民共和国国家发展和改革委员会，2008.

7.13　聚酞酰亚胺纤维

中文名称：聚酞酰亚胺纤维

英文名称：polyphthalimide fibre

中文别称：PI 纤维

英文别称：PI fibre

分子式：$(C_8H_3NO_2)_n$

CAS 登记号：497926-97-3

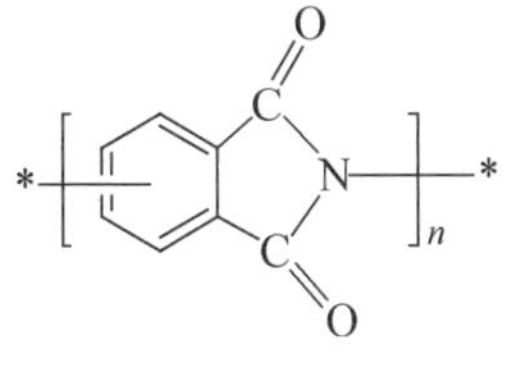

结构式

1. 物理性质

淡黄色纤维状，密度 1.4～1.5g/cm^3，无明显熔点，维卡软化点大于 270℃，具有很好的力学性能，可溶于强酸，如硫酸、氯酸、硝酸，强极性溶剂 *N*-甲基吡咯烷酮,二甲基甲酰胺,不溶于大多数有机溶剂,不溶于水。

2. 化学性质

耐极低温,如在4K(−269℃)的液态氦中仍不会脆裂。热稳定性好,热分解温度达600℃以上。在稀酸中稳定,在碱性溶液中可水解。聚酰亚胺纤维的极限氧指数一般为35~75,发烟率低,为自熄性聚合物。

3. 理化指标和检验方法

聚酰亚胺纤维理化指标和检验方法见表7−14。

表7−14　聚酰亚胺纤维理化指标和检验方法

项　　目	理化指标		检验方法
	优等品	合格品	
密度/(g/cm³)	1.4~1.5		密度瓶法
线密度偏差率/%	±9.0	±10.0	束纤维中段称量法
断裂强力变异系数/%	≤12.00	≤15.00	单纤维拉伸仪法
长度偏差率/%	±6.0	±8.0	束纤维中段称量法
超长纤维率/%	≤5.0	≤10.0	束纤维中段称量法
倍长纤维/(mg/100g)	≤7.0	≤20.0	束纤维中段称量法
干热收缩率(280℃,30min)/%	≤1.0		热处理法

4. 制备方法

由均苯四甲酸二酐和对苯二胺在非质子极性溶剂,如*N*−甲基吡咯烷酮或二甲基甲酰胺中于低温(−10℃)下缩聚得到可溶的聚酰胺酸,再由聚酰胺酸溶液成膜或纺丝后加热至300℃脱水成环得到聚酰亚胺纤维,也可向聚酰胺酸溶液中加入乙酐和叔胺类催化剂,进行化学脱水环化,得到聚酰亚胺溶液或粉末。反应式如下:

$$n\,C_6H_2(C_2O_3)_2 + nH_2N-C_6H_4-NH_2 \xrightarrow{-15\sim0^\circ C} *-\left[OC-C_6H_2(COOH)_2-CONH-C_6H_4-\overset{H}{N}\right]_n-*$$

$$*\!-\!\!\left[OC-C_6H_2(COOH)_2-CONH-C_6H_4-NH\right]_n\!-\!* \xrightarrow{300℃} *\!-\!\!\left[C_6H_4(CO)_2N\right]_n\!-\!* + n\,H_2O$$

5. 储存、运输和应用

常温储存,运输无特殊要求。

主要用作推进剂绝热层增强剂。用于先进复合材料的增强剂以及制造固体火箭发动机壳体、航空器的机身等部件。聚酞酰亚胺还可用于薄膜、涂料、复合材料、纤维、泡沫和工程塑料、胶粘剂光刻胶、绝缘体、电-光材料以及制造餐具和医用器具。

6. 毒性与防护

无毒。

7. 理化分析谱图

(1) 红外光谱图见图 7-28。

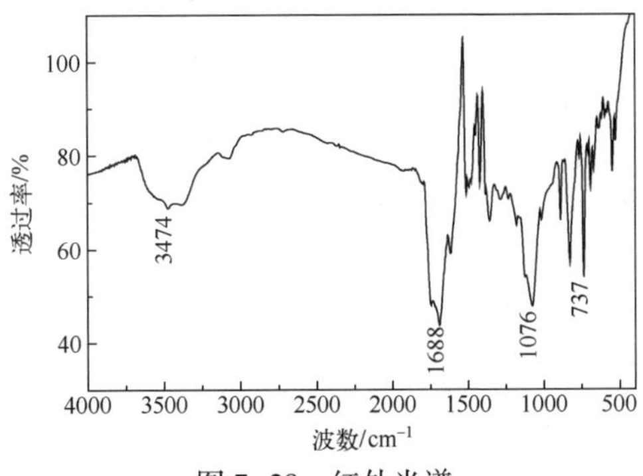

图 7-28 红外光谱

(2) 拉曼光谱见图 7-29。

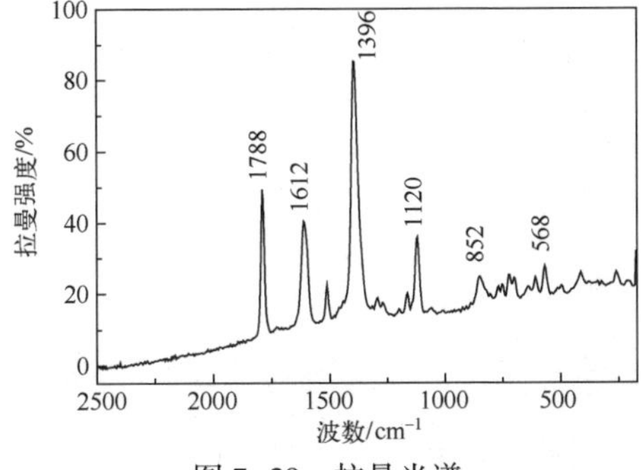

图 7-29 拉曼光谱

（3）X 射线衍射谱图见图 7-30。

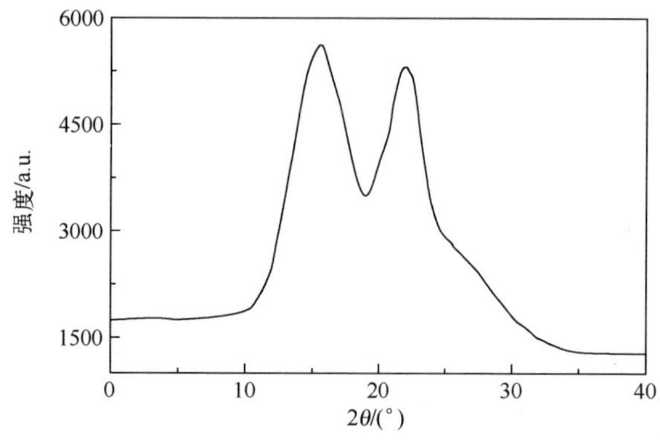

图 7-30　X 射线衍射谱

（4）热分析谱图见图 7-31。

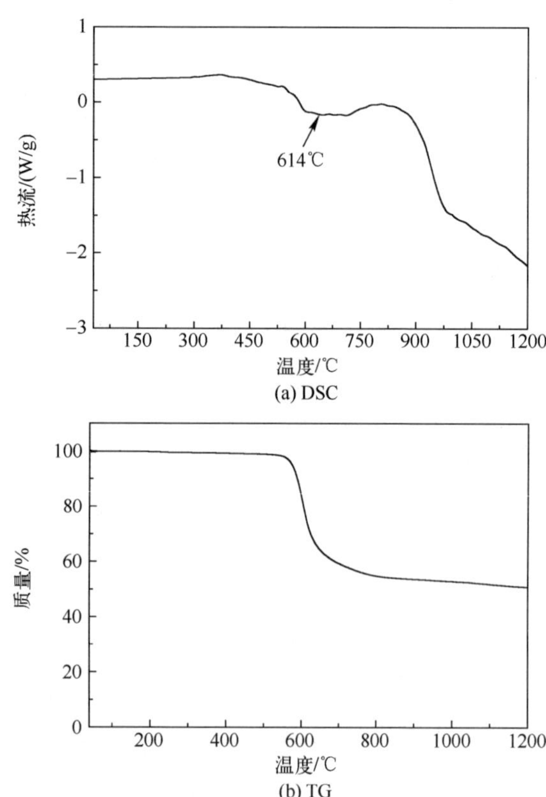

(a) DSC

(b) TG

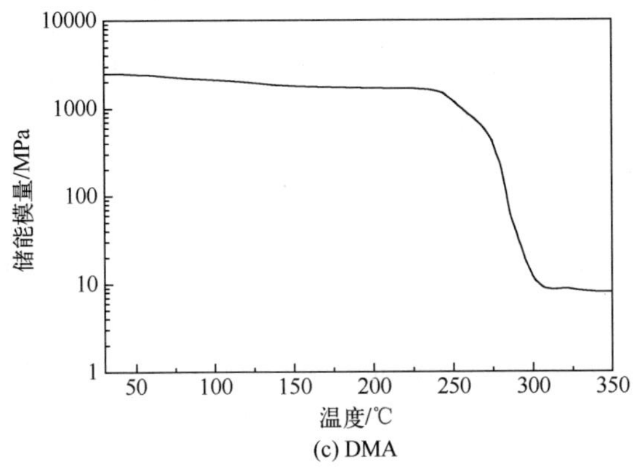

(c) DMA

图 7-31　热分析谱

参考文献

[1] 化学工业出版社．中国化工产品大全:上卷[M]．2 版．北京:化学工业出版社,1998:1286-1288.

[2] 高连勋．聚酰亚胺纤维[M]．北京:国防工业出版社,2017.

[3] 丁孟贤．聚酰亚胺:化学、结构与性能的关系及材料[M]．北京:科学出版社,2012.

[4] 张锦伟,陆秀琴,王士华,等．聚酰亚胺短纤维:GB/T 33617—2017[S]．北京:中国国家标准化管理委员会,2017.

[5] 任非非,王永为,李煌,等．系列聚酰亚胺的制备及其结构表征[J]．合成树脂及塑料,2009,26(2):19-22.

[6] 汪家铭．聚酰亚胺纤维生产工艺与技术进展[J]．甘肃石油和化工,2011,(4):11-14,33.

7.14　氯化聚丙烯

中文名称:氯化聚丙烯

英文名称:chlorinated polypropylene

中文别称:聚丙烯氯化物

英文别称:CPP

分子式:$(C_3H_6)_n(C_3H_5Cl)_m$

CAS 登记号:68442-33-1

$$*-\!\left(-CH_2\underset{\displaystyle CH_3}{\underset{|}{C}H}-\right)_n\!\left(-CH_2\underset{\displaystyle CH_2Cl}{\underset{|}{C}H}-\right)_m\!-*$$

结构式

1. 物理性质

氯化聚丙烯为白色或微黄色固体粉末或粒状产品,无毒无味,密度 1.22g/cm^3

(25℃),玻璃化转变温度20℃左右,熔点随含氯量而变,一般在100~120℃。不溶于水、醇和脂肪烃,溶于芳烃、酯类和酮类等溶剂。氯化聚丙烯与大多数树脂的相容性好,特别是与古马龙树脂、石油树脂、松脂、酚醛树脂等的相容性更好。含氯量为20%~40%的氯化聚丙烯具有良好的黏接性能。

2. 化学性质

150℃以下化学性质较稳定,热分解温度180~190℃。根据氯化程度的不同,氯化聚丙烯通常可分为高氯化聚丙烯及低氯化聚丙烯两大类。高氯化聚丙烯的氯化度可高达63%~67%,低氯化聚丙烯的氯化度一般在20%~40%。可燃,燃烧分解生成氯化氢、水和二氧化碳,不完全燃烧时生成多氯联苯等有毒物质。

3. 理化指标和检验方法

氯化聚丙烯理化指标和检验方法见表7-15。

表7-15　氯化聚丙烯理化指标和检验方法

项　　目	理化指标		检验方法
	黏合剂-A	黏合剂-B	
氯/%	23~28	28~33	化学滴定法
20%甲苯溶液黏度(25℃)/(mPa·s)	800~2000	300~800	旋转黏度计法

4. 制备方法

氯化聚丙烯是由聚丙烯经氯化反应制得。常用的方法有溶剂氯化法和水相悬浮氯化法。

溶剂氯化法:将聚丙烯树脂(等规或者无规聚丙烯)溶解在四氯化碳溶剂中,加入自由基引发剂,如偶氮二异丁腈或过氧化物等,通氯气进行氯化反应,待氯化度达到要求后,排除残留的氯气和氯化氢,脱溶剂,再经干燥、粉碎得氯化聚丙烯。溶剂氯化法工艺的特点是氯化均匀,反应比较容易控制,产品中氯的质量分数一般为28%~40%,最高可达53%~63%,所得产品可满足涂料、黏合剂等行业实际应用的要求。不足之处是产品中有残余的溶剂,质量较差,生产过程中CCl_4溶剂损耗量大,生产成本高,对环境污染严重。

水相悬浮氯化法:将聚丙烯粉末、助剂和水按一定的比例加入到反应器中,原料呈悬浮状态,在一定条件下通入氯气,经紫外线或者日光光催化或热引发进行氯化反应,待生成的产物氯质量分数达到要求后,脱除溶解在氯化液中的游离氯和游离酸再经洗涤、干燥得氯化聚丙烯。水相悬浮氯化法工艺简单、操作方便,产品品质较好。不足之处是要求设备有较好的耐腐蚀性,且所得产品的氯化度可能不均匀,影响溶解性能。

5. 储存、运输和应用

存放在通风、干燥的仓库内,不可与有机溶剂混放。运输时避免雨淋、日光曝晒,不与有机溶剂混装运输。

主要用作推进剂绝热层增强剂。用于橡胶增强剂,部分应用于阻燃剂。

6. 毒性与防护

无毒。

7. 理化分析谱图

(1) 红外光谱图见图 7-32。

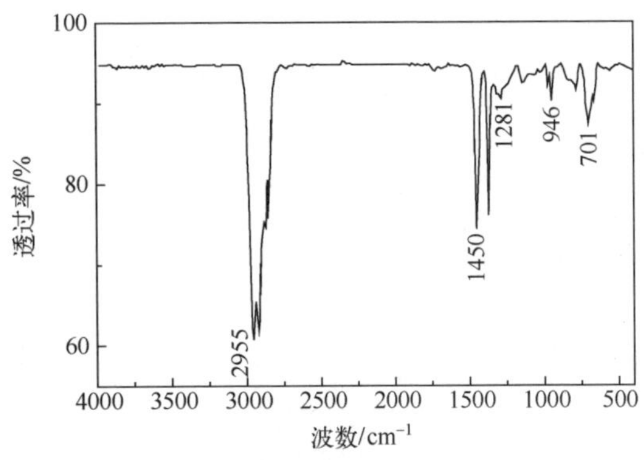

图 7-32　红外光谱

(2) 核磁共振谱图见图 7-33。

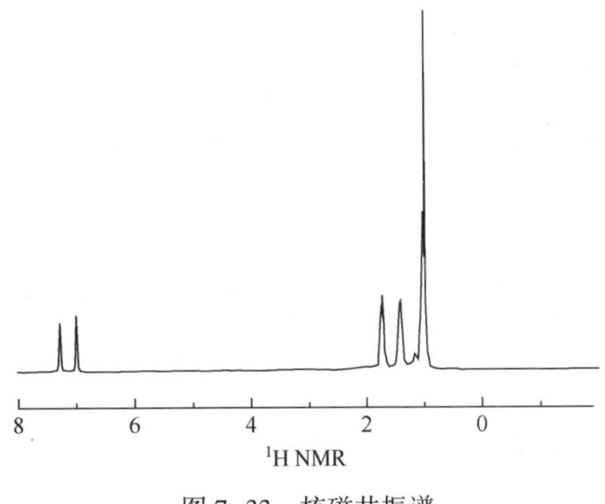

图 7-33　核磁共振谱

（3）热分析谱图见图 7-34。

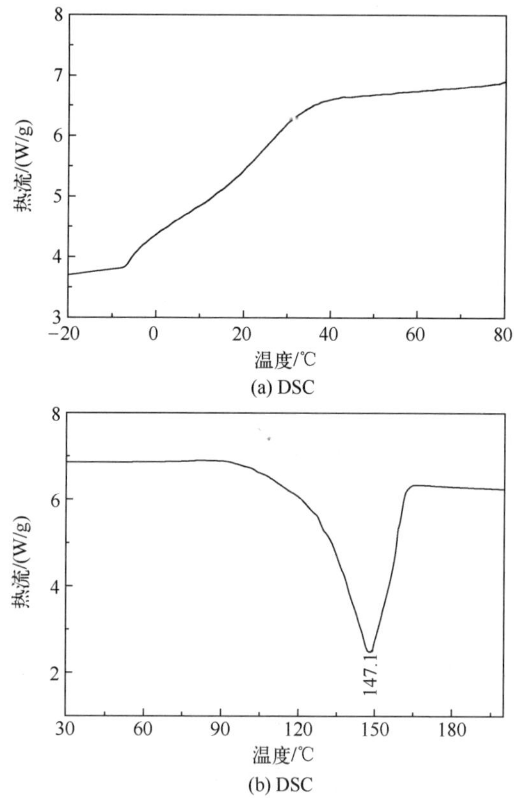

图 7-34　热分析谱

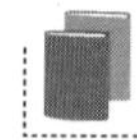

参考文献

[1] 化学工业出版社．中国化工产品大全:上卷[M]．2 版．北京:化学工业出版社,1998:1031-1032.

[2] 耿建铭．氯化聚丙烯的生产及合成技术研究进展[J]．化学工业,2009,27(08):38-42.

[3] 胡永红．氯化聚丙烯:Q/JC 1—2018[S]．东莞:东莞市金成化工有限公司,2018.

[4] 谭建权,刘伟区,王红蕾,等．水性光固化改性氯化聚丙烯的制备及性能[J]．精细化工,2015,32(01):98-102.

[5] 戚姣．低分子量聚丙烯氯化及接枝共聚物的制备、表征及性能[D]．青岛:青岛科技大学,2014.

第8章 促进剂

促进剂是能够在橡胶生产加工过程中加快橡胶硫化速度、降低橡胶硫化温度、减少橡胶硫化剂用量和提高硫化胶物理力学性能的一类物质。在固体推进剂领域促进剂主要用于绝热层橡胶固化，配合硫化剂固化含不饱和基团橡胶的功能助剂。

8.1 2-巯基苯并噻唑

中文名称：2-巯基苯并噻唑

英文名称：2-mercaptobenzothiazole

中文别称：2-硫醇基苯并噻唑；酸性镀铜光亮剂 M；促进剂 M；促进剂 MBT

英文别称：2-benzothiazolethione acclerator M

分子式：$C_7H_5NS_2$

结构式：167.26

CAS 登记号：149-30-4

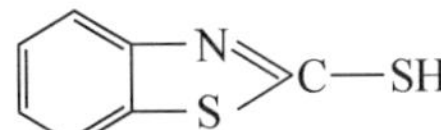

结构式

1. 物理性质

淡黄色单斜针状或片状结晶。微臭，具有令人不愉快的气味，有苦味。密度 1.42g/cm^3。熔点 180~181℃（工业品 170~175℃）。易溶于乙酸乙酯、丙酮，溶于二氯甲烷、乙醇、乙醚、氯仿、二硫化碳，可溶于冰乙酸，微溶于苯，不溶于水、正己烷和汽油。25℃溶解度（g/100mL）：乙醇 2.0、乙醚 1.0、丙酮 10.0、苯 1.0、四氯化碳小于 0.2、石油醚小于 0.5。

2. 化学性质

闪点 515～520℃。遇明火即燃烧，燃烧温度 515～520℃。研磨时会带电，呈粉尘时，有爆炸危险，在空气中的爆炸下限为 $21g/m^3$。巯基呈酸性，在稀酸中稳定，可溶解于氨水、碱和碳酸盐碱性稀溶液，进行中和反应或复分解反应，生成相应的盐。2-巯基苯并噻唑巯基缩合生成二硫化物，如促进剂 DM，可与胺基反应生成苯并噻唑亚磺酰胺，如促进剂 NS。可与硫磺作用促进硫化。

3. 理化指标和检验方法

促进剂 MBT 的理化指标和检验方法见表 8-1。

表 8-1　促进剂 MBT 的理化指标和检验方法

项　　目	理化指标	检验方法
外观	灰白色至淡黄色粉末或粒状	目测法
初熔点/℃	≥170.0	熔点仪法
加热减量/%	≤0.30	重量法
灰分/%	≤0.30	重量法
筛余物①(通过 150μm 筛孔)/%	≤0.10	过筛重量法
纯度②/%	≥97.0	滴定法/HPLC 法

① 筛余物不适用于粒状产品。

② 根据用户要求检验项目。

4. 制备方法

主要有以苯胺、邻硝基氯苯或二苯硫脲为原料的三种方法。

(1) 以苯胺为原料：通常是将苯胺、二硫化碳和硫磺在高压釜中直接反应，也可用脂肪胺、二甲基甲酰胺、三噻唑烷和多聚甲醛等代替二硫化碳，使苯胺和硫磺在压力下反应。用苯胺为原料的方法，其反应压力都较高，一般在 4MPa 以上，有的高达 15MPa，因此也称高压法。其反应式如下：

$$\text{—NH}_2 + CS_2 + S \xrightarrow[9.0\sim10.0\text{MPa}]{240\sim260^\circ\text{C}} \text{(N, S)C—SH} + H_2S$$

(2) 以邻硝基氯苯为原料：邻硝基氯苯与还原剂多硫化钠或硫氢化钠反应还原成邻胺基硫酚，进一步与二硫化碳反应而制得促进剂 M 的钠盐，再经硫酸酸化得促进剂 M。这类方法有的反应时间较长(硫氢化钠约需 20h)，但可在常压或较低压力下进行，又称常压法。反应式如下：

$$\text{(NO}_2\text{, Cl)} + 2Na_2S_n + CS_2 + H_2O \longrightarrow \text{(N, S)C—SNa} + 2H_2S + Na_2S_2O_3 + NaCl + 2(n-2)S$$

$$\text{(N, S)C—SNa} + 2N_2SO_4 \longrightarrow \text{(N, S)C—SH} + 2Na_2SO_4$$

(3) 以二苯硫脲为原料:此法的反应压力介于前述两种方法之间,在 4MPa 以下,一般称中压法。反应式如下:

$$(C_6H_5NH)_2CS \xrightarrow[S]{CS_2} \text{(苯并噻唑-2-基)C—SH}$$

三种方法中,邻硝基氯苯法由于原料价格高,生产工艺复杂,国内大多数助剂生产企业均不采用此法。二苯硫脲反应产生的 H_2S 比苯胺法低 1/3,但由于存在反应难以控制和对反应器材质要求高的问题,目前国内仅少数企业利用此法生产,苯胺法合成 2-巯基苯并噻唑是我国各助剂厂普遍采用的方法。苯胺法原料来源稳定,操作难度小,对反应器材质要求低;其缺点是该法生产的粗产品中 2-巯基苯并噻唑质量分数较低,焦油量大,收率较低。

5. 储存、运输和应用

编织袋内衬塑料袋或牛皮纸复合袋包装,置于阴凉处,注意防火、防晒、防潮。

主要用于推进剂绝热层固化促进剂。作为通用型硫化促进剂,广泛用于制造轮胎、内胎、胶带、胶鞋和其他工业橡胶制品加速硫化,在橡胶中易分散、不污染。但由于其有苦味,故不宜用于食品接触的橡胶制品。对于天然橡胶和通常以硫磺硫化的合成胶具有快速促进作用。使用时需要氧化锌、脂肪酸等活化。常与其他促进剂体系并用,如与二硫代秋兰姆和二硫代胺基甲酸盐并用可作丁基胶的促进剂,与三盐基顺丁烯二酸铅并用,可用于浅色耐水的氯磺化聚乙烯胶料。在胶乳中常与二硫代胺基甲酸盐并用,而与二乙基二硫代胺基甲酸二乙胺并用时,可室温硫化。在氯丁橡胶中可作为硫化延缓剂。促进剂 M 是促进剂 MZ、DM、NS、DLBS、CZ、PZ、NOBS、MDB 等及染料分散艳红 S-GL(C. I. Disperse Red 121)的合成中间体,也用作硫化矿物捕集器、增塑剂,2-巯基苯并噻唑用作电镀添加剂时又称酸性镀铜光亮剂 M,在以硫酸铜为主盐的光亮镀铜时作为辅助光亮剂。还用于制取农药杀真菌剂、氮肥增效剂、切消油和润滑添加剂、照相化学中的有机防灰化剂、金属腐蚀抑制剂等。它还是化学分析的试剂。

6. 毒性与防护

低毒,刺激皮肤和黏膜,能引起皮炎及难以治疗的皮肤溃疡,可致敏。大白鼠经口 LD_{50} 800mg/kg,兔注射 LD_{50} 7940mg/kg 以上。应避免吸入粉尘,操作人员应戴防护用具。

7. 理化分析图谱

(1) 红外光谱图见图 8-1。

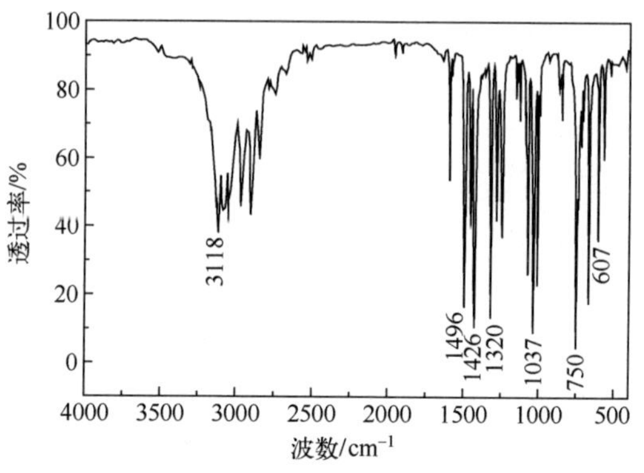

图 8-1　红外光谱

（2）质谱图见图 8-2。

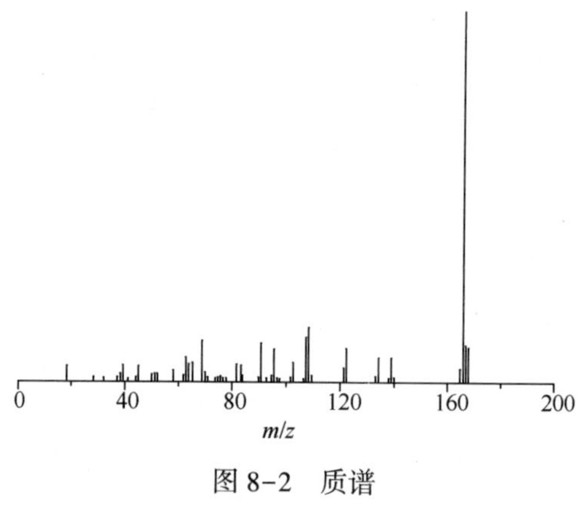

图 8-2　质谱

参考文献

[1]　化学工业出版社．中国化工产品大全：上卷[M]．2 版．北京：化学工业出版社，1998：953.

[2]　王梦蛟，龚怀耀，薛广智．橡胶工业手册：第二分册　配合剂[M]．修订版．北京：化学工业出版社，1989：92-93.

[3]　徐克勋．精细有机化工原材料中间体手册[M]．北京：化学工业出版社，1998：46.

[4]　李斌，陈元春．2-巯基苯并噻唑[J]．精细与专用化学品，2005，13(18)：10-11.

[5]　王树华，白春梅，孙桂英．硫化促进剂　2-巯基苯并噻唑(MBT)：GB/T 11407—2013[S]．北京：中华人民共和国国家质量监督检验检疫总局，2013.

8.2 二硫化二苯并噻唑

中文名称:二硫化二苯并噻唑

英文名称:2,2′-dibenzothiazole disulfide

中文别称:2,2′-二硫代二苯并噻唑;促进剂 DM;促进剂 MBTS

英文别称:acclerator DM;accelerator MBTS;dibenzothiayl disulfide

分子式:$C_{14}H_8N_2S_4$

结构式:332.46

CAS 登记号:120-78-5

结构式

1. 物理性质

淡黄色针状结晶。密度 1.46g/cm³。熔点 177~180℃。不溶于水,不吸潮。室温下微溶于苯、二氯甲烷、四氯化碳、乙醇、乙醚,不溶于水、乙酸乙酯、汽油。25℃下在下列物质的溶解度(g/100mL)为:乙醇小于 0.2,丙酮小于 0.5,苯小于 0.5,四氯化碳小于 0.2,乙醚小于 0.2。

2. 化学性质

与碱的醇溶液共沸时,分解成 2-硫醇基苯并噻唑。研磨时会带静电,粉尘-空气混合物有爆炸危险,遇明火可燃烧,燃烧浓度下限 37.8g/m³。

3. 理化指标和检验方法

促进剂 DM 的理化指标和检验方法见表 8-2。

表 8-2 促进剂 DM 的理化指标和检验方法

项目	理化指标			检验方法
	优级品	一级品	合格品	
外观(目测法)	灰白色或淡黄色粉末、粒状			目测法
初熔点/℃	≥170.0	≥166.0	≥162.0	熔点仪法
加热减量/%	≤0.30	≤0.40	≤0.50	重量法
灰分/%	≤0.30	≤0.50	≤0.70	重量法
筛余物[①](150μm)/%	≤0.0	≤0.10	≤0.10	过筛重量法

① 筛余物不适用于粒状产品。

4. 制备方法

以促进剂 M 为原料,以亚硝酸钠为氧化剂,在酸性介质(H_2SO_4)中,于 60℃通入空气进行氧化而制得。或以发烟硝酸作氧化剂,冰乙酸为反应溶剂在常温 20℃反应而得。或以双氧水作氧化剂,在氨水中经催化剂催化于 30~60℃反应而得。反应式如下：

$$2\,\text{C}_7\text{H}_4\text{NS}(\text{SH}) + 2\text{NaNO}_2 + \text{H}_2\text{SO}_4 \xrightarrow{\text{空气}} \text{C}_7\text{H}_4\text{NS}{-}\text{S}{-}\text{S}{-}\text{C}_7\text{H}_4\text{NS} + \text{Na}_2\text{SO}_4 + 2\text{NO} + 2\text{H}_2\text{O}$$

5. 储存、运输和应用

采用聚丙烯编织袋内衬塑料袋包装，防止受潮并远离热源，按照有毒物品规定运输。

主要用于推进剂绝热层固化促进剂。广泛用于制造轮胎、软管、橡胶垫、防水布、艳色的橡胶制品、胶管、电线、电缆、胶鞋和其他工业橡胶制品的天然胶、合成胶和再生胶的硫化促进，易分散，不污染，硫化胶老化性能优良。用途与促进剂 M 基本相似，但硫化临界温度较高（130℃），温度在 140℃以上活性增加，有显著的后效性，没有早期硫化的问题，操作安全。兼有增塑剂的功效，具有宽广的硫化范围，可单独使用，单用时硫化速度较慢，通常与二硫代胺基甲酸盐类、秋兰姆类、醛胺类、胍类和其他碱性促进剂并用以提高活性。也可用碱性物质、氧化锌和硬脂酸、一氧化铅活化，但操作安全性有所降低。因有苦味，不适于食品工业橡胶制品。在氯丁橡胶中可作为硫化延缓剂，抗焦烧剂，在氯丁橡胶中加入 1 份有增塑效应。用于乳胶时硫化速度较慢，但能减少含促进剂 EZ 乳胶料早期硫化的弊病。

6. 毒性与防护

毒性较小，刺激黏膜和皮肤，引起皮炎及难治疗的皮肤溃疡，并致敏。极限允许浓度 2mg/m^3。操作人员必须穿戴防护用具，避免与人体直接接触。

7. 理化分析谱图

(1) 红外光谱图见图 8-3。

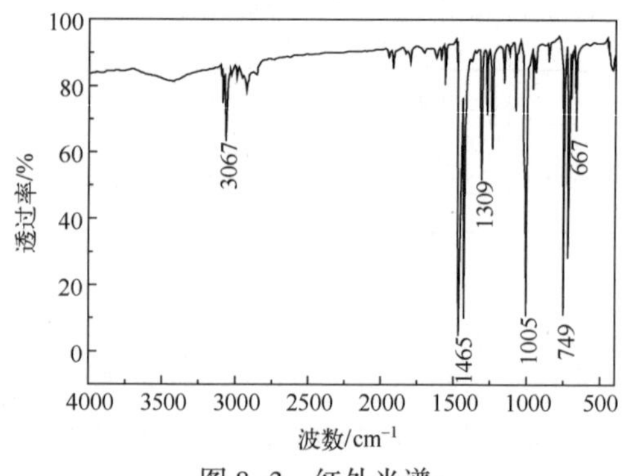

图 8-3　红外光谱

（2）质谱图见图 8-4。

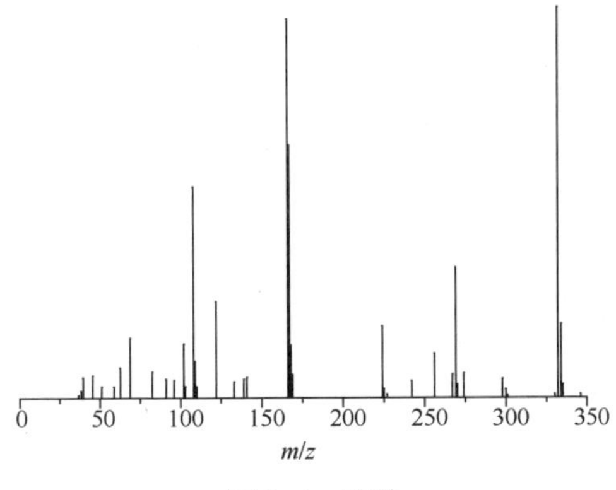

图 8-4　质谱

参考文献

[1]　化学工业出版社．中国化工产品大全:上卷[M]．2 版．北京:化学工业出版社,1998:955-956.

[2]　王梦蛟,龚怀耀,薛广智．橡胶工业手册:第二分册　配合剂[M]．修订版．北京:化学工业出版社,1989:95-96.

[3]　徐克勋．精细有机化工原材料中间体手册[M]．北京:化学工业出版社,1998:48.

[4]　李永红,管进喜．硫化促进剂 DM:GB/T 11408—2003[S]．北京:中华人民共和国国家质量监督检验检疫总局,2003.

[5]　王秀军,第振学,王寅,等．一种合成二硫化二苯并噻唑的新方法[J]．广州化工,2013,41(21):51-52.

[6]　杨晓玲．二硫化二苯并噻唑的催化合成[J]．应用化工,2011,40(01):88-90.

[7]　张卫东,傅柳华,卢圣来,等．二硫化二苯并噻唑的合成新工艺研究[J]．山东化工,2010,39(07):18-19,37.

8.3　N-叔丁基-2-苯并噻唑亚磺酰胺

中文名称:N-叔丁基-2-苯并噻唑亚磺酰胺

英文名称:N-tert-butyl-2-benzothiazolyl sulfonamide

中文别称:N-(1,1-二甲基乙基)-2-苯并噻唑亚磺酰胺;促进剂 NS

英文别称:N-(1,1- dimethylethyl)-2-benzothiazole sulfenamide;accelerator NS

2-(tert-butylaminothio) benzothiazole;
benzothiazolyl-2-tert-butylsulfenamide

分子式:$C_{11}H_{14}N_2S_2$

结构式:238.37

CAS 登记号:95-31-8

结构式

1. 物理性质

淡黄色或黄褐色粉末,有特殊气味。熔点 104℃以上,密度 1.26~1.32g/cm³。易溶于苯、丙酮、二氯甲烷、四氯化碳、乙酸乙酯、乙醇、乙醚和汽油,不溶于水。

2. 化学性质

在稀酸、稀碱溶液中稳定。低温时稳定,在温度升高到 110℃后便快速分解生成硫基苯并噻唑和叔丁胺,进一步氧化分解为氮氧化物、硫氧化物。促进剂 NS 与硫反应生成的多硫化物与橡胶链反应形成苯并噻唑支链和游离叔丁胺。亚胺基与环氧基加成反应生成胺和羟基,与亚磷酸三甲酯反应,生成胺基磷酸酯和 2-(甲硫基)苯并噻唑。反应式如下:

$$\text{C}_7\text{H}_4\text{NS}\text{—S—NH—C(CH}_3)_3 + (\text{CH}_3\text{O})_3\text{P} \xrightarrow{\text{甲苯}} (\text{CH}_3\text{O})_2\text{P(=O)—NH—C(CH}_3)_3 + \text{C}_7\text{H}_4\text{NS—S—CH}_3$$

3. 理化指标和检验方法

促进剂 NS 的理化指标和检验方法见表 8-3。

表 8-3 促进剂 NS 的理化指标和检验方法

项目	理化指标			检验方法
	优等品	一等品	合格品	
外观	淡黄色或淡黄褐色粉末			目测法
初熔点/℃	≥106.0	≤104.0	≤103.0	熔点仪法
加热减量(60~65℃)/%	≤0.30	≤0.40	≤0.50	重量法
灰分/%	≤0.30	≤0.40	≤0.50	重量法
筛余物(通过 149μm 筛孔)/%	≤0.10			过筛重量法
甲醇不溶物/%	≤1.0	≤1.5		重量法

4. 制备方法

由 2-硫基苯并噻唑(促进剂 M)的钠盐与叔丁胺在酸性条件氧化剂作用下反应而得。氧化剂有次氯酸钠、过氧化氢、氧气等。反应式如下：

$$\text{(苯并噻唑基)}C—SNa + (CH_3)_3C—NH_2 + NaOCl \xrightarrow{40\sim50℃}$$

$$\text{(苯并噻唑基)}—S—NH—C(CH_3)_3 + NaOH + NaCl$$

5. 储存、运输和应用

以木桶、聚丙烯或聚乙烯编织袋,内衬两层聚乙烯袋包装,储存稳定,最好放于低温干燥处,避免高温和潮湿。

主要用于推进剂绝热层固化促进剂。后效性促进剂,在操作温度下非常安全。可用于天然橡胶、顺丁胶、异戊胶、丁苯胶和天然胶的再生胶。使用方法和性质与促进剂 CZ 基本相似,但在天然胶中的后效性稍大。用氧化锌和硬脂酸活化,也可为秋蓝姆、二硫代胺基甲酸盐、醛胺类、胍类促进剂和酸性物质所活化。尤适用于含碱性比较高的油炉法碳黑胶料。变色及污染较轻。

6. 毒性与防护

低毒性,口服-大鼠 LDL_0:7940mg/kg;腹腔-小鼠 LD_{50}:5000mg/kg。应避免吸入粉尘,操作人员应戴防护用具。

7. 理化分析谱图

(1) 红外光谱图见图 8-5。

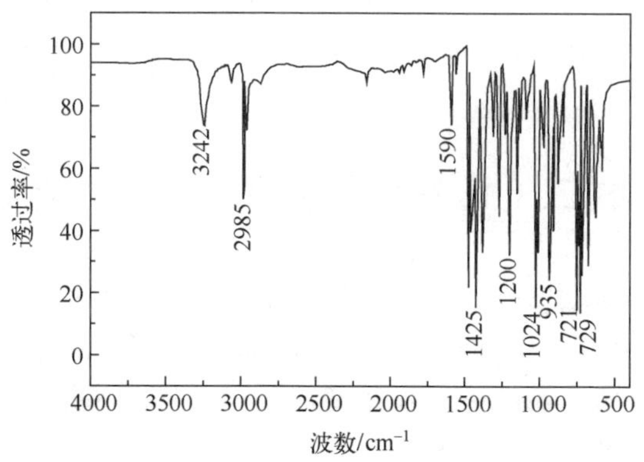

图 8-5　红外光谱

(2) 热分析谱图见图 8-6。

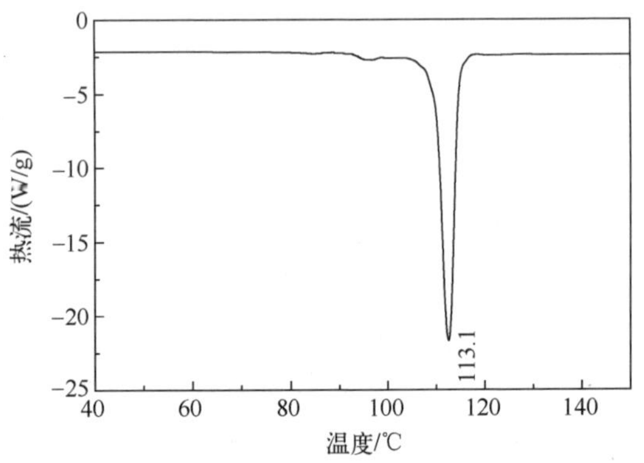

图 8−6　热分析谱(DSC)

参考文献

[1]　化学工业出版社．中国化工产品大全:上卷[M]．2 版．北京:化学工业出版社,1998:956−957.

[2]　王梦蛟,龚怀耀,薛广智．橡胶工业手册:第二分册　配合剂[M]．修订版．北京:化学工业出版社,1989:104−105.

[3]　汤小玲．促进剂 NS:HG/T 2744—1996[S]．北京:国家经济贸易委员会,1996.

[4]　张天永,杨坤龙,崔现宝,等．橡胶促进剂 NS 的绿色合成工艺与应用研究进展[J]．化工学报,2021,72(02):876−885.

[5]　张卫昌,庄苏桔,殷守华,等．促进剂 NS 的合成及其在胎面胶中的应用[J]．特种橡胶制品,2007(06):17−19.

[6]　杜孟成,刘红,张新凤,等．氧气氧化法合成促进剂 NS 的性能评价[J]．橡胶科技市场,2011(7):16−19.

8.4　*N*−氧联二(1,2−亚乙基)−2−苯并噻唑次磺酰胺

中文名称:*N*−氧联二(1,2−亚乙基)−2−苯并噻唑次磺酰胺

英文名称:*N*−(oxidiethylene)−2−benzothiazolyl subsulfonamide

中文别称:*N*−氧二乙撑−2−苯并噻唑次磺酰胺;4−(2−苯并噻唑硫基)吗啉;促进剂 NOBS

英文别称:2(4−morpholinyl−thio)−benzothiazole;4−(2−benzothiazolylthio)−morpholine

2−(4−morpholinylmercapto)−benzothiazole;accelerator NOBS

分子式：$C_{11}H_{12}N_2OS_2$

结构式：252.36

CAS 登记号：102-77-2

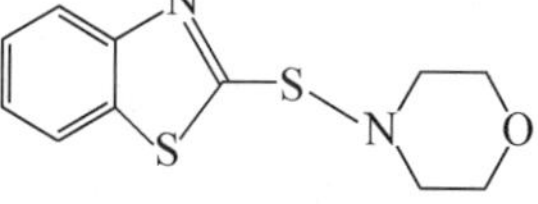

结构式

1. 物理性质

淡黄色至棕色片状结晶。密度 1.34～1.40g/cm^3，熔点 81～86℃。易溶于二氯甲烷、丙酮，溶于苯、甲苯、四氯化碳、乙酸乙酯、乙醇、甲醇、乙醚，微溶于汽油，不溶于水。

2. 化学性质

低温时稳定，遇热逐渐分解，在温度升高后快速分解生成硫基苯并噻唑和吗啉。可燃，燃烧温度 150℃，粉尘-空气混合物有爆炸危险，燃烧浓度下限 31.2g/m^3，粉尘-空气混合物的燃烧温度 890℃。在酸和碱的稀溶液中稳定。

3. 理化指标和检验方法

硫化促进剂 NOBS 理化指标和检验方法见表 8-4。

表 8-4　硫化促进剂 NOBS 理化指标和检验方法

项　目	理化指标			检验方法
	优等品	一等品	合格品	
外观	淡黄色或橙黄色颗粒			目测法
初熔点/℃	≥81.0	≥80.0	≥78.0	熔点仪法
加热减量/%	≤0.40	≤0.50	≤0.50	重量法
灰分/%	≤0.20	≤0.30	≤0.40	重量法
甲醇不溶物/%	≤0.50	≤0.50	≤0.80	重量法
纯度/%	≥97.0		—	电位滴定法
游离胺/%	≤0.50			酸碱滴定法

4. 制备方法

促进剂M和吗啉在氧化剂存在下反应生成促进剂 NOBS，氧化剂有次氯酸钠、过氧化氢等。将促进剂M加入吗啉水溶液中，在 23～56℃下滴加次氯酸钠进行氧化反应得到半成品，然后过滤、水洗、干燥得成品。反应式如下：

$$\text{(苯并噻唑-2-基)}-SH + NH\text{(吗啉)}O + NaClO \xrightarrow{40\sim50℃} \text{(苯并噻唑-2-基)}-S-N\text{(吗啉)}O + H_2O + NaCl$$

5. 储存、运输和应用

以木桶、聚丙烯或聚乙烯编织袋，内衬两层聚乙烯袋包装，放于低温干燥处,避免高温和潮湿。

主要用于推进剂绝热层固化促进剂。后效性快速硫化促进剂,主要用于制造轮胎、内胎、胶鞋、胶带、翻修轮胎的挂背胶料等固化。用法与促进剂 CZ 基本相似。活性较小,迟延性较大,抗焦烧性强,操作安全,易分散,不喷霜,特别适合于使用碱性炉黑的天然胶料和合成胶料,能提高橡胶制品的物理及老化性能。促进剂 D、TMTD、ZDC 和醛胺类促进剂对其有活化作用。

6. 毒性与防护

低毒,刺激皮肤。毒性较促进剂 M 及促进剂 CZ 大,极限允许浓度 1.35mg/m³。NOBS 和其他仲胺结构促进剂在硫化期间能生成对动物有致癌性的亚硝胺。应避免吸入粉尘,操作人员应戴防护用具。

7. 理化分析谱图

(1) 红外光谱图见图 8-7。

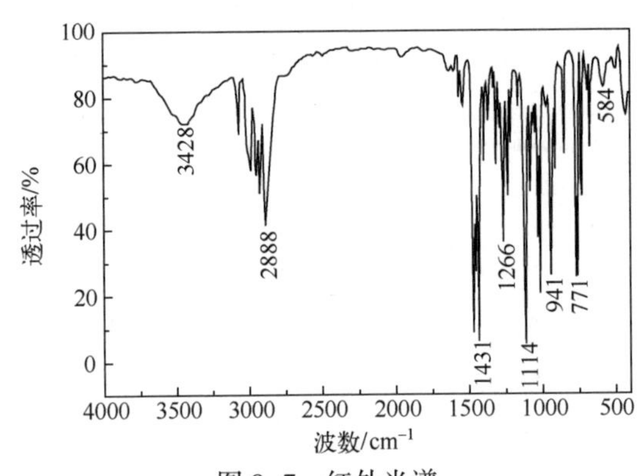

图 8-7 红外光谱

(2) 质谱图见图 8-8。

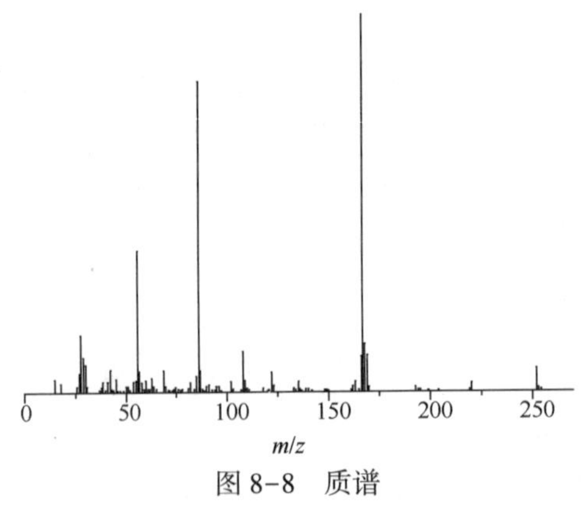

图 8-8 质谱

(3) 核磁共振谱图见图 8-9。

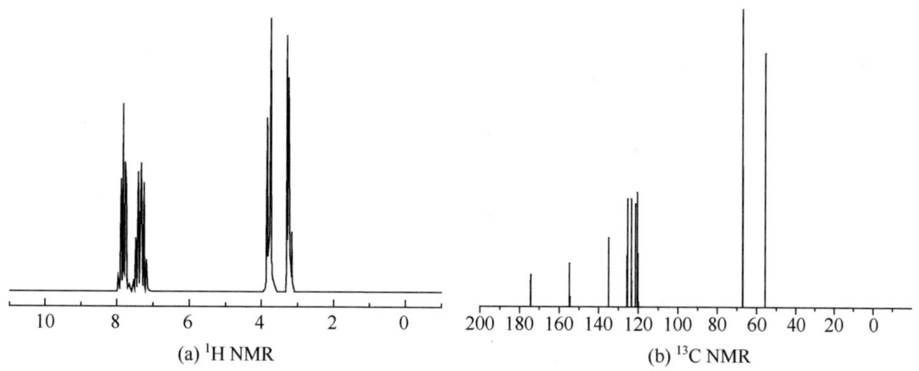

(a) ^{1}H NMR　　(b) ^{13}C NMR

图 8-9　核磁共振谱

参考文献

[1] 化学工业出版社. 中国化工产品大全:上卷[M]. 2 版. 北京:化学工业出版社,1998:954-955.

[2] 王梦蛟,龚怀耀,薛广智. 橡胶工业手册:第二分册　配合剂[M]. 修订版. 北京:化学工业出版社,1989:110-112.

[3] 李永红,季利. 硫化促进剂 NOBS:GB/T 8829—2006[S]. 北京:国家质量监督检验检疫总局,国家标准化管理委员会,2007.

[4] 万志杰. 探讨次氯酸钠游离碱含量对橡胶硫化促进剂 NOBS 合成反应收率的影响[J]. 天津化工,2014,28(04):41-42.

[5] 汪会勇. 促进剂 NOBS 的研制与生产[J]. 兰化科技,1992(03):170-173.

8.5　*N*-环己基-2-苯并噻唑亚磺酰胺

中文名称:*N*-环己基-2-苯并噻唑亚磺酰胺

英文名称:*N*-cyclohexyl-2-benzothiazole sulfenamide

中文别称:促进剂 CBS;促进剂 CZ;促进剂 NCB;促进剂 CB

英文别称:2-(cyclohexylaminothio)benzothiazole;accelerator CBS

分子式:$C_{13}H_{16}N_2S_2$

结构式:264.41

CAS 登记号:95-33-0

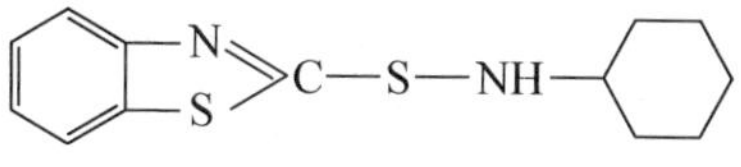

结构式

1. 物理性质

白色或淡灰色粉末。熔点 101~108℃,密度 1.27~1.30g/cm³。溶于苯、甲苯、氯仿、二硫化碳、二氯甲烷、四氯化碳、乙酸乙酯、丙酮,微溶于乙醇和汽油,不溶于水。

2. 化学性质

在稀酸、稀碱中稳定。低温时稳定,在温度升高至 130℃后便快速分解生成硫基苯并噻唑和环己胺。可燃,燃烧温度 140℃,自燃温度 305℃。

3. 理化指标和检验方法

硫化促进剂 CBS 理化指标和检验方法见表 8-5。

表 8-5 硫化促进剂 CBS 理化指标和检验方法

项 目	理化指标			检验方法
	优等品	一等品	合格品	
外观	灰白色、淡黄色粉末或颗粒			目测法
初熔点/℃	≥99.0	≥98.0	≥97.0	熔点仪法
加热减量/%	≤0.20	≤0.30	≤0.50	重量法
灰分/%	≤0.20	≤0.30	≤0.40	重量法
筛余物(通过 150μm 筛孔)/%	≤0.00	≤0.05	≤0.10	过筛重量法
甲醇不溶物/%	≤0.50	≤0.50	≤0.80	重量法
硫化促进剂 CBS/%	≥97.0		≥95.0	电位滴定法
游离胺/%	≤0.50			酸碱滴定法

4. 制备方法

由促进剂 M(2-硫醇基苯并噻唑)与环己胺在氧化剂存在下反应生成促进剂 CBS,氧化剂有次氯酸钠、过氧化氢等。将促进剂 M 与环己胺水溶液混合,在搅拌下滴加次氯酸钠氧化而得粗品,分离出固体物料,用水洗至中性,在 75℃以下进行干燥得成品。反应式如下:

$$C_6H_4(N)(S)C{-}SH + H_2N{-}C_6H_{11} + NaClO \longrightarrow C_6H_4(N)(S)C{-}S{-}NH{-}C_6H_{11} + NaCl + H_2O$$

5. 储存、运输和应用

以木桶、聚丙烯或聚乙烯编织袋内衬两层聚乙烯袋包装,储存稳定,但极易产生重新结团现象,结团后一般不影响使用。防火、防晒、防潮。

主要用于推进剂绝热层固化促进剂。常用后效性促进剂之一,适用于使用炉黑的天然橡胶,再生橡胶、二烯类合成橡胶,尤其适合于丁苯橡胶胶料,兼有抗焦烧性能优良和硫化时间短两大优点。胶料需配以氧化锌和硬脂酸。可单独使用,也可与促进剂 D、DT、TT、TS 等并用。因有苦味,故不能用于与食品有关的制品。变色轻微,不喷霜,硫化胶耐老化性能优良。

6. 毒性与防护

低毒。粉尘-空气混合物有爆炸危险,燃烧浓度下限 22.5g/m^3。应避免吸入粉尘,操作人员应戴防护用具。

7. 理化分析谱图

(1) 红外光谱图见图 8-10。

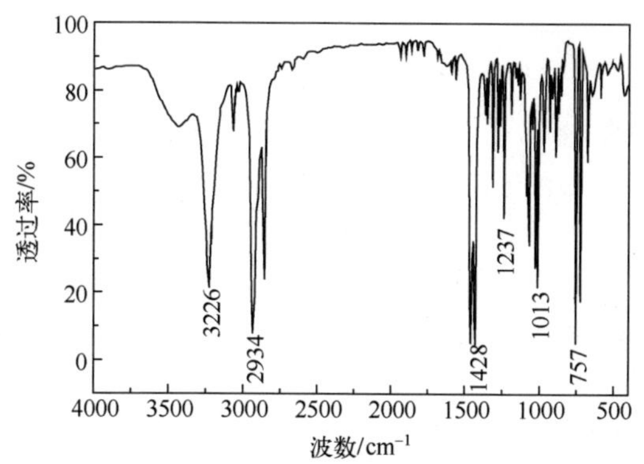

图 8-10　红外光谱

(2) 质谱图见图 8-11。

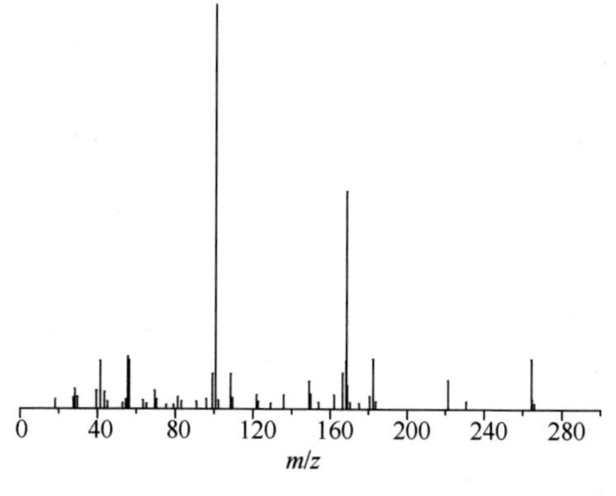

图 8-11　质谱

(3) 核磁共振谱图见图 8-12。

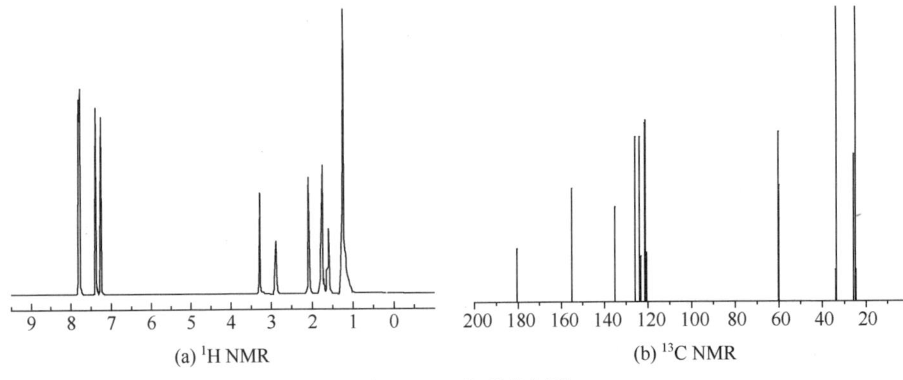

图 8-12 核磁共振谱

参考文献

[1] 化学工业出版社. 中国化工产品大全:上卷[M]. 2 版. 北京:化学工业出版社,1998:953-954.

[2] 王梦蛟,龚怀耀,薛广智. 橡胶工业手册:第二分册 配合剂[M]. 修订版. 北京:化学工业出版社,1989:107-108.

[3] 刘铤元,纪莉,杨爱焕,等. 硫化促进剂 CBS:HG/T 2096—2006[S]. 北京:中华人民共和国国家发展和改革委员会,2006.

[4] 薛香菊. 溶剂法促进剂 M 生产促进剂 CBS 的工艺研究[J]. 橡胶科技,2019,17(07):392-394.

[5] 王浩. 橡胶硫化促进剂 CBS 合成方法的研究[D]. 济南:山东大学,2017.

[6] 朱言萍. 硫化促进剂 CBS 工艺优化研究[J]. 煤炭与化工,2016,39(01):72-74,157.

8.6 一硫化四甲基秋兰姆

中文名称:一硫化四甲基秋兰姆

英文名称:tetramethyl thiuram monosulfide

中文别称:四甲基硫代二碳二酰胺;促进剂 TMTM

英文别称:tetramethyl-thiodicarbonic diamide;accelerator TMTM

分子式:$C_6H_{12}N_2S_3$

结构式:208.36

CAS 登记号:97-74-5

$$(H_3C)_2N—C(=S)—S—C(=S)—N(CH_3)_2$$

结构式

1. 物理性质

浅黄色结晶粉末,无臭,无味。密度 1.37~1.40g/cm^3。熔点 103~112℃。溶于苯、甲苯、氯仿、丙酮、二氯乙烷、二硫化碳,微溶于乙醚和乙醇,不溶于水、汽油。

2. 化学性质

可燃,燃烧温度 140℃,自燃温度 270℃。长期存放及与强酸一起加热时会分解,分解温度峰值 258℃,分解生成二硫化碳、二甲胺。

3. 理化指标和检验方法

硫化促进剂 TMTM 理化指标和检验方法见表 8-6。

表 8-6　硫化促进剂 TMTM 理化指标和检验方法

项　目		理化指标			检验方法
		粉末	油粉①	颗粒	
外观		黄色粉末	黄色粉末	黄色颗粒	目测法
初熔点/℃		≥104.0	≥103.0	≥103.0	熔点仪法
加热减量(75±2)℃/%		≤0.50	≤0.50	≤0.50	重量法
灰分(750±25)℃/%		≤0.50	≤0.50	≤0.50	重量法
筛余物	通过 150μm 筛孔	≤0.10	≤0.10	—	过筛重量法
	通过 63μm 筛孔	≤0.50	≤0.50		
硫化促进剂 TMTM/%		≥96.0	≥95.0	≥95.0	高效液相色谱法

① 只适用于油质量分数小于或等于 2% 的产品。

4. 制备方法

二甲胺与二硫化碳、双氧水在反应温度 40~45℃,常压条件下反应 2h,先生成淡绿色液体二甲基二硫代胺基甲酸,继续加双氧水恒温反应 3h,得到二硫化四甲基秋兰姆;升温到 80℃,加入氰化钠脱硫,恒温反应 2.5h,浓缩、结晶、水洗、干燥,得到促进剂 TMTM 淡黄色粉体。反应式如下:

$$(CH_3)_2NH + CS_2 \xrightarrow{H_2O_2} (CH_3)_2N\text{—}C(=S)\text{—}SH$$

$$2\,(CH_3)_2N\text{—}C(=S)\text{—}SH + H_2O_2 \longrightarrow (CH_3)_2N\text{—}C(=S)\text{—}S\text{—}S\text{—}C(=S)\text{—}N(CH_3)_2 + 2H_2O$$

$$\mathrm{(H_3C)_2N-\overset{S}{\overset{\|}{C}}-S-S-\overset{S}{\overset{\|}{C}}-N(CH_3)_2} + \mathrm{NaCN} \longrightarrow$$

$$\mathrm{(H_3C)_2N-\overset{S}{\overset{\|}{C}}-S-\overset{S}{\overset{\|}{C}}-N(CH_3)_2} + \mathrm{NaSCN}$$

5. 储存、运输和应用

以木桶、聚丙烯或聚乙烯编织袋,内衬两层聚乙烯袋包装,储存于低温干燥处避免高温和潮湿。

主要用于推进剂绝热层固化促进剂。天然橡胶与合成橡胶用不变色、不污染超速促进剂。活性较促进剂 TMTD 低 10% 左右,硫化胶定伸应力亦略低、硫化临界温度 121℃,后效应较二硫化秋兰姆促进剂和二硫化胺基甲酸盐类促进剂都大,抗焦燃烧性能优良。硫化温度在 135℃下硫化较平坦。使用时硫磺用量范围较大,低硫配合时硫化平坦性比较宽,硫化胶耐老化性能特佳。可单用,亦能与噻唑类、醛胺类、胍类等促进剂并用,系噻唑类促进剂的活性剂。需氧化锌作活性剂,脂肪酸可以用,但并非必需。PbO 对其有抑制作用。不能分解出活性硫,故不能用于无硫配合。

6. 毒性与防护

毒性较二硫化四甲基秋兰姆小。粉尘-空气混合物有爆炸危险,燃烧浓度下限 57.5g/m^3。应避免吸入粉尘,操作人员应戴防护用具。

7. 理化分析图谱

(1) 红外光谱图见图 8-13。

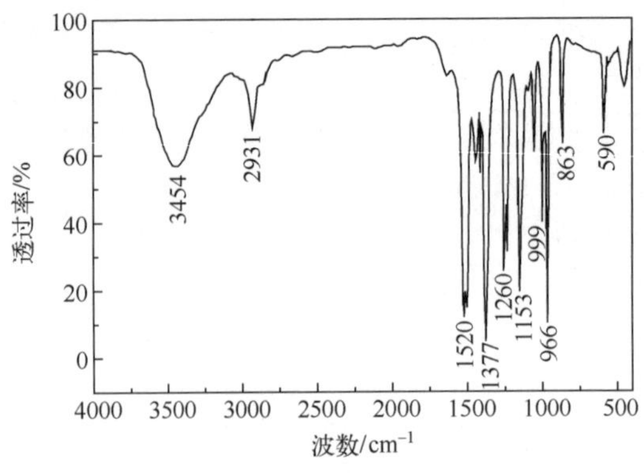

图 8-13 红外光谱

（2）核磁共振谱图见图 8-14。

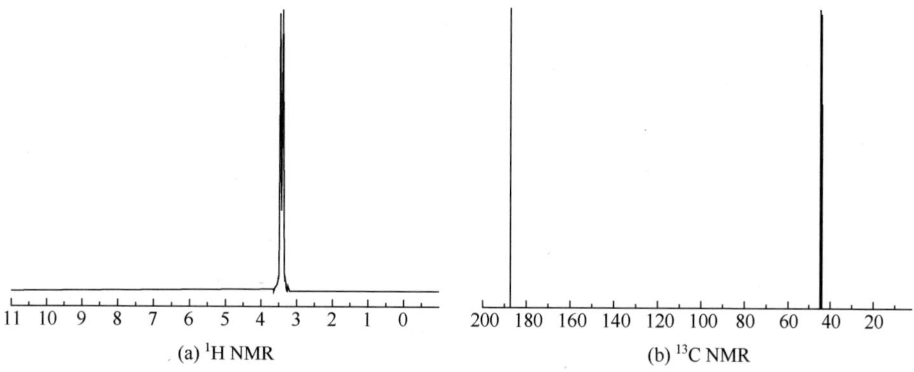

图 8-14　核磁共振谱

（3）质谱图见图 8-15。

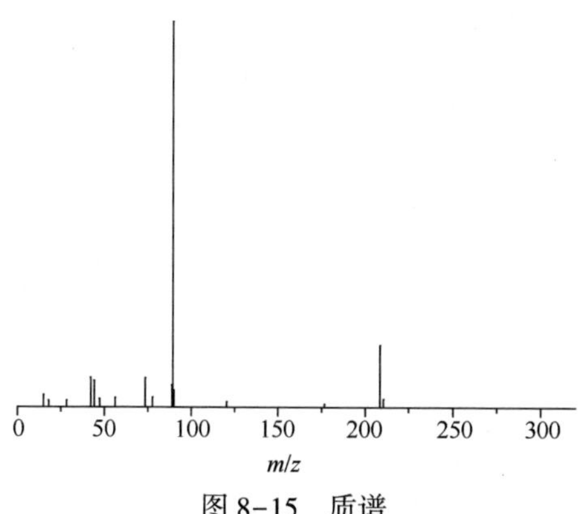

图 8-15　质谱

（4）紫外光谱图见图 8-16。

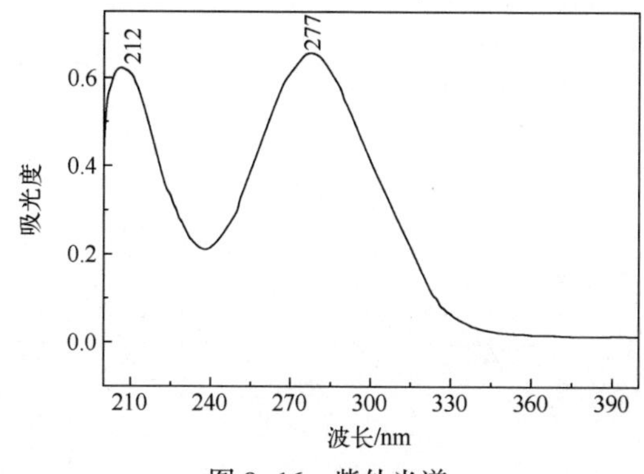

图 8-16　紫外光谱

（5）X 射线衍射谱图见图 8-17。

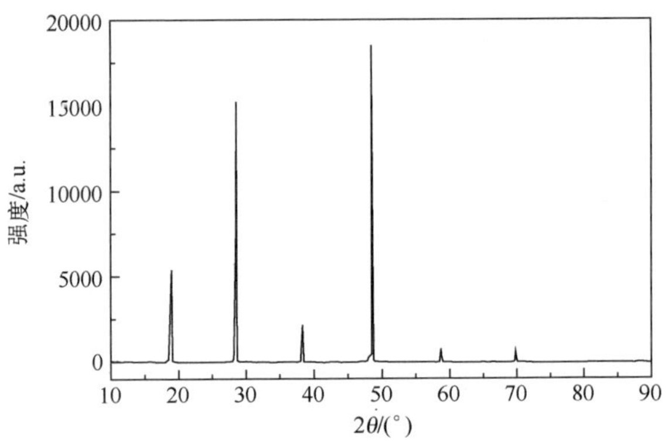

图 8-17　X 射线衍射谱

（6）热分析谱图见图 8-18。

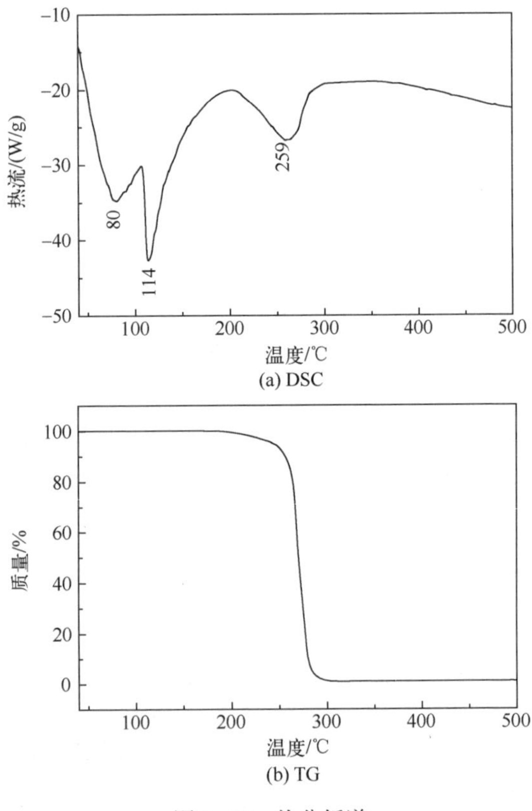

图 8-18　热分析谱

参考文献

[1] 王梦蛟,龚怀耀,薛广智. 橡胶工业手册:第二分册　配合剂[M]. 修订版. 北京:化学工业出版社,1989:80-81.

[2] 李红良,李延升,杨丽琴,等. 硫化促进剂　一硫化四甲基秋兰姆(TMTM):HG/T 4890—2016[S]. 北京:中华人民共和国工业和信息化部,2016.

[3] 李延升,王振香,李红良,等. 一硫化四甲基秋兰姆的制备及其检测分析[J]. 广东化工,2015,42(16):107-108.

[4] 王振香,李红良,贾太轩,等. 橡胶硫化促进剂一硫化四甲基秋兰姆制备及光谱分析[J]. 光谱学与光谱分析,2015,35(07):1875-1878.

8.7　二硫化四甲基秋兰姆

中文名称:二硫化四甲基秋兰姆

英文名称:tetramethyl thiuram disulfide

中文别称:四甲基硫代过氧化二碳酸二酰胺;二硫化双(硫羰基二甲胺);N,N'-四甲基二硫双硫羰胺;促进剂 TMTD;促进剂 TT

英文别称:tetramethyl-thioperoxydicarbonic diamide;accelerator TMTD;accelerator TT

分子式:$C_6H_{12}N_2S_4$

结构式:240.44

CAS 登记号:137-26-8

$$(H_3C)_2N-\overset{\overset{\displaystyle S}{\|}}{C}-S-S-\overset{\overset{\displaystyle S}{\|}}{C}-N(CH_3)_2$$

结构式

1. 物理性质

白色或灰白色结晶性粉末,无味,但有刺激性。熔点 155~156℃,密度 1.29g/cm^3(20℃)。溶于苯、二氯乙烷、氯仿、无水乙醇和二硫化碳,可溶于汽油、乙醇、乙醚,不溶于水,不吸潮。水溶性:16.5mg/L(20℃)。

2. 化学性质

粉尘-空气混合物有爆炸危险,燃烧浓度下限 47g/m^3,燃烧温度 247℃。在酸和碱的溶液中稳定。加热至 100℃以上缓慢分解析出游离硫,与水一起加热生成二甲胺和二硫化碳。在碱性介质中与还原剂反应生成二甲基二硫代胺基甲酸盐。

3. 理化指标和检验方法

二硫化四甲基秋兰姆理化指标和检验方法见表 8-7。

表 8-7　二硫化四甲基秋兰姆理化指标和检验方法

项　目	理化指标		检验方法
	一等品	合格品	
外观	白色、淡灰色粉末或粒状		目测法
初熔点/℃	≥142.0	≥140.0	熔点仪法
灰分/%	≤0.30	≤0.30	重量法
加热减量/%	≤0.30	≤0.30	重量法
筛余物①(通过 150μm 筛孔)/%	≤0.0	≤0.1	过筛重量法
二丁基二硫代胺基甲酸锌/%	≥96.0		高效液相色谱法

① 筛余物不适用于粒状产品。

4. 制备方法

由二甲胺、二硫化碳、氨水进行缩合反应得二甲基二硫代胺基甲酸铵，再经双氧水氧化为促进剂 TMTD。早期也用 NaOH 碱性溶液，采用 $NaNO_2$、氯气或氧气氧化的方法，由于三废较多，已逐渐被取代。反应式如下：

$$(H_3C)_2NH + CS_2 + NH_3 \xrightarrow{H_2O_2} (H_3C)_2N-\overset{\overset{S}{\parallel}}{C}-SNH_4$$

$$2\,(H_3C)_2N-\overset{\overset{S}{\parallel}}{C}-SNH_4 + H_2O_2 \longrightarrow$$

$$(H_3C)_2N-\overset{\overset{S}{\parallel}}{C}-S-S-\overset{\overset{S}{\parallel}}{C}-N(CH_3)_2 + 2NH_3\cdot H_2O$$

5. 储存、运输和应用

以木桶、聚丙烯或聚乙烯编织袋，内衬两层聚乙烯袋包装，储存于阴凉干燥处。

主要用于推进剂绝热层固化促进剂以及制造轮胎、内胶、胶鞋、医疗用品、电缆、工业制品，是秋兰姆硫化促进剂的代表，占同类产品总量的 85%。也可作硫化剂，有效硫磺质量分数 13.3%。作第一促进剂使用时，需加氧化锌活化。一氧化铅对其有抑制作用，在透明制品中也可减少氧化锌的用量。是噻唑类促进剂的优良第二促进剂，亦可与其他促进剂并用作连续硫化胶料的促进剂。作为农药通常称为福美双，主要用于处理种子和土壤，防治禾谷类白粉病、黑穗病及蔬菜病害。

6. 毒性与防护

毒性较促进剂 M、促进剂 CZ、促进剂 NOBS 等更大，极限允许浓度 0.5mg/m^3。应避免吸入粉尘，操作人员应戴防护用具。

7. 理化分析谱图

（1）红外光谱图见图 8-19。

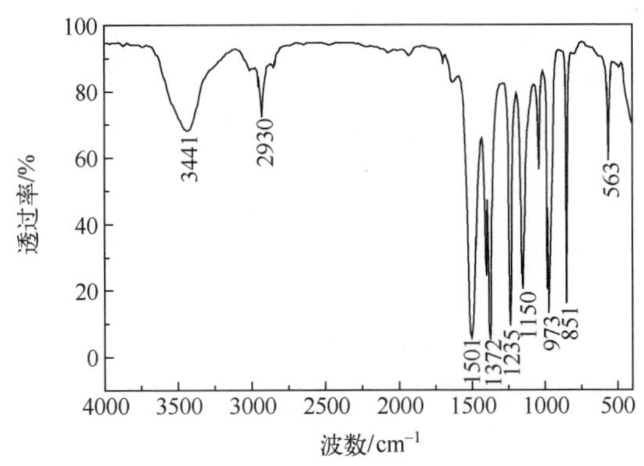

图 8-19 红外光谱

（2）质谱图见图 8-20。

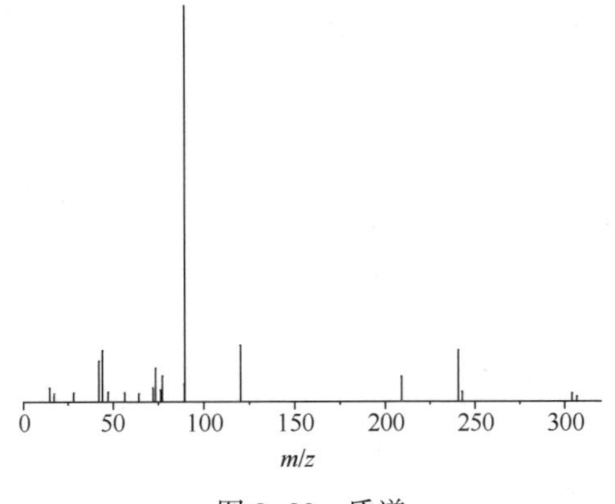

图 8-20 质谱

（3）核磁共振谱图见图 8-21。

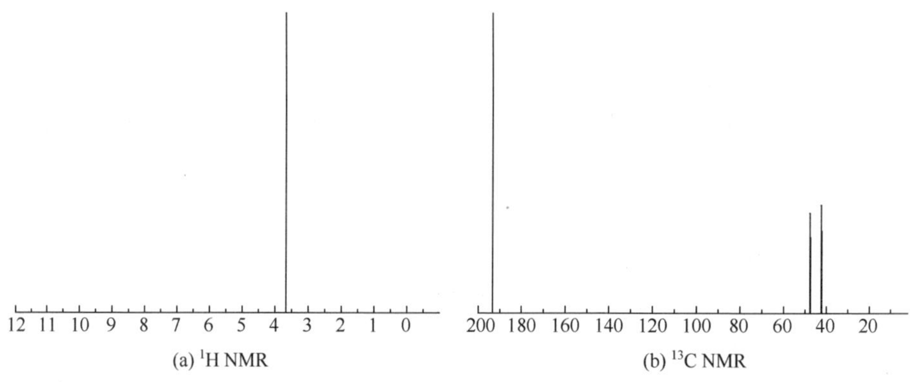

(a) ^{1}H NMR　　(b) ^{13}C NMR

图 8-21　核磁共振谱

参考文献

[1]　王梦蛟,龚怀耀,薛广智. 橡胶工业手册:第二分册　配合剂[M]. 修订版. 北京:化学工业出版社,1989:83-86.

[2]　安方,宋魁景. 硫化促进剂 TMTD:HG/T 2334—2007[S]. 北京:中华人民共和国国家发展和改革委员会,2007.

[3]　王磊. 二硫化四甲基秋兰姆的几种合成方法及特点[J]. 天津化工,2016,30(06):1-3.

[4]　胡生泳. 二硫化四甲基秋兰姆合成方法进展[J]. 湖南化工,1999(01):9-10.

[5]　刘思全,杨春霞,赵阳. 橡胶促进剂 TMTD 的合成研究[J]. 化学工程师,2001(01):58-59.

8.8　二丁基二硫代胺基甲酸锌

中文名称:二丁基二硫代胺基甲酸锌

英文名称:(dibutyl dithiocarbamato)zinc

中文别称:二(二丁胺基硫代甲酸)锌;促进剂 ZDBC

英文别称:bis(dibutyl dithiocarbamato)-zinc;accelerator ZDBC

分子式:$C_{18}H_{36}N_2S_4Zn$

结构式:474.09

CAS 登记号:136-23-2

$$\left[(H_9C_4)_2N-\overset{\overset{\displaystyle S}{\|}}{C}-S\right]_2 Zn$$

结构式

1. 物理性质

乳白色粉末，有特殊气味。熔点 104~108℃。密度 1.18~1.24g/cm^3。溶于乙醇、乙醚、苯、四氯化碳、氯仿、二硫化碳、二氯甲烷、四氯乙烯，微溶于乙酸乙酯、丙酮，不溶于水、汽油。

2. 化学性质

在稀碱中稳定，在酸溶液中发生复分解反应生成二丁基二硫代胺基甲酸和相应酸的锌盐。加热至 100℃以上缓慢分解析出游离硫，可燃，在空气中燃烧或受热生成氮氧化物、二硫化碳、硫氧化物、二硫化碳、水和氧化锌烟雾。

3. 理化指标和检验方法

二丁基二硫代胺基甲酸锌理化指标和检验方法见表 8-8。

表 8-8 二丁基二硫代胺基甲酸锌理化指标和检验方法

项目		理化指标	检验方法
外观		白色粉末或颗粒	目测法
初熔点/℃		≥104.0	熔点仪法
加热减量(70±2℃)/%		≤0.40	重量法
筛余物/%	150μm	≤0.10	重量法
	63μm	≤0.50	
纯度/%		≥97.0	碘量法/容量法

注：颗粒产品不检测筛余物。

4. 制备方法

(1) 由二正丁基二硫代胺基甲酸的碱金属盐的水溶液与水溶性锌盐的水溶液反应制得促进剂 BZ，反应式如下：

$$2\,(H_9C_4)_2N-\overset{\overset{\displaystyle S}{\|}}{C}-SNa + ZnCl_2 \longrightarrow \left[(H_9C_4)_2N-\overset{\overset{\displaystyle S}{\|}}{C}-S-\right]_2 Zn + 2NaCl$$

(2) 以二硫化碳、二丁胺和氧化锌为原料，石油醚为溶剂，以十六烷基三甲基溴化铵为分散剂，在合适的温度下一步合成促进剂 BZ，反应式如下：

$$2\,(H_9C_4)_2NH + 2\,CS_2 + ZnO \longrightarrow \left[(H_9C_4)_2N-\overset{\overset{\displaystyle S}{\|}}{C}-S-\right]_2 Zn + H_2O$$

5. 储存、运输和应用

以木桶、聚丙烯或聚乙烯编织袋，内衬两层聚乙烯袋包装，储存于低温干燥处，避免高温和潮湿。

主要用于推进剂绝热层固化促进剂。系天然胶、合成胶用促进剂及胶乳用一般促进剂。在干橡胶和乳胶中的性能与促进剂 EDC 相似,活性更大。最宜硫化温度为 95~110℃。氧化锌和硫磺配用量一般,脂肪酸非必需,制造高透明制品,不用氧化锌作活性剂。用于干橡胶时通常只作第二促进剂,是噻唑类促进剂的良好活性剂。在混炼胶中有防老剂的作用,也能改善硫化胶的耐老化性能。

6. 毒性与防护

无毒,粉末容易飞扬。设备、容器应密闭,操作人员应戴防护口罩。

7. 理化分析谱图

(1) 红外光谱图见图 8-22。

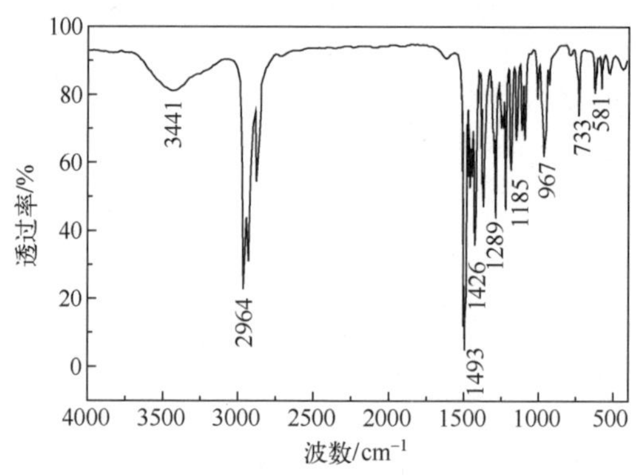

图 8-22　红外光谱

(2) 质谱图见图 8-23。

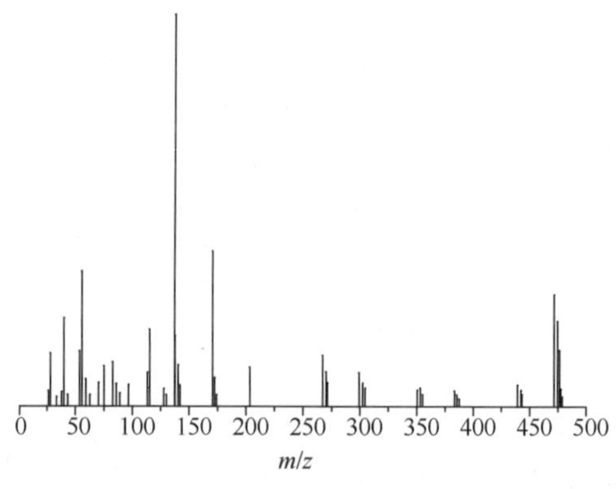

图 8-23　质谱

参考文献

[1] 王梦蛟,龚怀耀,薛广智. 橡胶工业手册:第二分册　配合剂[M]. 修订版. 北京:化学工业出版社,1989:63-64.

[2] 王振香,訾守云,李红良,等. 硫化促进剂　二丁基二硫代胺基甲酸锌(ZDBC):HG/T 4781—2014[S]. 北京:中华人民共和国工业和信息化部,2014.

[3] 何明辉. 溶剂法合成橡胶促进剂二丁基二硫代胺基甲酸锌[J]. 山东化工,2019,48(20):56-57,64.

[4] 苏丽丽. 橡胶硫化促进剂 ZDBC 中锌含量的测定[J]. 山西化工,2006(06):40-41.

8.9　*N*-乙基-*N*-苯基二硫代胺基甲酸锌

中文名称:*N*-乙基-*N*-苯基二硫代胺基甲酸锌

英文名称:zinc *N*-ethyl-*N*-phenyldithiocarbamate

中文别称:(T-4)-双(乙基苯基胺基甲酰二硫代-S,S′)锌

乙基苯基二硫代胺基甲酸锌;促进剂 PX

英文别称:zinc ethylphenyl dithiocarbamate;fenyl-ethyldithiokarbaminan zinfonaty

bis(ethylphenylcarbamodithioato-S,S′)-(T-4)-zinc;accelerator PX

分子式:$C_{18}H_{20}N_2S_4Zn$

结构式:458.02

CAS 登记号:14634-93-6

结构式

1. 物理性质

白色或黄色粉末。无臭、无味。密度 1.50g/cm^3。熔点不低于 205℃。易溶于热氯仿、二氯甲烷,能溶于苯,难溶于丙酮、四氯化碳,微溶于汽油、乙酸乙酯、乙醇和水,在天然橡胶中溶解度约为 0.25%。

2. 化学性质

在稀碱中稳定,在酸溶液中发生复分解反应生成 *N*-乙基-*N*-苯基二硫代胺基甲酸和相应酸的锌盐。可燃,在空气中燃烧生成氮氧化物、二硫化碳、硫氧化物、二硫化碳、水和氧化锌烟雾。

3. 理化指标和检验方法

促进剂 PX 理化指标和检验方法见表 8-9。

表 8-9 促进剂 PX 理化指标和检验方法

项　目	理 化 指 标	检 验 方 法
外观	白色或浅黄色结晶粉末	目测法
熔点/℃	≥205.0	熔点仪法
加热减量/%	≤0.30	重量法
灰分/%	≤20.0	重量法
筛余物(通过 150μm 筛孔)/%	≤0.10	重量法
锌/%	13.0~15.0	碘量法/容量法

4. 制备方法

用 *N*-乙基苯胺、二硫化碳、氢氧化钠、氯化锌为原料,添加少量催化剂合成 *N*-乙基-*N*-苯基二硫代胺基甲酸锌。或氢氧化钠换成氨水,氯化锌换成硫酸锌进行复分解反应而制得。反应式如下:

$$C_6H_5\text{—}NH\text{—}C_2H_5 + S{=}C{=}S + NaOH \longrightarrow C_6H_5\text{—}N(C_2H_5)\text{—}C(=S)\text{—}SNa + H_2O$$

$$2\,C_6H_5\text{—}N(C_2H_5)\text{—}C(=S)\text{—}SNa + ZnCl_2 \longrightarrow [C_6H_5\text{—}N(C_2H_5)\text{—}C(=S)\text{—}S]_2Zn + 2NaCl$$

5. 储存、运输和应用

以木桶、聚丙烯或聚乙烯编织袋,内衬两层聚乙烯袋包装,储存稳定,最好放于低温干燥处,避免高温和潮湿。

主要用于推进剂绝热层固化促进剂。一种操作比较安全的超促进剂,性能与促进剂 PZ、ZDC 和 BZ 相似,但抗焦烧性能稍佳,与促进剂 DM 并用时抗焦烧性能增加。特别适用于胶乳硫化,在储存过程中对胶乳的黏度影响不大。因其不污染、不变色、无臭、无味、无毒,可用于制造与食品接触的浸渍胶乳制品,以及透明和艳色制品、医疗制品、胶乳模型制品、胶乳海绵、胶布、自硫胶浆等。亦用作噻唑类促进剂的活性剂。

6. 毒性与防护

无毒。粉尘-空气混合物有爆炸危险。应避免吸入粉尘,操作人员应戴防护用具。

7. 理化分析谱图

红外光谱图见图 8-24。

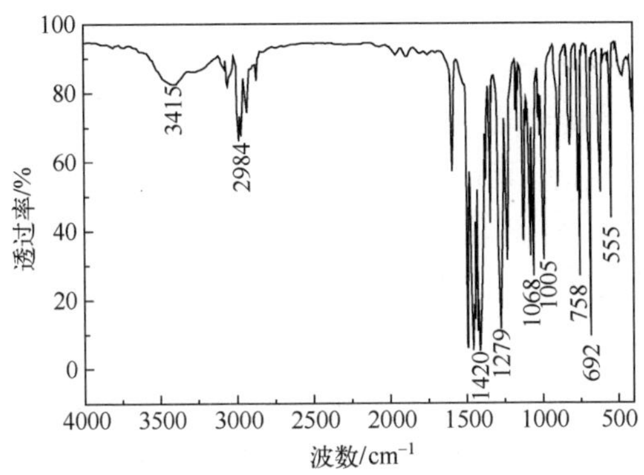

图 8-24　红外光谱

参考文献

[1]　化学工业出版社．中国化工产品大全：上卷[M]．2 版．北京：化学工业出版社，1998：951-952.

[2]　王梦蛟，龚怀耀，薛广智．橡胶工业手册：第二分册　配合剂[M]．修订版．北京：化学工业出版社，1989：67-68.

[3]　叶芳尘，吴祥彪．*N*-乙基-*N*-苯基二硫代胺基甲酸锌的催化合成法[J]．温州师范学院学报（自然科学版），1998(03)：48-50.

8.10　1,2-亚乙基硫脲

中文名称：1,2-亚乙基硫脲

英文名称：1,3-ethylene-2-thiourea

中文别称：亚乙基硫脲；2-硫醇基咪唑啉；2-咪唑烷硫酮；四氢咪唑-2-硫酮；乙烯硫脲酸性镀铜光亮剂（N）；乙撑硫脲；促进剂 NA-22；促进剂 ETU

英文别称：ethylene thiourea；2-imadazoline-2-thiol；2-mercaptoimidazoline
2-imidazolidine thione；2-mercapto-2-imidazoline
vulcanizing accelerator ETU；accelerator NA-22

分子式：$C_3H_6N_2S$

结构式：102.16

CAS 登记号：96-45-7

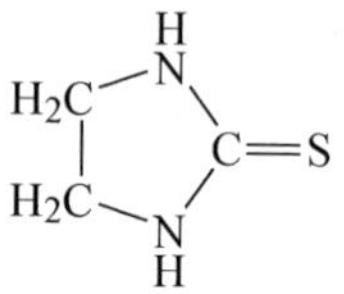

H
H₂C—N
|　　　C=S
H₂C—N
H

结构式

1. 物理性质

白色结晶粉末，从乙醇中结晶的产品为针状结晶，从戊醇中结晶的产品为柱状结晶。具有微弱的氨臭。密度 1.41~1.45g/cm^3。熔点 203~204℃。微溶于乙醇、甲醇、乙二醇、吡啶和汽油中，不溶于氯仿、丙酮、苯、乙醚和石油醚中。水中溶解度 44g/100mL(90℃)，2g/100mL(30℃)，难溶于冷水，易溶于热水，随温度变化很大。

2. 化学性质

可燃，燃烧温度 247℃，自燃温度 247℃。其分子结构不稳定，1,2-亚乙基硫脲和 2-硫醇基咪唑啉结构可互相转化。溶于碱的水溶液，生成相应的硫醇盐，溶于乙酸，生成乙酸 1,2-亚乙基硫脲胺盐。反应式如下：

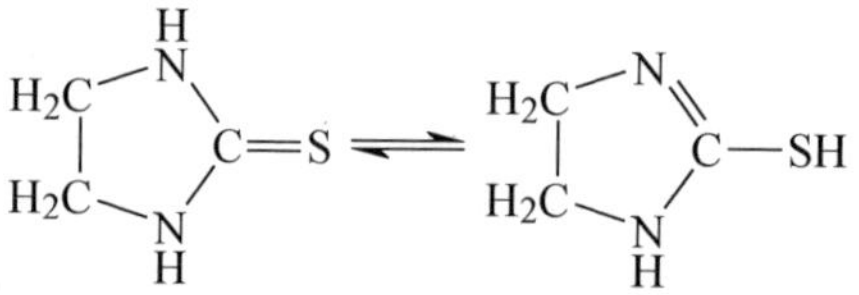

1,2-亚乙基硫脲 ⇌ 2-硫醇基咪唑啉

3. 理化指标和检验方法

1,2-亚乙基硫脲理化指标和检验方法见表 8-10。

表 8-10　1,2-亚乙基硫脲理化指标和检验方法

项　　目		理化指标	检验方法
外观		白色粉末或颗粒	目测法
初熔点/℃		≥195.0	熔点仪法
加热减量(70±2℃)/%		≤0.30	重量法
灰分/%		≤0.30	重量法
筛余物/%	通过 150μm 筛孔	≤0.10	重量法
	通过 63μm 筛孔	≤0.15	
二丁基二硫代胺基甲酸锌/%		≥97.0	高效液相色谱法

4. 制备方法

乙二胺和二硫化碳在 35~40℃，反应 4h，生成乙烯基二硫代胺基甲酸盐，升

温回收二硫化碳。将乙烯基二硫代胺基甲酸盐冷却至 50℃以下，加入盐酸，升温即放出硫化氢，环化生成乙烯硫脲。环化反应时，也可用乙酸代替盐酸进行反应，经沸水溶解、过滤、结晶、脱水干燥、粉碎而得成品，反应式如下：

$$H_2NCH_2CH_2NH_2 + S{=}C{=}S \longrightarrow H_2NCH_2CH_2NH{-}C({=}S){-}SH$$

$$H_2NCH_2CH_2NH{-}C({=}S){-}SH \xrightarrow{HCl} \underset{\text{(H}_2\text{C—NH—C(=S)—NH—CH}_2\text{, 环)}}{C_3H_6N_2S} + H_2S$$

5. 储存、运输和应用

以木桶、聚丙烯或聚乙烯编织袋，内衬两层聚乙烯袋包装，储存于低温干燥处，避免高温和潮湿。

主要用于推进剂绝热层固化促进剂。为咪唑啉类硫化促进剂，可用于氯丁橡胶、氯醇橡胶、氯化聚乙烯等，特别适用于非硫化体系的氯丁胶的安全促进剂。通常与氧化锌和氧化镁一起配合使用，主要用于工业制品、被覆电线、鞋衣等氯丁橡胶制品。硫酸铜的辅助光亮剂。也用作精细化学的中间体，用于制造抗氧剂、杀虫剂、杀真菌剂、染料、药物和合成树脂。

6. 毒性与防护

有中等毒性，粉尘-空气混合物有爆炸危险，燃烧浓度下限 $50g/m^3$。应避免吸入粉尘，操作人员应戴防护用具。

7. 理化分析谱图

(1) 红外光谱图见图 8-25。

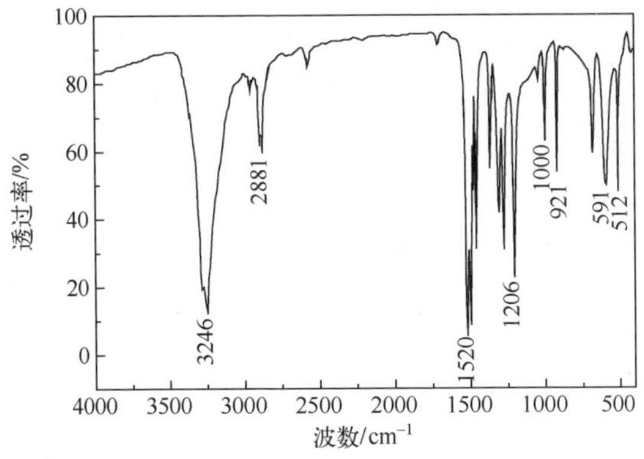

图 8-25　红外光谱

（2）拉曼光谱图见图 8-26。

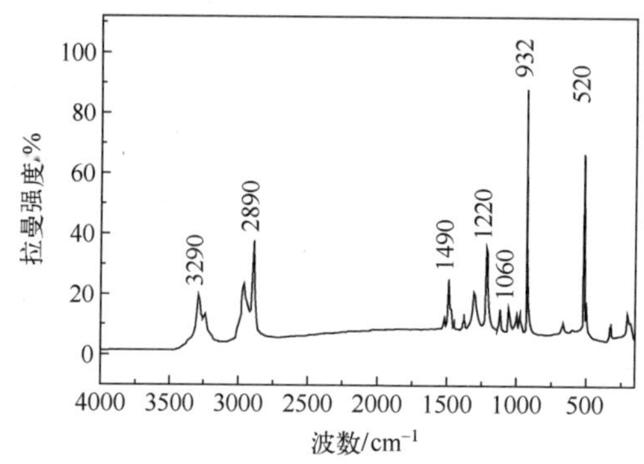

图 8-26　拉曼光谱

（3）质谱图见图 8-27。

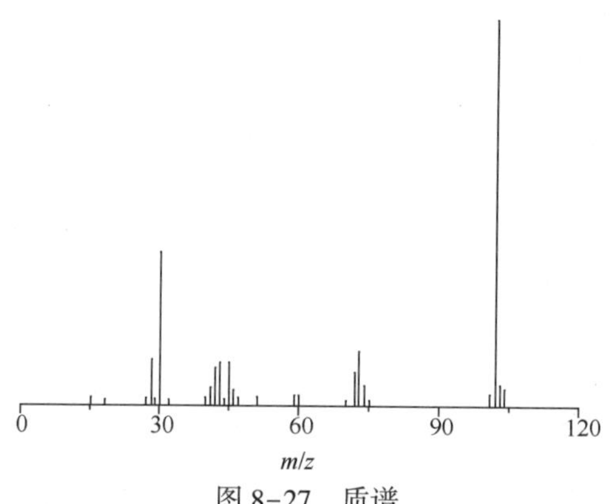

图 8-27　质谱

（4）核磁共振谱图见图 8-28。

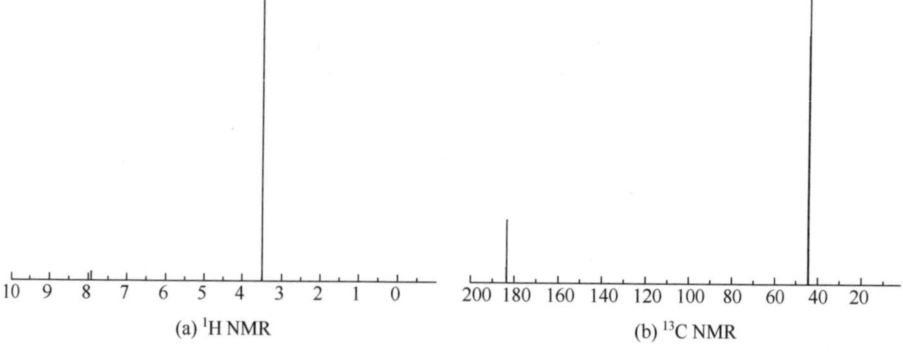

图 8-28　核磁共振谱

参考文献

[1]　化学工业出版社．中国化工产品大全:上卷[M]．2 版．北京:化学工业出版社，1998:950.

[2]　王梦蛟,龚怀耀,薛广智．橡胶工业手册:第二分册　配合剂[M]．修订版．北京:化学工业出版社,1989:83-86.

[3]　屈军伟,刘勇峰,徐治松．硫化促进剂 ETU:HG/T 2343—2012[S]．北京:中华人民共和国工业和信息化部,2012.

[4]　周家永,师晓岚．促进剂 NA-22 合成方法改进[J]．陕西化工,1990(06):20-21.

[5]　朱恪,刘照军．亚己基硫脲分子的拉曼、红外光谱和简正振动分析[J]．光散射学报,2009,21(01):7-12.

8.11　*N*,*N*′-二苯基胍

中文名称:*N*,*N*′-二苯基胍

英文名称:*N*,*N*′-diphenyl guanidine

中文别称:二苯胍;1,3-二苯胍;促进剂 DPG;促进剂 D

英文别称:1,3-diphenyl guanidine;accelerator DPG;accelerator D

分子式:211.27

结构式:$C_{13}H_{13}N_3$

CAS 登记号:102-06-7

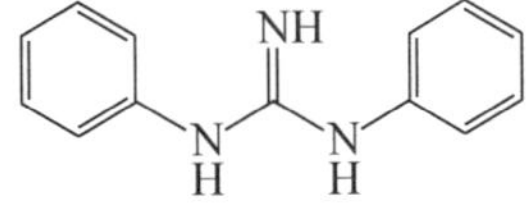

结构式

1. 物理性质

白色结晶,味苦。熔点 146~151℃,沸点(321.3±25.0)℃(0.1MPa),密度 1.13g/cm^3,折射率 1.600。溶于醇、氯仿、热苯和热甲苯,微溶于水,不溶于汽油。

2. 化学性质

可燃,闪点(148.1±23.2)℃,常温下稳定,170℃以上分解,分解产生一氧化碳、二氧化碳、氮氧化物。水溶液呈强碱性,能吸收空气中的二氧化碳生成碳酸胺盐,可与酸反应生成相应胺盐。

3. 理化指标和检验方法

二苯胍理化指标和检验方法见表 8-11。

表 8-11　二苯胍理化指标和检验方法

项　　目	理化指标	检验方法
外观	白色或灰白色粉末或颗粒	目测法

续表

项　　目	理化指标	检验方法
初熔点/℃	≥144.0	熔点仪法
加热减量/%	≤0.30	重量法
灰分/%	≤0.30	重量法
筛余物(通过150μm筛孔)/%	≤0.10	重量法
纯度/%	≥97.0	高效液相色谱法

注:筛余物不适用于颗粒产品。纯度为根据用户要求检测项目。

4. 制备方法

(1) 二苯基硫脲氧化法:二硫化碳和苯胺缩合制得二苯硫脲,再由二苯硫脲、氧化铅、氨水与硫酸铵在40~70℃反应生成二苯胍的硫酸盐,经提取、过滤、酸中和、洗涤、干燥、筛选即得二苯胍。或将氧化铅换成氧气,采用二苯硫脲与氧气、氨水反应8h后得二苯胍。反应式如下:

(2) 氯氰法:苯胺和氯化氰气体在100℃反应生成二苯胍和氯化氢,经碱中和、洗涤、干燥得二苯胍。反应式如下:

5. 储存、运输和应用

以木桶、聚丙烯或聚乙烯编织袋,内衬两层聚乙烯袋包装,储存于低温干燥处,避免高温和潮湿。

主要用于推进剂绝热层固化促进剂。常用作天然胶与合成胶的中速促进剂,噻唑类、秋兰姆及次磺酰类促进剂的活性剂,与促进剂DM、TMTD并用时,可连续硫化。在氯丁胶中,有增塑剂和解塑剂的作用。不适于白色或浅色制品以及与食物接触的橡胶制品。二苯胍的衍生物铬酪二苯胍是一种高效防锈剂。

二苯胍还被用作塑料交联剂、示温材料、矿石浮选用助剂、涂料助剂、抛光材料助剂、金属分析试剂及建材用助剂。

6. 毒性与防护

低毒,与皮肤接触有刺激性、致敏性。粉尘-空气混合物有爆炸危险。应避免吸入粉尘,操作人员应戴防护用具。

7. 理化分析谱图

(1) 红外光谱图见图 8-29。

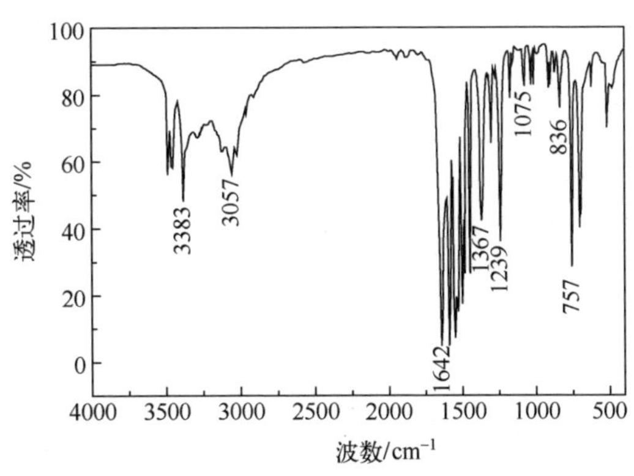

图 8-29 红外光谱

(2) 拉曼光谱图见图 8-30。

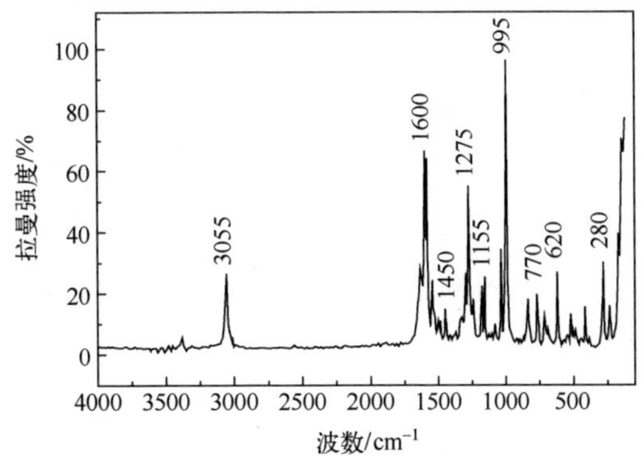

图 8-30 拉曼光谱

(3) 质谱图见图 8-31。

(4) 核磁共振谱图见图 8-32。

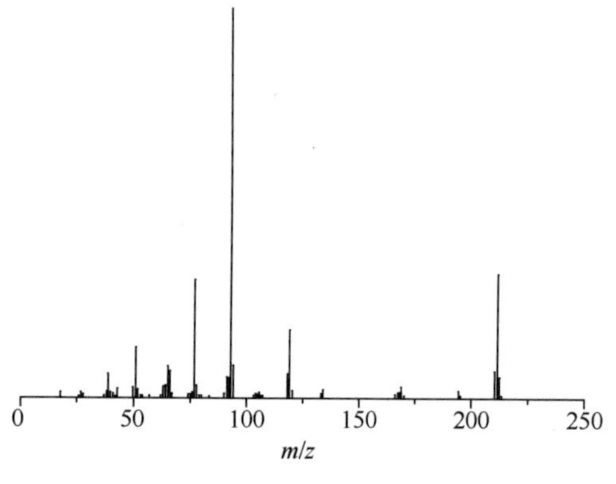

图 8-31　质谱

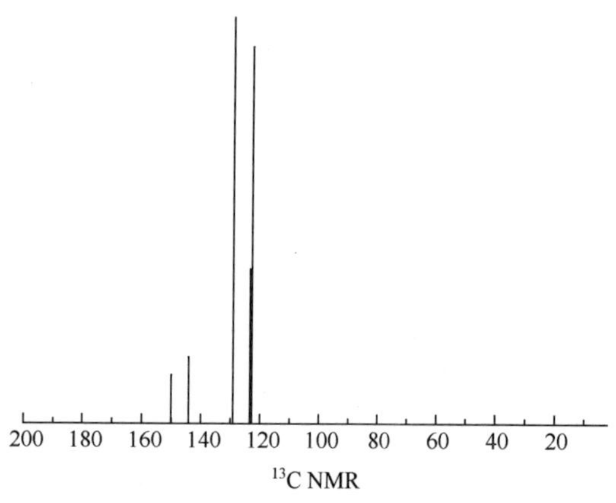

图 8-32　核磁共振谱

参考文献

[1] 王梦蛟,龚怀耀,薛广智. 橡胶工业手册:第二分册　配合剂[M]. 修订版. 北京:化学工业出版社,1989:67-68.

[2] 李国强,张维仁. 硫化促进剂 DPG:HG/T 2342—2010[S]. 北京:中华人民共和国工业和信息化部,2010.

[3] 徐清华,薛香菊. 硫化促进剂 DPG 生产现状综述[J]. 中国橡胶,2017,33(07):44-45.

[4] 贾荣荣,张艳章,李兴波,等. 二苯胍的合成研究[J]. 山东化工,2016,45(15):6,8.

[5] 王景明. 胍及其衍生物在精细化工中的应用[J]. 天津化工,1997(01):32-34.

8.12　二苯基硅二醇

中文名称:二苯基硅二醇

英文名称:diphenyl silanediol

中文别称:二苯基二羟基硅烷;结构控制剂 GRC

英文别称:dihydroxydiphenylsilane

分子式:$C_{12}H_{12}O_2Si$、$(C_6H_5)_2Si(OH)_2$

结构式:216.31

CAS 登记号:947-42-2

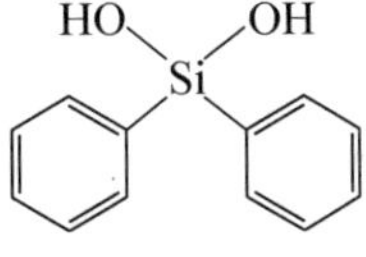

结构式

1. 物理性质

白色针状晶体。密度 1.19g/cm^3,折射率 1.615,熔点 140~142℃,沸点 352.6℃(0.1MPa),溶于甲醇、乙醇、乙腈、丙酮等有机溶剂,不溶于水。

2. 化学性质

闪点 53℃。140℃以上容易受热脱水,在催化剂作用下生成环状的聚合物六苯基环三硅氧烷和八苯基环四硅氧烷,发生缩合反应生成硅树脂或无机-有机高分子硅聚物。在反应温度较高时可与二氧化硅表面部分活性羟基反应生成有机硅化物。

3. 理化指标和检验方法

二苯基硅二醇的理化指标和检验方法见表 8-12。

表 8-12　二苯基硅二醇的理化指标和检验方法

项　　目	理 化 指 标	检 测 方 法
外观	白色针状晶体或白色粉末	目测法
干燥失重((100±2)℃×2h)	≤2	重量法
羟基/%	≥12.5	滴定法
熔点/℃	≥140℃	熔点仪法

4. 制备方法

由二苯基二氯硅烷在氢氧化钠水溶液中反应温度为 0~2℃条件下水解制取,反应式如下:

Cl　Cl　Si　+ 2 NaOH $\xrightarrow[0\sim2℃]{H_2O}$ HO　OH　Si　+ 2 NaCl

5. 储存、运输和应用

在储存和运输时，应保持干燥，避免接触高温、酸、碱、和有机溶剂。按照非危险品储存和运输。

主要用于推进剂绝热层固化促进剂。用作硅橡胶加工的结构控制及有机硅材料合成中间体，用其来合成八苯基环四硅氧烷，可以直接通过缩合反应制备硅树脂或无机-有机高分子硅聚物。二苯基硅二醇是硅橡胶结构控制剂，可降低硅橡胶的结构化现象，提高硅橡胶的加工性能。其结构控制效率高，硫化胶综合性能好。

6. 毒性与防护

毒性小，易爆炸。应避免吸入粉尘，操作人员应戴防护用具。

7. 理化分析谱图

（1）红外光谱图见图 8-33。

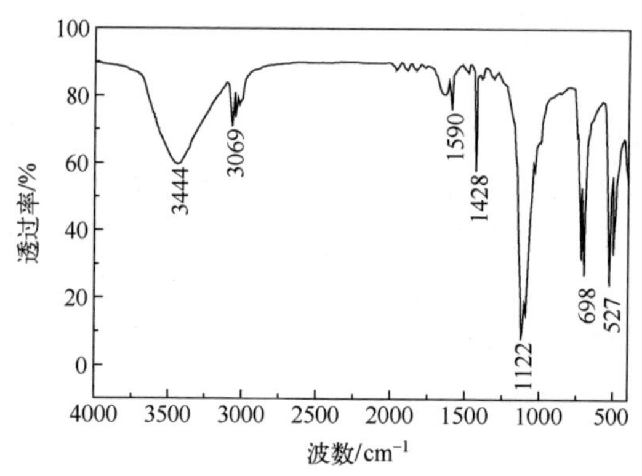

图 8-33　红外光谱

（2）质谱图见图 8-34。

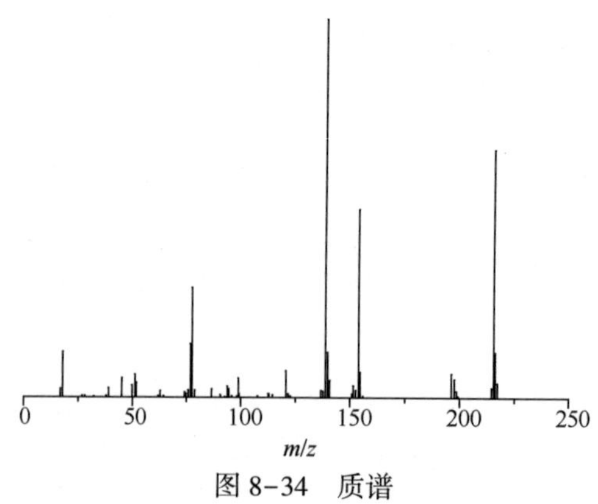

图 8-34　质谱

（3）核磁共振谱图见图 8-35。

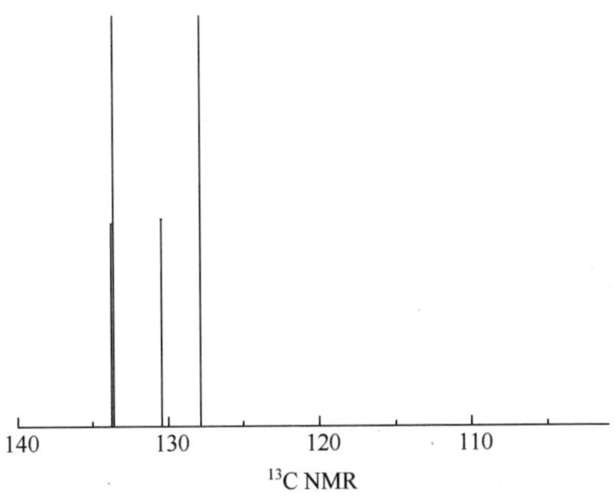

图 8-35　核磁共振谱

参考文献

[1]　王梦蛟,龚怀耀,薛广智. 橡胶工业手册:第二分册　配合剂[M]. 修订版. 北京:化学工业出版社,1989:524-525.

[2]　陈玉仙,张定军,刘正堂,等. 二苯基硅二醇简单而经济的合成方法[J]. 应用化工,2010,39(07):1039-1041.

[3]　CUNNINGHAM J G,FORD R B,GIFFORD J A,et al. Clinical evaluation of the new compound diphenylsilanediol for ani-epileptic efficacy and toxicity. American Journal of Veterinary Research. 1981,42(12). 2178-2181.

阻燃剂

阻燃剂是应用于推进剂绝热层中延缓绝热层烧蚀损失的一类功能助剂。按照与基体材料的相互作用,阻燃剂可分为添加型及反应型两大类。添加型只以物理方式分散于基材中;反应型可参与橡胶的化学交联反应,结合在橡胶基体上,结合性能较为稳定。按照其化学结构,阻燃剂可分为有机阻燃剂和无机阻燃剂。有机阻燃剂细分为卤系、有机磷系、卤-磷系和磷-氮系;无机阻燃剂细分为锑系、铝-镁系、无机磷系、硼系和钼系。目前绝热层中应用较多的是卤系、有机磷系、锑系及硼系。

9.1 十溴二苯醚

中文名称:十溴二苯醚

英文名称:bis(pentabromophenyl)ether

中文别称:1,1′-氧代双(2,3,4,5,6-五溴)苯;十溴联苯醚;五溴苯基醚;氧化十溴二苯;阻燃剂 DBDPO

英文别称:1,1′-oxybis(2,3,4,5,6-pentabromo)-benzene;pentabromophenyl ether;
1,1′-oxybis(2,3,4,5,6-pentabromo-benzene);decabromodiphenyloxide

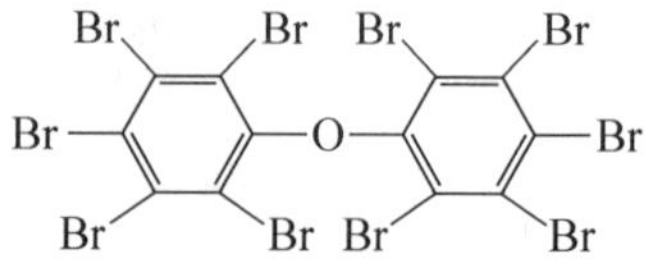

分子式:$C_{12}Br_{10}O$

结构式:959.17

CAS 登记号:1163-19-5

结构式

1. 物理性质

白色或淡黄色粉末,熔点 304~309℃,密度 3.3g/cm^3,堆积密度为 1.42g/cm^3(密装)或 1.07g/cm^3(松装)。可溶于邻氯苯,溶解度 1.90g/100g,25℃时,在水、丙酮、甲醇、甲乙酮中的溶解度均小于 0.1g/100g,在二氯甲烷中为 0.1g/100g,甲苯中为 0.2g/100g。

2. 化学性质

溴质量分数 83.3%。热稳定性良好,热质量损失温度如下:5%(325℃),10%(334℃),50%(373℃),95%(409℃)。不耐紫外线,在紫外线照射下脱溴变红褐色。

3. 理化指标和检验方法

十溴联苯醚理化指标和检验方法见表 9-1。

表 9-1　十溴联苯醚理化指标和检验方法

项　　目	理 化 指 标	检 验 方 法
外观	白色至淡黄色粉末	目测法
初熔点/℃	≥304	熔点仪法
加热减量/%	≤0.30	重量法
灰分/%	≤0.30	重量法

4. 制备方法

二苯醚在卤代催化剂三氯化铝或铁粉存在下,与溴反应而得。生产工艺可有两种。

(1) 溶剂法:将二苯醚溶于二溴乙烷、二氯乙烷、二溴甲烷、四氯化碳或四氯乙烷溶剂中,加入催化剂三氯化铝,然后加溴进行取代反应。反应后,过滤、洗涤、干燥,即得十溴联苯醚。

(2) 过量溴化法:用过量溴或氯化溴作溶剂的溴化方法。将催化剂溶解在溴或氯化溴中,滴加二苯醚反应。结束后,将过量溴蒸出,中和、过滤、干燥,即得十溴联苯醚。反应式如下:

$$C_6H_5-O-C_6H_5 + 10\,Br_2 \xrightarrow{\text{催化剂}} C_6Br_5-O-C_6Br_5 + 10\,HBr$$

5. 储存、运输和应用

用内衬塑料袋铁桶或编织袋包装,储存于阴凉、干燥通风的库房内。按照一般化学品规定运输。

用作硅橡胶、三元乙丙橡胶绝热层阻燃剂,改善绝热层烧蚀性能。溴系阻燃剂的优点是与基材的相容性好,无析出现象,不影响复合材料的力学性能。分解温度大多在 200~300℃,与橡胶的分解温度相匹配,可在气相及凝聚相同时起到阻燃作用,阻燃效率高。缺点是燃烧时烟雾大,并且释放出来的卤化氢气体具有高度腐蚀性。十溴二苯醚阻燃剂可用于聚乙烯、聚丙烯、ABS 树脂、聚对苯二甲酸丁二醇酯、聚对苯二甲酸乙二醇酯以及硅橡胶、三元乙丙橡胶制品中阻燃。与三氧化二锑并用阻燃效果更佳。

6. 毒性与防护

低毒,大鼠经口 LD_{50}>15g/kg。可以用于塑料制品,由于原料有毒,生产车间应注意通风,生产装置密闭,操作人员穿戴防护用具。

7. 理化分析谱图

(1) 红外光谱图见图 9-1。

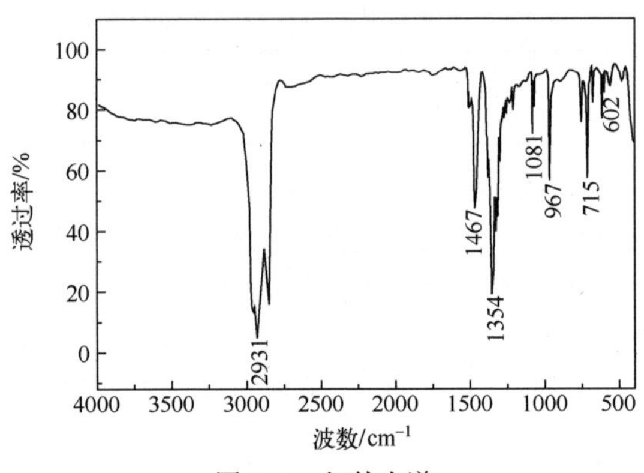

图 9-1　红外光谱

(2) 质谱图见图 9-2。

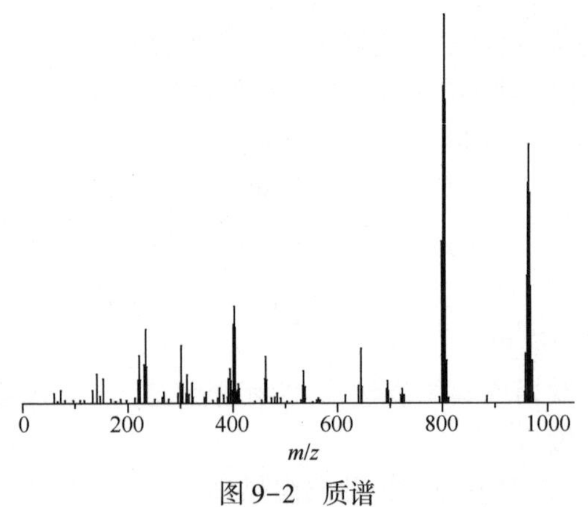

图 9-2　质谱

（3）核磁共振谱图见图 9-3。

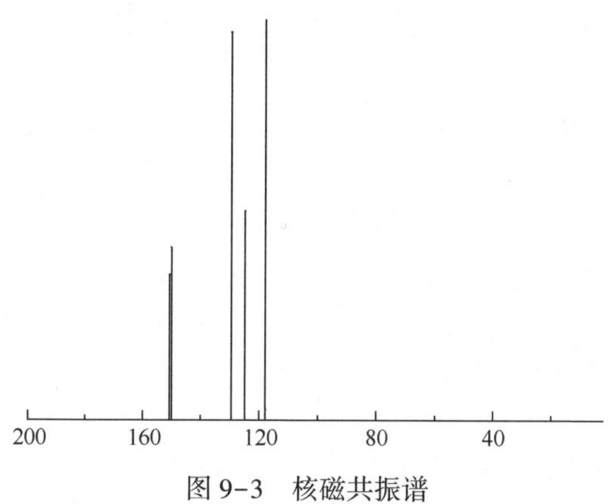

图 9-3　核磁共振谱

（4）热分析谱图见图 9-4。

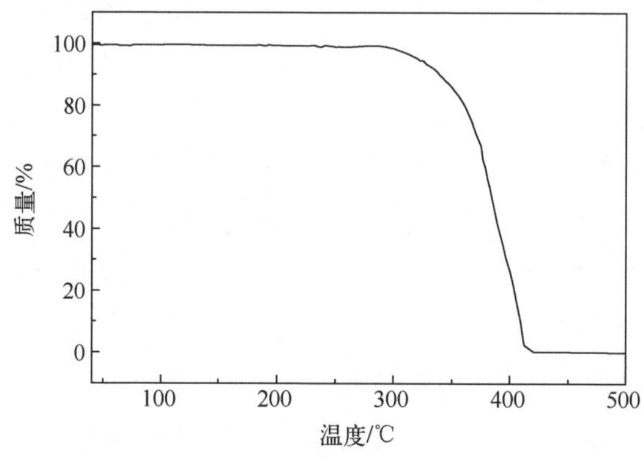

图 9-4　热分析谱(TG)

参考文献

[1]　化学工业出版社．中国化工产品大全:上卷[M]．2 版．北京:化学工业出版社,1998:781.

[2]　欧育湘,李建军．阻燃剂——性能、制造及应用[M]．北京:化学工业出版社,2006:41.

[3]　沈昌茂,王杰,高翼,等．阻燃剂十溴联苯醚的合成[J]．江苏农学院学报,1985(03):1.

[4]　蔡佩伦．新型阻燃剂——十溴联苯醚[J]．浙江化工,1982(03):43-46.

9.2 2,4,6-三溴苯酚

中文名称:2,4,6-三溴苯酚

英文名称:2,4,6-tribromophenol

中文别称:2,4,6-三溴酚;阻燃剂 TBP

分子式:$C_6H_3OBr_3$

结构式:330.80

CAS 登记号:118-79-6

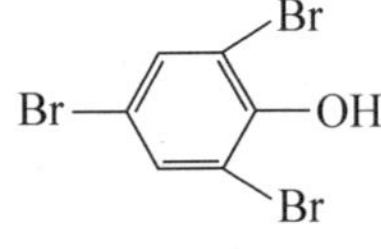

结构式

1. 物理性质

白色或灰白色片状结晶,味甜。熔点 93~95℃(升华),沸点 244℃。密度 2.55g/cm^3,堆积密度 1.24g/cm^3(密装),1.15g/cm^3(松装)。易溶于丙酮、乙醚、苯、甲乙酮、甲苯、乙醇、氯仿、四氯化碳、石油醚、吡啶,在水中溶解度甚微。25℃时的溶解度(g/100g 溶剂):225(甲乙酮),84(甲醇),50(甲苯),36(二氯甲烷),0.1(水)。

2. 化学性质

理论溴质量分数 72.46%。酚基有一定酸性,易溶于苛性碱溶液,反应生成酚盐,与氢氧化铋反应生成三溴酚铋。在溶液中缩聚生成聚 2,6-二溴苯醚。热质量损失温度如下:5%(122℃),10%(134℃),50%(167℃),95%(183℃)。

3. 理化指标和检验方法

2,4,6-三溴苯酚理化指标和检验方法见表 9-2。

表 9-2 2,4,6-三溴苯酚理化指标和检验方法

项目	理化指标	检验方法
溴/%	≥71.0	滴定法
氯/%	≤1.5	浊度法
熔点/℃	93~95	熔点仪法
挥发分/%	≤0.2	重量法

4. 制备方法

苯酚直接与溴直接溴化反应而得。反应式如下:

$$C_6H_5\text{-OH} + 3Br_2 \longrightarrow \text{Br-}C_6H_2\text{(Br)}_2\text{-OH} + 3HBr$$

5. 储存、运输和应用

用内衬塑料袋铁桶或编织袋包装，储存于阴凉、干燥通风的库房内。储存时防火、防晒。按照一般化学品规定运输。

用作硅橡胶、三元乙丙橡胶绝热层反应型阻燃剂。用于阻燃环氧树脂、聚氨酯树脂，制备多种溴系阻燃剂的中间体，用于制取消毒防腐药三溴酚铋。

6. 毒性与防护

对皮肤和眼睛有刺激，有引起皮肤过敏的可能，长期过度接触可能造成肝、肾、中枢神经系统、发育系统及胚胎损害，无致癌性。大鼠经口 LD_{50}>3500mg/kg。应避免吸入粉尘，操作人员应戴防护用具。

7. 理化分析谱图

（1）红外光谱图见图 9-5。

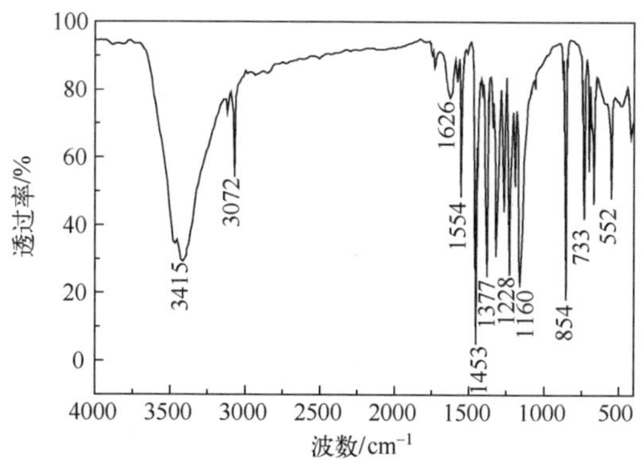

图 9-5　红外光谱

（2）拉曼光谱图见图 9-6。

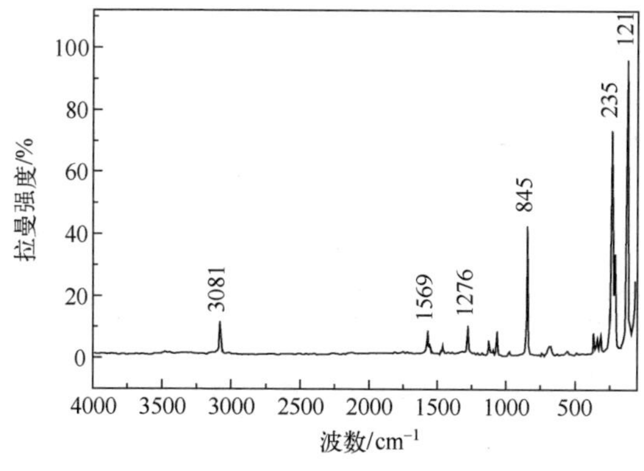

图 9-6　拉曼光谱

(3) 质谱图见图 9-7。

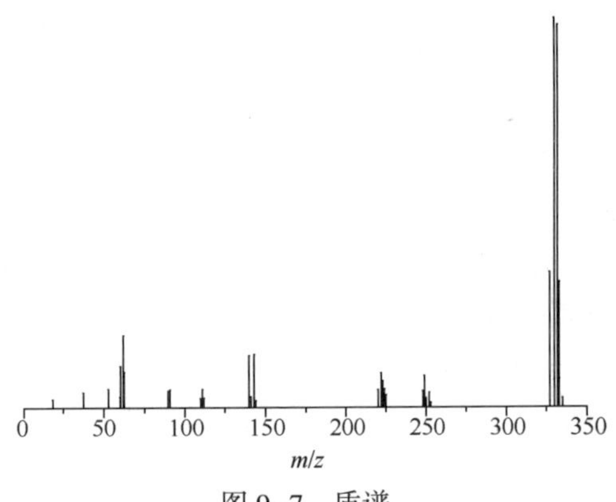

图 9-7　质谱

(4) 核磁共振谱图见图 9-8。

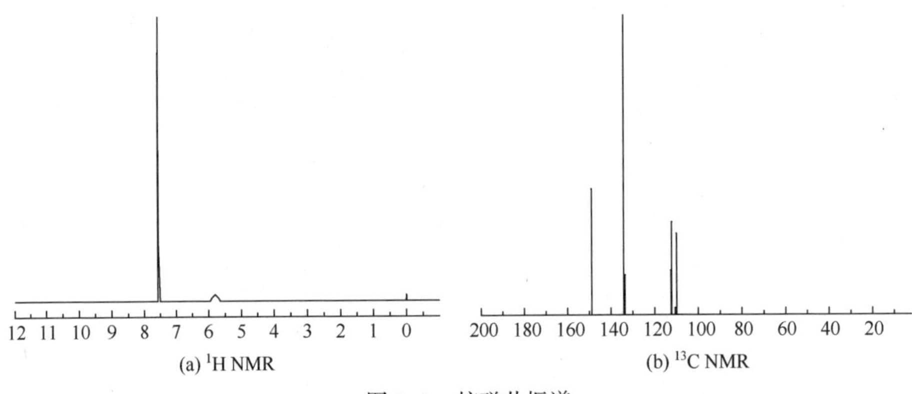

图 9-8　核磁共振谱

参考文献

[1] 欧育湘,李建军. 阻燃剂——性能、制造及应用[M]. 北京:化学工业出版社,2006:47-49.

[2] KOCH C,SURES B. Environmental concentrations and toxicology of 2,4,6-tribromophenol (TBP)[J]. Envir Pollu,2018,233:706-713.

9.3　四溴邻苯二甲酸酐

中文名称:四溴邻苯二甲酸酐

英文名称:tetrabromophthalic anhydride

中文别称:四溴苯酐;4,5,6,7-四溴-1,3-异苯并呋喃二酮;阻燃剂 TBPA

英文别称:4,5,6,7-tetrabromo-3-isobenzofurandione;TBPA

分子式:$C_8O_3Br_4$

结构式:463.70

CAS 登记号:632-79-1

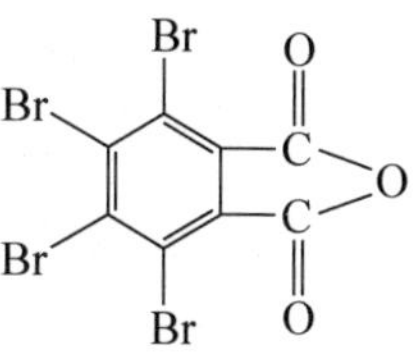

结构式

1. 物理性质

灰白色结晶性粉末,熔点 274~277℃。密度 2.9g/cm³,堆积密度 2.09g/cm³(密装),1.37g/cm³(松装)。可溶于硝基苯、*N*,*N*-二甲基甲酰胺,微溶于丙酮、二甲苯、氯代烃溶剂、二噁烷,不溶于水及其脂肪烃溶剂。25℃时的溶解度(g/100g 溶剂):<0.1(水),1.6(甲醇),6.0(甲苯),1.0(二氯甲烷),2.6(甲乙酮)。

2. 化学性质

理论溴质量分数 68.93%。酸酐可与碱反应,生成四溴邻苯二甲酸盐,与羟基化合物生成四溴邻苯二甲酸酯。热质量损失温度如下:5%(229℃),10%(242℃),50%(277℃),95%(297℃)。

3. 理化指标和检验方法

四溴邻苯二甲酸酐理化指标和检验方法见表 9-3。

表 9-3　四溴邻苯二甲酸酐理化指标和检验方法

项　目	理化指标	检验方法
溴/%	≥67.0	滴定法
氯/%	≤1.5	浊度法
熔点/℃	274~277	熔点仪法
挥发分/%	≤0.2	重量法

4. 制备方法

苯酐与溴发生取代反应生成四溴邻苯二甲酸酐。根据反应介质的不同分为三种。

(1) 发烟硫酸法:将苯酐溶于发烟硫酸,以碘和铁粉为催化剂,加热至 75℃时加溴,然后提高温度至 200℃进行取代反应,生成四溴邻苯二甲酸酐。析出粗品后过滤以硫酸洗涤,干燥,制得四溴邻苯二甲酸酐,反应中副产物 HBr 以水吸收备用。反应式如下:

$$\text{邻苯二甲酸酐} + 4\,Br_2 \xrightarrow[I_2,\ \text{Fe粉}]{2H_2SO_4} \text{四溴邻苯二甲酸酐} + 4\,HBr$$

(2) 氯磺酸法:将苯二甲酸酐溶于氯磺酸中,加入少量硫,加热至 90℃时加入溴,再将温度升高至 145℃。反应后,用空气吹出过量的溴。冷却后将沉淀滤出。用四氯化碳洗涤,然后再用水洗,干燥得四溴邻苯二甲酸酐。

(3) 过氧化氢法:邻苯二甲酸酐与溴在浓硫酸和过氧化氢中反应制备 TBPA,该法反应时间短,收率为 80%~90%,产物的溴质量分数 68%,熔点 277~279℃。

5. 储存、运输和应用

用内衬塑料袋铁桶或编织袋包装,储存于阴凉、干燥通风的库房内。储存时防火、防晒。按照一般化学品规定运输。

用作硅橡胶、三元乙丙橡胶绝热层反应型阻燃剂。其他阻燃剂的中间体,有抗静电效果,可用于硬质聚氨酯泡沫塑料、聚烯烃、环氧树脂、不饱和聚酯、聚酯及合成纤维等,亦可作为添加型阻燃剂用于聚乙烯、聚乙烯乙酸乙烯共聚物等塑料。

6. 毒性与防护

低毒,大鼠经口 LD_{50}>10000mg/kg。对皮肤和眼睛有刺激,反复接触可能引起皮肤过敏,长期过度接触可能造成肝、肺功能损害,无致癌性。操作人员须穿戴防护用具。

7. 理化分析谱图

(1) 红外光谱图见图 9-9。

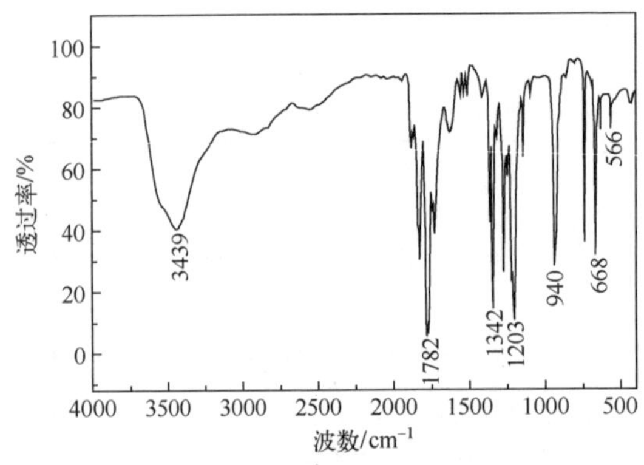

图 9-9 红外光谱

(2) 质谱图见图 9-10。

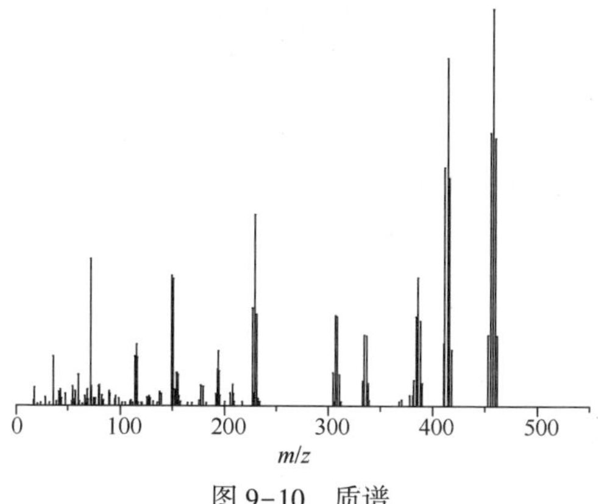

图 9-10　质谱

(3) 核磁共振谱图见图 9-11。

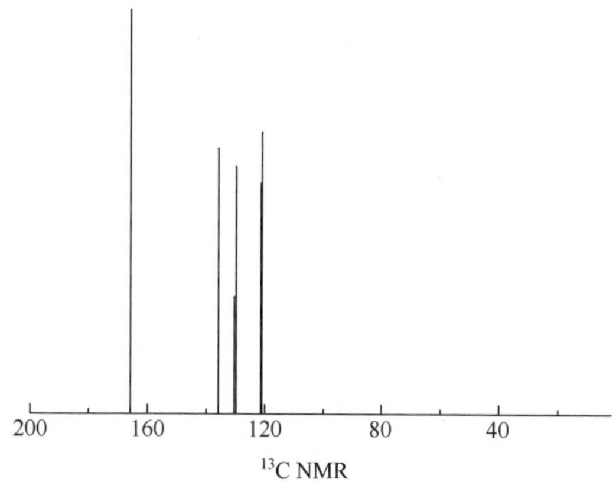

图 9-11　核磁共振谱

参考文献

[1] 化学工业出版社．中国化工产品大全:上卷[M]．2 版．北京:化学工业出版社,1998:807.

[2] 欧育湘,李建军．阻燃剂——性能、制造及应用[M]．北京:化学工业出版社,2006:58-60.

[3] 黄颂安,曾作祥,汪瑾,等．四溴苯酐阻燃剂的合成研究[J]．精细石油化工,1996(02):8-10.

[4] 徐佐平．阻燃剂——四溴邻苯二甲酸酐[J]．浙江化工,1981(04):29-30.

9.4 溴代聚苯乙烯

中文名称:溴代聚苯乙烯

英文名称:brominated polystyrene

中文别称:阻燃剂 BPS

英文别称:BPS

分子式:$(C_8H_{8-m}Br_m)_n$

结构式:重均分子量 $10^3 \sim 10^6$

CAS 登记号:88497-56-7

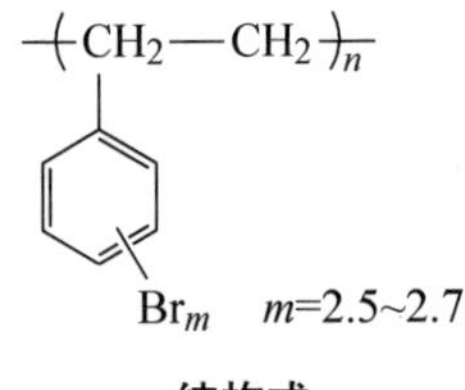

结构式

1. 物理性质

灰白色粉末。熔点 230 ~ 250℃,软化点 210 ~ 230℃,玻璃化转变温度195℃。密度 2.8g/cm³。25℃时的溶解度(g/100g 溶剂):<0.01(水),<0.01(甲醇),<0.01(丙酮),0.02(甲乙酮),0.22(甲苯),0.97(二氯甲烷)。

2. 化学性质

当 m 为 2.7 时,溴代聚苯乙烯结构单元相对分子质量 317.18,溴质量分数为 68% ~ 69%。热稳定性较好,分解温度高,热损失温度:5%(364℃),10%(382℃),50%(412℃)。

3. 理化指标和检验方法

溴代聚苯乙烯理化指标和检验方法见表 9-4。

表 9-4 溴代聚苯乙烯理化指标和检验方法

项　　目	理化指标	检验方法
溴/%	≥66.0	滴定法
氯/%	≤1.5	浊度法
软化点/℃	220 ~ 240	软化点仪
色度/加纳尔	<3.0	比色法
挥发分/%	≤0.2	重量法
平均粒度 D_{50}/μm	10 ~ 20	激光粒度仪法

4. 制备方法

(1) 聚苯乙烯和溴直接取代反应。在脂肪族卤代烃溶剂如四氯化碳、二氯乙烷、氯仿和催化剂路易斯酸如三氯化锑、氯化铝或铁粉存在下,用溴直接溴化聚苯乙烯,改变引发剂的用量,选用不同分子量的聚苯乙烯,可得到一系列分子量不同的溴代聚苯乙烯。在聚苯乙烯溶液中加入质量约为聚苯乙烯质量 1% ~ 5% 的主链烷基卤代抑制剂 $TiCl_4$、$SnCl_3$ 或 BCl_3,以防止主链进行自由基溴代反应,生成 α-烷基溴化物,影响产物稳定性。反应式如下:

$$\left[\mathrm{CH_2{-}CH_2}\right]_n(\mathrm{C_6H_5}) + m\cdot n\,\mathrm{Br_2} \xrightarrow[\text{催化剂}]{\text{溶剂}} \left[\mathrm{CH_2{-}CH_2}\right]_n(\mathrm{C_6H_{5-m}Br_m}) + m\cdot n\,\mathrm{HBr} \qquad m=2.5\sim2.7$$

(2) 苯乙烯和溴取代反应后聚合。采取四个步骤:苯乙烯与溴化氢的加成;溴化苯乙烷的溴代;脱溴化氢还原双键;溴化苯乙烯单体的聚合。溴化聚苯乙烯外观好、接近白色,可避免主链烷基卤代副反应,缺点是反应步骤多,溴代率较低。反应式如下:

$$\mathrm{CH{=}CH_2}(\mathrm{C_6H_5}) \xrightarrow[\text{UV}]{\text{HBr}} \mathrm{CH_2CH_2Br}(\mathrm{C_6H_5}) \xrightarrow[-2\mathrm{HBr}]{\mathrm{Br_2}} \mathrm{CH_2CH_2Br}(\mathrm{C_6H_3Br_2}) \xrightarrow{-2\mathrm{HBr}} \mathrm{CH{=}CH_2}(\mathrm{C_6H_3Br_2}) \xrightarrow{\text{聚合}} *\!-\!\left[\mathrm{CH{-}CH}\right]_n\!-\!*\,(\mathrm{C_6H_3Br_2})$$

5. 储存、运输和应用

用镀锌铁桶包装,储存于阴凉、通风的库房。远离火种、热源。避免光照,按照一般化学品规定运输。

用作硅橡胶、三元乙丙橡胶绝热层添加型高分子溴系阻燃剂。适用于为玻璃纤维增强的工程塑料 PBT、PET、PC、PA,也适用于阻燃聚烯烃。高分子量的溴代聚苯乙烯与其被阻燃的高聚物相容性较差,低分子量的溴代聚苯乙烯与高聚物基材的相容性较好,可改善基材的物理力学性能,故适用范围较广。用溴代聚苯乙烯阻燃高聚物时,可用的协效剂有三氧化二锑、氧化镁、氧化铁、硼酸锌及锑酸钠。溴代聚苯乙烯不影响高聚物的加工性能,具有热稳定性好、不喷霜、不迁移等优点。

6. 毒性与防护

毒性较低,大鼠经口 LD_{50}>15000mg/kg。无致癌性,溴代聚苯乙烯及阻燃的塑料的燃烧产物或热分解产物中未检出多溴代二苯并二噁烷及多溴代二苯并呋喃。应避免吸入粉尘,操作人员应戴防护用具。

7. 理化分析谱图

(1) 红外光谱图见图 9-12。

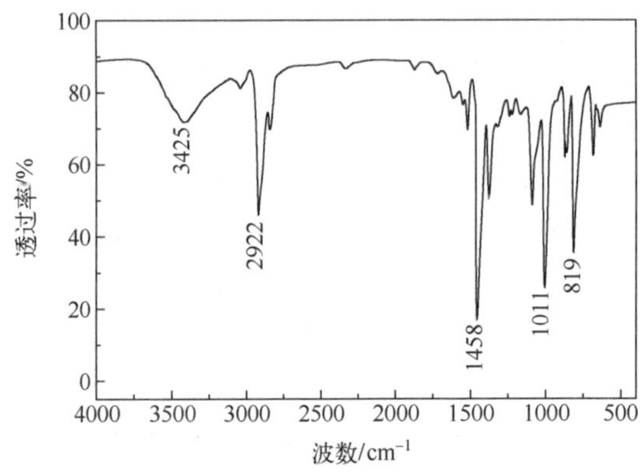

图 9-12　红外光谱

(2) 热分析谱图见图 9-13。

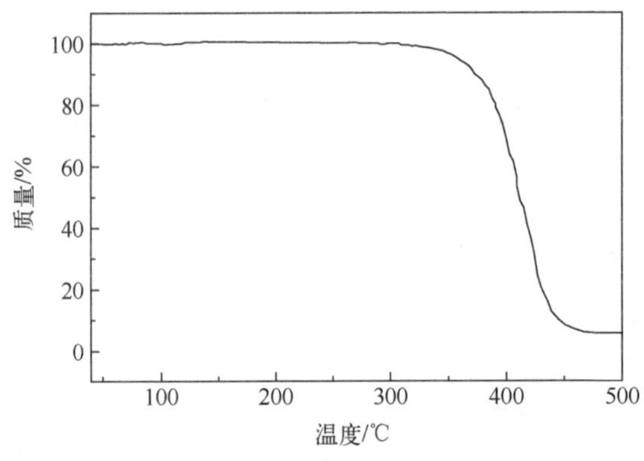

图 9-13　热分析谱(TG)

参考文献

[1] 欧育湘,李建军. 阻燃剂——性能、制造及应用[M]. 北京:化学工业出版社,2006:81-88.

[2] 刘治国,王素敏. 溴代聚苯乙烯阻燃剂制备方法研究进展[J]. 河南化工,2004,1:5-7.

[3] 黄艳梅,范五一,黄锐. 溴化聚苯乙烯阻燃剂的合成及性能研究[J]. 精细化工,2000(03):159-161.

[4] 王彦,董月,夏琳,等. 溴化聚苯乙烯的合成、应用及研究进展[J]. 橡塑技术与装备,2017,43(20):13-17.

[5] 洪涛. 溴化聚苯乙烯——一种广谱阻燃剂[J]. 杭州化工,1989(04):36-38.

9.5　2,2-二(2,6-二溴-1-羟基苯基)丙烷

中文名称:2,2-二(2,6-二溴-1-羟基苯基)丙烷

英文名称:2,2-bis(2,6-dibromo-1-hydroxyphenyl)propane

中文别称:2,2′,6,6′-四溴双酚 A;4,4′-(1-甲基亚乙基)双(2,6-二溴)苯酚四溴双酚 A

英文别称:2,2′,6,6′-tetrabromobisphenol A;TBBPA4,4′-(1-methylethylidene)bis(2,6-dibromo-pheno)

分子式:$C_{15}H_{12}O_2Br_4$

结构式:543.87

CAS 登记号:79-94-7

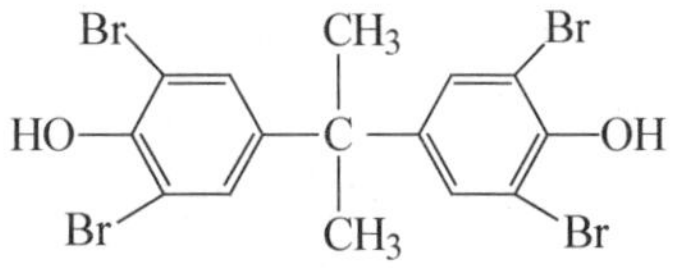

Br　CH3　Br
HO—C—OH
Br　CH3　Br

结构式

1. 物理性质

灰白色粉末。密度 2.2g/cm^3,堆积密度 1.36g/cm^3(密装),0.96g/cm^3(松装)。熔点 180~184℃,沸点 316℃。易溶于丙酮、甲乙酮、甲醇、二氯甲烷和乙醚,可溶于甲苯,不溶于水。25℃时的溶解度(g/100g 溶剂):<0.1(水),225(丙酮),168(甲乙酮),80(甲醇),27(二氯甲烷),6(甲苯)。

2. 化学性质

理论溴质量分数 58.77%。316℃分解,热质量损失温度:5%(244℃),10%(261℃),50%(301℃),分解生成 HBr、CO_2、H_2O。在光照下可分解为双酚 A、2,6-二溴酚、2-溴酚及酚。可与金属及金属氧化物加热反应生成 HBr、金属氧化物、金属溴化物。可与高铁酸盐、过氧硫酸盐等氧化剂反应,还原成金属溴化物、CO_2、H_2O。酚基具有酸性,可与碱生成四溴双酚 A 盐,可自聚生成高分子量的聚四溴双酚 A。

3. 理化指标和检验方法

四溴双酚 A 理化指标和检验方法见表 9-5。

表 9-5　四溴双酚 A 理化指标和检验方法

项　　目	理化指标	检验方法
溴/%	≥58.0	滴定法
初熔点/℃	180.0	熔点仪法
水分/%	≤0.10	卡尔·费休法
色度(APHA)	≤20	铂-钴色号法

4. 制备方法

双酚 A 在室温下加溴、通氯或过氧化氢，经溴化反应、过滤、水洗、干燥，得四溴双酚 A。反应式如下：

$$HO-C_6H_4-C(CH_3)_2-C_6H_4-OH + 2\,Br_2 + 2\,Cl_2 \longrightarrow HO-C_6H_2Br_2-C(CH_3)_2-C_6H_2Br_2-OH + 4HCl$$

5. 储存、运输和应用

用内衬塑料袋木桶、铁桶、麻袋包装，放于干燥、通风的地方，按照一般化学品规定运输。

用作环氧树脂绝热层反应性阻燃剂。用于聚碳酸酯、环氧树脂、聚酯、酚醛及 ABS 等树脂及纸张作阻燃剂，使制品有良好的阻燃性和自熄性。

6. 毒性与防护

低毒，大鼠经口 LD_{50}>5000mg/kg。对水生生物有害。对皮肤和眼睛基本无刺激，无致癌性，长期接触会妨碍大脑和骨骼发育，危害内分泌系统及荷尔蒙系统。其燃烧产物溴化的二噁英和呋喃致癌。应避免吸入粉尘，操作人员应戴防护用具。

7. 理化分析谱图

(1) 红外光谱图见图 9-14。

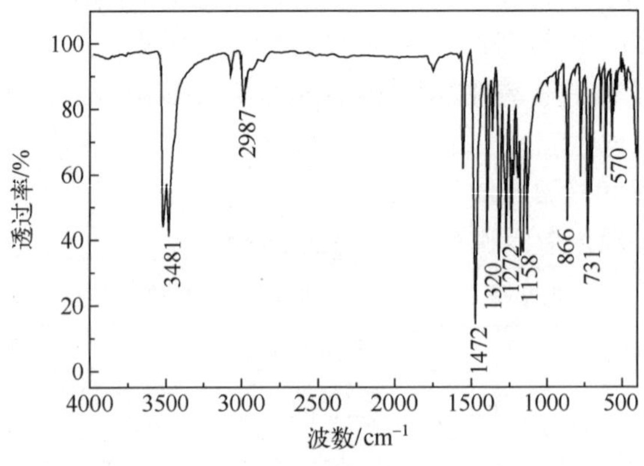

图 9-14 红外光谱

（2）质谱图见图 9-15。

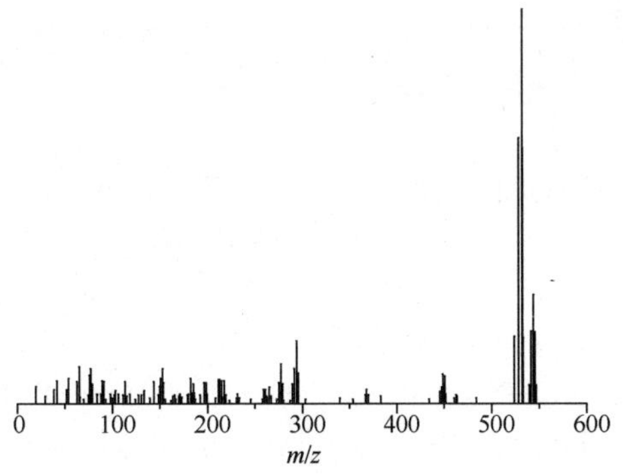

图 9-15　质谱

（3）核磁共振谱图见图 9-16。

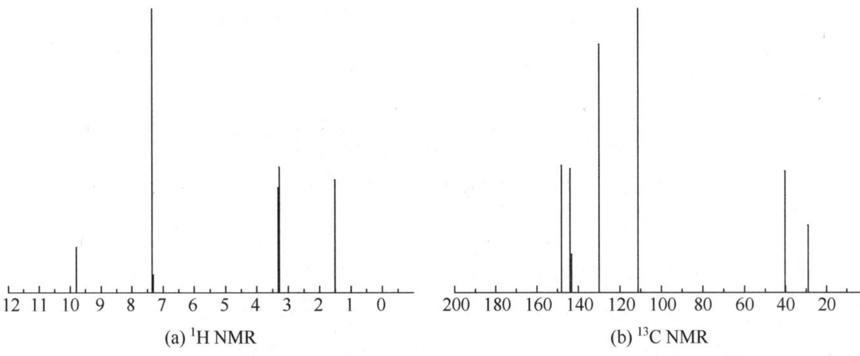

图 9-16　核磁共振谱

（4）热分析谱图见图 9-17。

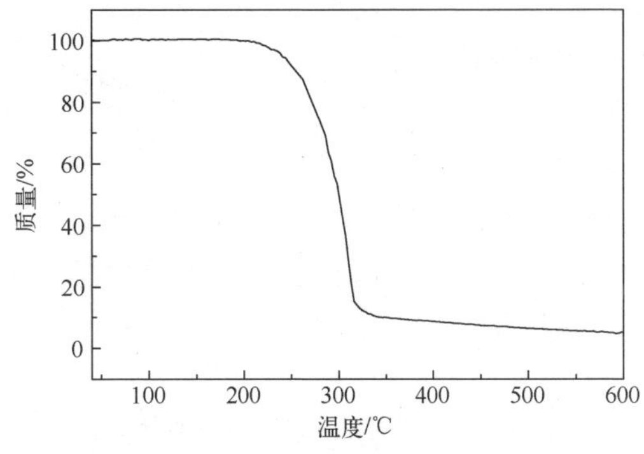

图 9-17　热分析谱(TG)

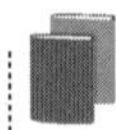

参考文献

[1] 化学工业出版社. 中国化工产品大全:上卷[M]. 2版. 北京:化学工业出版社,1998:778-779.

[2] 欧育湘. 李建军. 阻燃剂——性能、制造及应用[M]. 北京:化学工业出版社,2006:68-69.

[3] 刘建伟,韩荣恒,杨寒华,等. 阻燃化学品 四溴双酚A:HG/T 5343—2018[S]. 北京:中华人民共和国工业和信息化部,2018.

[4] 刘建伟. 四溴双酚A合成工艺研究[J]. 化工管理,2018(33):88-89.

[5] 王彦民,王娅丽. 溴代阻燃剂TBBPA最新研究进展[J]. 环境工程,2016,34(04):1-5,11.

[6] 梁亚红,陈苏战. 四溴双酚A(TBBPA)的工业应用与前景分析[J]. 盐业与化工,2012,41(09):1-4.

[7] 成乐琴,杨英杰,于丽颖. 阻燃剂四溴双酚的合成研究进展[J]. 精细石油化工,2003(06):51-54.

9.6 2,2-二(4-(2,3-二溴丙氧基)-3,5-二溴苯基)丙烷

中文名称:2,2-二(4-(2,3-二溴丙氧基)-3,5-二溴苯基)丙烷

英文名称:tetrabromobisphenol A bis(2,3-dibromopropyl)

中文别称:四溴双酚A双(2,3-二溴丙基)醚;八溴醚

英文别称:TBBPA-BDBPE

分子式:$C_{21}H_{20}O_2Br_8$

分子量:943.61

CAS登记号:21850-44-2

结构式

1. 物理性质

白色粉末。密度2.2g/cm^3,堆积密度1.10g/cm^3(密装)或0.76g/cm^3(松装)。沸点316℃(分解)。熔点106~120℃。溶于甲苯、二氯甲烷和丙酮,不溶于水。25℃时的溶解度(g/100g溶剂):<0.1(水及甲醇),7(甲乙酮),10(丙酮),24(甲苯),50(二氯甲烷)。

2. 化学性质

理论溴质量分数67.74%。热质量损失温度:5%(305℃),10%(312℃),50%(328℃),分解生成HBr、CO_2、H_2O。

3. 理化指标和检验方法

四溴双酚 A 双(2,3-二溴丙基)醚的理化指标和检验方法见表 9-6。

表 9-6　四溴双酚 A 双(2,3-二溴丙基)醚的理化指标和检验方法

项　　目	理 化 指 标	检 验 方 法
外观	白色粉末	目视法
总溴/%	≥67.0	滴定法
热分解温度/℃	>250	DSC 法
挥发物/%	<0.50	重量法
丙酮不溶物/%	<0.03	重量法
纯度/%	≥94.0	液相色谱法
色度	>85	铂-钴色号法

4. 制备方法

四溴双酚 A 双(烯丙基)醚在有机溶剂如氯仿、二氯乙烷中溴化制得。反应式如下：

$$H_2CHC{=}H_2CO\text{-}C_6H_2Br_2\text{-}C(CH_3)_2\text{-}C_6H_2Br_2\text{-}OCH_2CH{=}CH_2 + 2Br_2 \xrightarrow{CHCl_3}$$

$$HC(Br)H_2CH(Br)CH_2CO\text{-}C_6H_2Br_2\text{-}C(CH_3)_2\text{-}C_6H_2Br_2\text{-}OCH_2CH(Br)CH_2Br$$

5. 储存、运输和应用

用内衬塑料袋木桶、铁桶、麻袋包装，放于干燥、通风的地方，按照一般化学品规定运输。

主要用作固体推进剂绝热层阻燃剂。属于添加型阻燃剂，用于阻燃聚烯烃，如 PP、PE、聚丁烯和热塑性高弹性体材料。

6. 毒性与防护

低毒，大鼠经口 $LD_{50}>20g/kg$。对皮肤和眼睛有刺激，无致癌性。应避免吸入粉尘，操作人员应戴防护用具。

7. 理化分析谱图

(1) 红外光谱图见图 9-18。

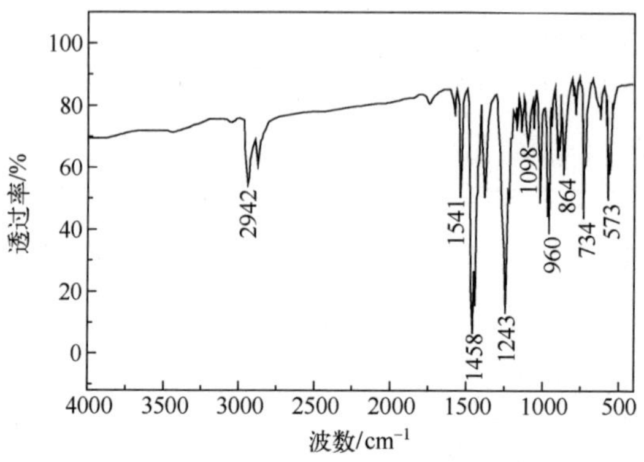

图 9-18　红外光谱

（2）核磁共振谱图见图 9-19。

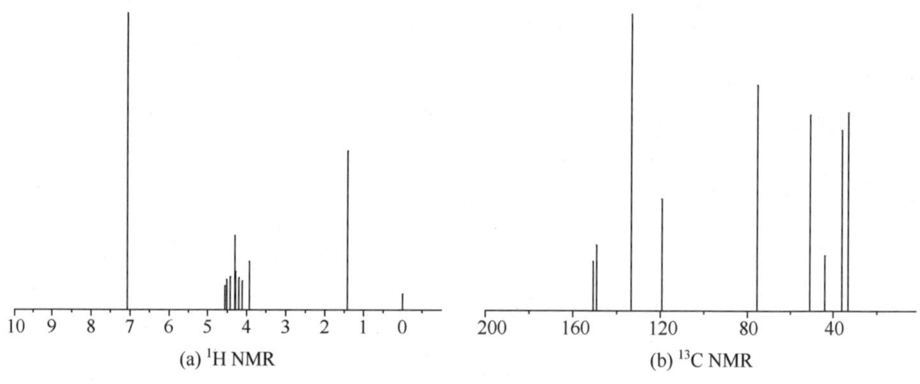

图 9-19　核磁共振谱

（3）热分析谱图见图 9-20。

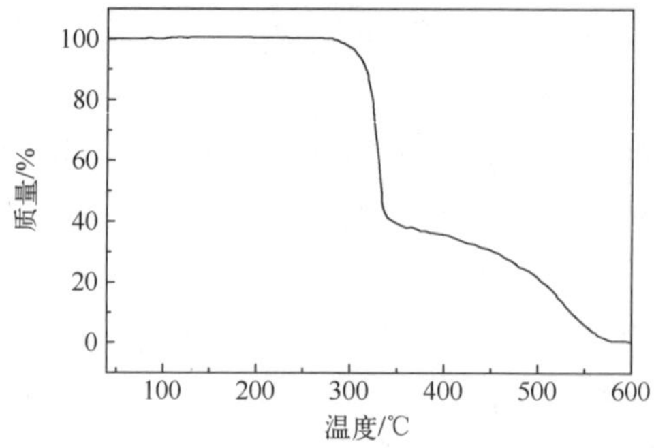

图 9-20　热分析谱（TG）

参考文献

[1] 欧育湘．李建军．阻燃剂——性能、制造及应用[M]．北京:化学工业出版社,2006:73-75.

[2] 欧育湘．阻燃剂[M]．北京:国防工业出版社,2009:84-87.

[3] 王彦林,王芳,唐新秀．水相合成四溴双酚 A-双烯丙基醚的研究[J]．盐业与化工,2007(01):4-6.

[4] 王秉章,邓永贵,王功明,等．阻燃剂 SHZ-1 的合成[J]．合成橡胶工业,1983(05):377-378.

9.7　四溴双酚 S 双（2,3-二溴丙基）醚

中文名称:四溴双酚 S 双(2,3-二溴丙基)醚

英文名称:tetrabromobisphenol S bis(2,3-dibromopropyl)

中文别称:八溴双酚 S 双醚

英文别称:TBSBP; bis [3,5-dibromo-4-(2,3-dibromopropoxy) phenyl] sulphone octabromobisphenol-S

分子式:$C_{18}H_{14}O_4Br_8S$

分子量:965.60

CAS 登记号:42757-55-1

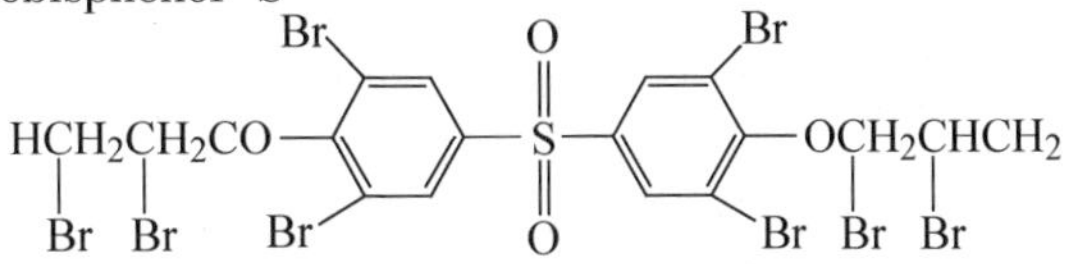

结构式

1. 物理性质

白色粉末。熔点 120~125℃，密度 2.35g/cm^3,堆积密度 1.10g/cm^3(密装),0.76g/cm^3(松装)。折射率 1.67。溶于丙酮、甲苯、二氯甲烷和乙腈,微溶于乙醇,不溶于水。

2. 化学性质

理论溴质量分数 66.20%。分解温度 331℃,热质量损失温度:5%(305℃),10%(315℃),50%(331℃)。高温和长期光照下可分解生成 HBr、CO_2、H_2O、SO_2。

3. 理化指标和检验方法

四溴双酚 S 双(2,3-二溴丙基)醚理化指标和检验方法见表 9-7。

表 9-7 四溴双酚 S 双(2,3-二溴丙基)醚理化指标和检验方法

项 目	理 化 指 标	检 验 方 法
外观	白色结晶粉末	目视法
溴/%	≥65	滴定法
熔点/℃	115~120	熔点仪法
挥发物/%	<0. 30	重量法
游离溴/%	<0. 05	滴定法

4. 制备方法

四溴双酚 S 用溴代烯丙基取代反应,生成四溴双酚 S 双(烯丙基)醚,四溴双酚 S 双(烯丙基)醚在有机溶剂(氯仿)中用溴加成反应制得四溴双酚 S 双(2,3-二溴丙基)醚。反应式如下:

$$\text{HO}-\text{C}_6\text{H}_2\text{Br}_2-\text{SO}_2-\text{C}_6\text{H}_2\text{Br}_2-\text{OH}+2\text{NaOH}+2\text{CH}_2{=}\text{CHCH}_2\text{Br}\xrightarrow{\text{CHCl}_3}$$

$$\text{H}_2\text{C}{=}\text{HCH}_2\text{CO}-\text{C}_6\text{H}_2\text{Br}_2-\text{SO}_2-\text{C}_6\text{H}_2\text{Br}_2-\text{OCH}_2\text{CH}{=}\text{CH}_2+2\text{NaBr}+2\,\text{H}_2\text{O}$$

$$\text{H}_2\text{C}{=}\text{HCH}_2\text{CO}-\text{C}_6\text{H}_2\text{Br}_2-\text{SO}_2-\text{C}_6\text{H}_2\text{Br}_2-\text{OCH}_2\text{CH}{=}\text{CH}_2+2\text{Br}_2\longrightarrow$$

$$\text{HCH}_2(\text{Br})\text{CH}_2(\text{Br})\text{CO}-\text{C}_6\text{H}_2\text{Br}_2-\text{SO}_2-\text{C}_6\text{H}_2\text{Br}_2-\text{OCH}_2\text{CH}(\text{Br})\text{CH}_2(\text{Br})$$

5. 储存、运输和应用

用内衬塑料袋木桶、铁桶、麻袋包装,放于干燥、通风的地方,按照非危险品规定运输。

主要用作固体推进剂绝热层阻燃剂。属于添加型阻燃剂。用于 PP、PE、HIPS 等聚烯烃塑料阻燃。

6. 毒性与防护

低毒,大鼠经口 LD_{50}>20g/kg。对皮肤和眼睛有刺激,可干扰甲状腺动态平衡,无致癌性。应避免吸入粉尘,操作人员应戴防护用具。

7. 理化分析谱图

（1）红外光谱图见图 9-21。

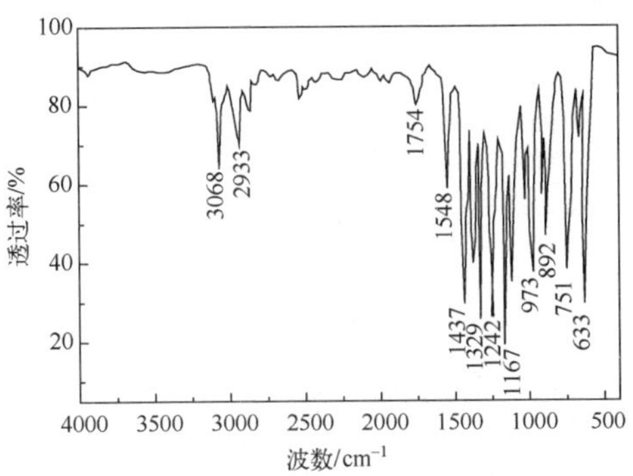

图 9-21　红外光谱

（2）核磁共振谱图见图 9-22。

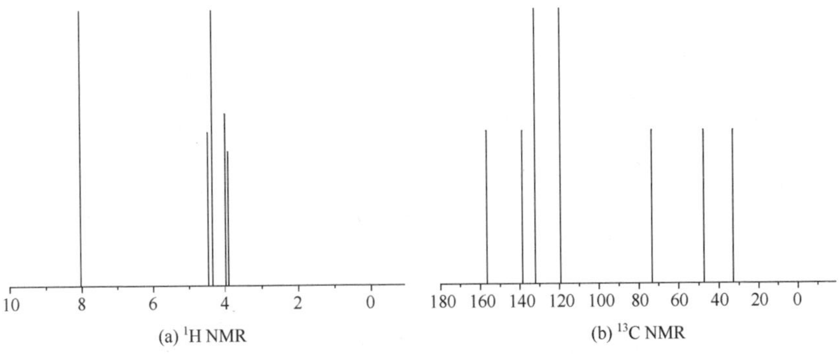

图 9-22　核磁共振谱

（3）紫外光谱图见图 9-23。

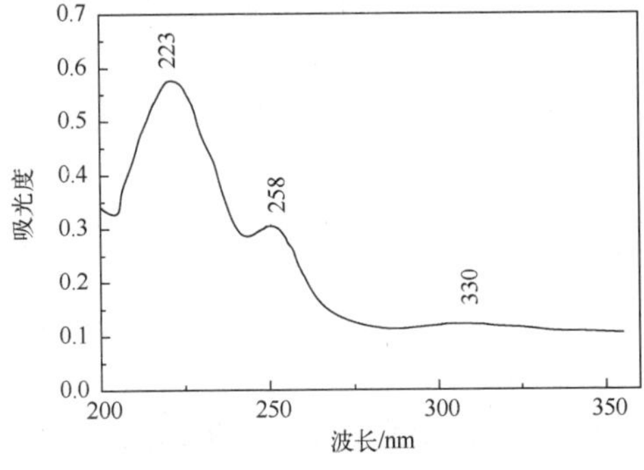

图 9-23　紫外光谱图

(4) 热分析谱图见图 9-24。

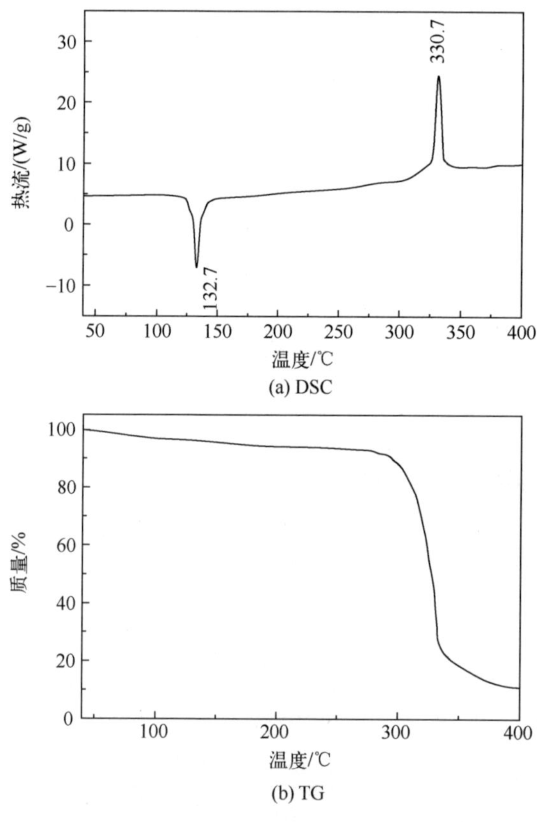

图 9-24 热分析谱图

参考文献

[1] 欧育湘. 李建军. 阻燃剂——性能、制造及应用[M]. 北京:化学工业出版社,2006:75-76.

[2] 张天永,曾淼,由兰英,等. 阻燃剂四溴双酚 S 双烯丙基醚的制备研究[J]. 化学试剂,2006(11):674-676+687.

[3] 孙国新. 四溴双酚 A/S 及类似物在海水中的环境光化学行为[D]. 大连:大连理工大学,2018.

[4] 张秀菊,李占杰,蔡晓军,等. 聚丙烯中新型阻燃剂的综合解析[J]. 质谱学报,2002,23(4):230-233.

[5] 尚智勇. 四溴双酚 S-双(2,3-二溴、丙基)醚的合成研究[D]. 青岛:中国石油大学(华东),2006.

9.8　双(六氯环戊二烯)环辛烷

中文名称:双(六氯环戊二烯)环辛烷

英文名称:double (hexachlorocyclopentadiene) cyclooctane

中文别称:得克隆;敌可燃;阻燃剂 DRCP

英文别称:dechlorane Plus

分子式:$C_{18}H_{12}Cl_{12}$

分子量:653.68

CAS 登记号:13560-89-9

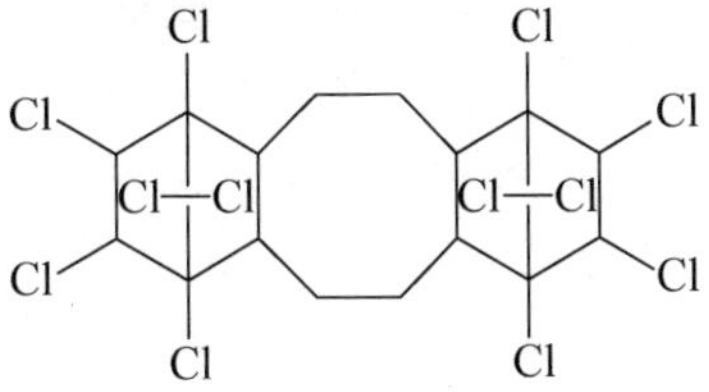

结构式

1. 物理性质

白色结晶流散性固体,熔点 350℃,蒸气压 0.8Pa (200℃),密度 1.8~2.0g/cm^3,堆积密度 0.61~0.67g/cm^3。可溶于三氯甲烷,不溶于水。

2. 化学性质

氯质量分数 65.1%,285℃以下性能稳定,350℃分解,分解生成 HCl、C。

3. 理化指标和检验方法

得克隆理化指标和检验方法见表 9-8。

表 9-8　得克隆理化指标和检验方法

项　　目	理 化 指 标	检 验 方 法
外观	白色结晶流散性固体	目视法
氯/%	65.1	化学滴定法
熔点/℃	350	熔点仪法
密度/(g/cm^3)	1.8~2.0	密度仪法
水-甲醇萃取液 pH 值	6.0~8.0	pH 计法
挥发量(100℃,660Pa,4h)/%	≤0.12	重量法
平均粒度 D_{50}/μm	2~15	激光粒度仪法

4. 制备方法

得克隆是在二甲苯、甲苯等高沸点的溶剂中,由六氯环戊二烯与环辛二烯进行 Diels-Alder 反应制得,六氯环戊二烯与环辛二烯的最佳摩尔比为 2.1~2.2:1,反应温度 200~250℃。反应式如下:

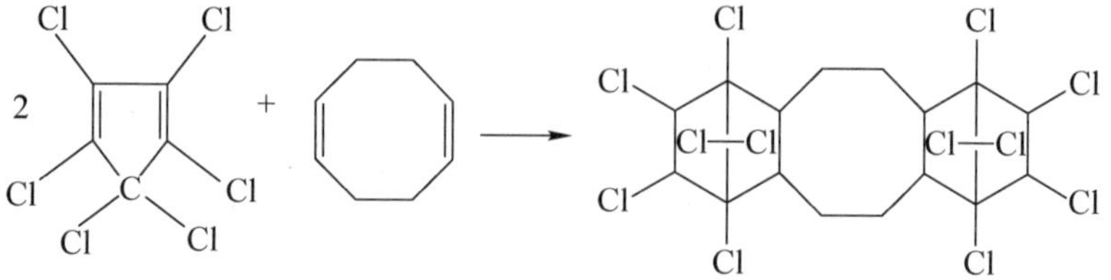

5. 储存、运输和应用

用镀锌铁桶包装,储存于阴凉、通风的库房,按照一般化学品规定运输。

用作固体推进剂硅橡胶绝热层阻燃剂。属脂肪族氯系添加型阻燃剂,常和三氧化二锑协同使用,可显著提高成炭率。得克隆适用于一系列高聚物的阻燃,如氯丁橡胶、天然橡胶、硅橡胶、环氧树脂、酚醛树脂、不饱和聚酯,用于尼龙66、尼龙6、PA、PBT、PP、PE、PUR、ABS等材料中。

6. 毒性与防护

低毒,大鼠经口 LD_{50}>25g/kg,对皮肤和眼睛无刺激,无致癌性。应避免吸入粉尘,操作人员应戴防护用具。

7. 理化分析谱图

质谱图见图9-25。

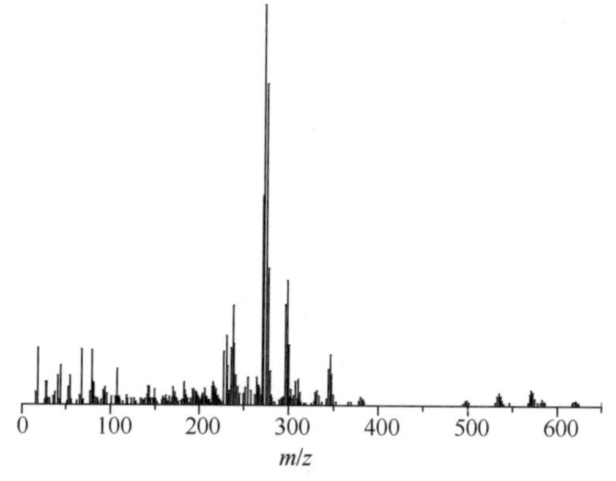

图9-25 质谱

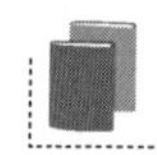

参考文献

[1] 欧育湘,李建军. 阻燃剂——性能、制造及应用[M]. 北京:化学工业出版社,2006:132-137.

[2] 陈灿银. 得克隆的合成及在尼龙66中的应用[J]. 河南化工,2010,27(14):16-17.

[3] 郑丽卿,杨锦飞. 阻燃剂得克隆(DCRP)的合成[J]. 南京师范大学学报(工程技术版),2003(04):15-17.

[4]　张鸿雁,李硕,陈胜文．得克隆生物累积及毒性效应[J]．上海第二工业大学学报,2015,32(04):290-297.
[5]　郑丽卿．得克隆及其系列阻燃剂的合成及应用研究[D]．南京:南京师范大学,2003.

9.9 氯化石蜡

中文名称: 氯化石蜡
英文名称: chlorinated paraffin
英文别称: CP
分子式: $C_{14\sim25}H_{24\sim30}Cl_{6\sim22}$
分子量: 平均相对分子质量为 400~1110
CAS 登记号: 106232-86-4

1. 物理性质

氯化石蜡根据分子量大小为淡黄色至黄色黏稠液体或蜡状白色粉末。常用的有氯化石蜡-42、氯化石蜡-52 和氯化石蜡-70。凝固点-30~120℃,密度 1.16~1.70g/cm^3(25℃),氯化石蜡-52 黏度(25℃)0.7~1.5Pa·s。不溶于水和低级醇,溶于矿物油、芳烃、乙醚、氯代烃、酮、酯、蓖麻油等。

2. 化学性质

高温下不易燃烧,富氧条件下可燃,燃烧分解生成氯化氢、水和二氧化碳。

3. 理化指标和检验方法

氯化石蜡理化指标和检验方法见表 9-9。

表 9-9　氯化石蜡理化指标和检验方法

项　目	理化指标			检验方法
	氯化石蜡-42	氯化石蜡-52	氯化石蜡-70	
外观	黄或橙色黏稠液体,无明显机械杂质	淡黄色至黄色黏稠液体	蜡状白色粉末	目视法
色泽	≤10(碘号)	≤400(Pt-Co)	—	比色法
密度/(g/cm^3)	≥1.16	≥1.25	—	密度仪法
酸值/(mgKOH/g)	≤0.1	≤0.1	—	酸碱滴定法
氯/%	41~43	50~54	68~72	沉淀滴定法
热分解温度/℃	≥130	≥120	≥115	TG 法
软化点/℃	—	—	≥95	软化点仪法
加热减量/%	—	≤1.0(130℃,2h)	≤0.3(125℃,4h)	重量法
水/%	—	—	≤1.0	卡尔·费休法
筛余物(通过 850μm 筛孔)	—	—	全通过	过筛法

4. 制备方法

固体石蜡先经精制，去除杂质和水分，与氯气进行光氯化反应得到。反应式如下：

$$C_nH_{2n+2}+mCl_2 \xrightarrow{\text{光照}} C_nH_{2n+2-m}Cl_m+mHCl$$

5. 储存、运输和应用

用镀锌铁桶包装，储存阴凉、通风处，防止受热和曝晒，按照一般化学品规定运输。

主要用作固体推进剂绝热层阻燃剂。氯化石蜡具有与聚氯乙烯类似的结构，液状氯化石蜡-42、氯化石蜡-52 主要作为阻燃剂和聚氯乙烯的助增塑剂，也可用于橡胶制品。氯化石蜡挥发性小，阻燃和电绝性优良，能赋予制品一定的光泽和抗张强度，相容性差，用于电缆料、地板料、软管、板材、人造革、鞋等，与聚氯乙烯黏合剂制成磁漆，用作防火涂料。氯化石蜡-70 有较大的抗压强度，较好的阻燃功能。

6. 毒性与防护

毒性很低。动物试验无中毒症状，可影响脂肪代谢。美国、英国、日本、荷兰等国许可用于食品包装材料。

7. 理化分析谱图

红外光谱图见图 9-26。

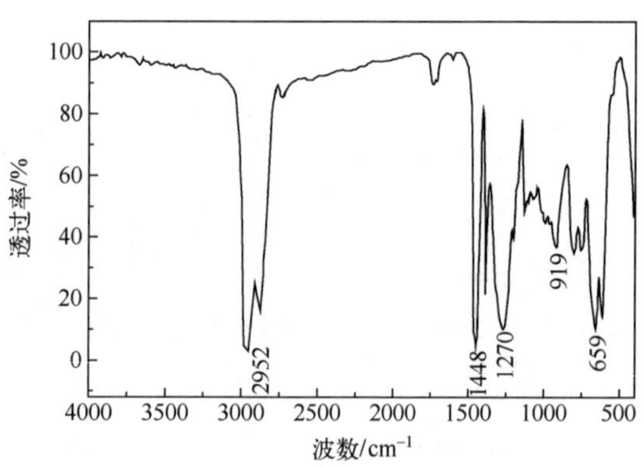

图 9-26 红外光谱

参考文献

[1] 化学工业出版社．中国化工产品大全：上卷[M]．2 版．北京：化学工业出版社，

1998:488.
[2] 欧育湘,李建军. 阻燃剂——性能、制造及应用[M]. 北京:化学工业出版社,2006:41.
[3] 吴红忠. 新形势下氯化石蜡生产的发展方向[J]. 氯碱工业,2019,55(10):23-26.
[4] 任晓倩,张海军,耿柠波,等. 短、中、长链氯化石蜡暴露对细胞代谢影响的比较研究[J]. 生态毒理学报,2019,14(06):77-85.

9.10 甲基膦酸二甲酯

中文名称:甲基膦酸二甲酯

英文名称:dimethyl methanephosphonate

中文别称:膦酸甲基二甲酯

英文别称:DMMP

分子式:$C_3H_9O_3P$

分子量:124.07

CAS 登记号:756-79-6

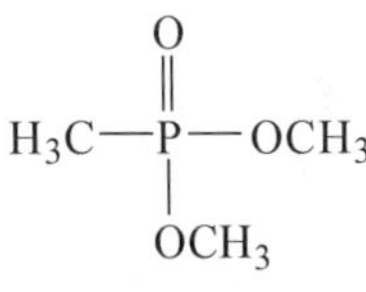

结构式

1. 物理性质

低黏度无色透明液体。具有刺激性气味,沸点 180℃,熔点 -50℃,密度 1.16g/cm^3,折射率(n_D^{25})1.411,能与水及多种有机溶剂互溶。

2. 化学性质

磷质量分数 25%,闪点(开杯法)大于或等于 90℃,分解温度 180℃。加热或遇火燃烧生成磷酸、偏磷酸、聚偏磷酸、二氧化碳、水,隔绝氧的供给,偏磷酸可促进聚合物中多羟基化合物脱水碳化。

3. 理化指标和检验方法

甲基膦酸二甲酯的理化指标和检验方法见表 9-10。

表 9-10 甲基膦酸二甲酯的理化指标和检验方法

项 目	理化指标	检验方法
密度(25℃)/(g/cm^3)	1.160±0.005	密度计法
黏度(25℃)/(mPa·s)	1.75	旋转黏度计法
凝固点/℃	<-50	DSC 法

4. 制备方法

(1) 酯交换法。将苯酚融化后,滴加三氯化磷,反应生成亚磷酸三苯酯。

粗酯经水洗，静置分去水层，进行减压蒸馏，即得到精制亚磷酸三甲苯酯。亚磷酸三甲苯酯再在催化剂甲醇钠存在下与甲醇进行酯交换反应生成亚磷酸三甲酯。反应产物经分离除去苯酚及残余甲醇后即得精制亚磷酸三甲酯，亚磷酸三甲酯经异构反应而制得甲基膦酸二甲酯。

（2）三氯化磷、甲醇直接酯化法。以无水甲醇、三氯化磷和液氨为原料，在二甲苯溶剂存在下进行酯化反应，生成亚磷酸三甲酯。制得的粗品经水洗除去氯化铵，再经精馏而得精制亚磷酸三甲酯。亚磷酸三甲酯以对甲基苯磺酸甲酯为催化剂，经异构化反应而制得甲基膦酸二甲酯。反应式如下：

$$PCl_3+3CH_3OH \xrightarrow[-3HCl]{NH_3} (CH_3O)P_3 \xrightarrow{\text{催化剂}} H_3C—\underset{\displaystyle OCH_3}{\overset{\displaystyle O}{\overset{\|}{\underset{|}{P}}}}—OCH_3$$

5. 储存、运输和应用

用镀锌铁桶包装，储存于阴凉、通风的库房。远离火种、热源，避免光照。按照一般化学品规定运输。

主要用作固体推进剂绝热层阻燃剂。甲基膦酸二甲酯广泛用作聚氨酯泡沫塑料、聚氨酯树脂、环氧树脂等材料的添加型阻燃剂。也适于阻燃不饱和聚酯透明玻璃钢以及环氧树脂外包封材料及灌封料。甲基膦酸二甲酯能提高材料的增塑性、耐低温性、紫外线稳定性和耐水性。

6. 毒性与防护

低毒，操作人员应戴防护用具。

7. 理化分析谱图

（1）红外光谱图见图 9-27。

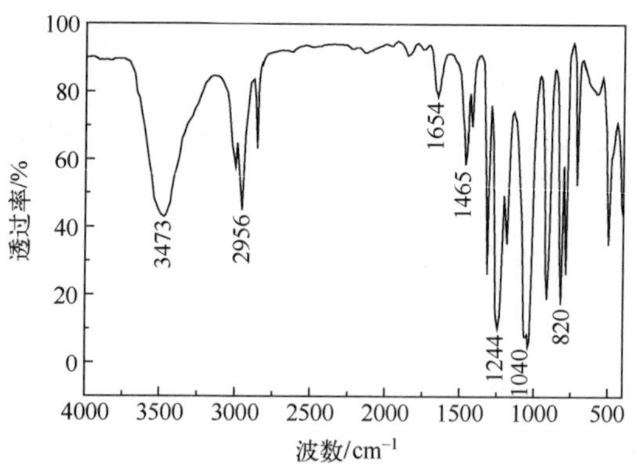

图 9-27　红外光谱

（2）拉曼光谱图见图 9-28。

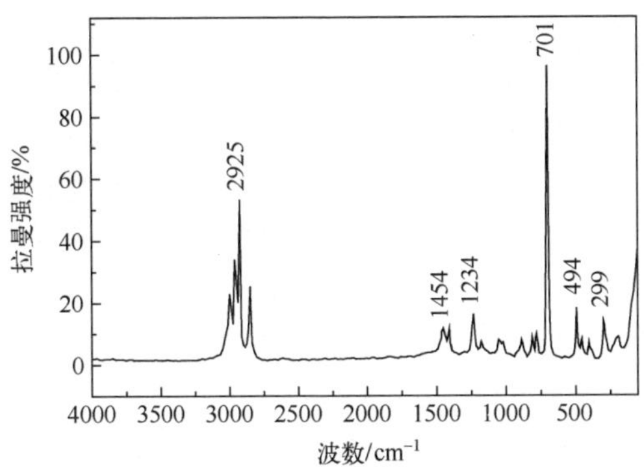

图 9-28　拉曼光谱

（3）质谱图见图 9-29。

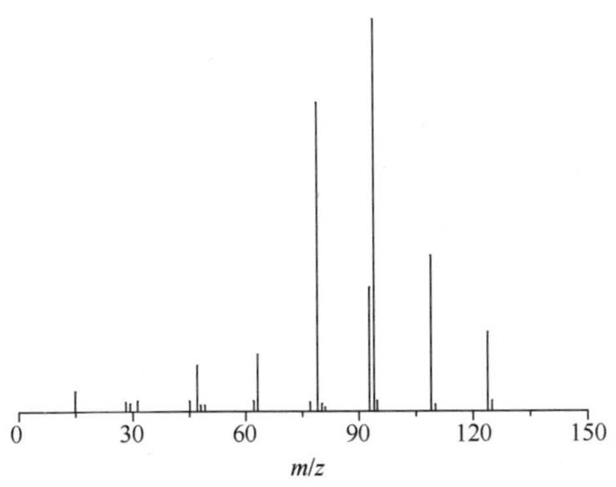

图 9-29　质谱

（4）核磁共振谱图见图 9-30。

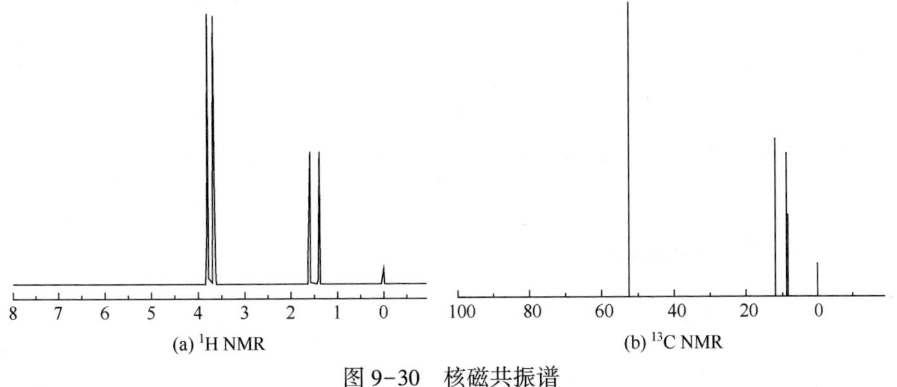

图 9-30　核磁共振谱

参考文献

[1] 欧育湘. 李建军. 阻燃剂——性能、制造及应用[M]. 北京:化学工业出版社,2006:210-212.

[2] 徐威. 甲基膦酸二甲酯生产工艺及其阻燃性能的研究[D]. 武汉:武汉工程大学,2013.

[3] 梁亚玲,胡玉良,郭晶晶,等. 甲基膦酸二甲酯的定性分析方法研究[J]. 化工管理,2020(26):96-98.

[4] 黄彦琦,李文,宋娥媚. 甲基膦酸二甲酯的合成[J]. 工业催化,2016,24(12):54-56.

9.11 乙基膦酸二乙酯

中文名称:乙基膦酸二乙酯

英文名称:diethyl ethyl phosphonate

中文别称:乙基磷酸二乙酯;膦酸乙基二乙酯

英文别称:DEEP

分子式:$C_6H_{15}O_3P$

分子量:166.16

CAS 登记号:78-38-6

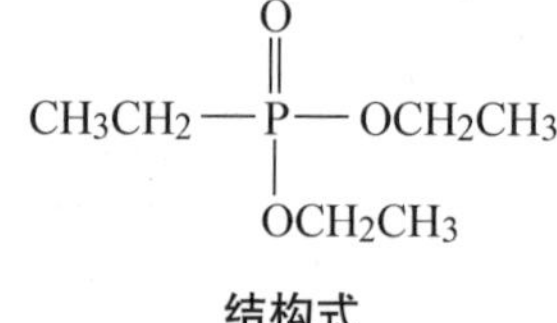

结构式

1. 物理性质

无色透明液体,黏度 1.5mPa·s(25℃),沸点 200℃,密度 1.03g/cm³(25℃),折射率 1.412~1.418(25℃),能与水及有机溶剂互溶。

2. 化学性质

磷质量分数 18.6%,闪点 200℃。分解温度 180℃以上,加热或遇火燃烧生成磷酸偏磷酸、聚偏磷酸、二氧化碳、水,隔绝氧的供给,偏磷酸可促进聚合物中多羟基化合物脱水碳化。

3. 理化指标和检验方法

乙基膦酸二乙酯的理化指标和检验方法见表 9-11。

表 9-11　乙基膦酸二乙酯的理化指标和检验方法

项　　目	理化指标	检验方法
密度(25℃)/(g/cm^3)	1.030±0.005	密度计法
黏度(25℃)/(mPa·s)	1.5	旋转黏度计法
酸度/(mgKOH/g)	1.0	酸碱滴定法

4. 制备方法

(1) 亚磷酸三乙酯在催化剂碘乙烷的作用下异构化,反应式如下:

$$(CH_3CH_2O)_3P \xrightarrow{CH_3CH_2I} CH_3CH_2-\overset{\overset{\displaystyle O}{\|}}{\underset{\underset{\displaystyle OCH_2CH_3}{|}}{P}}-OCH_2CH_3$$

(2) 亚磷酸二乙酯单钠盐和碘乙烷或硫酸二乙酯反应,反应式如下:

$$(CH_3CH_2O)_2PONa+CH_3CH_2I \longrightarrow CH_3CH_2-\overset{\overset{\displaystyle O}{\|}}{\underset{\underset{\displaystyle OCH_2CH_3}{|}}{P}}-OCH_2CH_3 + NaI$$

$$(CH_3CH_2O)_2PONa+O_2S(OCH_2CH_3)_2 \longrightarrow CH_3CH_2-\overset{\overset{\displaystyle O}{\|}}{\underset{\underset{\displaystyle OCH_2CH_3}{|}}{P}}-OCH_2CH_3 + CH_3CH_2SO_3Na$$

(3) 乙基亚磷酰氯和乙醇钠反应。反应式如下:

$$CH_3CH_2PCl_2 + 2\,CH_3CH_2ONa \longrightarrow CH_3CH_2-\overset{\overset{\displaystyle O}{\|}}{\underset{\underset{\displaystyle OCH_2CH_3}{|}}{P}}-OCH_2CH_3 + 2\,NaCl$$

5. 储存、运输和应用

用镀锌铁桶包装,储存于阴凉、通风的库房。远离火种、热源,避免光照,按照一般化学品规定运输。

主要用作固体推进剂绝热层阻燃剂。用于阻燃各种硬质泡沫塑料,特别是聚氨酯硬质泡沫塑料。能提高材料的增塑性、耐低温性、紫外线稳定性和耐水性。

6. 毒性与防护

低毒。操作人员应戴防护用具。

7. 理化分析谱图

(1) 红外光谱图见图 9-31。

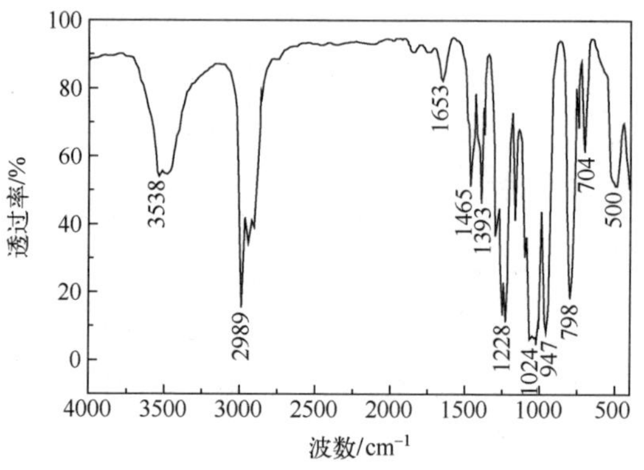

图 9-31　红外光谱

（2）质谱图见图 9-32。

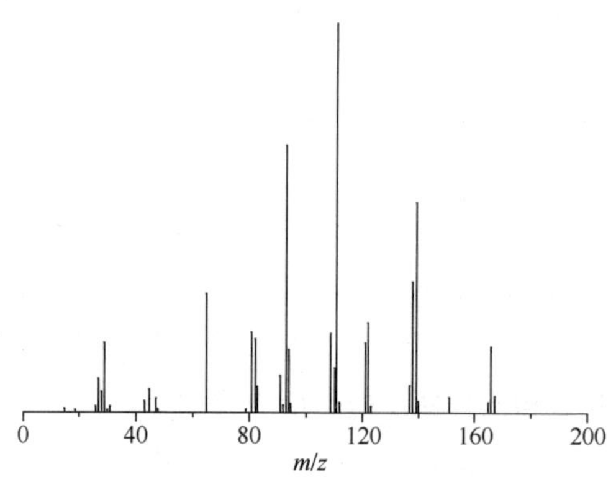

图 9-32　质谱

（3）核磁共振谱图见图 9-33。

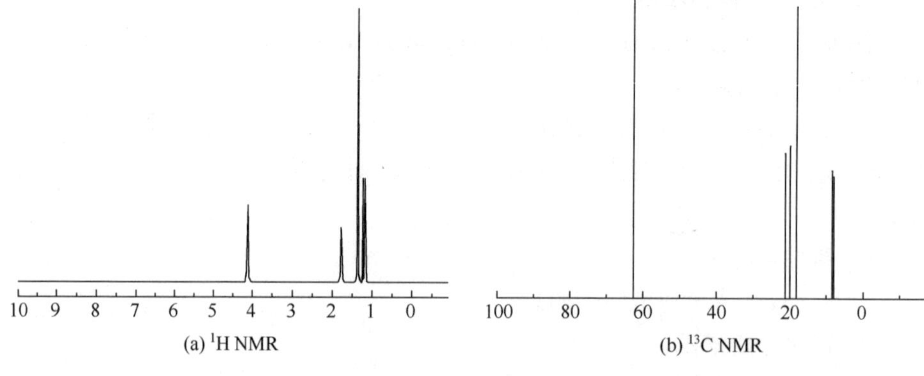

图 9-33　核磁共振谱

参考文献

[1]　欧育湘．李建军．阻燃剂——性能、制造及应用[M]．北京:化学工业出版社,2006:212-213.

[2]　张猛,周永红,胡立红,等．阻燃剂乙基膦酸二乙酯(DEEP)的合成新方法及结构表征[J]．化学试剂,2010,32(08):721-724.

[3]　李忠军,龚盛昭,邹先强．含磷阻燃剂 DEEP 的合成[J]．韶关学院学报(自然科学版),2001(06):19-22.

9.12　磷酸三(2-氯丙基)酯

中文名称:磷酸三(2-氯丙基)酯

英文名称:tris(2-chloroisopropyl) phosphate

中文别称:磷酸三(β-氯异丙基)酯;阻燃剂 TCPP

英文别称:tris(β-chloroisopropyl) phosphate

分子式:$C_9H_{18}O_4PCl_3$

分子量:327.55

CAS 登记号:13674-84-5

$$O{=}P(OCHCH_2Cl)_3$$
（其中 CH 上连 CH_3）

结构式

1. 物理性质

无色透明液体。密度 1.293~1.295g/cm³(25℃),黏度 65~70mPa·s。溶于乙醇、氯仿等极性有机溶剂,不溶于脂肪烃类,水中溶解度小于 1g/100g。

2. 化学性质

氯质量分数 32.47%,磷质量分数 9.45%。闪点高于 220℃,分解温度 272℃,加热或遇火燃烧生成磷酸、偏磷酸、聚偏磷酸、二氧化碳、水。对水和碱的反应性较低。

3. 理化指标和检验方法

磷酸三(2-氯丙基)酯理化指标和检验方法见表 9-12。

表 9-12　磷酸三(2-氯丙基)酯理化指标和检验方法

项　　目	理化指标	检验方法
密度(25℃)/(g/cm³)	1.29	密度计法
酸度/(mgKOH/g)	1.0	酸碱滴定法

4. 制备方法

以三氯氧磷和环氧丙烷为原料,在催化剂 $TiCl_4$或 $AlCl_3$作用下,小于 60℃反应,反应物经碱洗、水洗、真空脱水,即得磷酸三(2-氯丙基)酯,反应式如下:

$$POCL_3 + 3H_3C—HC—CH_2 \text{(环氧)} \xrightarrow{\text{催化剂}} O{=}P(OCH(CH_3)CH_2Cl)_3 + 3\,HCl$$

5. 储存、运输和应用

用内衬塑料袋铁桶或编织袋包装,储存于阴凉、干燥通风的库房内。储存时防火、防晒,按照一般化学品规定运输。

主要用作固体推进剂绝热层阻燃剂。TCPP 在异氰酸酯或聚醚与催化剂混合物中的储存稳定性甚佳,故特别适用于阻燃聚氨酯泡沫塑料,适用于低烟的包覆泡沫塑料、低脆性的异氰酸酯泡沫塑料及软质模塑泡沫塑料,还可用于阻燃不饱和聚酯和酚醛树脂。

6. 毒性与防护

毒性较小。对内分泌有一定伤害,可能致基因突变。操作人员应戴防护用具。

7. 理化分析谱图

(1) 核磁共振谱图见图 9-34。

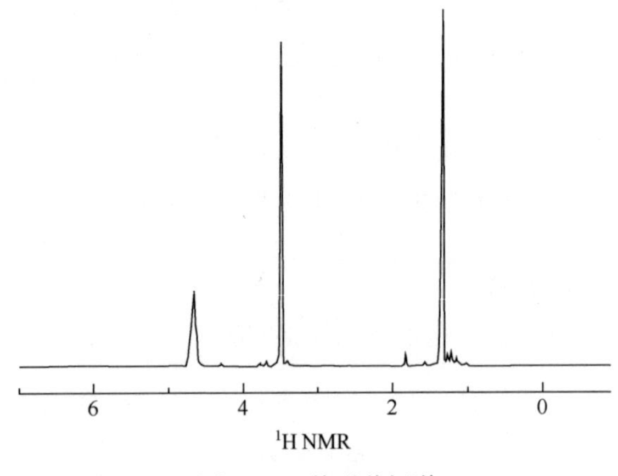

图 9-34 核磁共振谱

(2) 热分析谱图见图 9-35。

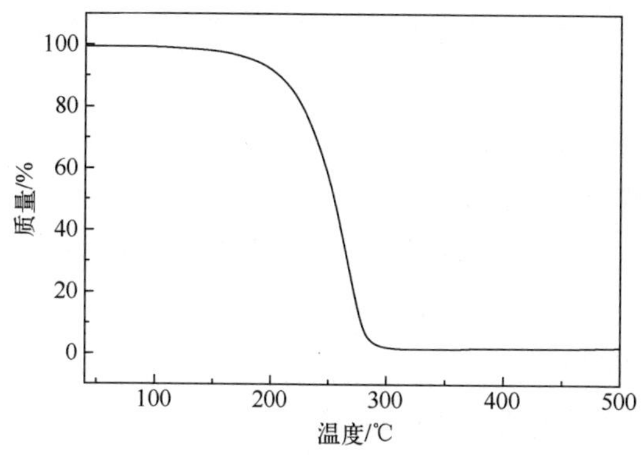

图 9-35　热分析谱(TG)

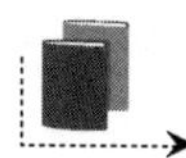

参考文献

[1]　欧育湘,李建军. 阻燃剂——性能、制造及应用[M]. 北京:化学工业出版社,2006:167.

[2]　王秋伟,吕云兴,王福兵,等. 氯代磷酸酯阻燃剂的研究进展[J]. 化工管理,2020(04):109-110.

[3]　胡云,夏科丹,张鹏,等. Lewis 酸离子液体催化合成 TCPP[J]. 南京师大学报(自然科学版),2013,36(02):48-51.

[4]　徐怀洲,王智志,张圣虎,等. 有机磷酸酯类阻燃剂毒性效应研究进展[J]. 生态毒理学报,2018,13(03):19-30.

9.13　磷酸三(2,2′-二氯异丙基)酯

中文名称:磷酸三(2,2′-二氯异丙基)酯

英文名称:tris(2,2′-dichloroisopropyl) phosphate

中文别称:磷酸三(β,β′-二氯丙基)酯;阻燃剂 TDCPP

英文别称:tris(β,β′-dichloroisopropyl) phosphate

分子式:$C_9H_{15}O_4PCl_6$

分子量:430.88

CAS 登记号:13674-87-8

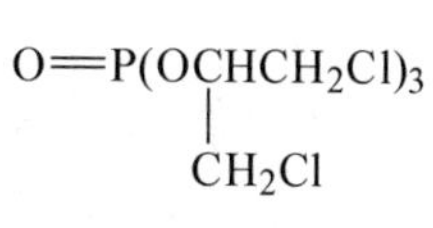

结构式

1. 物理性质

无色透明黏稠液体。黏度 65~70mPa·s(25℃),密度 1.513~1.518g/cm³

(25℃)。溶于乙醇、氯仿等极性有机溶剂,不溶于脂肪烃类,水中溶解度小于1g/100g。

2. 化学性质

氯质量分数 49.38%,磷质量分数 7.18%。分解点高于 200℃。闪点高于220℃。加热或遇火燃烧生成磷酸、偏磷酸、氯化氢、二氧化碳、水,对水和碱的反应性较低。

3. 理化指标和检验方法

TDCPP 理化指标和检验方法见表 9-13。

表 9-13 TDCPP 理化指标和检验方法

项　目	理化指标		检验方法
	美国 Akoz Nobel 公司	日本 Dai Hachi 公司	
外观	无色透明液体	几乎无色透明液体	目视法
色度(APHA)	—	≤100	比色法
密度(20℃)/(g/cm^3)	1.513±0.005	1.518±0.003	密度计法
黏度(20℃)/(Pa·s)	≤1.88	约 1.6	旋转黏度计法
折射率(n_D^{25})	1.502±0.003	1.499±0.003	折射率计法
酸值/(mgKOH/g)	≤0.005	≤0.1	酸碱滴定法
水/%	≤0.1	—	卡尔·费休法

4. 制备方法

三氯氧磷和环氧氯丙烷为原料,在催化剂作用下合成 TDCPP,经碱洗、水洗、真空脱水纯化,反应式如下:

$$POCl_3 + 3H_2C\underset{O}{\overset{}{—}}CHCH_2Cl \xrightarrow{\text{催化剂}} O{=}P(OCH(CH_2Cl)CH_2Cl)_3 + 3HCl$$

5. 储存、运输和应用

用内衬塑料袋铁桶或编织袋包装,储存于阴凉、干燥通风的库房内。储存时防火、防晒,按照一般化学品规定运输。

主要用作固体推进剂绝热层阻燃剂。TDCPP 适用于阻燃软质和硬质聚氨酯泡沫塑料、聚氯乙烯、环氧树脂、不饱和聚酯、酚醛树脂、合成橡胶,一般用量为 10%~20%。在软聚氯乙烯中加入 10% TDCPP,可使自熄时间由 8.6s 缩短为

0.3s。在不饱和聚酯中加入15%的TDCPP,可使自熄时间由大于120s缩短为6s。在聚氨酯泡沫塑料中加入5%的TDCPP,可使产品获得自熄性,如加入10%则离火即自熄或不燃。

6. 毒性与防护

毒性较小,长期大量接触对脏器和生殖系统有一定损害,操作人员应戴防护用具。

7. 理化分析谱图

(1)红外光谱图见图9-36。

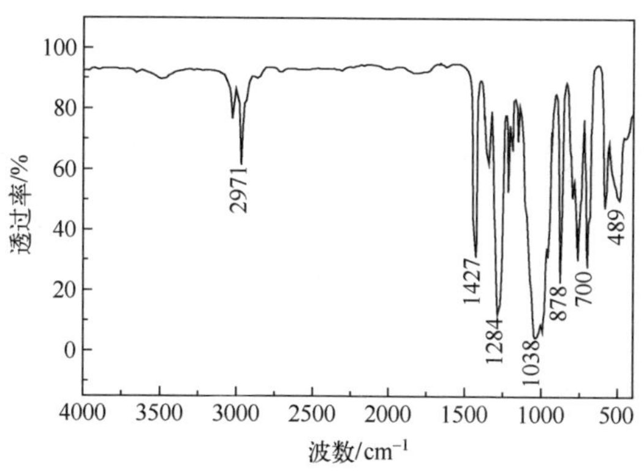

图9-36 红外光谱

(2)拉曼光谱图见图9-37。

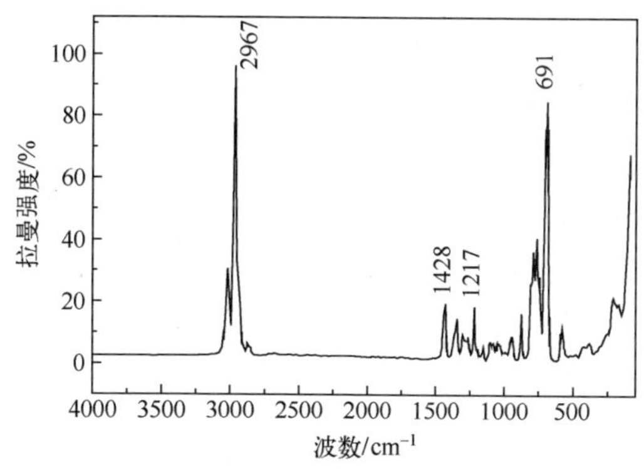

图9-37 拉曼光谱

(3)质谱图见图9-38。

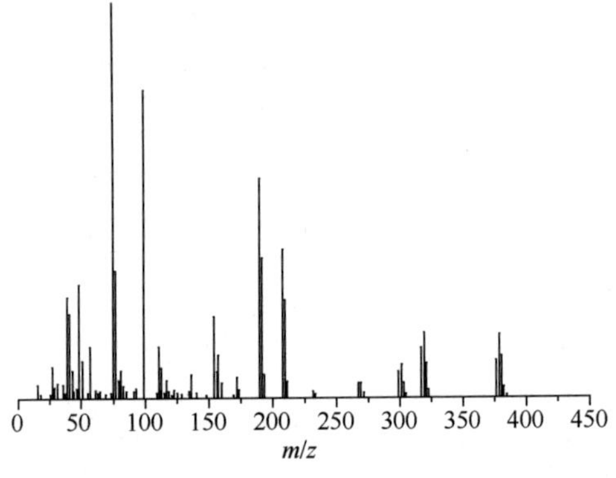

图 9-38 质谱

（4）核磁共振谱图见图 9-39。

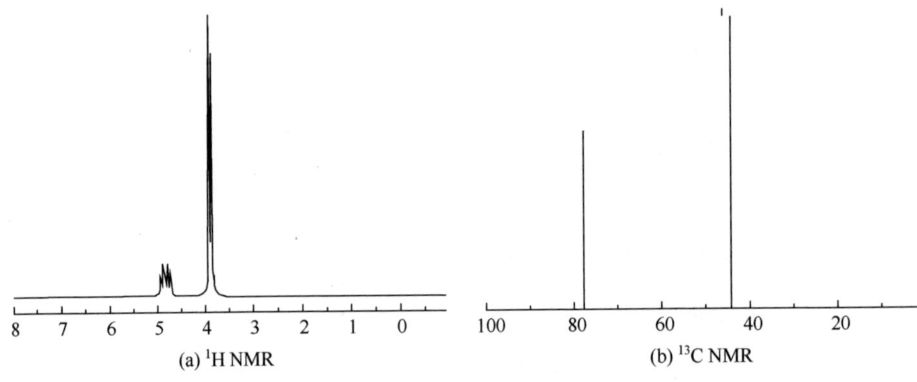

图 9-39 核磁共振谱

参考文献

[1] 欧育湘，李建军．阻燃剂——性能、制造及应用[M]．北京：化学工业出版社，2006：167-168.

[2] 徐怀洲，王智志，张圣虎，等．有机磷酸酯类阻燃剂毒性效应研究进展[J]．生态毒理学报，2018，13(03)：19-30.

[3] 季麟，高宇，田英．有机磷阻燃剂生产使用及我国相关环境污染研究现况[J]．环境与职业医学，2017，34(03)：271-279.

9.14　磷酸二(2,3-二氯丙基)-2-乙基己酯

中文名称:磷酸二(2,3-二氯丙基)-2-乙基己酯

英文名称:di(2,3-dichloropropyl)-2-ethylhexyl phosphate

中文别称:磷酸二(2,3-二氯丙基)辛酯

英文别称:di(2,-dichloropropyl)octyiphosphate

分子式:$C_{14}H_{27}O_4PCl_4$

CAS 登记号:64661-03-6

$$\begin{array}{c} \text{Cl Cl} \qquad\qquad \text{O} \qquad\qquad \text{Cl Cl} \\ H_2CHCH_2CO—\overset{\|}{P}—OCH_2CHCH_2 \\ | \\ C_8H_{17}HO \end{array}$$

结构式

1. 物理性质

无色透明液体。密度 1.192g/cm^3,折射率 1.4724。溶于醇、酮、醚、甲苯、苯、四氯化碳,不溶于水。

2. 化学性质

闪点(开杯)大于 200℃。分解温度 215℃,分解生成氯化氢、磷酸、偏磷酸、二氧化碳、水。

3. 理化指标和检验方法

磷酸二(2,3-二氯丙基)-2-乙基己酯理化指标和检验方法见表 9-14。

表 9-14　磷酸二(2,3-二氯丙基)-2-乙基己酯理化指标和检验方法

项　　目	理化指标	检验方法
密度(25℃)/(g/cm^3)	1.19	密度计
酸度/(mgKOH/g)	1.0	酸碱滴定法

4. 制备方法

分为两步:

(1) 中间体乙基己基二膦酰氯的合成。在搅拌下将 2-乙基己醇滴入三氯氧磷中。滴加完毕后缓缓加热,有氯化氢气体放出。当氯化氢气体不再产生或很少产生时,慢慢加热使氯化氢气体尽可能排净,即得 2-乙基己基膦二酰氯,反应式如下:

$$POCl_3 + C_8H_{17}OH \longrightarrow O{=}\underset{\underset{Cl}{|}}{\overset{\overset{Cl}{|}}{P}}—OHC_8H_{17} + HCl$$

(2) 膦酸二(2,3-二氯丙基)-2-乙基己酯的合成。将制得的 2-乙基己基

膦二酰氯冷却至室温,然后在搅拌下加入适量的催化剂,升温滴加环氧氯丙烷进行反应。反应结束后,经水洗涤,用 10% 的碳酸钠中和,分出有机相,再用水洗两次,再分出有机相,减压蒸去水分和低沸物,即得膦酸二(2,3-二氯丙基)-2-乙基己酯,反应式如下:

$$\mathrm{O{=}P(Cl)_2{-}OC_8H_{17}} + 2\,\mathrm{\underset{\diagdown O \diagup}{CH_2{-}CH}CH_2Cl} \xrightarrow{\text{催化剂}} \mathrm{H_2C(Cl)CH(Cl)CH_2O{-}P({=}O)(OC_8H_{17}){-}OCH_2CH(Cl)CH_2Cl}$$

5. 储存、运输和应用

用内衬塑料袋铁桶或编织袋包装,储存于阴凉、干燥通风的库房内。储存时防火、防晒,按照一般化学品规定运输。

主要用作固体推进剂绝热层阻燃剂。黏度小,增塑性能好,可用作阻燃增塑剂。阻燃性能同磷酸三(2,3 二氯丙)酯接近,且优于目前大量使用的三氯乙基膦酸酯。适用于阻燃不饱和聚酯、合成橡胶及乙酸纤维素、硝基纤维素、聚氨酯泡沫塑料、环氧树脂、酚醛树脂、聚氯乙烯、聚苯乙烯、乙基纤维素等。

6. 毒性与防护

毒性较小。对人体神经、内分泌有一定伤害,操作人员应戴防护用具。

7. 理化分析谱图

红外光谱图见图 9-40。

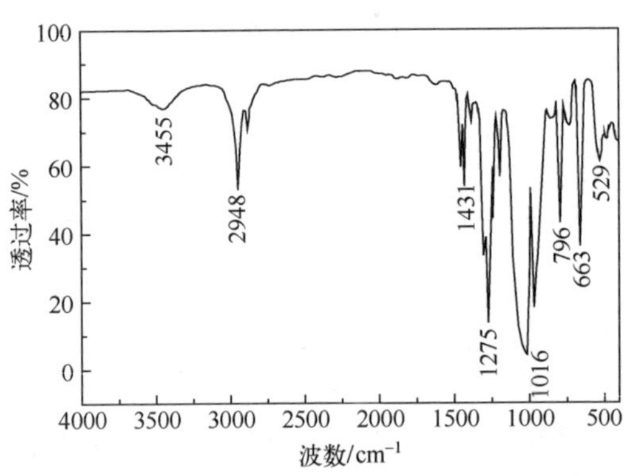

图 9-40 红外光谱

参考文献

[1] 王彦林,赵雨,赵朝阳. 磷酸二(2,3-二氯丙基)-2-乙基己酯的合成[J]. 精细化工,1993(05):29-31.

[2]　徐怀洲,王智志,张圣虎,等. 有机磷酸酯类阻燃剂毒性效应研究进展[J]. 生态毒理学报,2018,13(03):19-30.

9.15　磷酸三(2-氯乙基)酯

中文名称:磷酸三(2-氯乙基)酯

英文名称:tris(2-chloroethyl) phosphate

中文别称:三(β-氯乙基)磷酸酯;磷酸三(β-氯乙酯);磷酸三氯乙酯;三氯乙基磷酸酯阻燃增塑剂;2-氯乙基磷酸双(2-氯乙基)酯;阻燃剂 TCEP

英文别称:TCEP

分子式:$C_6H_{12}Cl_3O_4P$

分子量:285.49

CAS 登记号:115-96-8

$O{=}P(OCH_2CH_2Cl)_3$

结构式

1. 物理性质

无色透明液体,微带奶油味。熔点-20℃,凝固点-64℃,沸点 351℃,145℃(0.67kPa),194℃(1.33kPa)。蒸气压 1.33kPa(20℃),密度 1.428g/cm^3,折射率 1.4745(20℃),黏度 40mPa · s(22.8℃)。能与氯仿和四氯化碳混溶,溶于醇、酮、酯、醚、苯、甲苯、二甲苯,微溶于水(20℃时溶解度为 0.72g/100g),不溶于脂肪烃。

2. 化学性质

氯质量分数 37.25%,磷质量分数 10.85%。闪点 232℃(开杯法),着火点 291℃。在低温及紫外线下稳定,热分解温度 272℃,分解生成氯化氢、磷酸、偏磷酸、二氧化碳、水。其蒸气只有在 225℃用直接火焰方能点燃,且移走火源后即熄灭。

3. 理化指标和检验方法

TCEP 理化指标和检验方法见表 9-15。

表 9-15　TCEP 理化指标和检验方法

项　　目	理化指标			检验方法
	美国阿克苏诺贝尔公司	日本大八公司	德国拜耳集团	
外观	无色透明液体	无色透明液体	无色透明液体	目视法
色泽(APHA)	≤50	≤50	≤40	比色法

续表

项目	理化指标			检验方法
	美国阿克苏诺贝尔公司	日本大八公司	德国拜耳集团	
密度/(g/cm^3)	1.425±0.003	1.429±0.003	1.42~1.43	密度计法
黏度/(mPa·s)	40±2	35±2	40~50(20℃)	旋转黏度计法
折射率(n_D^{25})	1.4750±0.0005	—	1.472~1.473	折射率计法
酸值/(mgKOH/g)	≤0.05	≤0.05	≤0.05	酸碱滴定法
水/%	≤0.1	≤1.0	≤1.0	卡尔·费休法

4. 制备方法

(1) 三氯氧磷和环氧乙烷在催化剂($TiCl_4$、PCl_3、$AlCl_3$、偏钒酸钠) 催化下,在45~60℃反应,反应物经中和、水洗、真空脱水、脱低沸物,即得磷酸三(2-氯乙基)酯,反应式如下:

$$POCl_3 + 3H_2C\overset{O}{—}CH_2 \xrightarrow{催化剂} O{=}P(OCH_2CH_2Cl)_3$$

(2) 2-氯乙醇与三氯氧磷反应生成磷酸三(2-氯乙基)酯,反应式如下:

$$POCl_3+3ClCH_2CH_2OH \xrightarrow{催化剂} O{=}P(OCH_2CH_2Cl)_3+3HCl$$

(3) 三氯化磷与2-氯乙醇反应生成磷酸三(2-氯乙基)亚磷酸酯,再氧化生成磷酸三(2-氯乙基)酯,反应式如下:

$$PCl_3+3ClCH_2CH_2OH \xrightarrow{催化剂} P(OCH_2CH_2Cl)_3+3HCl$$

$$P(OCH_2CH_2Cl)_3 \xrightarrow{[O]} O{=}P(OCH_2CH_2Cl)_3$$

5. 储存、运输和应用

用内衬塑料袋铁桶或编织袋包装,储存于阴凉、干燥通风的库房内。储存时防火、防晒,按照一般化学品规定运输。

主要用作固体推进剂绝热层阻燃剂。用作阻燃性增塑剂,广泛用于乙酸纤维素、硝基纤维素、乙基纤维素、聚氯乙烯、聚氨酯、聚乙酸乙烯和酚醛树脂。用作金属萃取剂、润滑油和汽油添加剂,以及聚酰亚胺加工改性剂。

6. 毒性与防护

毒性较低,大鼠经口毒性 LD_{50} 为 1410mg/kg,小鼠经口 LD_{50} 为 521mg/kg。不刺激皮肤,也不经皮肤吸收。对神经、内分泌有一定伤害,量大可能造成急性中毒。操作人员应戴防护用具。

7. 理化分析谱图

(1) 红外光谱图见图 9-41。

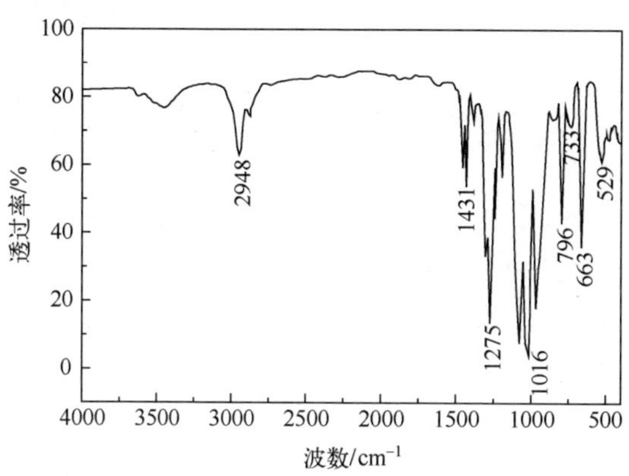

图 9-41　红外光谱

(2) 核磁共振谱图见图 9-42。

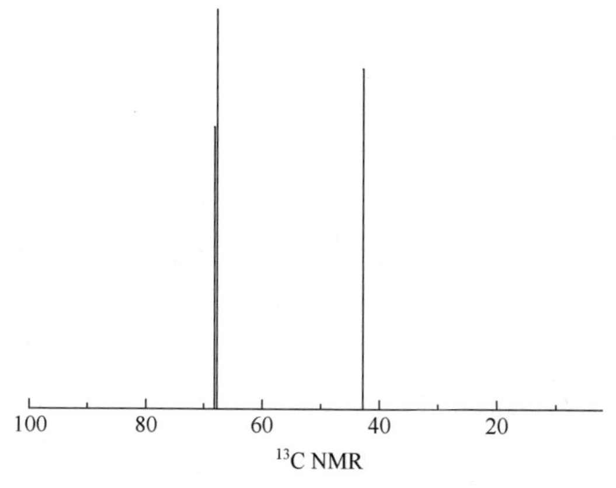

图 9-42　核磁共振谱

参考文献

[1]　化学工业出版社．中国化工产品大全:上卷[M]．2 版．北京:化学工业出版社,1998:640-641.

[2]　欧育湘,李建军．阻燃剂——性能、制造及应用[M]．北京:化学工业出版社,2006:164-166.

[3]　杜尚文．磷酸三 β 氯乙酯用作润滑油添加剂及阻燃剂[J]．润滑油,1987(06):52.

[4]　吕洪久．磷酸三(2-氯乙酯)[J]．精细化工信息,1986(11):30-31.

[5] 赵华君．磷酸三氯乙酯与磷酸三乙酯[J]．浙江化工,1986(04):60-61.
[6] 徐怀洲,王智志,张圣虎,等．有机磷酸酯类阻燃剂毒性效应研究进展[J]．生态毒理学报,2018,13(03):19-30.

9.16 磷酸三(2,3-二溴丙基)酯

中文名称:磷酸三(2,3-二溴丙基)酯

英文名称:tris(2,3-dibromopropyl) phosphate

中文别称:阻燃剂 TDBPP

英文别称:TDBPP

分子式:$C_9H_{15}Br_6O_4P$

分子量:697.64

CAS 登记号:126-72-7

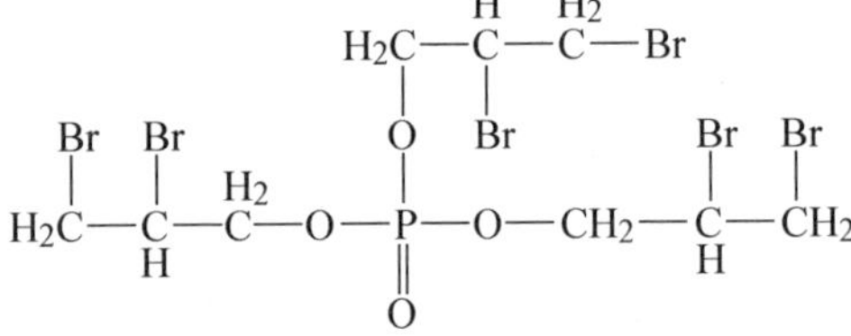

结构式

1. 物理性质

淡黄色透明黏稠液体,凝固点-3~-8℃。密度 2.10~2.30g/cm³(20℃),折射率 1.5730(20℃)。黏度 1.5Pa·s(25℃)。溶于卤代烃类、醇、酮、四氯化碳和芳香族溶剂,不溶于水和脂肪烃类溶剂。

2. 化学性质

理论溴质量分数 68.72%,理论磷质量分数 4.44%。常温稳定,160℃以上分解,分解生成溴化氢、磷酸、偏磷酸、二氧化碳、水。

3. 理化指标和检验方法

阻燃剂 TDBPP 理化指标和检验方法见表 9-16。

表 9-16 阻燃剂 TDBPP 理化指标检验方法

项 目	理化指标	检验方法
外观	无色透明液体	目视法
色泽(APHA)	≤50	比色法
密度/(g/cm³)	2.10±0.03	密度仪法
酸值/(mgKOH/g)	≤0.05	酸碱滴定法
水/%	≤0.1	卡尔·费休法

4. 制备方法

三氯氧磷和 2,3-二溴丙醇反应制得,反应式为

$$POCl_3+3HOCHBrCH_2Br \xrightarrow{\text{催化剂}} O{=}P(OCH_2CHBrCH_2Br)_3+3HCl$$

5. 储存、运输和应用

用内衬塑料袋铁桶或编织袋包装,储存于阴凉、干燥通风的库房内。储存时防火、防晒,按照一般化学品规定运输。

主要用作固体推进剂绝热层阻燃剂。为高溴添加型阻燃剂,具有显著的阻燃和增塑作用。广泛用于聚氯乙烯、聚苯乙烯、聚乙酸乙烯酯、软质和硬质聚氨酯泡沫塑料、聚酯、不饱和树脂、酚醛树脂、丙烯酸树脂、乙酸纤维素、硝酸纤维素。

6. 毒性与防护

有毒性。有致癌性和基因突变,已在一些国家某些领域内禁用。操作人员应戴防护用具。

7. 理化分析谱图

(1) 红外光谱图见图 9-43。

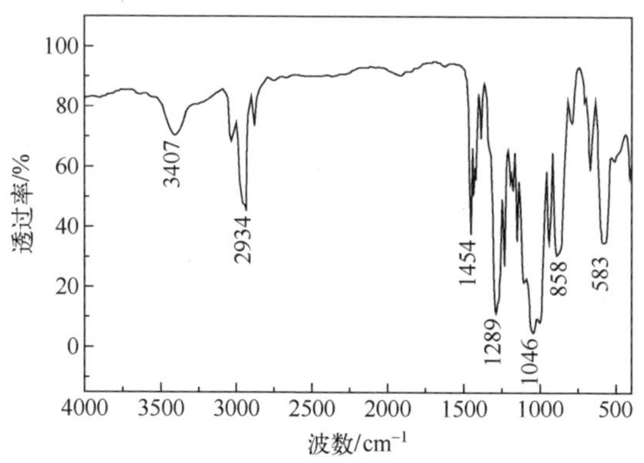

图 9-43　红外光谱

(2) 拉曼光谱图见图 9-44。

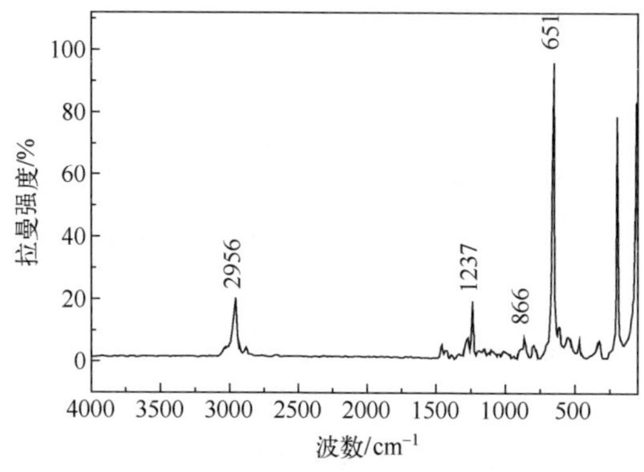

图 9-44　拉曼光谱

（3）质谱图见图 9-45。

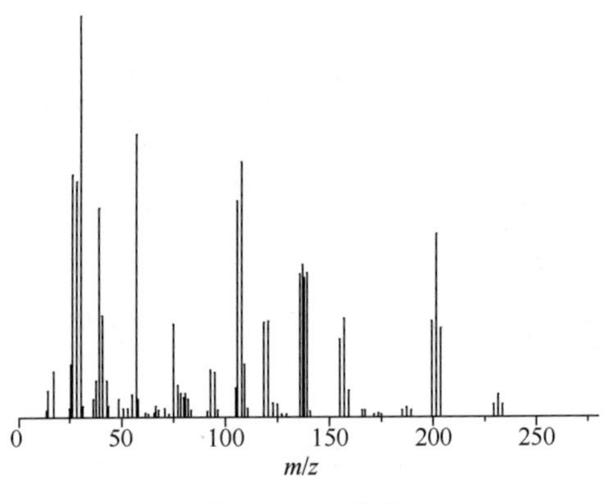

图 9-45　质谱

（4）核磁共振谱图见图 9-46。

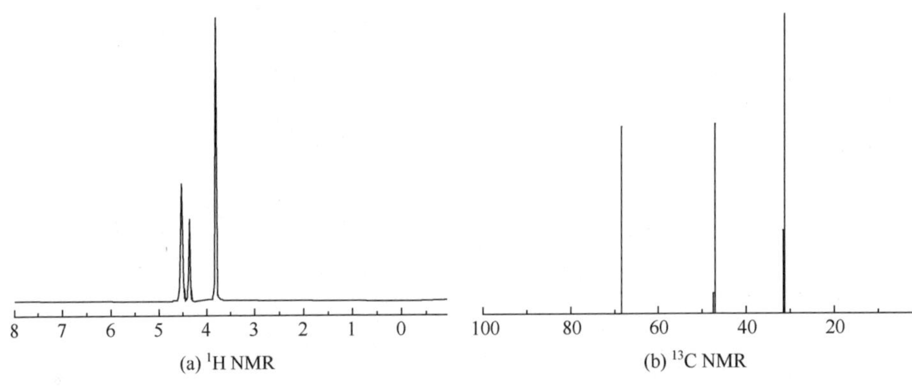

图 9-46　核磁共振谱

参考文献

[1]　化学工业出版社．中国化工产品大全:上卷[M]．2 版．北京:化学工业出版社，1998:641.

[2]　欧育湘,李建军．阻燃剂——性能、制造及应用[M]．北京:化学工业出版社，2006:170.

[3]　徐怀洲,王智志,张圣虎,等．有机磷酸酯类阻燃剂毒性效应研究进展[J]．生态毒理学报,2018,13(03):19-30.

[4] OMICHINSKI J G, SØDERLUND E J, BAUSANO J A, et al. Synthesis and mutagenicity of selectively methylated analogs of tris(2,3-dibromopropyl) phosphate and 1,2-dibromo-3-chloropropane. [J]. Mutagenesis, 1987, 2(4): 287-292.

[5] 严慧,杨锦飞. 磷系阻燃剂在塑料中的应用进展[J]. 塑料助剂, 2008(06): 6-8, 42.

9.17 聚磷酸三聚氰胺

中文名称:聚磷酸三聚氰胺

英文名称:melamine polyphosphate

英文别称:MPP

分子式:$C_3H_7N_6O_3P$, $C_3H_6N_6(H_3PO_4)_n$

分子量:206.12(结构单元)

CAS 登记号:26208-95-1

结构式

1. 物理性质

白色结晶。理论磷质量分数 15.02%,理论氮质量分数 40.78%。密度 1.85g/cm^3。在水中的溶解度极低,20℃时水中溶解度小于 0.01g/100g,有机溶剂中的溶解度也非常低。

2. 化学性质

聚磷酸三聚氰胺是一种磷-氮系膨胀型阻燃剂。具有酸性,20℃饱和水溶液的 pH 值约 5。在酸性介质中,聚磷酸三聚氰胺水解为磷酸盐。386.5 ~ 480.0℃热分解主要分解产物是三聚氰胺、聚磷酸、少量水蒸气、氨气,三聚氰胺进一步分解出二氧化碳、二氧化氮、一氧化氮、水蒸气、氨气。

3. 理化指标和检验方法

聚磷酸三聚氰胺的理化指标和检验方法见表 9-17。

表 9-17　聚磷酸三聚氰胺的理化指标和检验方法

项　　目	理 化 指 标	检 验 方 法
磷/%	13.0~15	化学滴定法
氮/%	40.0~44.0	酸碱滴定法
水分/ %	≤0.30	卡尔·费休法
pH 值	4.0~7.0	酸度计法
白度(R_{457}) /%	≥92.0	白度计法
1%热失重温度/℃	≥350	热重分析仪法

4. 制备方法

磷酸与三聚氰胺经两步反应制得,以磷酸和三聚氰胺为原料,选择水为溶剂,先合成磷酸三聚氰胺,然后在马弗炉中焙烧缩聚得到聚磷酸三聚氰,反应式如下:

$$\mathrm{C_3N_3(NH_2)_3} + H_3PO_4 \longrightarrow \mathrm{C_3N_3(NH_2)_2\cdot{}^{+}NH_3\cdot H_2PO_4^{-}} \xrightarrow{\text{缩聚}} (C_3H_8N_6)_n(HPO_3)_m + H_2O$$

5. 储存、运输和应用

用内衬塑料袋铁桶或编织袋包装,储存于阴凉、干燥通风的库房内。储存时防火、防晒。按照一般化学品规定运输。

主要用作固体推进剂绝热层阻燃剂。用于阻燃 PA、PP、聚酯弹性体。

6. 毒性与防护

低毒,大鼠经口 LD_{50}>2000mg/kg。应避免吸入粉尘,操作人员应戴防护用具。

7. 理化分析谱图

(1) 红外光谱图见图 9-47。

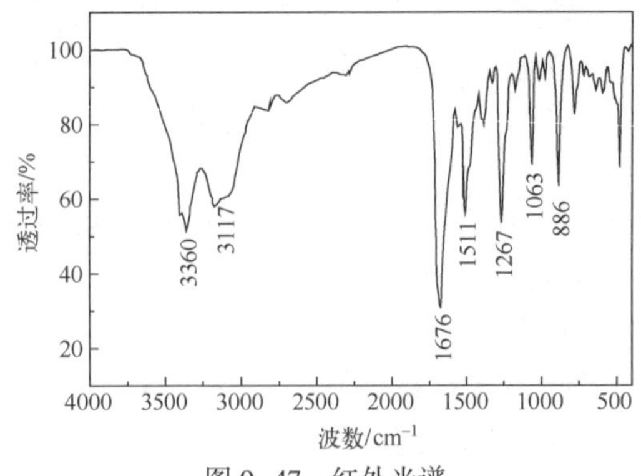

图 9-47　红外光谱

（2）X 射线衍射谱图见图 9-48。

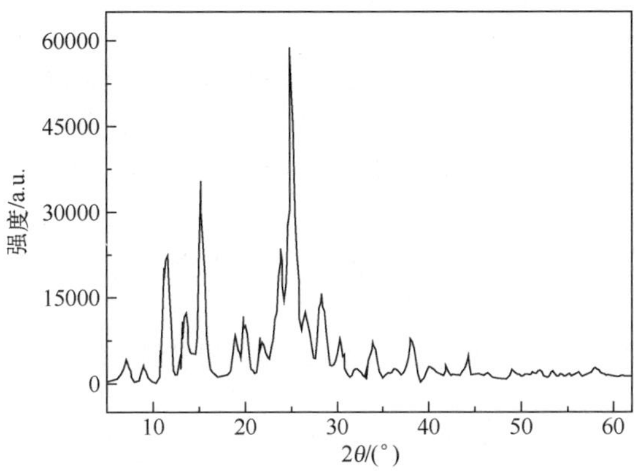

图 9-48　X 射线衍射谱

（3）热分析谱图见图 9-49。

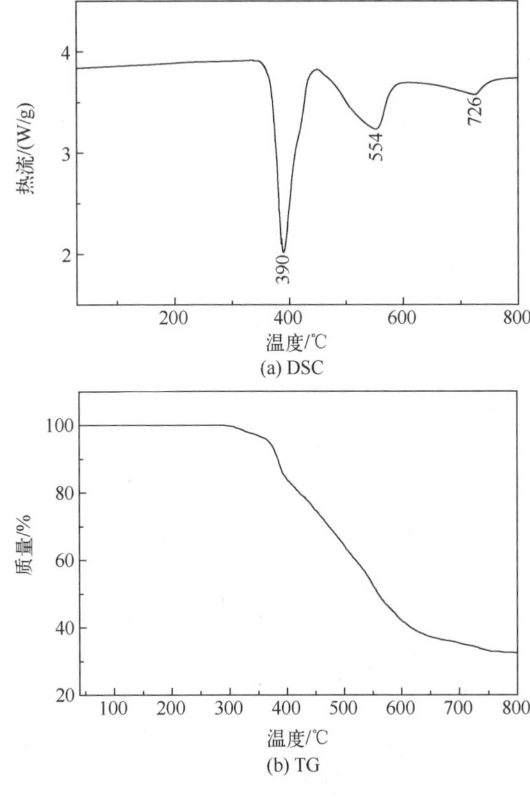

图 9-49　热分析谱

参考文献

[1] 欧育湘,李建军．阻燃剂——性能、制造及应用[M]．北京:化学工业出版社,2006:248-249.

[2] 张玲玲,何光洪,张静,等．聚磷酸三聚氰胺的合成[J]．化工时刊,2013,27(11):14-17.

[3] 吴邦兵．聚磷酸三聚氰胺的合成与分析[J]．合肥学院学报(自然科学版),2005(02):48-49+58.

[4] 张泽江,梅秀娟,冯良荣,等．三聚氰胺聚磷酸盐阻燃剂的合成与表征[J]．应用化学,2003(11):1035-1038.

[5] 章国强,张孟欢,黄维光,等．阻燃化学品聚磷酸三聚氰胺:HG/T 5521—2019[S]．北京:中华人民共和国工业和信息化部,2019.

9.18 聚磷酸铵

中文名称:聚磷酸铵

英文名称:ammonium polyphosphate

中文别称:多聚磷酸铵;缩聚磷酸铵

英文别称:APP

分子式:$(NH_4)_{n+2}P_nO_{3n+1}$,当 n 足够大时可写成$(NH_4PO_3)_n$

分子量:结构单元相对分子质量为97.01

$$NH_4O-\overset{\overset{O}{\|}}{\underset{\underset{ONH_4}{|}}{P}}-O-\left[\overset{\overset{O}{\|}}{\underset{\underset{ONH_4}{|}}{P}}-O\right]_{n-2}-\overset{\overset{O}{\|}}{\underset{\underset{ONH_4}{|}}{P}}-ONH_4$$

结构式

CAS 登记号:68333-79-9

1. 物理性质

按其结晶形态可以分为结晶形和无定形,密度1.9g/cm^3(25℃)。结晶态聚磷酸铵为长链状水不溶性盐,有五种不同晶体结构:Ⅰ型、Ⅱ型、Ⅲ型、Ⅳ型、Ⅴ型,其中Ⅲ型为Ⅰ型转变为Ⅱ型的中间体。在一定条件下,几种晶体结构之间可相互转换。最常见的聚磷酸铵为Ⅰ型、Ⅱ型。Ⅰ型APP晶体表面不平整,多孔,水溶性较大。Ⅱ型APP属斜方对称晶系,表面规则,室温下水溶性在0.5g/100g以下,吸湿性小。

2. 化学性质

聚磷酸铵按其聚合度可分为低聚、中聚以及高聚三种,其聚合度越高水溶性越小，反之则水溶性越大。当 $n=10\sim20$ 时，为短链APP（水溶性APP），相对分子质量为1000~2000；当 $n>20$（工业APP的 n 已可大于2000）时，称为长链APP（水不溶性APP），相对分子质量2000以上。Ⅰ型APP为线型分子链，Ⅱ型APP分子链间存在一定量的P-O-P交联结构，聚合度一般比Ⅰ型大。Ⅰ型热分解温度在250℃以上，Ⅱ型APP起始分解温度可达300℃。分解时释放出氨和水，并生成磷酸。

3. 理化指标和检验方法

聚磷酸铵理化指标和检验方法见表9-18。

表9-18　聚磷酸铵理化指标和检验方法

项　　目	理化指标		检验方法
	Ⅰ型	Ⅱ型	
外观	白色粉末	白色粉末	目视法
五氧化二磷（P_2O_5）/%	≥69.0	≥71.0	沉淀重量法
氮（N）/%	≥14.0	≥14.0	酸碱滴定法
平均聚合度	50	1000	化学法/核磁共振法
pH值（100g/L溶液）	5.0~7.0	5.5~7.5	酸度计法
水分/%	—	≤0.25	干燥重量法
平均粒度 D_{50}/μm	—	20	激光粒度仪法
过筛率（通过45μm筛孔）/%	≥90	—	过筛重量法

4. 制备方法

（1）磷酸-尿素热缩合法。由尿素分解释放出 NH_3，再在 NH_3 气氛中使磷酸和尿素热缩合为APP。将85%磷酸和尿素按一定比例在反应器内混合，在80~100℃下反应，发泡后得均匀透明溶液。将此溶液分装在不锈钢盘中，送入200~300℃炉内，经发泡、聚合和固化，得白色疏松状固体，经粉碎得成品APP，反应式如下：

$$CO(NH_2)_2+H_2O \longrightarrow CO_2+2NH_3$$

$$nH_3PO_4+(n-1)CO(NH_2)_2 \longrightarrow (NH_4)_{n+2}P_nO_{3n+1}+(n-4)NH_3+(n-1)CO_2$$

（2）磷酸铵-尿素热缩合法。用磷酸二氢铵（MAP）和尿素（1∶1.2，摩尔比）的均匀混合物，铺于不锈钢盘内，送入箱式缩合釜内，210℃下缩合1h，冷却，粉碎得成品。反应式如下：

$$CO(NH_2)_2+2NH_4H_2PO_4 \xrightarrow{160\sim200℃} CO_2+(NH_4)_4P_2O_5+O_2$$

$$nCO(NH_2)_2+2nNH_4H_2PO_4 \xrightarrow{210℃} 2(NH_4PO_3)_n+2nNH_3+nCO_2+nH_2O$$

（3）磷酸铵-五氧化二磷热缩合法。用正磷酸铵与五氧化二磷进行热缩合反应。较佳的反应条件是在氨气氛中，于280~300℃加热等摩尔的磷酸铵与五氧化二磷混合物，缩合时间1.5~2h。此法是制造Ⅱ型APP的主要方法。反应式如下：

$$n(NH_4)_3PO_4+nP_2O_5 \xrightarrow[NH_3]{280\sim300℃} 3(NH_4PO_3)_n$$

5. 储存、运输和应用

用内衬聚乙烯塑料袋的铁桶包装，运输时要防烈日暴晒和雨淋，避免受潮。装卸时小心轻放，防止包装破损受潮。储存在通风、干燥库房内，不可露天堆放。失火时，可用水、泡沫灭火器或二氧化碳灭火器扑救。

主要用作固体推进剂绝热层阻燃剂。目前最常用的聚磷酸铵为Ⅰ型、Ⅱ型。Ⅰ型适用于阻燃涂料、纸张和织物等；Ⅱ型适用于阻燃塑料、橡胶、纤维等高聚物。还可用于森林、煤田的大面积灭火。APP的另外一个重要用途是作为酸源，与碳源及气源并用，组成膨胀型阻燃剂或用于膨胀型防火涂料等领域。

6. 毒性与防护

低毒，无味，不产生腐蚀气体，大鼠经口 LD_{50}>10g/kg。应避免吸入粉尘，操作人员应戴防护用具。

7. 理化分析谱图

（1）红外光谱图见图9-50。

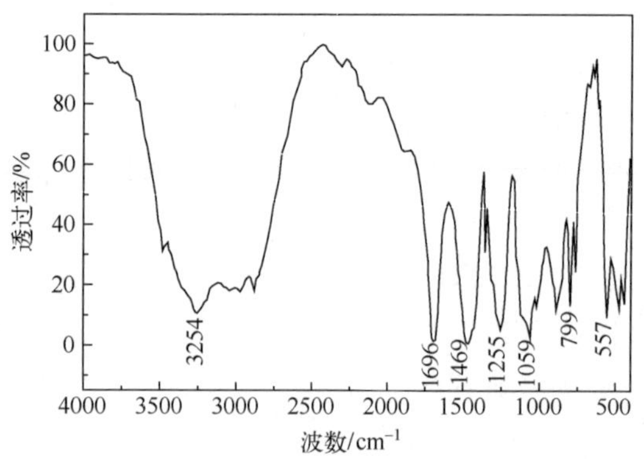

图9-50　红外光谱

（2）拉曼光谱图见图 9-51。

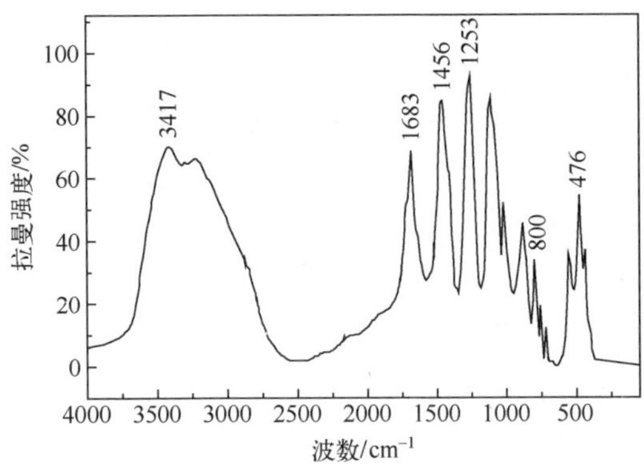

图 9-51　拉曼光谱

（3）热分析谱图见图 9-52。

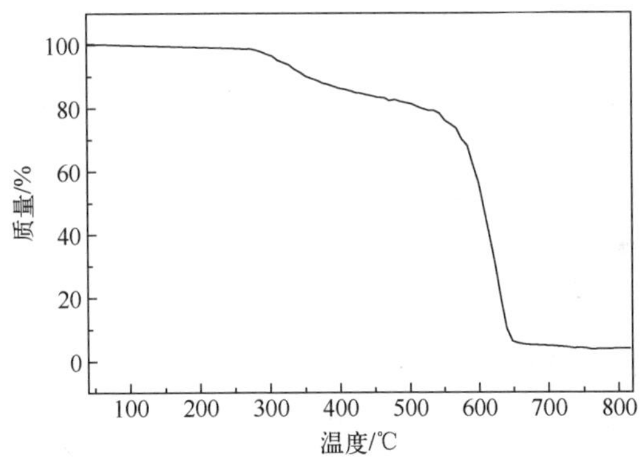

图 9-52　热分析谱（TG）

参考文献

[1]　化学工业出版社．中国化工产品大全：上卷[M]．2 版．北京：化学工业出版社，1998：275.

[2]　欧育湘．李建军．阻燃剂——性能、制造及应用[M]．北京：化学工业出版社，2006：236-242.

[3]　者加云，罗勇，谢德龙，等．聚磷酸铵的应用研究进展[J]．塑料工业，2019，47(02)：1-5，36.

[4]　张亨．聚磷酸铵的性质及合成研究进展[J]．杭州化工，2012，42(01)：22-27.

[5]　吴华东，陈华，张林锋，等．聚磷酸铵的合成、改性及应用研究进展[J]．无机盐工业，2018，50(02)：8-12.

[6] 陆凤英,郑冬芳,姚巍,等. 工业聚磷酸铵:HG/T 2770—2008[S]. 北京:中华人民共和国国家发展和改革委员会,2008.

9.19 磷 酸 铵

中文名称:磷酸铵

英文名称:triammonium phosphate

中文别称:磷酸三铵;阻燃剂 AP

英文别称:phosphoric acidammonium salt;ammonium phosphate

分子式:$(NH_4)_3PO_4$

分子量:149.10

CAS 登记号:10124-31-9/10361-65-6

1. 物理性质

无色透明片晶或白色菱形结晶,吸湿性小,不易结块。易溶于水,水溶液呈中性或弱碱性,微溶于稀氨水,不溶于液氨、丙酮、乙醇和乙醚。

2. 化学性质

理论氮质量分数 28.19%,理论磷质量分数 20.77%。磷酸铵常为其三水合物$(NH_4)_3PO_4 \cdot 3H_2O$。性质不稳定,在水溶液中加热则失去两个铵离子放出氨气而成磷酸二氢铵,露置空气中能失去部分氨。

3. 理化指标和检验方法

磷酸铵的理化指标和检验方法见表 9-19。

表 9-19 磷酸铵的理化指标和检验方法

项 目	理化指标	检验方法
外观	白色结晶粉末	目视法
磷酸铵/%	≥99.0	酸碱滴定法
重金属 Pb/(mg/kg)	≤1000	比色法
Cd/(mg/kg)	≤100	比色法
Cr^{6+}/(mg/kg)	≤1000	比色法
Hg/(mg/kg)	≤1000	原子吸收光谱

4. 制备方法

(1) 经过除去铅、砷、铁等杂质,处理合格的磷酸和氨气直接酸碱中和反应,生成磷酸三铵。反应方程式如下:

$$3NH_3+H_3PO_4 \rightleftharpoons (NH_4)_3PO_4$$

(2) 磷酸氢二铵溶于水中,配制成浓度为 50% 的溶液,在搅拌下往其中缓慢加入 27% ~28% 氨水,使反应液 pH 值达 14。将反应液放入结晶器中,令生成的磷酸铵析出,离心分离、干燥即得产品。反应方程式如下:

$$(NH_4)_2HPO_4+NH_4OH \longrightarrow (NH_4)_3PO_4+H_2O$$

5. 储存、运输和应用

用内衬塑料袋铁桶或编织袋包装,储存于阴凉、干燥通风的库房内。储存时防火、防晒,按照一般化学品规定运输。

主要用作固体推进剂绝热层阻燃剂。单独用或与其他阻燃剂合用为木材、纸张及纺织品的阻燃剂。水处理的软化剂、生物培养剂,分析化学试剂,也是一种高浓度氮磷复合肥料,可用作甘蔗生长的催芽剂。

6. 毒性与防护

低毒。应避免吸入粉尘,操作人员应戴防护用具。

7. 理化分析谱图

红外光谱图见图 9-53。

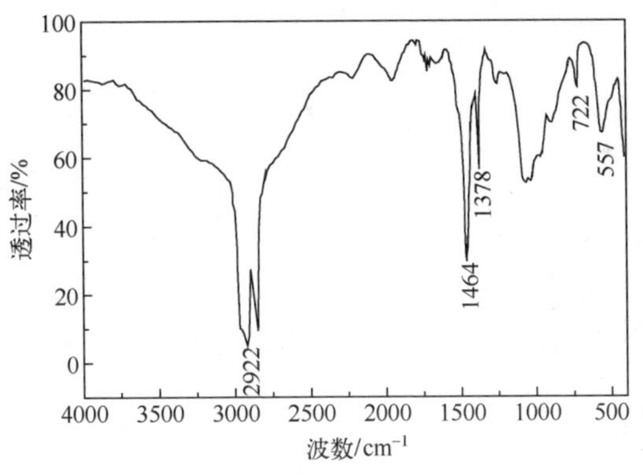

图 9-53　红外光谱

参考文献

[1] 化学工业出版社. 中国化工产品大全:上卷[M]. 2 版. 北京:化学工业出版社,1998:238.

[2] 欧育湘,李建军. 阻燃剂——性能、制造及应用[M]. 北京:化学工业出版社,2006:170.

[3] 关筱清. 生产磷酸三铵的探讨[J]. 广东化工,2004(06):9-15.

[4] 张亨. 无机磷系阻燃剂[J]. 上海塑料,2011(04):1-5.

9.20 1,3,5-三嗪-2,4,6-三胺

中文名称:1,3,5-三嗪-2,4,6-三胺

英文名称:1,3,5-triazine-2,4,6-triamine

中文别称:三聚氰胺;蜜胺;氰脲三酰胺;三聚氰酰胺;2,4,6-三胺基脲

英文别称:melamine;cyanuramide;MA ;cyanurotriamine

分子式:$C_3H_6N_6$

分子量:126.14

CAS 登记号:108-78-1

结构式

1. 物理性质

白色单斜棱晶。无臭,无味,理论氮质量分数66.64%。熔点354℃,密度1.537g/cm^3。加热易升华。溶于乙醇、二乙醇胺、三乙醇胺、热乙二醇,极易溶于热乙醇,微溶于水、乙二醇、甘油及吡啶,不溶于乙醚、苯、四氯化碳。

2. 化学性质

强热(250~450℃)时分解,分解时吸收大量的热,放出NH_3、N_2及CN^-的有毒烟雾,并形成多种缩聚物,影响高聚物的熔化,加速高聚物成炭。三聚氰胺与甲醛、苯酚之间均可发生缩聚反应,与甲醛共聚生成三聚氰胺甲醛树脂。呈碱性,可与盐酸、硫酸、硝酸、乙酸、草酸等形成盐,与磷酸、焦磷酸及多聚磷酸反应生成磷酸三聚氰胺、焦磷酸三聚氰胺、聚磷酸三聚氰胺,与氰尿酸反应生成三聚氰胺氰尿酸盐。

3. 理化指标和检验方法

三聚氰胺理化指标和检验方法见表9-20。

表9-20 三聚氰胺理化指标和检验方法

项目	理化指标		检验方法
	优等品	合格品	
外观	白色结晶粉末	白色结晶粉末	目视法
三聚氰胺/%	≥99.5	≥99.0	酸碱滴定法
水分/%	≤0.1	≤0.2	卡尔·费休法
pH值	7.5~9.5	7.5~9.5	酸度计法
色度/(Hazen单位)	≤50	≤80	铂-钴色号法
灰分/%	≤0.03	≤0.05	重量法

4. 制备方法

(1) 由双氰胺在氨气氛甲醇溶剂中,于 200℃反应而得。反应式如下:

$$3\ H_2N—\overset{\overset{\large NH}{\|}}{C}—NHC\equiv N \xrightarrow[200℃]{NH_3} 2\ \text{(2,4,6-三氨基-1,3,5-三嗪, } C_3N_3(NH_2)_3\text{)}$$

(2) 尿素以氨气为载体,硅胶为催化剂,在 380-400℃温度下沸腾反应,先分解生成氰酸,并进一步缩合生成三聚氰胺。生成的三聚胺气体经冷却捕集后得粗品,然后经溶解,除去杂质,重结晶得成品。尿素法成本低,目前较多采用。反应式如下:

$$H_2N—\overset{\overset{\large O}{\|}}{C}—NH_2 \longrightarrow HO—C\equiv N + NH_3$$

$$3\ HO—C\equiv N + 3NH_3 \xrightarrow[380\sim400℃]{硅胶} C_3N_3(NH_2)_3 + 3\ H_2O$$

5. 储存、运输和应用

用内衬塑料袋铁桶或编织袋包装,储存于阴凉、干燥通风的库房内。储存时防火、防晒。按照一般化学品规定运输。

主要用作固体推进剂绝热层阻燃剂。三聚氰胺是一种化工原料,广泛用于塑料、涂料、粘合剂、消毒剂、化肥和杀虫剂等行业,三聚氰胺是膨胀型阻燃剂最常用的气源,也是制备三聚氰胺树脂、膨胀型阻燃剂组分(如多种磷酸盐、三聚氰酸盐、硼酸盐)的原料,也常与其他阻燃剂配成复配系统用于阻燃多种塑料及其他高聚物,如与有机磷酸酯合用以阻燃聚氨酯泡沫塑料。

6. 毒性与防护

低毒,大鼠经口 LD_{50} 为 3200mg/kg。无腐蚀性,对皮肤无刺激,也不是致癌物。应避免吸入粉尘,操作人员应戴防护用具。

7. 理化分析谱图

（1）红外光谱图见图 9-54。

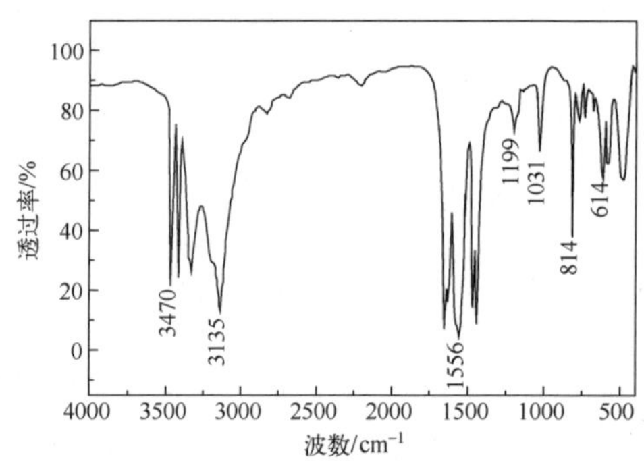

图 9-54　红外光谱

（2）拉曼光谱图见图 9-55。

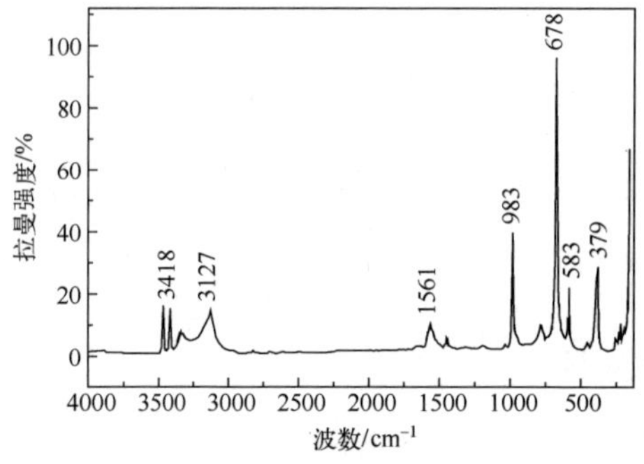

图 9-55　拉曼光谱

（3）质谱图见图 9-56。

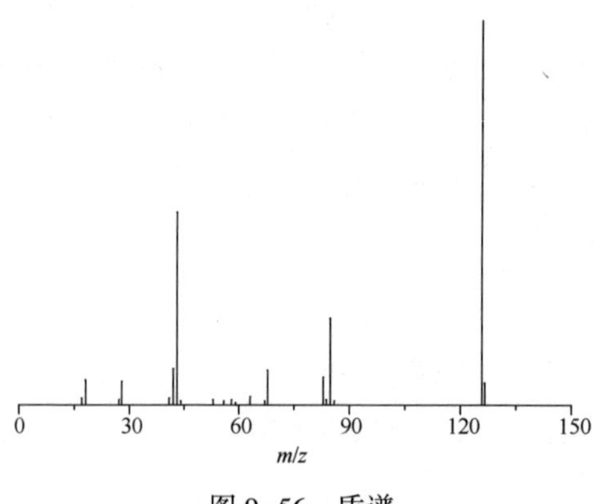

图 9-56　质谱

（4）核磁共振谱图见图 9-57。

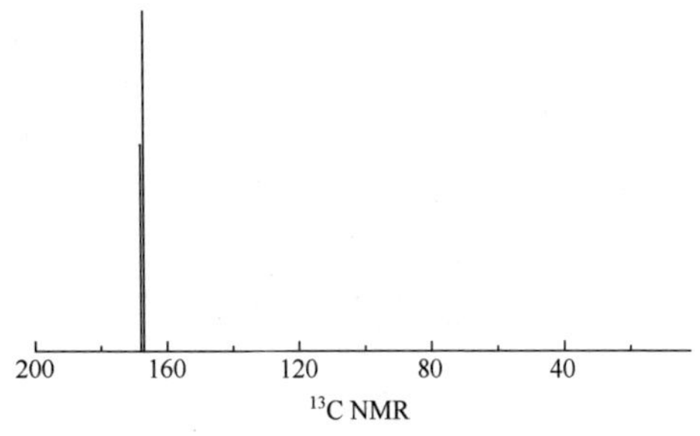

图 9-57　核磁共振谱

（5）紫外光谱图见图 9-58。

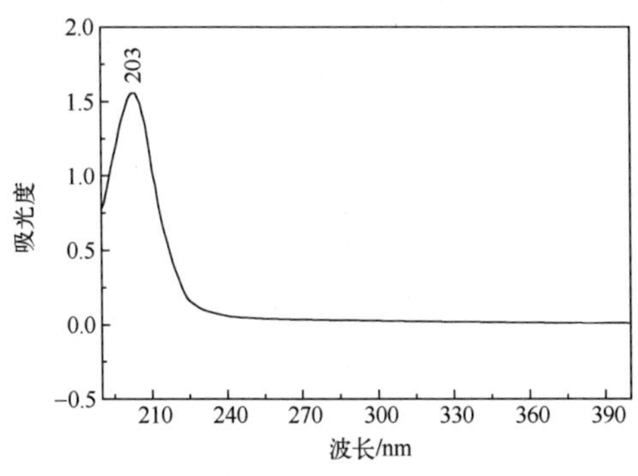

图 9-58　紫外光谱

（6）热分析谱图见图 9-59。

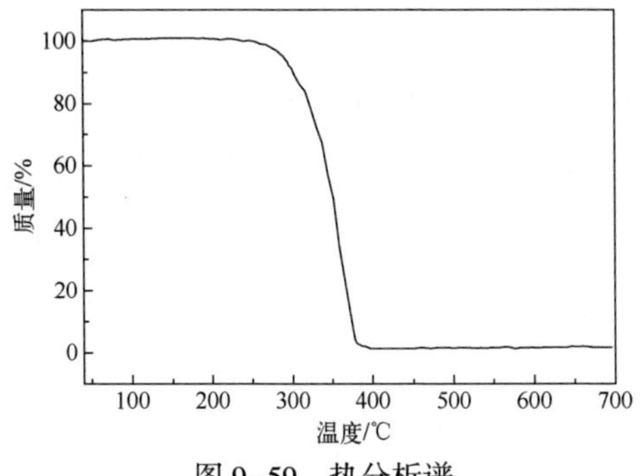

图 9-59　热分析谱

参考文献

[1]　欧育湘,李建军. 阻燃剂——性能、制造及应用[M]. 北京:化学工业出版社,2006:243-244.

[2] 韩冰冰,宋文生,李雪娟. 三聚氰胺及其衍生物的应用[J]. 化学推进剂与高分子材料,2007(06):26-30.
[3] 王敏. 三聚氰胺深加工产品应用前景广阔[J]. 化工生产与技术,2002(06):44.
[4] 雷渭萍,刘忠发,范彦如,等. 工业用三聚氰胺:GB/T 9567—2016[S]. 北京:中华人民共和国国家质量监督检验检疫总局,中国国家标准化管理委员会,2016.

9.21 双氰胺

中文名称:双氰胺

英文名称:dicyandiamide

中文别称:氰基胍;二氰二胺;二聚胺基氰

英文别称:cyanoguanidine;DCDA

分子式:$C_2H_4N_4$.

分子量:84.09

CAS 登记号:461-58-5

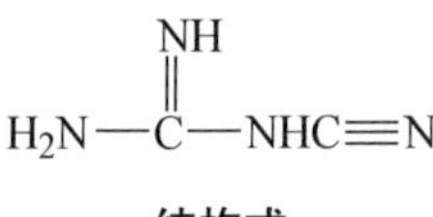

结构式

1. 物理性质

白色菱形结晶性粉末。密度 1.40g/cm^3(25℃)。熔点 207~209℃。稍溶于水和乙醇,难溶于醚和苯。

2. 化学性质

理论氮质量分数 66.6%,干燥的双氰胺性质稳定,不可燃,水溶液呈中性,水溶液 80℃以上会缓慢分解产生氨。加热条件下,与硝酸铵反应生成硝酸胍,与氯化铵反应生成盐酸胍,与胺基磺酸铵反应生成胺基磺酸胍。加热到熔点,熔融后剧烈反应缩聚生成三聚氰胺、蜜胺。

3. 理化指标和检验方法

双氰胺的理化指标和检验方法见表 9-21。

表 9-21 双氰胺的理化指标和检验方法

项目	理化指标			检验方法
	优级品	一级品	合格品	
外观	白色晶体	白色晶体	白色晶体	目视法
杂质沉淀试验	合格	合格	合格	目视法
双氰胺/%	≥99.5	≥99.0	≥98.0	酸碱滴定法
水分/%	≤0.30	≤0.50	≤0.60	干燥重量法
灰分/%	≤0.05	≤0.15	≤0.20	灼烧重量法
熔点(终点)/℃	209~212	208~212	207~212	熔点仪法
含钙量/$\times10^{-6}$	≤200	≤300	≤350	等离子发射光谱法

4. 制备方法

以氰氨化钙为原料与水进行水解，将反应所得悬浮状的水解液氰氨氢钙进行减压过滤，除去氢氧化钙滤渣，滤液通入二氧化碳进行脱钙生成氰氨液，然后在碱性条件下和74℃温度下进行聚合，经过滤、冷却结晶、分离干燥，得成品双氰胺。反应式如下：

$$2CaCN_2+2H_2O \longrightarrow Ca(HCN)_2+Ca(OH)_2$$

$$Ca(HCN)_2+H_2O+CO_2 \longrightarrow H_2CN_2+CaCO_3$$

$$2H_2CN_2 \longrightarrow H_2N-\overset{\overset{\displaystyle NH}{\|}}{C}-NHC\equiv N$$

5. 储存、运输和应用

用内衬塑料袋编织袋包装，储存于阴凉、干燥通风的库房内。切勿与氧化剂共储存，按照一般化学品规定运输。在运输装卸中应防潮湿、轻拿轻放。

主要用作固体推进剂绝热层阻燃剂。为三聚氰胺塑料的原料，也是合成医药、农药和染料的中间体。在医药上用于制取硝酸胍、磺胺类药物等。也可用来制取硫脲、硝酸纤维素稳定剂、橡胶硫化促进剂、钢铁表面硬化剂、印染固化剂、黏合剂、合成洗涤剂、复合肥料。

6. 毒性与防护

空气中最高容许浓度为5mg/m³，可损伤皮肤，使用时应注意防止发生皮疹。应避免吸入粉尘，操作人员应戴防护用具。

7. 理化分析谱图

(1) 红外光谱图见图9-60。

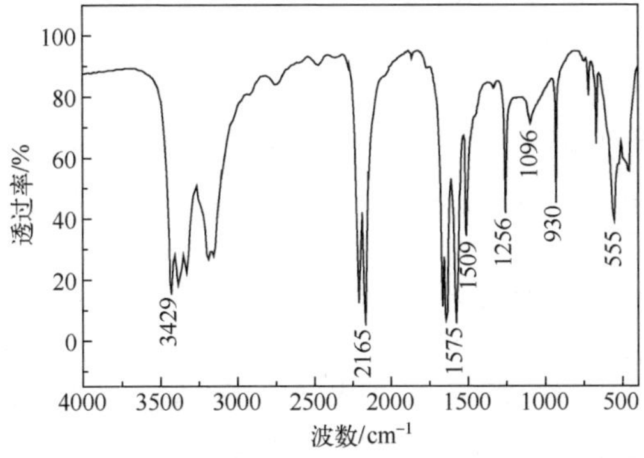

图9-60　红外光谱

(2) 拉曼光谱图见图 9-61。

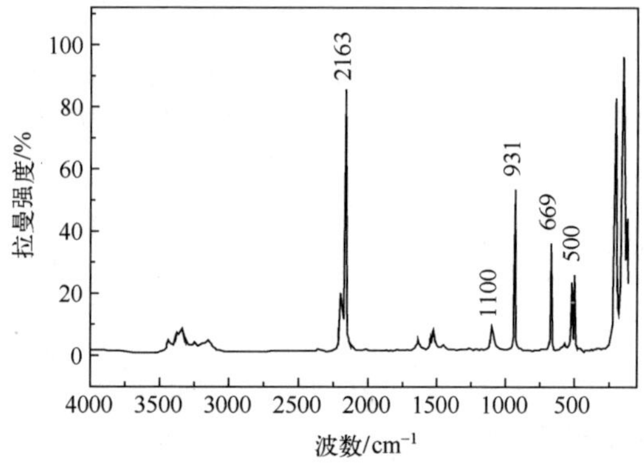

图 9-61 拉曼光谱

(3) 质谱图见图 9-62。

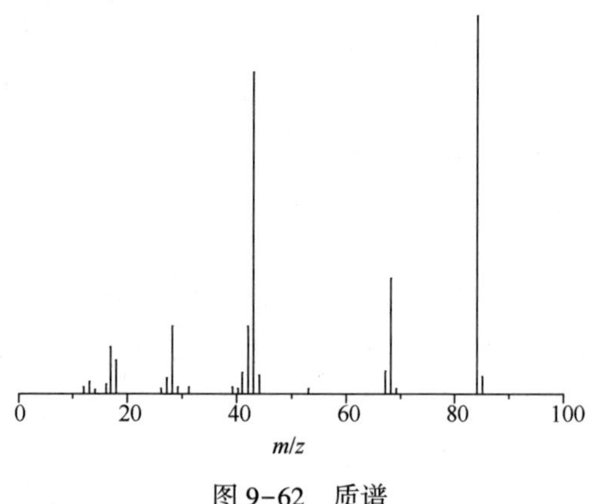

图 9-62 质谱

参考文献

[1] 化学工业出版社．中国化工产品大全:上卷[M]．2 版．北京:化学工业出版社，1998:712.

[2] 欧育湘，李建军．阻燃剂——性能、制造及应用[M]．北京:化学工业出版社，2006:253.

[3] 朱国梁，陆泉忠．双氰胺简介[J]．山西化工，1990(03):52，57-59.

[4] 汪涛锋．双氰胺及其应用动向——氰胺类精细化工产品中间体第五报[J]．杭州化工，1990(03):37-40.

[5] 余绍敬．双氰胺产品的开发与应用前景[J]．中氮肥，1994(05):25-27.

9.22 聚硅氧烷

中文名称:聚硅氧烷

英文名称:polysiloxane

分子式:$[R_nSiO_{4-n/2}]_m$,R 为—CH_3、—C_6H_5等有机基团,n 为硅原子上连接的有机基团数 1、2、3,m 为聚合度≥2

$$*\!\!-\!\!\left[\begin{array}{c}R_n\\|\\SiO_{(4-n)/2}\end{array}\right]_m\!\!-\!\!*$$

结构式

CAS 登记号:13847-22-8

1. 物理性质

透明、黏稠的液体,凝固点-50℃以下,玻璃化转变温度-54~-87℃,密度 0.930~0.978g/cm^3,折射率(25℃)1.375~1.414,热导率(50℃)(988.08~1616.10)×10^{-4}W/(m·K),比热容(定压) 1.34~1.55kJ/(kg·K) ,溶于非极性溶剂,如甲苯一类的芳香烃、低分子量脂肪烃及其氯化物,难溶于极性溶剂,溶解度随聚合度而不同,低分子量的聚硅氧烷比高分子量的容易溶解。

2. 化学性质

闪点 300℃以上,燃点 452℃以上,在脂肪酸、熔融硫、苯酚、液氨、石蜡、3%过氧化氢水溶液、5%柠檬酸、氨水、无机酸水溶液及金属盐水溶液中稳定。与氯化铁、氯化铵一类固体盐作用时,黏度逐渐上升,最后发生凝胶化。在浓的无机酸作用下,因温度条件不同可发生解聚或凝胶化。端基为羟基、环氧基等反应性基团的聚硅氧烷可通过类似于互穿聚合物网络(INP)部分交联机理而结合入聚合物中,长期处于高温或低温下均能保持弹性。

3. 理化指标和检验方法

聚硅氧烷的理化指标和检验方法见表 9-22。

表 9-22　聚硅氧烷的理化指标和检验方法

项　　目	理 化 指 标	检 验 方 法
外观	均匀无硬块	目视法
不挥发物/%	≥75	重量法
挥发性有机物/(g/L)	≤390	重量法
重金属 Pb/(mg/kg)	≤1000	比色法
Cd/(mg/kg)	≤100	比色法
Cr^{6+}/(mg/kg)	≤1000	比色法
Hg/(mg/kg)	≤1000	原子吸收光谱

4. 制备方法

将环硅氧烷通过催化聚合、乳液聚合、热聚合和辐射聚合等方法开环聚合为线性聚硅氧烷,或用含硅官能基有机硅烷通过水解缩聚后形成聚硅氧烷,或将含有相同或不同官能基硅化合物之间通过相互缩合形成 Si—O—Si 键及含 Si—C 键化合物,通过 Si—C 键的断裂而形成聚硅氧烷。聚甲基硅氧烷的反应式如下:

$$\frac{n}{4}\ (\text{环状 Si—O—Si—O—Si—O—Si—O}) \longrightarrow *\!\left(\mathrm{Si-O}\right)_n\!\mathrm{H}$$

5. 储存、运输和应用

用镀锌铁桶包装,储存于阴凉、通风的库房。远离火种、热源,避免光照。按照一般化学品规定运输。

主要用作固体推进剂绝热层阻燃剂。可与其他添加剂组成的复合系统,主要用于阻燃 LDPE、HDPE、PP 及 EVA 等聚烯烃,只需低用量即可满足一般阻燃要求,并能保持基材原有的性能,用量高可赋予基材特别优异的阻燃性和抑烟性,能用于防火安全要求严格的场所。

6. 毒性与防护

无毒无味,具有生理惰性,不会被消化系统吸收,对皮肤无刺激,对角膜有轻微刺激,但无伤害。

7. 理化分析谱图

(1) 红外光谱图见图 9-63。

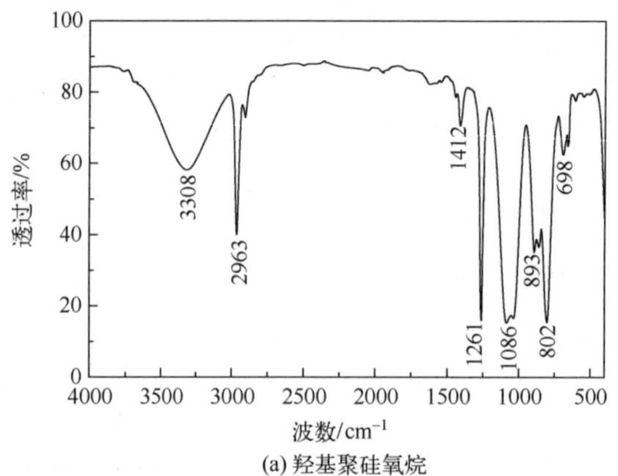

(a) 羟基聚硅氧烷

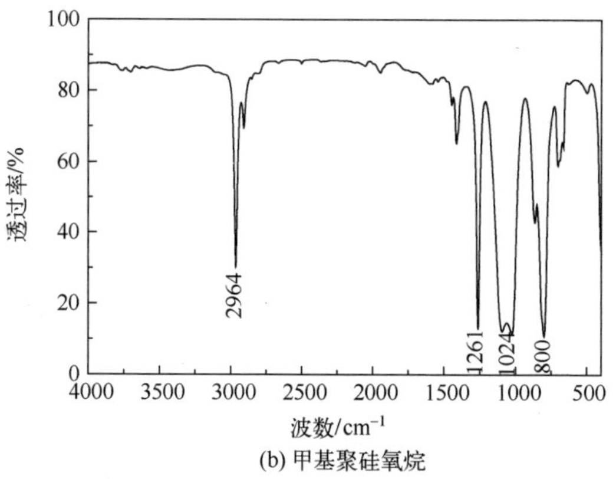

(b) 甲基聚硅氧烷

图 9-63　红外光谱

（2）拉曼光谱图见图 9-64。

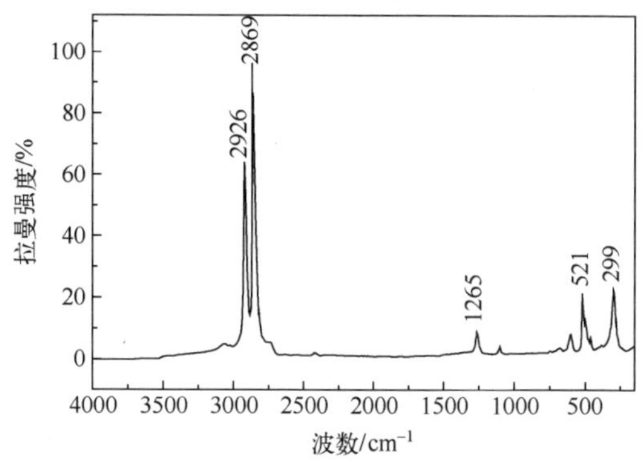

图 9-64　拉曼光谱

（3）质谱图见图 9-65。

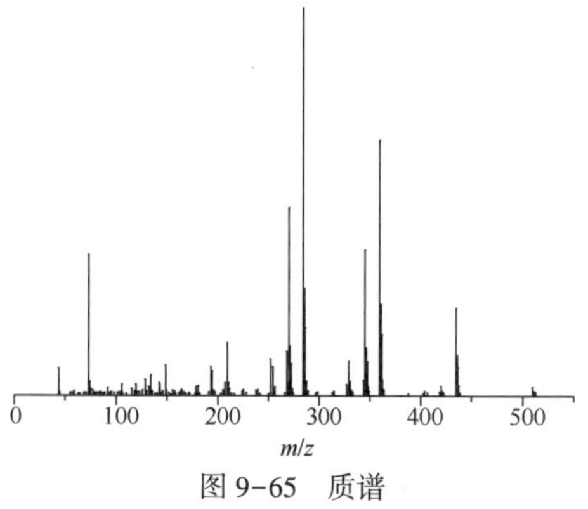

图 9-65　质谱

（4）热分析谱图见图 9-66。

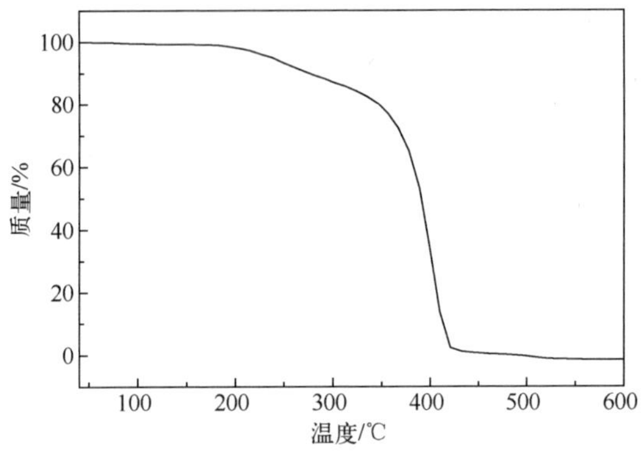

图 9-66　热分析谱（TG）

参考文献

[1]　欧育湘,李建军. 阻燃剂——性能、制造及应用[M]. 北京:化学工业出版社,2006:294-296.

[2]　张增光,贵大勇. 聚硅氧烷阻燃剂的研究进展[J]. 塑料,2007(04):37,85-89.

[3]　陈献新,何慧,贾德民,等. 聚硅氧烷的研究进展[J]. 绝缘材料,2006(01):59-63.

[4]　杨安明,刘娜. 小分子端羟基硅油的制备及表征[J]. 染整技术,2012,34(07):42-44.

[5]　齐帆,李美江,许文东,等. 羟基硅油制备技术研究进展[J]. 杭州师范大学学报(自然科学版),2010,9(02):89-92.

[6]　齐帆,李美江. 硅油制备工艺与应用[J]. 化工生产与技术,2009,16(06):9,37-39.

9.23　三氧化二锑

中文名称:三氧化二锑

英文名称:antimonytrioxide

中文别称:三氧化锑;锑白;阻燃剂 ATO

英文别称:antimonyoxide;antimony white;antimonious oxide;antimony peroxide

分子式:Sb_2O_3

分子量:291.50

CAS 登记号:1309-64-4

1. 物理性质

白色或灰色斜方晶系或等轴晶系粉末。密度 5.20～5.67g/cm³,熔点

656℃,沸点1550℃,折射率2.087。难溶于水(水中溶解度为0.002g/100g),不溶于醇。

2. 化学性质

理论锑质量分数83.54%。557℃以下为稳定的斜方晶系,557℃以上为稳定的等轴晶系。受热后变为黄色,冷却后恢复白色或灰色。可升华,Sb_2O_3的蒸气分子是二聚物Sb_4O_6。具有酸碱两性,碱性大于酸性,易溶于酸,溶于浓盐酸、浓硫酸、发烟硝酸、酒石酸、乙酸、草酸,生成相应的盐,不溶于稀硫酸。Sb_2O_3与强碱熔化生成$M_2^{2+}Sb(SbO_4)$盐。

3. 理化指标和检验方法

三氧化二锑的理化指标和检验方法见表9-23。

表9-23 三氧化二锑的理化指标和检验方法

项目	理化指标				检验方法
	99.90	99.80	99.50	99.00	
外观	白色粉末,无可见外来杂质				目视法
Sb_2O_3/%	≥99.90	≥99.80	≥99.50	≥99.00	碘量法
As/%	≤0.0040	≤0.0450	≤0.0450	≤0.150	钼蓝分光光度法
Pb/%	≤0.0090	≤0.0740	≤0.0930	≤0.186	等离子发射光谱法
Fe/%	≤0.0030	≤0.0035	≤0.0042	—	等离子发射光谱法
Cu/%	≤0.0015	≤0.0020	≤0.0020	—	等离子发射光谱法
Se/%	≤0.0040	≤0.0040	≤0.0050	—	等离子发射光谱法
Bi/%	≤0.0010	≤0.0020	≤0.0020	—	等离子发射光谱法
Cd/%	≤0.0005	≤0.0010	≤0.0015	—	等离子发射光谱法
白度/度	≥97	≥93	≥93	≥91	白度计法
平均粒度D_{50}/μm	0.0~0.3	0.3~0.9	0.3~0.9	—	激光散射法
	0.3~0.9	0.9~1.6	0.9~1.6	—	
	0.9~1.6	1.6~2.5	1.6~2.5	—	
立方晶型/%	≤95	≤90	≤90	—	X射线衍射法
EG溶解透光率/%	≤97	—	—	—	分光光度法

4. 制备方法

制法分为干法和湿法。干法是由辉锑矿或金属锑经焙烧氧化制得产品的方法。湿法是辉锑矿或金属锑采用液相法与酸反应制得产品的方法。

(1) 干法。辉锑矿(Sb_2S_3)于1000℃在焦炭存在下煅烧。将氧化生成的三氧化二锑蒸气收集起来,经冷凝后,用纯碱做助熔剂,与焦炭经加热还原生成金属锑。所得金属锑再在空气中氧化即得三氧化二锑。其反应式如下:

$$2Sb_2S_3+9O_2 \longrightarrow 2Sb_2O_3+6SO_2\uparrow$$

$$Sb_2O_3+3C \longrightarrow 2Sb+3CO\uparrow$$

$$4Sb+3O_2 \longrightarrow 2Sb_2O_3$$

(2)湿法。锑盐氨解法:将金属锑与氯气反应生成三氯化锑,经蒸馏、水解、氨解、洗涤、离心分离、干燥,制得三氧化二锑成品。其反应式如下:

$$2Sb+3C1_2 \longrightarrow 2SbCl_3$$

$$Sb_2Cl_3+H_2O \longrightarrow SbOCl+HCI$$

$$4SbOCl+H_2O \longrightarrow Sb_2O_3\cdot 2SbOCl+2HCI$$

$$Sb_2O_3\cdot 2SbOCl+2NH_4OH \longrightarrow 2Sb_2O_3+2NH_4Cl+H_2O$$

以辉锑矿为原料盐酸法:辉锑矿与盐酸作用,在硝酸存在下发生反应,经水解、沉淀、烘干即得成品。

5. 储存、运输和应用

试剂用玻璃瓶装,用内衬聚乙烯塑料袋的塑料编织袋或铁桶包装,储存在阴凉干燥的库房中。勿与无机浓酸、氢氧化钠共储混运。运输过程中要防雨淋、防日晒、避光,密封保存。

主要用作固体推进剂绝热层阻燃剂。用作各种树脂、合成橡胶、帆布、纸张、涂料等的阻燃剂,石油化工、合成纤维的催化剂。用于制造媒染剂、乳白剂,是合成锑盐的原料。搪瓷工业用作添加剂,以增加珐琅的不透明性和表面光泽。玻璃工业用作代替亚砷酸的脱色剂,也用于医药、冶金、军工等。

6. 毒性与防护

有毒。急性中毒表现为对呼吸道、消化道及皮肤的刺激作用。慢性中毒可影响新陈代谢,使皮肤干燥,手指和鼻周皲裂,并可引起变态反应性病症(湿疹、荨麻疹)。通过呼吸道中毒时,可给大量甜茶或咖啡饮料、阿司匹林、胺基吡啉。吞入粉尘中毒时,可用鞣酸溶液、蛋白水反复洗胃,服用温牛奶、黏液饮料(大麦米汤)。空气中最高容许浓度为 $1mg/m^3$。操作时使用防护用品。要防止粉尘形成和排放到车间空气中。

7. 理化分析谱图

红外光谱图见图 9-67。

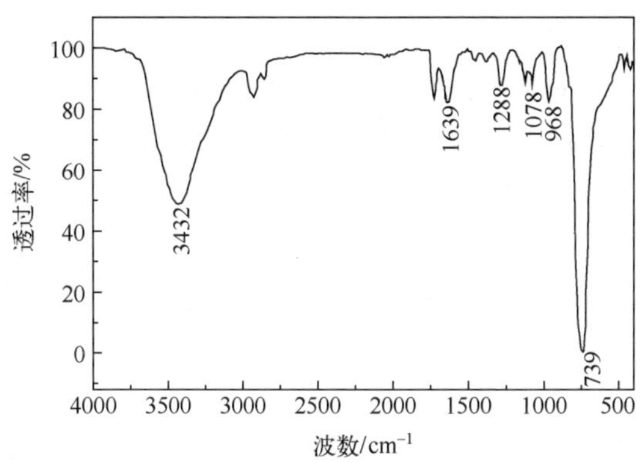

图 9-67　红外光谱

参考文献

[1]　化学工业出版社．中国化工产品大全:上卷[M]．2 版．北京:化学工业出版社,1998:374.

[2]　欧育湘,李建军．阻燃剂——性能、制造及应用[M]．北京:化学工业出版社,2006:313-319.

[3]　宋心崎．实用化学化工辞典[M]．北京:宇航出版社,1995:553-554.

[4]　王梦蛟,龚怀耀,薛广智．橡胶工业手册:第二分册　配合剂[M]．修订版．北京:化学工业出版社,1989:267.

[5]　李志强,刘新春,宋应球,等．三氧化二锑:GB/T 4062—2013[S]．北京:中华人民共和国国家质量监督检验检疫总局,中国国家标准化管理委员会,2013.

9.24　锑　酸　钠

中文名称:锑酸钠

英文名称:sodium antimony

中文别称:焦锑酸钠;阻燃剂 SA

分子式:$Na_2SbO_6H_6$

分子量:264.84

结构式:$Na_2SbO_3 \cdot 3H_2O$;$Na_2Sb(OH)_6$

CAS 登记号:15432-85-6

1. 物理性质

白色四方晶系结晶。可溶于水、稀碱溶液,不溶于有机溶剂。

2. 化学性质

锑酸钠理论上有两种结构：一种是锑酸钠含三个结晶水；另一种是锑原子被6个羟基以八面体结构包围的络合物六羟基锑酸钠。理论锑质量分数46.0%。加热至178.6℃时开始失去部分结构水，在250℃时加热2h可失去绝大部分结构水而变为偏锑酸钠 $NaSbO_3 \cdot 1/2H_2O$。在900℃恒温2h可失去全部结构水而变成 $NaSbO_3$。溶于稀无机酸、乙酸、酒石酸及热的浓硫酸中，生成锑酸和相应酸的钠盐。

3. 理化指标和检验方法

锑酸钠的理化指标和检验方法见表9-24。

表9-24 锑酸钠的理化指标和检验方法

项目	理化指标		检验方法
	一等品	合格品	
总锑(以 Sb_2O_5 计)/%	64.0~65.6	64.0~65.6	氧化还原法
氧化钠(Na_2O)/%	12.0~13.0	12.0~13.0	原子吸收分光光度法
砷(以 As_2O_3 计)/%	≤0.02	≤0.10	钼蓝分光光度法
铁(以 Fe_2O_3 计)/%	≤0.01	≤0.05	等离子发射光谱法
铜(以 CuO 计)/%	≤0.001	≤0.005	等离子发射光谱法
铬(以 Cr_2O_3 计)/%	≤0.001	≤0.005	等离子发射光谱法
铅(以 PbO 计)/%	≤0.10	—	等离子发射光谱法
钒(以 V_2O_5 计)/%	≤0.001	≤0.005	等离子发射光谱法
水分/%	0.30	0.30	重量法
粒度/μm	≤100(通过100μm筛孔)	≤150(通过150μm筛孔)	过筛法

4. 制备方法

(1) 氧化锑、氢氧化钠、过氧化氢和水按比例加入反应釜内，在一定温度和压力条件下搅拌反应一定时间后结晶、洗涤过滤、烘干制得锑酸钠。反应式如下：

$$SbO_2 + 2NaOH \longrightarrow Na_2SbO_3 + H_2O$$

(2) 在高温和碱性介质条件下用三氧化二锑和硝酸钠反应生成锑酸钠，然后进行水解、洗涤、过滤、烘干。

$$Sb_2O_3 + 4NaNO_3 \longrightarrow 2Na_2SbO_3 + 1/2\ O_2 + 4NO_2$$

5. 储存、运输和应用

用内衬塑料袋铁桶或编织袋包装，储存于阴凉、干燥通风的库房内。储存时防火、防晒。容器必须密封，不得与无机酸、碱共储混运。按照一般化学品规定运输。

主要用作固体推进剂绝热层阻燃剂。用于玻璃工业作为澄清剂和脱水剂，用作优质陶瓷和搪瓷的原料。在阻燃材料中，作用与氧化锑相似。用作卤系阻燃剂的协效剂，特别是在那些不适于以氧化锑为协效剂的阻燃材料中。此外，锑酸钠的色调强度较三氧化二锑低，但因锑酸钠的锑质量分数低于三氧化二锑，故用量宜稍高。

6. 毒性与防护

无毒。应避免吸入粉尘，操作人员应戴防护用具。

7. 理化分析谱图

X 射线衍射谱图见图 9-68。

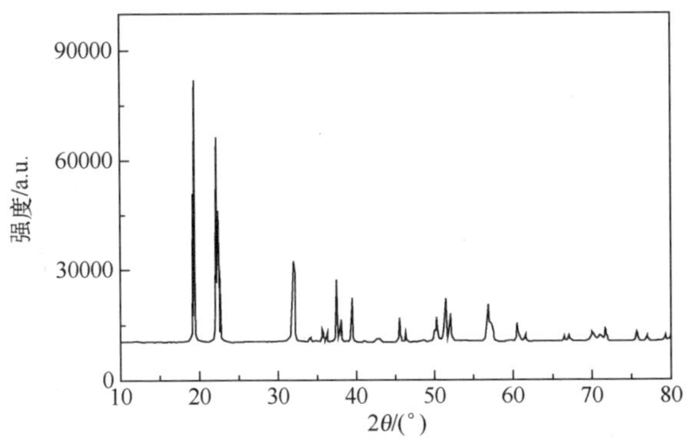

图 9-68　X 射线衍射谱

参考文献

[1]　欧育湘，李建军．阻燃剂——性能、制造及应用[M]．北京：化学工业出版社，2006：325.

[2]　曾振欧．锑酸钠的应用与制备方法[J]．湖南化工，1991(01)：24-26.

[3]　刘伟锋，焦奥博，刘亮强，等．加压氧化制备焦锑酸钠的清洁生产技术[J]．中国有色金属学报 2020，30(10)：2379-2387.

[4]　曹升，杨喜云，李计深，等．超细焦锑酸钠的制备及粒度调控[J]．中南大学学报(自然科学版) 2019，50(10)：2352-2359.

[5]　杨裴，李伟星，阳明，等．电子工业用水合锑酸钠：HG/T 3254—2010[S]．北京：中华人民共和国工业和信息化部，2010.

9.25 硼酸锌

中文名称：硼酸锌

英文名称：zinc borate

中文别称：阻燃剂 ZB

分子式：$x\mathrm{ZnO}\cdot y\mathrm{B_2O_3}\cdot z\mathrm{H_2O}$

分子量：24.19,434.62

结构式：$\mathrm{ZnBO_3}$,$\mathrm{2ZnO\cdot 3B_2O_3\cdot 3.5H_2O}$

CAS 登记号：硼酸锌 1332-07-6；硼酸锌水合物 12447-61-9

1. 物理性质

白色结晶粉末，熔点 980℃，密度 3.64~4.22g/cm^3，折射率 1.58~1.59，不溶于乙醇、正丁醇、苯、丙酮，易溶于盐酸、硫酸、二甲亚砜。溶于热水形成含 1% $\mathrm{B_2O_3}$的溶液，在冷水中溶解性极低。易分散，不吸湿。

2. 化学性质

热稳定性好。硼酸锌是一种环保型的非卤素阻燃剂，作为阻燃剂的硼酸锌有 $\mathrm{2ZnO\cdot 3B_2O_3}$(ZB23)、$\mathrm{2ZnO\cdot 3B_2O_3\cdot 3H_2O}$(ZB233)、$\mathrm{4ZnO\cdot 6B_2O_3\cdot 7H_2O}$(ZB2335，亦写成 $\mathrm{2ZnO\cdot 3B_2O_3\cdot 3.5H_2O}$)和 $\mathrm{2ZnO\cdot 3B_2O\cdot 7H_2O}$(ZB237)，最常用的品种为 ZB2335。7 结晶水硼酸锌失水温度约为 160℃，3.5 结晶水硼酸锌可达 260℃，300℃以上大量释放结晶水。与卤素阻燃剂(RX)并用接触火源时，放出结晶水，并生成气态的卤化硼和卤化锌。

3. 理化指标和检验方法

硼酸锌理化指标和检验方法见表 9-25。

表 9-25 硼酸锌理化指标和检验方法

项 目	理化指标			检验方法
	ZB23	ZB2335	ZB237	
氧化硼($\mathrm{B_2O_3}$)/%	52.~56.0	45.0~49.0	39.5~42.5	酸碱滴定法
氧化锌(ZnO)/%	42.0~44.0	35.5~39.5	30.5~33.5	络合滴定法
灼烧失重/%	≤1.5	13.5~15.5	24.0~26.5	重量法
附着水/%	≤0.5	≤0.8	≤1.0	重量法
白度/度	≥90	≥90	≥90	白度计法
筛余物(通过 45μm 筛孔)/%	≤1.0	≤1.0	≤1.0	重量法
粒度(D_{50})/%	≤45μm			激光粒度仪法

4. 制备方法

（1）氧化锌法。在已盛有一定浓度的硼酸介质溶液的结晶器中，投入一定配比的氧化锌和硼酸，在 80～100℃ 反应 5～7h，然后过滤洗涤，滤饼经干燥、粉碎后，制得硼酸锌成品。其反应式如下：

$$2ZnO+6H_3BO_3 \longrightarrow 2ZnO \cdot 3B_2O_3 \cdot 3.5H_2O+5.5H_2O$$

（2）氢氧化锌法。在水和其他有机溶剂的存在下，将氢氧化锌和硼酸加入反应器中，在温度 100℃ 下，保温 6～10h。料液经过滤，得到的固体物用热水洗涤，干燥，制得硼酸锌成品。其反应式如下：

$$2Zn(OH)_2+6H_3BO_3 \longrightarrow 2ZnO \cdot 3B_2O_3 \cdot 3.5H_2O+7.5H_2O$$

5. 储存、运输和应用

用内衬聚乙烯塑料薄膜袋的编织袋包装，储存在清洁干燥的库房，储存和运输中避免雨淋。勿与酸类物质共储混运，按照一般化学品规定运输。

主要用作固体推进剂绝热层阻燃剂。硼酸锌应用于塑料和橡胶如 PVC、PE、PP、聚酰胺、聚苯乙烯、环氧树脂、天然橡胶、苯乙烯丁二烯橡胶、氯丁橡胶，作为氧化锑或其卤素阻燃剂的多功能增效添加剂，作为含卤素等阻燃剂的部分或完全环保替代品，可以有效提高阻燃性能，减少燃烧时烟雾的产生，调节橡塑产品的化学、力学及电性能。应用于纸张、纤维织物、装饰板、地板革、壁纸、地毯、陶瓷釉料、杀菌剂，涂料，提高阻燃性能。用于防腐、远红外线吸收、木材的防虫防菌处理。硼酸锌与氢氧化铝并用可呈极强的协同阻燃效应。

6. 毒性与防护

低毒。应避免吸入粉尘，操作人员应戴防护用具。

7. 理化分析谱图

（1）红外光谱图见图 9-69。

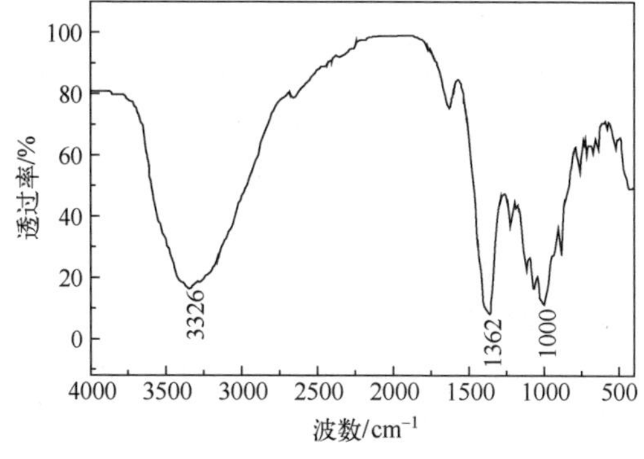

图 9-69　红外光谱

（2）X 射线衍射谱图见图 9-70。

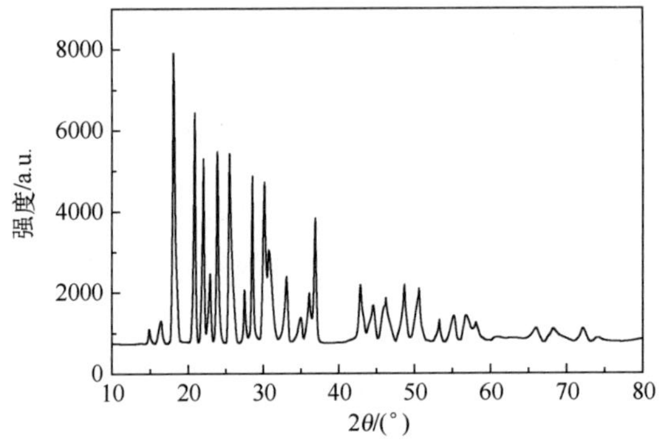

图 9-70　X 射线衍射谱

（3）热分析谱图见图 9-71。

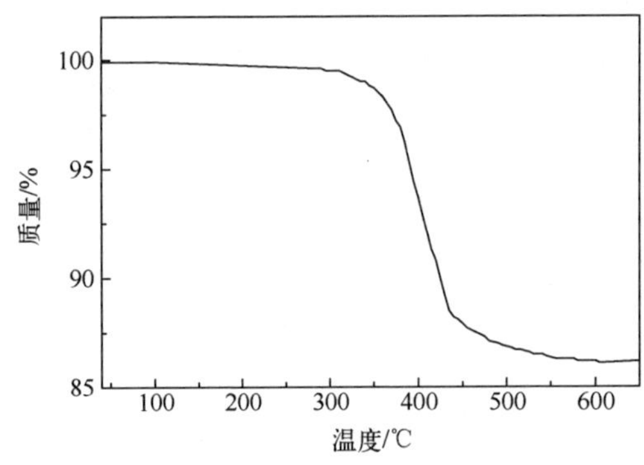

图 9-71　热分析谱

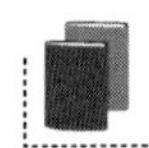

参考文献

[1] 化学工业出版社．中国化工产品大全:上卷[M].2 版．北京:化学工业出版社,1998:72-73.

[2] 欧育湘．李建军．阻燃剂——性能、制造及应用[M]．北京:化学工业出版社,2006:371-379.

[3] 王梦蛟,龚怀耀,薛广智．橡胶工业手册:第二分册　配合剂[M]．修订版．北京:化学工业出版社,1989:267-277

[4] 张月琴,叶旭初．硼酸锌的性质、制备及阻燃应用[J]．无机盐工业,2007(12):9-12.

[5] 梁兵,刘世军．无机阻燃剂硼酸锌的合成研究[J]．沈阳化工大学学报,2010,24(02):147-151.

[6] 李明．硼酸锌的应用研究进展[J]．精细与专用化学品,2016,24(12):49-51.

[7] 张雅民,荆凯,杨裴,等. 硼酸锌阻燃剂. 化工行业标准 HG/T 4827—2015,中华人民共和国工业和信息化部,2015.

9.26 硼 酸

中文名称:硼酸

英文名称:boric acid

中文别称:阻燃剂 BA

英文别称:boracic acid

分子式:H_3BO_3

分子量:61.83

CAS 登记号:10043-35-3

1. 物理性质

白色粉末状结晶或三斜轴面鳞片状光泽结晶,有滑腻手感,无臭味。密度 1.435g/cm^3(15℃)。溶于水、乙醇、甘油、醚类及香精油中,微溶于丙酮。在水中的溶解度随温度升高而增大,并能随水蒸气挥发,在无机酸中的溶解度要比在水的溶解度小。

2. 化学性质

硼酸实际上是氧化硼的水合物($B_2O_3 \cdot 3H_2O$),水溶液呈弱酸性,加热至 70~100℃时逐渐脱水生成偏硼酸,150~160℃时生成焦硼酸,300℃时生成硼酸酐(B_2O_3)。硼酸易与醇类反应生成酯,和多元醇尤其是顺式结构上的两个羟基形成酯型配位离子。

3. 理化指标和检验方法

硼酸理化指标和检验方法见表 9-26。

表 9-26 硼酸理化指标和检验方法

项 目	理化指标		检验方法
	优等品	一等品	
外观	白色粉末状结晶或三斜轴面鳞片状带光泽结晶		目视法
硼酸(H_3BO_3)/%	99.6~100.8	99.4~100.8	酸碱滴定法
水不溶物/%	0.010	0.040	重量法
硫酸盐(以 SO_4^{2-})/%	≤0.10	≤0.20	比浊法

续表

项　　目	理化指标		检验方法
	优等品	一等品	
氯化物(以 Cl^- 计)/%	≤0.010	≤0.050	分光光度法
铁(Fe)/%	0.0010	0.0015	分光光度法
重金属(以 Pb 计)/%	≤0.0010	—	比色法

4. 制备方法

(1) 硼砂硫酸中和法:将硼砂溶解后,加硫酸复分解制得硼酸。反应式如下:

$$Na_2B_4O_7+H_2SO_4+5H_2O \longrightarrow 4H_3BO_3+Na_2SO_4$$

(2) 碳酸氢铵法:将硼矿粉与碳酸氢铵溶液混合,经加热后分解得到含硼酸铵料液,再经脱氨,即得硼酸。反应式如下:

$$2MgO \cdot B_2O_3+2NH_4HCO_3+H_2O \longrightarrow 2(NH_4)H_2BO_3+2MgCO_3$$

$$(NH_4)H_2BO_3 \longrightarrow H_3BO_3+NH_3$$

(3) 盐酸法。用盐酸酸解硼精矿,再经过滤、结晶和干燥,即得硼酸。反应式如下:

$$2MgO \cdot B_2O_3+4HCl+H_2O \longrightarrow 2H_3BO_3+2MgCl_2$$

(4) 井盐卤水盐酸法。由含硼卤与盐酸一起蒸煮,再经脱水、结晶、干燥即得硼酸。

5. 储存、运输和应用

用内衬二层牛皮纸(或塑料袋)的麻袋包装,储存在干燥清洁的库房内,避免雨淋或受潮,装在棚车、船舱或带棚的汽车内运输,不与潮湿物品和有色的原料混合堆置,运输工具必须干燥清洁。

主要用作固体推进剂绝热层阻燃剂。硼酸大量用于玻璃工业,可以改善玻璃制品的耐热、透明性能,提高机械强度,缩短熔融时间。在搪瓷、陶瓷业中,用以增强搪瓷产品的光泽和坚牢度,也是釉药和颜料的成分之一。在医药工业、冶金工业中作添加剂、助溶剂,特别是硼钢具有高硬度和良好的轧延性,以代替镍钢。用作木材防腐剂,还可作杀虫剂和催化剂。在农业上作含硼微量元素肥料,对许多作物有肥效,可提高油菜籽的含油率。

6. 毒性与防护

硼酸对人体有毒,内服影响神经中枢。应避免吸入粉尘,操作人员应戴防护用具。

7. 理化分析谱图

(1) 红外光谱图见图 9-72。

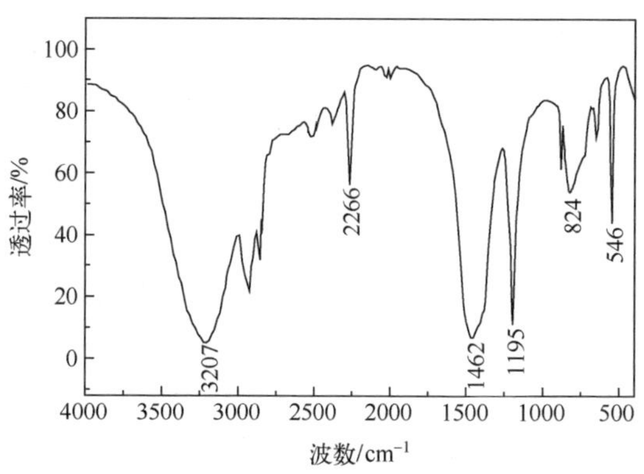

图 9-72　红外光谱

(2) X 射线衍射谱图见图 9-73。

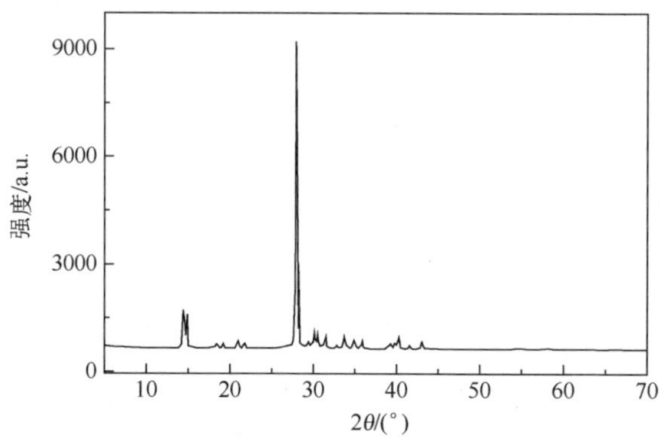

图 9-73　X 射线衍射谱

参考文献

[1]　欧育湘．李建军．阻燃剂——性能、制造及应用[M]．北京:化学工业出版社,2006:371-379.

[2]　化学工业出版社．中国化工产品大全:上卷[M]．2 版．北京:化学工业出版社,

1998:472.

[3] 王梦蛟,龚怀耀,薛广智. 橡胶工业手册:第二分册 配合剂[M]. 修订版. 北京:化学工业出版社,1989:563.

[4] 张亨. 无机硼系化合物阻燃剂[J]. 上海塑料,2012(03):12-17.

[5] 龚殿婷,李凤华,刘素兰,等. 硼酸的生产应用现状及市场前景[J]. 化学工业与工程技术,2007(06):50-54.

[6] 曹仲文,苑国栋,张晨曦,等. 工业硼酸:GB/T 538—2018[S]. 北京:国家市场监督管理总局,中国国家标准化管理委员会,2018.

第10章 抑烟剂

抑烟剂是一类用于抑制绝热层聚合物分子在高温下反应产生烟气的功能助剂。随着人们对绿色环保的追求,具有阻燃效果的新型环保抑烟剂是发展方向。

10.1 三氧化钼

中文名称:三氧化钼

英文名称:molybdenumtrioxide

中文别称:钼酸酐;氧化钼

英文别称:molybdenum oxide;molybdic oxide;MTO

分子式:MoO_3

分子量:143.94

CAS 登记号:1313-27-5

1. 物理性质

淡黄绿色或浅灰色粉末,具有光/电致变色性。熔点 795℃,沸点 1155℃(升华),密度 4.69g/cm^3,堆积密度 0.38g/cm^3,微溶于水,水中溶解度 0.68g/100g。

2. 化学性质

MoO_3标准摩尔生成焓为-745.17kJ/mol(25℃),标准摩尔熵 S_0^{298} 为 77.78J/(K·mol)(25℃)。钼质量分数 66.5%,具有独特的层状结构,晶格结构中存在有趣的四面体、八面体空穴,结构中的通道大小适合小离子的插入和脱出。主要以三种相态存在,热力学稳定的正交相(α-MoO_3)、热力学介稳的单斜相(β-

MoO_3)和六方相(h−MoO_3)。酸性氧化物,可溶于氨水和强碱溶液,生成钼酸盐。10%料浆的 pH 值 2.9,在空气中很稳定,热分解温度 540℃。氧化性极弱,在高温下可被氢、碳、铝还原。溶于强酸,生成二氧钼根(MoO_2^{2+})和氧钼根(MoO^{4+})络合阳离子,与酸根可形成可溶性络合物。通入干燥氯化氢,加热升华成淡黄色针状结晶钼酸。

3. 理化指标和检验方法

三氧化钼的理化指标和检验方法见表 10−1。

表 10−1　三氧化钼的理化指标和检验方法

项　　目	理 化 指 标	检 验 方 法
外观	淡黄绿色或浅灰色粉末	目视法
三氧化钼/%	≥99.80	酸碱滴定法
镍(Ni)/%	≤0.005	等离子发射光谱法
磷(P)/%	≤0.002	等离子发射光谱法
硫(S)/%	≤0.01	高频燃烧红外吸收法
砷(As)/%	≤0.0010	原子荧光光谱法
其他金属/%	≤0.0100	等离子发射光谱法
氯化残渣/%	≤0.03	重量法
600℃时质量损失/%	<0.1	重量法
平均粒度 D_{50}/μm	2.5	激光粒度仪法
99.9%的粒度/μm	<32	过筛重量法

4. 制备方法

(1) 钼酸铵热分解法。将辉钼精矿粉碎至 60~80 目,放入焙烧炉中于 500~550℃氧化焙烧,用氨水浸出,得到钼酸铵溶液。去除杂质后,加热至 40~45℃,在搅拌下加入硝酸中和至 pH=1.5,生成八钼酸铵沉淀,经过滤、离心脱水后,溶于 70~80℃的氨水中,再蒸发浓缩,得到仲钼酸铵,然后在 550~600℃下进行热分解,得到三氧化钼。反应式如下:

$$(NH_4)_2MoO_4 \longrightarrow MoO_3 + 2NH_3 + H_2O$$

(2) 双氧水氧化法。钼粉在冰浴条件下与 30%双氧水反应生成橘黄色的过氧化钼酸溶胶,常温除去双氧水,在 180℃恒温 4h,自然冷却洗涤,在 80℃干燥,得淡蓝色三氧化钼。反应式如下:

$$Mo + 3H_2O_2 \longrightarrow MoO_3 + 3H_2O$$

5. 储存、运输和应用

用内衬聚乙烯塑料袋和编织袋或铁桶密封包装,置于阴凉、通风、干燥的库房内。注意防潮和避热,不可与酸、碱物质共储,运输时防雨淋,防日光曝晒。

用于固体推进剂抑烟剂。用作分析试剂,制备金属钼和钼化合物的原料。石油工业中常用作催化剂，如石油工业中加氢分解、异构化、多重键的加氢，烃类的脱氢和脱氢环化反应，醇类的脱水和脱氢反应。MoO_3及其水合物可用作锂电池阴极材料、电化学显色材料和电催化材料，还可用于搪瓷釉药颜料及药物等。

6. 毒性与防护

三氧化钼和钼酸盐有毒，金属钼和二硫化钼毒性较弱。钼中毒引起尿酸增高，痛风，出现多关节痛，低血压，血压不稳定，神经系统功能紊乱，代谢过程障碍。钼的可溶性化合物，其气溶胶的最大容许浓度为 $2mg/m^3$，粉尘为 $4mg/m^3$，水中为 $6mg/m^3$。操作人员工作时要戴防毒口罩，穿防尘工作服。加工矿石和制备金属钼的粉末时，要防止粉尘泄漏，并注意通风。可用水、沙土灭火。

7. 理化分析谱图

（1）红外光谱图见图 10-1。

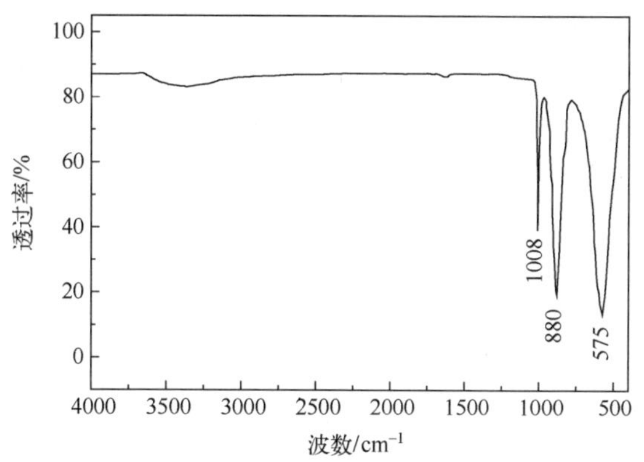

图 10-1　红外光谱

（2）X 射线衍射谱图见图 10-2。

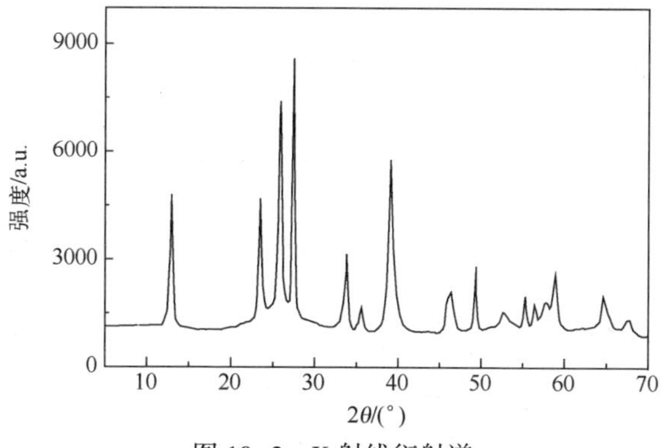

图 10-2　X 射线衍射谱

（3）热分析谱图见图 10-3。

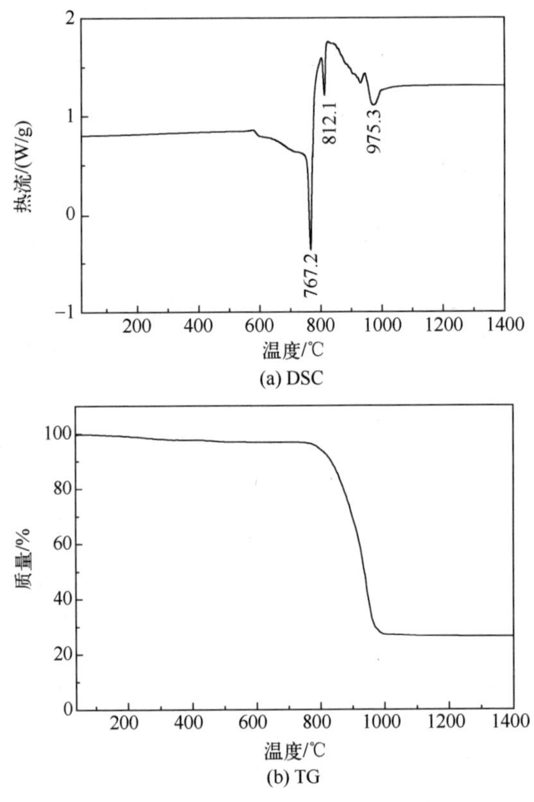

(a) DSC

(b) TG

图 10-3　热分析谱

参考文献

[1]　化学工业出版社．中国化工产品大全:上卷[M]．2 版．北京:化学工业出版社，1998:339.

[2]　欧育湘，李建军．阻燃剂——性能、制造及应用[M]．北京:化学工业出版社，2006:389-393.

[3]　宋继梅，杨捷，宋娟，等．层状化合物三氧化钼的制备及其电化学脱嵌锂性质研究[J]．中国钼业[J]．2007，31(5):36-42.

[4]　田文迪，栗肖泽，曹建亮，等．纳米线组装叶片状三氧化钼的合成及其对三乙胺的气敏性能[J]．无机化学学报，2020，36(1):1948-1958.

[5]　祁琰媛．一维三氧化钼纳米材料的合成、结构与性能研究[D]．武汉:武汉理工大学，2007.

[6]　樊建军,马志军,程景峰,等. 纯三氧化钼:YS/T 639—2007[S]. 北京:中华人民共和国家发展和改革委员会,2007.

10.2 钼酸铵

中文名称:钼酸铵

英文名称:ammonium molybdate

分子式:$(NH_4)_2Mo_2O_7$(二钼酸铵);$(NH_4)_6Mo_7O_{24}\cdot 4H_2O$(七钼酸铵);$(NH_4)_4Mo_8O_{26}$(八钼酸铵)

分子量:339.92(二钼酸铵);1235.66(七钼酸铵);1255.66(八钼酸铵)

CAS 登记号:27546-07-2(二钼酸铵);12027-67-7(七钼酸铵);12411-64-2(八钼酸铵)

1. 物理性质

白色松散结晶粉末,七钼酸铵密度 2.498g/cm^3,八钼酸铵密度 3.18g/cm^3,松装密度 0.60~1.75g/cm^3。八钼酸铵晶体分为 α-八钼酸铵、β-八钼酸铵、χ-八钼酸铵。溶于水,水中溶解度为 4g/100g,不溶于醇、丙酮。

2. 化学性质

钼酸铵是一种由铵阳离子与钼杂多酸阴离子组成的化合物。钼酸铵是一个复杂的体系,生成钼酸铵的种类主要由钼酸铵溶液的 pH 值决定,从碱性到酸性可生成众多各类的钼酸盐。二钼酸铵水溶液呈弱碱性(pH 8~9),七钼酸铵水溶液呈弱酸性(pH 5~6)。溶于酸中,生成钼酸,与碱反应生成钼酸盐,放出氨气。在空气中风化,失去结晶水和一部分氨,七钼酸铵加热至 90℃时失去一个结晶水,190℃时分解成氨、水和三氧化钼。抑烟的通常是 α-八钼酸铵,分解温度 250℃。

3. 理化指标和检验方法

钼酸铵的理化指标和检验方法见表 10-2。

表 10-2　钼酸铵的理化指标和检验方法

项　目	理化指标				检验方法
	二钼酸铵	四钼酸铵	七钼酸铵	八钼酸铵	
外观	白色松散结晶粉末,无可见机械杂质				目视法
钼(Mo)/%	56.45±0.40	56.00±0.40	54.35±0.40	61.10±0.40	重量法
钾(K)/%	≤0.0060	≤0.0100	≤0.0150	≤0.0060	火焰原子吸收光谱法

续表

项　目	理化指标				检验方法
	二钼酸铵	四钼酸铵	七钼酸铵	八钼酸铵	
钠(Na)/%	≤0.0005	≤0.0008	≤0.0010	≤0.0005	火焰原子吸收光谱法
铁(Fe)/%	≤0.0005	≤0.0005	≤0.0006	≤0.0005	比色法
铝(Al)/%	≤0.0005	≤0.0005	≤0.0006	≤0.0005	等离子发射光谱法
硅(Si)/%	≤0.0005	≤0.0005	≤0.0005	≤0.0005	等离子发射光谱法
锡(Sn)/%	≤0.0005	≤0.0005	≤0.0005	≤0.0005	等离子发射光谱法
铅(Pb)/%	≤0.0005	≤0.0005	≤0.0005	≤0.0005	石墨炉原子吸收光谱法
磷(P)/%	≤0.0005	≤0.0005	≤0.0005	≤0.0005	分光光度法
镁(Mg)/%	≤0.0003	≤0.0005	≤0.0006	≤0.0003	火焰原子吸收光谱法
钙(Ca)/%	≤0.001	≤0.002	≤0.005	≤0.0010	火焰原子吸收光谱法
镉(Cd)/%	≤0.0005	≤0.0005	≤0.0005	≤0.0005	火焰原子吸收光谱法
锑(Sb)/%	≤0.0005	≤0.0005	≤0.0005	≤0.0005	原子荧光光谱法
铋(Bi)/%	≤0.0005	≤0.0005	≤0.0005	≤0.0005	原子荧光光谱法
铜(Cu)/%	≤0.0003	≤0.0004	≤0.0005	≤0.0004	火焰原子吸收光谱法
镍(Ni)/%	≤0.0003	≤0.0003	≤0.0003	≤0.0003	等离子发射光谱法
锰(Mn)/%	≤0.0003	≤0.0003	≤0.0003	≤0.0003	火焰原子吸收光谱法
铬(Cr)/%	≤0.0002	≤0.0002	≤0.0007	≤0.0002	分光光度法
钨(W)/%	≤0.0100	≤0.0120	≤0.0150	≤0.0120	等离子发射光谱法
钛(Ti)/%	≤0.0005	≤0.0005	≤0.0005	≤0.0005	等离子发射光谱法
砷(As)/%	≤0.0005	≤0.0005	≤0.0005	≤0.0005	原子荧光光谱法
粒度/μm	≤420	≤420	≤420/10(D50)	≤10(D50)	过筛法/激光粒度仪法

4. 制备方法

(1) 氨法。将钼精矿粉碎，放入多膛炉或沸腾炉中焙烧，用氨水浸取焙烧产物，得钼酸铵溶液，用硫氢化钠除去铜、锌、镍等的钼酸盐和硫酸盐杂质。将净化的钼酸铵溶液蒸发、冷却、结晶、过滤、干燥，即得七钼酸铵产品。反应式如下：

$$2MoS_2 + 7O_2 \longrightarrow 2MoO_3 + 4SO_2 \uparrow$$

$$MoO_3 + 2NH_3 \cdot H_2O \longrightarrow (NH_4)_2MoO_4 + H_2O$$

$$7(NH_4)_2MoO_4 \longrightarrow (NH_4)_6Mo_7O_{24} \cdot 4H_2O + 8NH_3 \uparrow$$

(2) 酸湿法。以硝酸、钼精矿、氨水为原料制备钼酸铵。反应式如下：

$$MoS_2 + 6HNO_3 \longrightarrow H_2MoO_4 + 2H_2SO_4 + 6NO\uparrow$$

$$H_2MoO_4 + 2NH_3 \cdot H_2O \longrightarrow (NH_4)_2MoO_4 + 2H_2O$$

(3) 碱湿法。以钼精矿、次氯酸钠、氢氧化钠为原料制备钼酸钠,再用离子交换法制备四水仲钼酸铵。反应式如下:

$$MoS_2 + 9NaClO + 6NaOH \longrightarrow Na_2MoO_4 + 9NaCl + 2Na_2SO_4 + 3H_2O$$

$$Na_2MoO_4 + 2NH_4^+ \longrightarrow (NH_4)_2MoO_4 + 2Na^+$$

(4) 二钼酸铵与三氧化钼在水中反应制备八钼酸铵。反应式如下:

$$2(NH_4)_2Mo_2O_7 + 4MoO_3 \longrightarrow (NH_4)_4Mo_8O_{26}$$

5. 储存、运输和应用

用内衬二层牛皮纸(或塑料袋)的麻袋包装,储存在干燥清洁的库房内,避免雨淋或受潮,装在船舱或带棚的汽车内运输。

用于固体推进剂抑烟剂。用作石油工业的催化剂,冶金工业中用于制取钼,是制造陶瓷釉彩、颜料及其他钼化合物的原料。

6. 毒性与防护

有毒,气溶胶的最大容许浓度为 $2mg/m^3$,粉尘为 $4mg/m^3$。应避免吸入粉尘,操作人员应戴防护用具。

7. 理化分析谱图

拉曼光谱图见图 10-4。

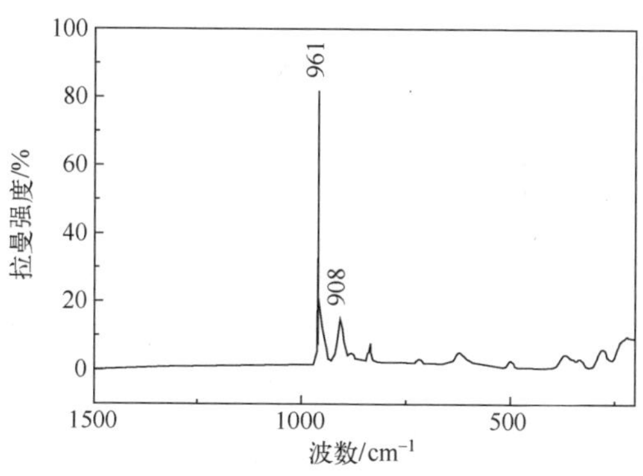

图 10-4　拉曼光谱(八钼酸铵)

参考文献

[1] 化学工业出版社. 中国化工产品大全:上卷[M]. 2 版. 北京:化学工业出版社,1998:340-341.

[2] 樊建军,王郭亮,蔺佰潮,等. 钼酸铵:GB/T 3460—2017[S]. 北京:中华人民共和国国家质量监督检验检疫总局,中国国家标准化管理委员会,2017.

[3] 刘锦锐. 钼酸铵生产工艺流程综述[J]. 云南冶金,2018,47(04):48-57.

[4] 张亨. 钼酸铵的生产研究进展[J]. 中国钼业,2013,37(02):49-54.

[5] 周新文,王锦,郭军刚,等. α-八钼酸铵的制备表征[J]. 中国钼业,2012,36(05):32-34.

[6] 朱山宝,马青赛,付志忠,等. 八钼酸铵与聚磷酸铵阻燃抑烟 PVC 的研究[J]. 湖北工业大学学报,2017,32(04):91-93.

10.3 锡 酸 锌

中文名称:锡酸锌

英文名称:zinc stannate

中文别称:阻燃剂 ZS(锡酸锌);阻燃剂 HZS(水合锡酸锌)

英文别称:hadratezinc stannate;zinc hydroxy stannate;flame retardant ZS;flame retardant HZS

分子式:$ZnSnO_3$;$ZnSnO_3 \cdot 3H_2O$(水合锡酸锌);$ZnSn(OH)_6$(氢氧化锡酸锌)

分子量:232.12(锡酸锌);286.06(水合锡酸锌)

CAS 登记号:12036-37-2(锡酸锌);12027-96-2(水合锡酸锌)

1. 物理性质

白色粉末,熔点 600℃以上。密度 3.3~3.9g/cm^3,不溶解于水。

2. 化学性质

ZS 和 HZS 锡质量分数分别为 51.15% 和 41.49%,锌质量分数分别为 28.17% 和 22.84%。HZS 的起始分解温度高于 180℃,ZS 的耐热温度可达到 600℃。$ZnSnO_3$为立方面心堆积的八面体结构,Zn 原子和 O 原子分别位于立方体结构的顶点和面中心,Sn 原子位于由 6 个 O 原子组成的正八面体的间隙位置,具有大量的氧空位,氧空位容易吸附空气中的氧,低温环境下对还原性气体表现出较高的氧化活性,$ZnSnO_3$中的金属原子(Zn 和 Sn)也可以被其他的金属离子如 Co、Ca 等部分取代,具有半导体性质。

3. 理化指标和检验方法

锡酸锌的理化指标和检验方法见表 10-3。

表 10-3　锡酸锌的理化指标和检验方法

项　　目	理化指标		检验方法
	HZS	ZS	
平均粒度 D_{50}/μm	≤2.5	≤1.7	激光粒度仪法
比表面积/(m^2/g)	≥4.5	≥33	比表面积仪法
起始热分解温度/℃	≥180	≥600	热重分析仪法
吸油率/(g/100g)	≥18	≥25	重量法
密度/(g/cm^3)	3.30±0.05	3.90±0.05	密度仪法
游离水/%	<1.0	<1.0	重量法
白度/度	≥87	≥87	白度计法

4. 制备方法

(1) 水合锡酸钠与氯化锌水溶液进行复分解反应，制得 HZS，HZS 加热制得 ZS。反应式如下：

$$Na_2Sn(OH)_6+ZnCl_2 \xrightarrow{H_2O} ZnSn(OH)_6+2NaCl$$

$$ZnSn(OH)_6 \xrightarrow{\triangle} ZnSnO_3+3H_2O$$

(2) 固相反应。将 $ZnSO_4 \cdot 7H_2O$、$SnCl_4 \cdot 5H_2O$ 及 NaOH 混合，在室温下研磨，混合物即可反应生成 HZS，再将 HZS 在 600 热处理 1h，则可得到 ZS，此方法制得的产品平均粒度约为 30μm，此法无须溶剂，无污染，节能。反应式如下：

$$SnCl_4+4NaOH \longrightarrow Sn(OH)_4+4NaCl$$

$$ZnSO_4+2NaOH \longrightarrow Zn(OH)_2+Na_2SO_4$$

$$Sn(OH)_4+Zn(OH)_2 \longrightarrow ZnSn(OH)_6$$

$$ZnSn(OH)_6 \xrightarrow{\triangle} ZnSnO_3+3H_2O$$

5. 储存、运输和应用

用内衬聚乙烯塑料薄膜袋的编织袋包装，储存在清洁干燥的库房，储存和运输中避免雨淋。勿与酸类物质共储混运，按照一般化学品规定运输。

用于固体推进剂抑烟剂。用于 PVC 及卤代不饱和聚酯中阻燃，阻燃率与 Sb_2O_3 相当，并可大大减少材料燃烧时烟及 CO 的生成量。

6. 毒性与防护

ZS 和 HZS 基本无毒，LD_{50}(大鼠经口) 5000mg/kg。应避免吸入粉尘，操作人员应戴防护用具。

7. 理化分析谱图

(1) 红外光谱图见图 10-5。

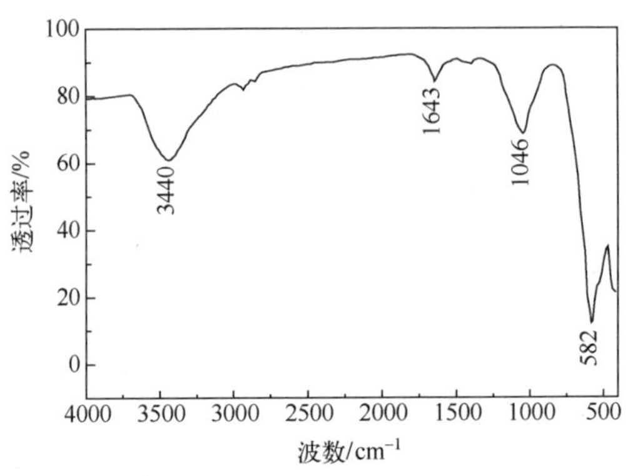

图 10-5　红外光谱

（2）X 射线衍射谱图见图 10-6。

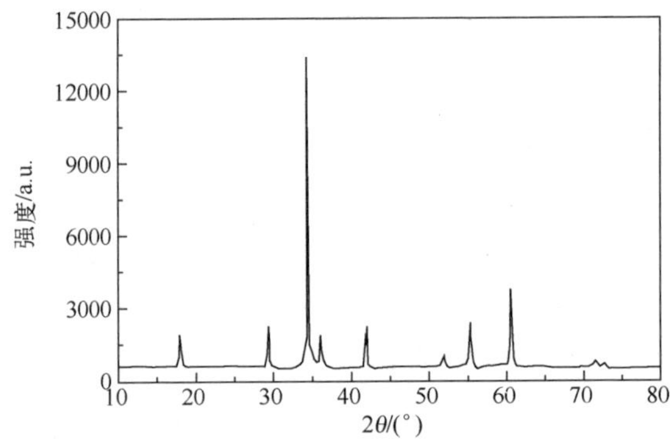

图 10-6　X 射线衍射谱

参考文献

[1] 欧育湘．李建军．阻燃剂——性能、制造及应用[M]．北京：化学工业出版社，2006：397-399.

[2] 张予东，张建州，李宾杰，等．阻燃抑烟剂锡酸锌和羟基锡酸锌的研究进展[J]．河南化工，2007(07)：1-4.

[3] 段富良，王梅，黄潇，等．锡酸锌阻燃剂制备工艺优化研究[J]．当代化工研究，2016(08)：64-65.

[4] 王俊海，胡颖兰，邢东风，等．微波辅助合成多面体锡酸锌及其气敏研究[J]．蚌埠学院学报 2021，10(2)：6-11.

[5] 陈灵智，孙会娟，张明明．活性炭模板法制备锡酸锌掺杂磷化合物及表征[J]．化工新

型材料 2021,49(3):156-158.

[6]　叶晨,张玲洁,沈涛,等.锡酸锌纳米粉体的制备及其在电接触材料中的应用[J].稀有金属材料与工程,2020,49(4):1288-1294.

10.4　锡　酸　钠

中文名称:锡酸钠

英文名称:sodium stannate

分子式:Na_2SnO_3;$Na_2SnO_3 \cdot 3H_2O$;$Na_2Sn(OH)_6$

分子量:212.69(Na_2SnO_3);266.73($Na_2SnO_3 \cdot 3H_2O$)

CAS 登记号:12058-66-1(Na_2SnO_3);12209-98-2($Na_2SnO_3 \cdot 3H_2O$)

1. 物理性质

无色六角板状结晶或白色粉末,熔点 140℃,密度 4.68g/cm^3(25℃),溶于水,不溶于醇和丙酮。

2. 化学性质

三水锡酸钠加热至 140℃时失去结晶水而成无水物。呈碱性,在空气中吸收二氧化碳而成碳酸钠和氢氧化锡。

3. 理化指标和检验方法

锡酸钠的理化指标和检验方法见表 10-4。

表 10-4　锡酸钠的理化指标和检验方法

项　　目	理化指标		检验方法
	Sn-42	Sn36.5	
外观	白色粉末或白色晶体状		目视法
锡(Sn)/%	≥42.0	≥36.5	碳酸钾滴定法
铅(Pb)/%	≤0.0020	≤0.0020	原子吸收光谱法/等离子发射光谱法
锑(Sb)/%	≤0.0025	≤0.0020	分光光度法
砷(As)/%	≤0.0010	≤0.0020	分光光度法
铁(Fe)/%	≤0.02	≤0.02	分光光度法
游离碱(氢氧化钠计)/%	≤3.5	≤4.5	酸碱滴定法
硝酸盐(NO_3^-计)/%	≤0.1	≤0.2	离子选择电极法/比色法
碱不溶物/%	≤0.1	≤0.2	重量法

4. 制备方法

(1) 碱解法。将锡块熔融后,经水淬成锡花,与氢氧化钠、硝酸钠混合,在温度 800℃反应生成锡酸钠,经冷却加水溶解,再加硫化钠、过氧化氢净化除杂,沉淀后经抽滤、蒸发浓缩、离心分离、干燥、粉碎制得锡酸钠产品。反应式如下:

$$2Sn+3NaOH+NaNO_3+6H_2O \longrightarrow 2Na_2SnO_3 \cdot 3H_2O+NH_3$$

(2) 锡花与双氧水、氢氧化钠反应生成锡酸钠。反应式如下:

$$Sn+2NaOH+2H_2O_2 \longrightarrow Na_2SnO_3 \cdot 3H_2O$$

5. 储存、运输和应用

用内衬聚乙烯塑料薄膜袋的编织袋包装,储存在清洁干燥的库房,堆积时货底应垫枕木。勿与酸类物质共储混运,按照一般化学品规定运输。

用于固体推进剂抑烟剂。锡酸钠主要用于电镀工业碱性镀锡、镀铜及锡铝合金电镀。纺织工业用作防火剂、增重剂。染料工业用作媒染剂。也用于玻璃、陶瓷等工业。

6. 毒性与防护

有毒,大鼠经口 LD_{50}为 3457mg/kg,小鼠经口 LD_{50}为 2132mg/kg。接触锡尘浓度为 10~150mg/m^3,长期吸入含锡粉尘,呈现肺尘埃沉着病,都患有慢性支气管炎,出现肺气肿的初期症状、中等程度呼吸机能不全和尘肺的其他症状。应注意防尘,尘埃多时使用防毒口罩,注意保护皮肤。

7. 理化分析谱图

X 射线衍射谱图见图 10-7。

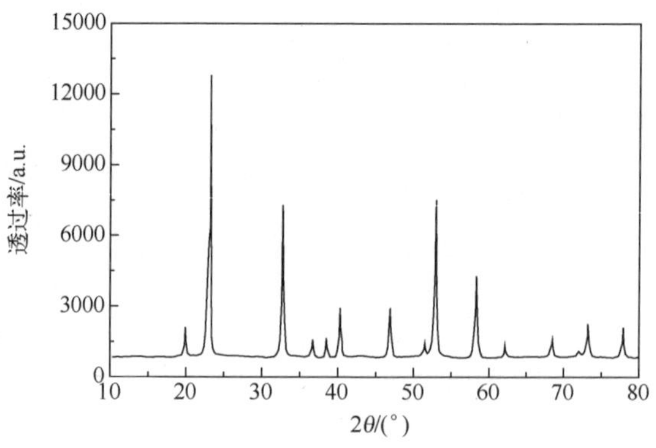

图 10-7　X 射线衍射谱

参考文献

[1]　化学工业出版社．中国化工产品大全:上卷[M]．2 版．北京:化学工业出版社,1998:434-435.

[2]　白健,曹靖,禤建成,等．锡酸钠:GB/T 26040—2010[S]．北京:中华人民共和国国家质量监督检验检疫总局,中国国家标准化管理委员会,2011.

[3]　李伟,张杰．直接法合成锡酸钠产品研究与生产实践[J]．云南化工,2020,47(12):182-184.

[4]　陈洁．海藻酸钠辅助合成偏锡酸锌复合材料及其甲醛气敏特性研究[D]．杭州:杭州电子科技大学,2020.

工艺助剂

工艺助剂是一类用于改善推进剂药浆、绝热层工艺性能的试剂，主要是改善固体填料表面的润湿性或改变黏合剂体系的酸碱性环境来调节固化反应速度或改善其加工性能。工艺助剂通常为某些表面活性剂，有些工艺助剂亦有增塑、稀释或增黏作用。

11.1　磷脂酰胆碱

中文名称：磷脂酰胆碱

英文名称：phosphatidylcholine

中文别称：卵磷脂；软磷脂；磷脂

英文别称：lecithin；lecithos

分子式：$C_{42}H_{80}NO_8P$

分子量：758.07

CAS 登记号：97281-47-5

主要化学结构：

```
R1—CO—O—CH2
           |
R2—CO—O—CH
           |                                  + /CH3
          CH2—O—PO—O—CH2—CH2—N—CH3
                 |                              \CH3
                 O-
```

磷脂酰胆碱(phosphatidyl choline)

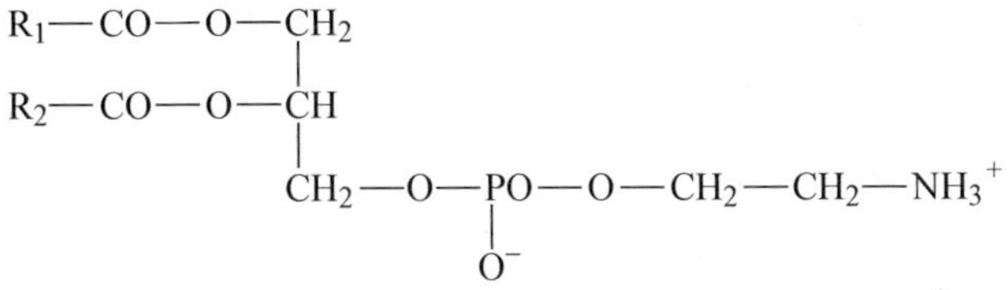

$R_1—CO—O—CH_2$

$R_2—CO—O—CH$

$CH_2—O—PO(O^-)—O—CH_2—CH_2—NH_3^+$

磷脂酰乙醇胺(phosphatidyl ethanolamine)

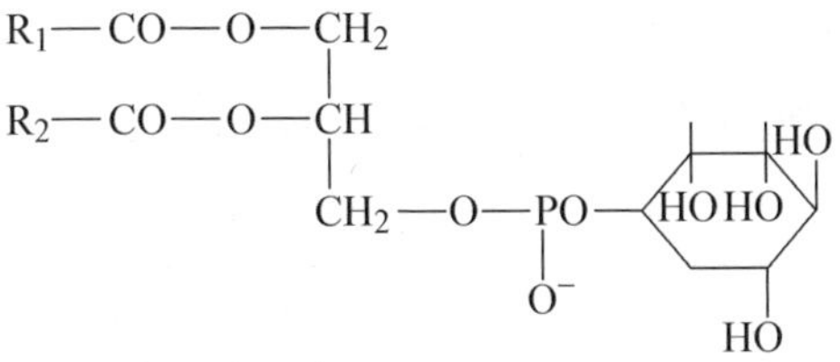

$R_1—CO—O—CH_2$

$R_2—CO—O—CH$

$CH_2—O—PO(O^-)—$ (HO HO HO HO)

磷脂酰肌醇(phosphatidyl inositol)

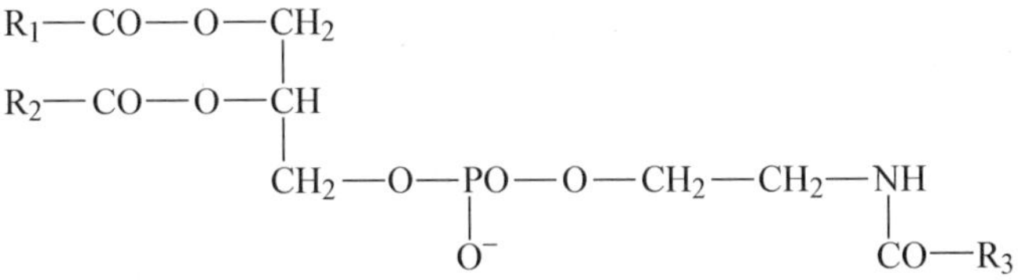

$R_1—CO—O—CH_2$

$R_2—CO—O—CH$

$CH_2—O—PO(O^-)—O—CH_2—CH_2—NH—CO—R_3$

N-酰基磷基脂酰乙醇胺(N-aeyl phosphatidyl)

$R_1—CO—O—CH_2$

$R_2—CO—O—CH$

$CH_2—O—PO(O^-)—O^-$

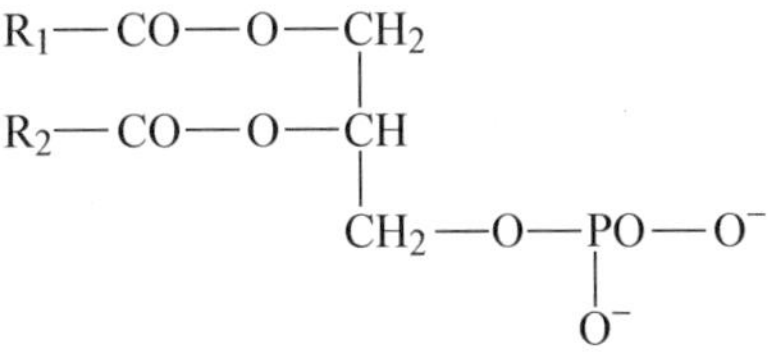

磷脂酸(phosphatidyl acid)

1. 物理性质

高纯磷脂为白色蜡状固体,而商品级磷脂为棕黄色固体。其分子中既有极性,又有非极性基团,是一种天然表面活性剂。其溶解性与脂肪类似,易溶于乙醚、氯仿等溶剂,不溶于水和无水乙醇,遇水易乳化,可以制成不同浓度的乳化液。

2. 化学性质

卵磷脂属于一种混合物,存在于动植物组织以及卵黄之中的黄褐色油脂性物质,常见的是大豆磷脂。卵磷脂有两种含义。一种是广义的,将卵磷脂视作各种磷脂的同义词,或定义为丙酮不溶物在 60% 以上的一种极性和非极性脂类的混合物，其中包括磷脂酰胆碱（PC）、磷脂酰乙醇胺（PE）、磷脂酰肌醇（PI）、*N*-酰基磷基脂酰乙醇胺（NAP）、磷脂酸（PA）等磷脂和甘油三酯的混合脂类。另一种是狭义的，则仅将磷脂酰胆碱（PC）称作卵磷脂，而将 PE 称作脑磷脂（cephalin）。卵磷脂在空气中极易氧化，氧化产生醛、酮、酸等物质，颜色从棕黄色逐步变成褐色及至棕黑色。不耐高温，80℃以上发生不可逆的降解反应生成羰基化合物、饱和醇、胺、δ-/γ-内酯等。

3. 理化指标和检验方法

卵磷脂的理化指标和检验方法见表 11-1。

表 11-1　卵磷脂的理化指标和检验方法

项　目	理化指标			检验方法
	FAO/WHO	FCC-IV	日　本	
丙酮不溶物/%	≥60.0	≥50.0	—	重量法
丙酮可溶物/%	—	—	≤40.0	重量法
己烷不溶物/%	—	≤0.3	—	重量法
甲苯不溶物/%	≤0.3	—	—	重量法
苯不溶物/%	—	—	≤0.30	重量法
酸值/(mgKOH/g)	≤36	≤36	≤40	酸碱滴定法
过氧化值/(mmol/kg)	≤10	≤100	≤10	碘量法
水分/%	≤2.0	≤1.5	≤2.0	重量法
铅/(mg/g)	≤10	≤1	—	比色法
重金属/(mg/kg)	≤40	≤10	≤20	比色法
砷/(mg/kg)	≤3	—	≤4	比色法

4. 制备方法

（1）大豆磷脂。是提取大豆油的副产品。将大豆原料经精选、脱皮、粗粉碎、预热、压扁等前处理后，用己烷提取得毛油，毛油再经脱胶、脱酸、脱色、脱臭等工艺得精制大豆油。脱胶所得为卵磷脂的原料，即将毛油用水及水蒸气混合，经高速离心分离机分出胶质。含卵磷脂的胶质经漂白、丙酮除杂质，得大豆磷脂。

（2）蛋卵磷脂。以鲜蛋为原料，以 99.5% 的乙醇为溶剂，按照 5∶1 的溶剂样品比，40℃下提取 30min，冷藏 12h 后过滤滤去中性脂肪，浓缩得蛋卵磷脂。

5. 储存、运输和应用

采用真空包装，低温运输、储藏。

在推进剂中用作工艺助剂。作为乳化剂、抗氧剂、润湿剂、分散剂、防黏剂、速溶剂和营养补充剂，广泛用于食品加工，药物生产、饲料加工、石油、皮革、涂料、表面涂层和橡胶生产。

6. 毒性与防护

无毒。

7. 理化分析谱图

（1）红外光谱图见图 11-1。

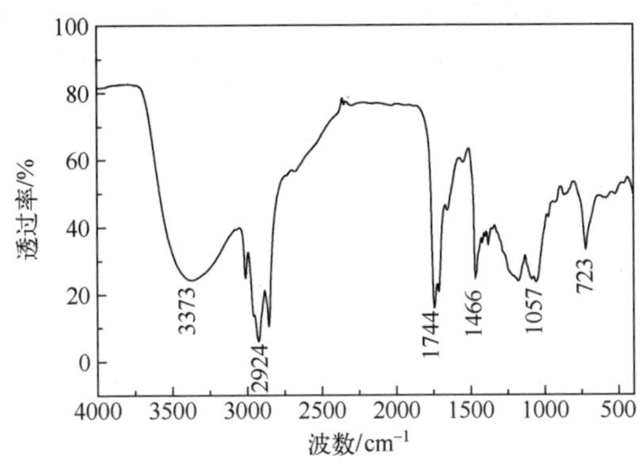

图 11-1　红外光谱

（2）液相色谱图见图 11-2。

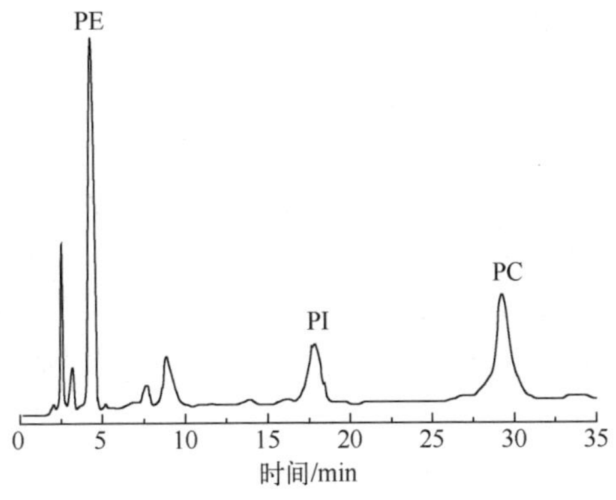

图 11-2　液相色谱

磷脂样品的分离色谱条件：洗脱剂：V（正己烷）：V（异丙醇）：V（1%乙酸溶液）= 8∶8∶1；流速：1mL/min；检测波长 205nm。

参考文献

[1] 周浩然,王海民,田玖．大豆磷脂的性质、应用及改性[J]．化学与粘合,1996(2):111-114.

[2] 王瑛瑶．大豆磷脂中PC、PE、PI测定方法的研究[J]．中国油脂 2008,33(2):73-75.

[3] 凌关庭．大豆磷脂蛋黄磷脂及其系列化精制品[J]．中国食品添加剂,1999(3):67-77.

[4] 林淑英, 迟玉杰．卵磷脂贮藏加速试验的研究[J]．食品科学 2002, 23(5):135-137.

[5] 刘文倩,廖泉,赵玲艳,等．卵磷脂提取与纯化技术研究进展[J]．食品与机械,2014,30(01):267-271.

11.2 液体石蜡

中文名称:液体石蜡

英文名称:liquid paraffin

中文别称:石蜡油;矿物油;白矿油;白油;白色矿物油;矿脂;凡士林油

英文别称:mineral oil;paraffin oil

分子式:$(CH_2)_n$,n 为 10~18

分子量:数均分子量 150~250

CAS 登记号:8042-47-5

1. 物理性质

无色、透明、黏稠油状液体。日光下观察不显荧光。室温下无嗅无味,加热后略有石油嗅味。熔点 5℃,沸点 255~276℃,密度 0.839~0.905g/cm^3(25℃),折射率 1.4756~1.4800(20℃),黏度 110~230mPa·s(20℃),表面张力约 35mN/m(25℃)。溶于苯、乙醚、氯仿、二硫化碳、热乙醇,不溶于水、冷乙醇、甘油。能与除蓖麻油外大多数脂肪油任意混合,能溶解樟脑、薄荷脑及大多数天然或人造麝香。

2. 化学性质

石油的精炼液态饱和脂肪烃(C14~C18)和环烃的混合物,正构烷烃质量分数 90%以上。易燃,闪点 210~224℃,自燃温度 270℃。具有脂肪烃的特性,可以发生取代反应,生成烷基磺酰氯、氯代烷,发生氧化,生成脂肪醇、脂肪酸。

3. 理化指标和检验方法

液体石蜡理化指标和检验方法见表 11-2。

表 11-2　液体石蜡理化指标和检验方法

项　　目	理 化 指 标	检 验 方 法
外观	浅黄色至棕色透明液体	目测法
密度/(g/cm^3)	0.84±0.01	密度计法

4. 制备方法

以煤油或柴油馏分为原料，经分子筛吸附分离或异丙醇-尿素脱蜡，得到液体石蜡。分子筛吸附分离脱蜡的产品，正构烷烃质量分数 96% 以上，异丙醇-尿素脱蜡的产品，正构烷烃质量分数 90% 以上，两者的芳烃质量分数均在 1% 以下。

5. 储存、运输和应用

按照一般化学品包装运输。

用于乙丙橡胶绝热层工艺助剂，润肤油、润滑油、油质赋形剂、溶剂，合成洗涤剂、农药乳化剂、塑料增塑剂、某些药物和石油蛋白的原料。

6. 毒性与防护

低毒，小鼠急性毒性 LD_{50} 为 4.6g/kg，大鼠 LD 为 6.819g/kg，小鼠口服 LD 为 22g/kg。避免吸入蒸气而引起脂肪性肺炎，防止与皮肤接触，操作人员应戴防护用具。

7. 理化分析谱图

(1) 红外光谱图见图 11-3。

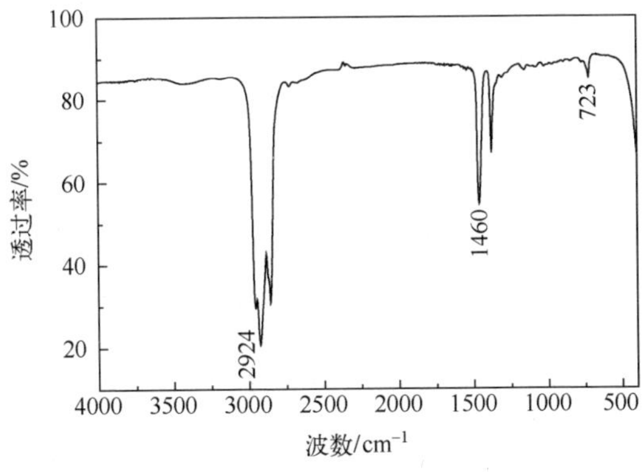

图 11-3　红外光谱

(2) 质谱图见图 11-4。

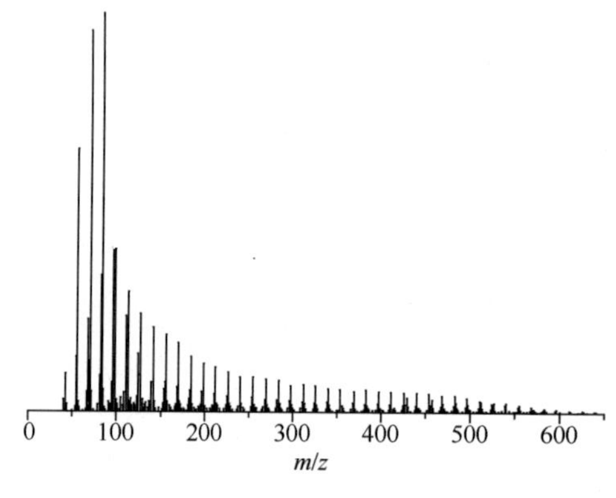

图 11-4　质谱

参考文献

[1] 程能林. 溶剂手册[M]. 4 版. 北京:化学工业出版社,2008:250.

[2] 王梦蛟,龚怀耀,薛广智. 橡胶工业手册:第二分册　配合剂[M]. 修订版. 北京:化学工业出版社,1989:333.

[3] 马英,刘天增. 液体石蜡的应用[J]. 沈阳化工,1993(02):14-17.

[4] 王树兰,祝寿芬,高竹琦,等. 液体石蜡的毒性研究[J]. 癌变. 畸变. 突变,1996(01):43-46.

11.3 松 节 油

中文名称:松节油

英文名称:turpentine oil

分子式:$C_{10}H_{16}$

分子量:276.28

CAS 登记号:8006-64-2

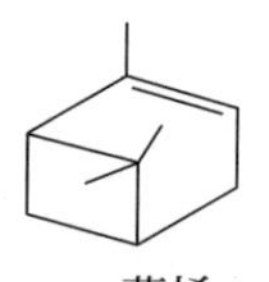

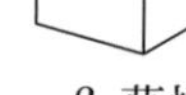

结构式

1. 物理性质

无色液体,易挥发,具有刺激性松香气味。密度 0.860~0.875g/cm³,熔点 -55℃,沸点 153~175℃,折射率 1.463~1.483(20℃)。不溶于水,溶于醇,能与油类、苯、氯仿、醚、二硫化碳混溶。

2. 化学性质

松节油由各种萜烯混合物组成,主要成分是蒎烯,属二级易燃液体,闪点

32℃,自燃点235℃。遇明火、高热易爆炸,遇强氧化剂亦能燃烧爆炸,爆炸极限在32~53℃时为0.8%~62%(体积分数),燃烧产生刺激烟雾。中性,松节油蒎烯中双键和环易氧化生成游离酸,变为黄色黏稠状。α-蒎烯在催化剂偏钛酸的作用下,可发生异构反应,生成莰烯。α-蒎烯的双键与有机酸加成生成酯,如草酸异龙脑酯,利用这一反应,可合成冰片。蒎烯在催化剂的作用下,可在双键上加入氢原子,制取芳樟醇。α-蒎烯和β-蒎烯在惰性溶剂中经催化剂作用,都可发生聚合作用,生成萜烯树脂。α-蒎烯在催化剂硫酸的作用下,可与水起加成作用,生成水合萜二醇,再脱去一个分子水,可得α-、β-、γ-松油醇。

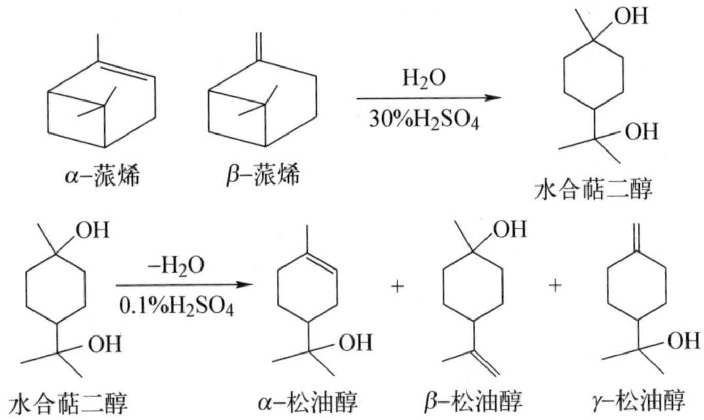

3. 理化指标和检验方法

松节油的理化指标和检验方法见表11-3。

表11-3 松节油的理化指标和检验方法

项 目	理化指标	检验方法
外观	透明、无水、无杂质和悬浮物	目视法
色度	≤10	铂-钴比色法
密度/(g/cm^3)	0.852~0.870	密度计法
折射率(n_D^{20})	1.4670~1.4780	折射率计法
蒎烯/%	≥85	气相色谱法
沸程150~170℃馏出量/%	≥90	体积法
酸值/(mg/g)	≤0.5	目视法
溶解度	溶于2倍体积乙醇	重量法
不挥发物/%	<2	重量法

4. 制备方法和生产厂家

以树脂、松树明子为原料,经水蒸气蒸馏或有机溶剂萃取而得松节油,经真空蒸馏纯化。

5. 储存、运输和应用

用镀锡铁桶包装，运输时注意防火防热，库房通风低温干燥，与氧化剂、酸类分开存放。

用作绝热层工艺助剂。优良溶剂，广泛用于油漆，假漆的催干剂和黏合剂，用于制取塑料增塑剂、农药毒杀芬、松油醇、龙脑、樟脑、冰片、合成香料、萜烯树脂等，医药上用作透皮促进剂、杀菌消毒剂。

6. 毒性与防护

低毒。大鼠口服 LD_{50} 为 5760mg/kg。起火燃烧时用干粉、干砂、二氧化碳、泡沫、1211 灭火剂灭火。

7. 理化分析谱图

（1）红外光谱图见图 11-5。

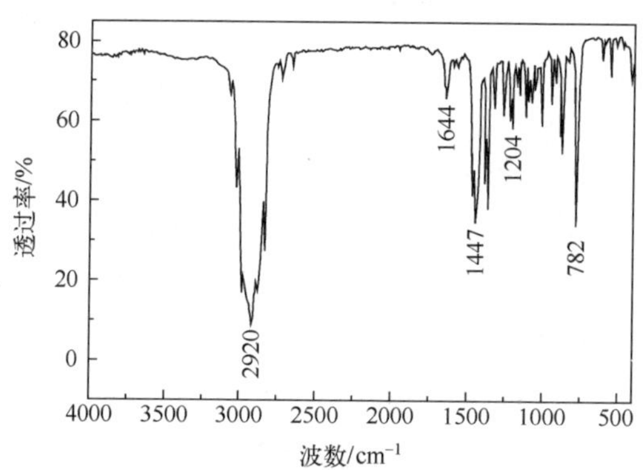

图 11-5　红外光谱

（2）气相色谱图见图 11-6。

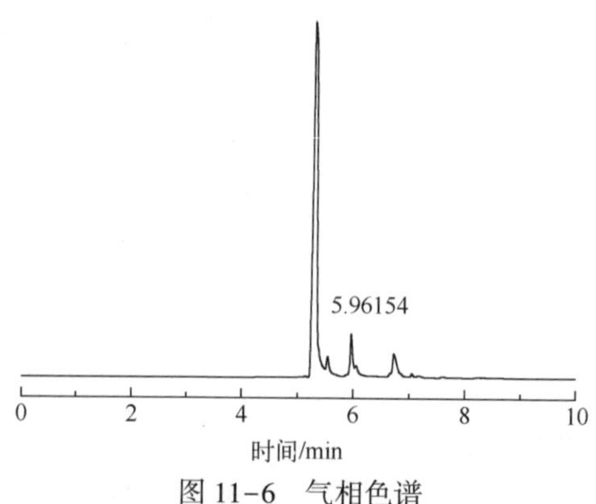

图 11-6　气相色谱

参考文献

[1]　化学工业出版社．中国化工产品大全:上卷[M]．2 版．北京:化学工业出版社,1998:983-984.

[2]　刘坤,王栢薪,蒋丽红,等．松节油的应用研究[J]．化工科技,2013,21(05):64-68.

[3]　檀中坚．第三讲松节油检验[J]．江西林业科技,1983(04):61-62.

[4]　古研,毕良武,赵振东,等．松节油标准样品的制备及特征组分研究[J]．生物质化学工程,2006(06):1-5.

[5]　刘天成,王亚明．松节油及其精细化学利用[J]．化工时刊,2002(09):4-7.

[6]　赵振东,李冬梅,毕良武,等．脂松节油:GB /T 12901 —2006[S]．北京:中华人民共和国国家质量监督检验检疫总局,国家标准化管理委员会,2006.

11.4 氢化松香

中文名称:氢化松香

英文名称:hydrogenated rosin

中文别称:增黏树脂;歧化松香

英文别称:disproportionated rosin

分子式:$C_6H_{12}O_3$

分子量:140. 57

CAS 登记号:65997-06-0

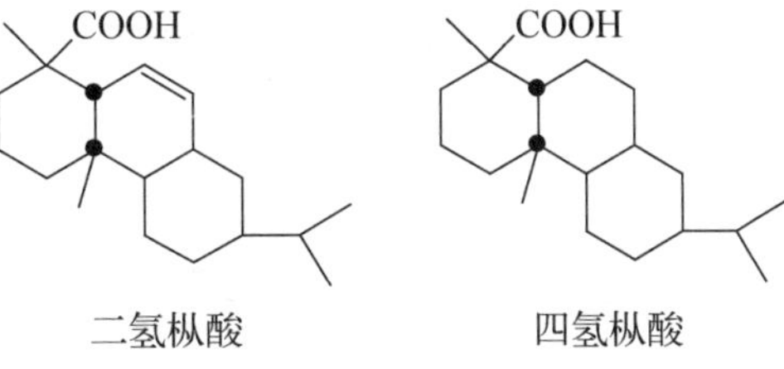

结构式

1. 物理性质

浅黄色透明块状物,无结晶趋势,脆性小,黏结性强。密度 1. 045g/cm^3(20℃),软化点 158~165℃。

2. 化学性质

氢化松香的主要成分为二氢枞酸和四氢枞酸,亦含有少量的枞酸、去氢枞酸。具有较高的抗氧化性能,在空气和光照下不易氧化和变色。在碱溶液中易皂化,与强碱反应生成可溶性盐。

3. 理化指标和检验方法

氢化松香理化指标和检验方法见表 11-4。

表 11-4　氢化松香理化指标和检验方法

项　目			理化指标			检验方法
			特　级	一　级	二　级	
颜色	不深于罗维邦色号	黄	12	20	30	罗维邦色调计法
		红	1.4	2.1	2.5	
外观			浅黄色透明块状物			目测法
酸值/(mgKOH/g)			≥162.0	160.0	158.0	酸碱滴定法
乙醇不溶物/%			≤0.02	≤0.03	≤0.04	重量法
软化点/℃			≤160	≤160	≤158	环球法
氧吸收量/%			≤0.2	≤0.2	≤0.3	重量法
不皂化物/%			≤7	≤8	≤9	重量法
枞酸/%			≤2	≤2.5	≤3	分光光度法
去氢枞酸/%			≤10	≤10	≤15	分光光度法

4. 制备方法

改性松香的一种，由松香熔化后在镍催化剂存在下，于高温时通入氢气发生加成反应，使其中松脂酸主要是枞酸转化为氢化松脂酸，即制得氢化松香。反应式如下：

COOH　$\xrightarrow[\triangle/加压]{H_2/Ni}$　COOH　+　COOH

枞酸　　　75%二氢枞酸　　　25%四氢枞酸

5. 储存、运输和应用

用镀锡桶加盖密封包装，不可与自燃、强氧化剂、强酸共储运。储存于阴凉通风处，远离火源和热源。

用于绝热层工艺助剂。用于黏合剂、合成橡胶的软化剂、增塑剂、涂料、油墨颜料、电子工业用助焊剂、造纸和肥皂。

6. 毒性与防护

低毒。大鼠口服 LD_{50}为 5760mg/kg。起火燃烧时用干粉、干砂、二氧化碳、泡沫、1211 灭火剂灭火。

7. 理化分析谱图

红外光谱图见图 11-7。

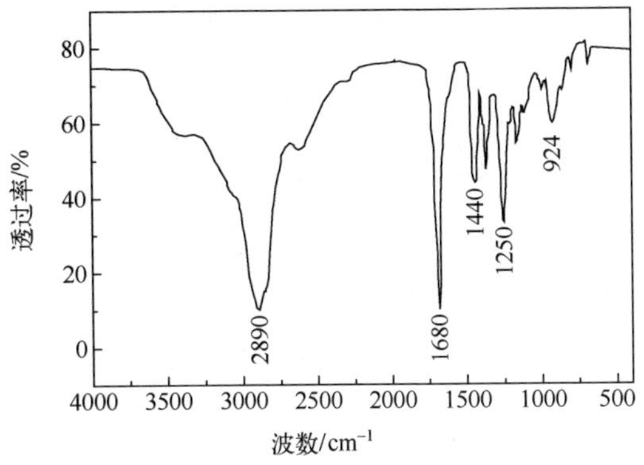

图 11-7　红外光谱

参考文献

[1] 王梦蛟,龚怀耀,薛广智. 橡胶工业手册:第二分册　配合剂[M]. 修订版. 北京:化学工业出版社,1989:341.

[2] 祝远姣,陈小鹏,王琳琳,等. 氢化松香制备与应用[J]. 化工时刊,2006(10):71-74.

[3] 氢化松香研制与应用[J]. 林业科学,1979(04):269-275.

[4] 张塞,蒋丽红,王亚明,等. 氢化松香及其衍生物的制备研究进展[J]. 化学通报,2016,79(03):226-231.

[5] 高宏,宋湛谦,叶伯蕙. 氢化松香:GB/T 14020—2006[S]. 北京:中华人民共和国国家质量监督检验检疫总局,国家标准化管理委员会,2006.

11.5　十二烷胺

中文名:十二烷胺

英文名:dodecylamine

中文别称:月桂胺

英文别称:laurylamine;1-aminododecane

分子式:$C_{12}H_{27}N$

相对分子质量:283.43

结构式:$CH_3(CH_2)_{11}NH_2$

CAS 登记号:124-22-1

1. 物理性质

白色蜡状固体。熔点 28.2～32.0℃,沸点 258.6℃,密度 0.8015g/cm³

(20℃),折射率 1.4421(20℃)。溶于乙醇、乙醚、苯、氯仿、四氯化碳,难溶于水。

2. 化学性质

闪点 100.4℃,具有有机胺的反应特性,与酸反应生成胺。

3. 理化指标和检验方法

月桂胺理化指标和检验方法见表 11-5。

表 11-5 月桂胺理化指标和检验方法

项 目	理化指标		检验方法
	中 国	日 本	
外观(室温)	固体或液体		目视法
月桂胺/%	≥98.0	≥92.0	酸碱滴定法
凝固点/℃	≥27	23~27	差示扫描量热仪法
水分/%	≤0.5	≤0.5	卡尔费休法
C_{14}烷基物组分/%	—	5	气相色谱法
C_{16}烷基物组分/%	—	2	气相色谱法
C_{10}烷基物组分/%	—	1	气相色谱法
氯化物(Cl^-)/%	0.001	—	比色法
乙醇溶解试验	合格	—	重量法
灼烧残渣(SO_4^{2-})/%	0.05	—	重量法

4. 制备方法

由月桂酸为原料,在硅催化剂存在下通入氨气反应得月桂腈。月桂腈经水洗、干燥、减压精馏后转入高压釜中,在活性镍催化剂存在下,经搅拌加热至80℃,反复加氢还原为月桂胺粗品,然后冷却后减压精馏、干燥后得纯月桂胺。反应式如下:

$$CH_3(CH_2)_{10}COOH + NH_3 \xrightarrow{Si} CH_3(CH_2)_{10}CN + 2H_2O$$

$$CH_3(CH_2)_{10}CN + 2H_2 \xrightarrow[80℃]{Ni} CH_3(CH_2)_{11}NH_2$$

5. 储存、运输和应用

用镀锌铁桶或钢桶加盖密封包装,桶口向上运输,储存于阴凉通风处,远离火源和热源。

用作绝热层工艺助剂。用作有机合成中间体,主要制备十二烷基铵盐,用于纺织、橡胶助剂、矿石浮选剂、杀菌剂、杀虫剂、乳化剂、洗涤剂、防治皮肤灼伤和养津抗菌的消毒特效剂。

6. 毒性与防护

有毒，刺激皮肤，引起亚急性皮炎，对中枢神经有一定的刺激作用。生产设备密闭，防止跑、冒、滴、漏，操作人员穿戴防护用具。着火时用水（雾或喷雾）、二氧化碳、四氯化碳或干的化学药品灭火。

7. 理化分析谱图

红外光谱图见图 11-8。

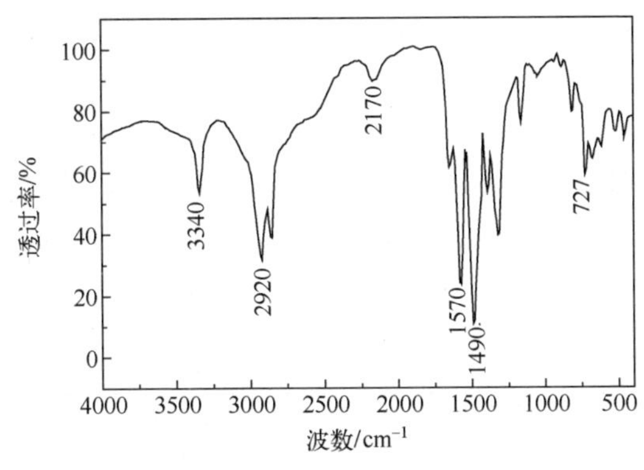

图 11-8　红外光谱

参考文献

[1] 化学工业出版社．中国化工产品大全：上卷[M]．2 版．北京：化学工业出版社，1998：675.

[2] 吴世敏，印德麟．简明精细化工大辞典[M]．沈阳：辽宁科学技术出版社，1999：92.

[3] 滕青，冯雅丽，李浩然，等．十二胺浮选分离菱锰矿与方解石及其机理[J]．中国有色金属学报，2014，24(10)：2676-2683.

11.6　十二烷基硫酸钠

中文名称：十二烷基硫酸钠

英文名称：sodium dodecy sulfate

中文别称：月桂醇硫酸钠

英文别称：sodium lauryl sulfate

分子式：$C_{12}H_{25}SO_4Na$

分子量:288.38

结构式

CAS 登记号:151-21-3

1. 物理性质

白色结晶粉末,微有特殊气味。熔点 185~190℃,密度 1.11g/cm³。易溶于水,微溶于醇,不溶于氯仿、醚。

2. 化学性质

遇到明火、高温可燃,受热可分解并释放出烃、二氧化硫气体。

3. 理化指标和检验方法

十二烷基硫酸钠理化指标和检验方法见表 11-6。

表 11-6　十二烷基硫酸钠理化指标和检验方法

项　　目	理化指标		检验方法
	优级品	合格品	
外观	白色粉末		目视法
十二烷基硫酸钠/%	≥94.0	≥90.0	两相滴定法
石油醚可溶物/%	≤1.0	≤1.5	重量法
无机盐(以 Na_2SO_4+NaCl 计)/%	≤2.0	≤5.5	重量法
pH 值(1%活性物水溶液)	7.5~9.5		pH 计法
白度/度	≥80	≥75	白度计法
水分/%	≤3.0		重量法
重金属(以铅计)/(mg/kg)	≤20		比色法
砷/(mg/kg)	≤3		比色法

4. 制备方法

将十二醇与氯磺酸在硫酸催化下生成十二烷基硫酸一酯,再加氢氧化钠中和,经漂白、沉降、喷粉得纯十二烷基硫酸钠。反应式如下:

$$CH_3(CH_2)_{11}OH+ClSO_3H \xrightarrow[40\sim50℃]{\text{硫酸}} CH_3(CH_2)_{11}OSO_3H \xrightarrow{NaOH} CH_3(CH_2)_{11}OSO_3Na$$

5. 储存、运输和应用

用布袋内衬塑料袋包装,按照易燃化学品规定运输,储存于远离明火、阴凉、通风、干燥处。

用作高氯酸铵表面降感剂和分散剂。用作洗涤剂中阴离子表面活性剂、牙膏气泡剂、印染工业匀染剂、矿物浮选剂、矿井灭火剂和工业助剂。

6. 毒性与防护

低毒。小鼠经口 LD_{50} 为 2000mg/kg，大鼠经口 LD_{50} 为 1288mg/kg。避免粉尘吸入，操作人员戴防护用具。

7. 理化分析谱图

红外光谱图见图 11-9。

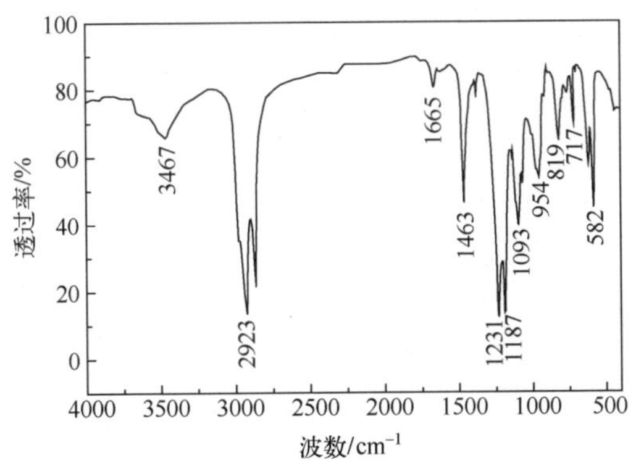

图 11-9　红外光谱

参考文献

[1] 蒋芸. 复合固体推进剂原材料毒性与防护[M]. 乌鲁木齐:新疆科技卫生出版社,1996:83-84.

[2] 化学工业出版社. 中国化工产品大全:上卷[M]. 2 版. 北京:化学工业出版社,1998:526.

[3] 赵郁,刘新宇,杨宇虹. 十二烷基硫酸钠与十二烷基磺酸钠[J]. 生命的化学,2004(03):277-278.

[4] 王万绪,王晟,张宝莲,等. 十二烷基硫酸钠:GB/T 15963—2008[S]. 北京:中华人民共和国国家质量监督检验检疫总局,国家标准化管理委员会,2008.